한국의 자연 시리즈

MARINE FISHES OF KOREA
한국의 바닷물고기

군산대학교 교수·이학박사 **최 윤**
군산대학교 수중촬영 전담 교수 **김 지 현**
전북대학교 교수·이학박사 **박 종 영**

뿔복

교 학 사

추천의 글

바닷물고기는 척추동물 중에서도 그 종류가 매우 많고, 우리들의 생활과도 밀접한 관계가 있기 때문에, 학술적으로뿐만 아니라 식품, 산업, 환경 보전, 취미 및 오락적인 면에서도 관심의 대상이 되어 왔다. 더욱이 우리 나라는 삼면이 바다로 둘러싸여 있어서 바닷물고기의 다양성에 관하여 많은 사람들이 관심을 가지고 있지만, 많은 종들이 그 모양이 비슷하여 전문가도 종을 구별하기가 쉽지 않은 실정이다. 1992년, 리우 환경 회의에서 생물 다양성 협약을 체결함에 따라 국내외의 여러 관련 기관에서 우리 나라 바닷물고기의 분포와 다양성에 관한 과학적 자료를 요구해 왔지만, 유감스럽게도 국내에서는 바닷물고기의 분류에 관한 전문가가 많지 않았고, 그 동안의 조사 내용이 매우 단편적이어서 지금까지 어려움을 겪어 왔다.

이러한 어려운 상황에서도 군산대학교 최윤 교수는 대학 재학 시절인 20년 전부터 바닷물고기의 다양성에 관심을 갖고 군산 앞바다와 서해 연안의 물고기를 조사해 왔으며, 대학원 석사와 박사 과정에서 우리 나라 망둑어과와 참서대과 물고기의 분류와 생태에 관한 연구 논문을 발표함으로써 두드러진 업적을 이루기 시작하였다. 그 후, 일본 홋카이도 대학 수산학부에서 나카야 박사의 지도하에 1년 동안 연골어류인 상어 연구로 연수 과정을 마치면서, 우리 나라 상어류의 분류와 분포를 정리하여 일반인들을 위한 책 '상어(지성사, 1999)'를 처음으로 발간하여 주목을 받은 바 있다. 또, 우리 나라 서남 해안과 제주도 연안의 물고기를 조사하기 위하여 수중 촬영가 김지현 박사와 함께 직접 잠수, 관찰하여 생생한 물고기 슬라이드 사진과 함께 흔하게 볼 수 있는 바닷물고기를 쉽게 정리하여 일반인을 위한 '낚시물고기 도감(지성사, 2000)'을 발간하기도 하였다.

최윤 교수는 2001년 다시 1년 동안의 연구 기회를 얻어 일본 홋카이도 대학 수산학부에서 우리 나라 어류 가운데 분류학적으로 문제가 있는 어류 표본을 일본의 표본과 직접 비교하면서, 우리 나라 동해안의 물고기를 포함한 바닷물고기의 모든 학명을 검토한 후 동종 이명을 정리한 바 있다. 이는 한국 어류학의 연구 발전에 크게 기여하는 업적으로 평가된다.

 최윤 교수가 오랫동안 연구해 온 우리 나라 바닷물고기에 관한 내용을 종합하여 교학사에서 새로운 바닷물고기 도감을 발간하게 된 것은 큰 일이 아닐 수 없다. 이 원색 도감은 우리 나라의 바다에서 저자가 직접 채집한 어류 표본 620여 종을 촬영, 제작하여 수록하면서 각 종의 특징과 생태 및 분포를 일반인도 이해하기 쉽도록 해설하였고, 함경 남북도의 해역에서 볼 수 있는 물고기는 일본의 홋카이도 해안에서 직접 채집한 표본과 홋카이도 대학 소장 표본을 이용하여 사진을 제시하였다. 이러한 점은 우리 나라 바닷물고기의 생물학 및 자원학적인 연구와 이용뿐만 아니라, 일반 물고기 애호가들에게도 많은 지식과 도움을 주리라고 생각한다.

 끝으로, 최윤 교수와 공저자인 박종영 박사, 김지현 박사의 노고에 충심으로 감사드린다.

2002년 11월
전북대학교 생물과학부 교수 김 익 수

※이 도감의 일부 자료는 한·일 수산과학 공동 연구(Core University Program on Fisheries Science between Korea and Japan) 과정의 결과로 이루어졌다.

머리말

우리 나라는 삼면이 바다로 둘러싸여 있어서 많은 바닷물고기와 쉽게 접할 수 있는 자연 환경을 가지고 있으며, 바닷물고기는 오랜 옛날부터 중요한 식량 자원으로, 수산업의 가장 큰 위치를 차지하고 있다. 이러한 까닭으로 바닷물고기의 종 구분이나 습성은 갈수록 많은 사람들의 관심의 대상이 되고 있다. 그러나 바닷물고기에 관심이 있는 사람들의 욕구를 충족시킬 만한 도감이 우리 나라에는 아직 부족한 실정이다.

고도의 경제 성장과 함께 선진국 대열에 들어서고 있는 해양국임에도 불구하고, 우리 나라에서 자신 있게 내놓을 만한 어류 도감이 없는 데 대한 안타까움과 어류학자로서의 책임을 통감하면서 저자는 지난 10여 년 동안의 연구와 채집으로 얻은 자료를 정리하여, 어류학을 전공한 후배 박종영 박사, 그리고 수중 촬영가 김지현 박사와 공동으로 한국의 바닷물고기 도감을 발간하게 되었다.

이 도감에는 최근까지 국내에서 조사, 연구된 한국 연근해의 물고기(기수어 포함) 937종의 목록과 함께 621종의 사진과 형태적 특징, 생태 및 분포, 분류학적 정보 등이 포함되어 있다. 그러나 우리 나라에 분포하는 것으로 기재된 물고기 가운데 휴전선 이북 연안에 분포하는 물고기를 포함하여 현재 표본 확보가 어려운 물고기들이 많이 있다. 이 종에 대해서는 저자가 일본의 홋카이도에서 채집한 표본과 홋카이도 대학에 보관되어 있는 표본을 이용하였으며, 그 밖에도 독자들에게 선명한 사진을 제공하기 위하여 외국에서 촬영한 물고기의 생태 사진을 일부 이용하였다. 이들 사진은 앞으로 지속적인 채집을 통하여 국내 연안으로부터 표본이 확보되는 대로 교체해 나갈 예정이니 독자들의 이해를 바란다. 이 도감이 바닷물고기에 관심이 있는 사람들에게 도움이

되기를 기대하며, 미흡한 점은 나중에 더 많은 노력과 독자들의 조언을 토대로 보완해 나갈 것을 약속드린다.

저자가 어류학을 전공하기로 결심하던 날, '학문의 궁극적인 목적은 개인의 영달을 위한 것이 아니라, 하나님께 영광을 돌리기 위한 것이어야 한다.'는 가르침과, 저자에게 어류학에 관한 지식을 키워 주신 전북대학교 김익수 은사님께 감사드리며, 많은 조언과 도움을 주신 심재환 박사님, 그리고 이용주 박사님을 비롯한 전북대학교 생물학과 선후배님들께 감사드린다. 또, 수중 촬영에 협조해 주신 제주도 스쿠버 아카데미의 문수은 사장과 경북 대진 리조트의 최억 사장, 귀중한 표본을 제공해 주신 홋카이도 대학의 Nakaya 박사, Yabe 박사와 대학원생들, 자료 정리에 도움을 주신 김병직 박사, 권선만 선생, 군산대학교 대학원 김형섭 박사와 나혜강 군, 홋카이도에서의 채집 및 연구 활동을 지원해 준 도쿄의 Kambayashi 장학 재단, 여러 해 동안의 연구와 표본 채집에 많은 격려와 배려를 해 주신 군산대학교 배병희 총장님과 해양생명과학부 교수님들께 감사드린다. 끝으로 이 도감이 출판될 수 있도록 기회를 주신 교학사 양철우 사장님과 유홍희 부장님을 비롯한 편집부 식구들께 깊은 감사를 드린다.

2002년 11월
저자 대표 최 윤

차 례

추천의 글 / 2
머리말 / 4
일러두기 / 10
바닷물고기의 형태 및 명칭 / 12
한국 연근해의 해류와 물고기의 분포 / 15

먹장어목 Myxiniformes
꾀장어과 Myxinidae / 18

칠성장어목 Petromyzontiformes
칠성장어과 Petromyzontidae / 19

은상어목 Chimaeriformes
은상어과 Chimaeridae / 20

괭이상어목 Heterodontiformes
괭이상어과 Heterodontidae / 21

수염상어목 Orectolobiformes
수염상어과 Orectolobidae / 23
얼룩상어과 Hemiscylliidae / 24
고래상어과 Rhincodontidae / 25

흉상어목 Carcharhiniformes
두톱상어과 Scyliorhinidae / 26
표범상어과 Proscylliidae / 28
까치상어과 Triakidae / 29

흉상어과 Carcharhinidae / 32
귀상어과 Sphyrnidae / 36

악상어목 Lamniformes
강남상어과 Pseudocarchariidae / 37
환도상어과 Alopiidae / 38
돌묵상어과 Cetorhinidae / 39
악상어과 Lamnidae / 40

신락상어목 Hexanchiformes
신락상어과 Hexanchidae / 43

돔발상어목 Squaliformes
돔발상어과 Squalidae / 45

전자리상어목 Squatiniformes
전자리상어과 Squatinidae / 48

톱상어목 Pristiophoriformes
톱상어과 Pristiophoridae / 50

홍어목 Rajiformes
전기가오리과 Narcinidae / 51
수구리과 Rhinidae / 52
가래상어과 Rhinobatiae / 54
홍어과 Rajidae / 56
색가오리과 Dasyatidae / 63

흰가오리과 Urolophidae / 64
나비가오리과 Gymnuridae / 65
매가오리과 Myliobatidae / 66

철갑상어목 Acipenseriformes
철갑상어과 Acipenseridae / 68

당멸치목 Elopiformes
당멸치과 Elopidae / 69

뱀장어목 Anguilliformes
뱀장어과 Anguillidae / 70
곰치과 Muraenidae / 71
바다뱀과 Ophichthidae / 73
갯장어과 Muraenesocidae / 74
붕장어과 Congridae / 76

청어목 Clupeiformes
멸치과 Engraulidae / 78
청어과 Clupeidae / 82

압치목 Gonorynchiformes
갯농어과 Chanidae / 87
압치과 Gonorynchidae / 88

잉어목 Cypriniformes
잉어과 Cyprinidae / 89

메기목 Siluriformes
바다동자개과 Ariidae / 90
쏠종개과 Plotosidae / 91

바다빙어목 Osmeriformes
바다빙어과 Osmeridae / 92
뱅어과 Salangidae / 95

연어목 Salmoniformes
연어과 Salmonidae / 96

홍메치목 Aulopiformes
홍메치과 Aulopodidae / 100
파랑눈매퉁이과 Chlorophthalmidae / 101
매퉁이과 Synodontidae / 102

샛비늘치목 Myctophiformes
샛비늘치과 Myctophidae / 107

첨치목 Ophidiiformes
첨치과 Ophidiidae / 108

대구목 Gadiformes
민태과 Macrouridae / 111
돌대구과 Moridae / 112
대구과 Gadidae / 113

아귀목 Lophiiformes
아귀과 Lophiidae / 116
씬벵이과 Antennariidae / 117
점씬벵이과 Chaunacidae / 120
부치과 Ogcocephalidae / 121

숭어목 Mugiliformes
숭어과 Mugilidae / 124

색줄멸목 Atheriniformes
색줄멸과 Atherinidae / 126

동갈치목 Beloniformes
동갈치과 Belonidae / 127
꽁치과 Scomberesocidae / 128
날치과 Exocoetidae / 129
학공치과 Hemiramphidae / 132

금눈돔목 Beryciformes
철갑둥어과 Monocentridae / 133
금눈돔과 Berycidae / 134
얼게돔과 Holocentridae / 135

달고기목 Zeiformes
달고기과 Zeidae / 136
병치돔과 Caproidae / 138

큰가시고기목 Gasterosteiformes
양미리과 Hypoptychidae / 139
실비늘치과 Aulorhynchidae / 140
실고기과 Syngnathidae / 141
대치과 Fistulariidae / 147
대주둥치과 Macroramphosidae / 148

쏨뱅이목 Scorpaeniformes
쭉지성대과 Dactylopteridae / 149
양볼낙과 Scorpaenidae / 150
성대과 Triglidae / 183
빨간양태과 Bembridae / 191
양태과 Platycephalidae / 193
가시양태과 Hoplichthyidae / 196
쥐노래미과 Hexagrammidae / 197
둑중개과 Cottidae / 201
삼세기과 Hemitripteridae / 224
날개줄고기과 Agonidae / 227
물수배기과 Psychrolutidae / 240
도치과 Cyclopteridae / 245
꼼치과 Liparidae / 248

농어목 Perciformes
농어과 Percichthyidae / 255
반딧불게르치과 Acropomatidae / 257
바리과 Serranidae / 262
독돔과 Banjosidae / 279
뿔돔과 Priacanthidae / 280
동갈돔과 Apogonidae / 284
보리멸과 Sillaginidae / 290
옥돔과 Malacanthidae / 291
게르치과 Pomatomidae / 293
빨판상어과 Echeneidae / 294
날쌔기과 Rachycentridae / 296
만새기과 Coryphaenidae / 297
전갱이과 Carangidae / 299
배불뚝과 Menidae / 314
주둥치과 Leiognathidae / 315
새다래과 Bramidae / 319
선홍치과 Emmelichthyidae / 321
퉁돔과 Lutjanidae / 322
백미돔과 Lobotidae / 327
게레치과 Gerreidae / 328
하스돔과 Haemulidae / 329
도미과 Sparidae / 336
갈돔과 Lethrinidae / 341
실꼬리돔과 Nemipteridae / 346
민어과 Sciaenidae / 349
촉수과 Mullidae / 356
주걱치과 Pempheridae / 364
나비고기과 Chaetodontidae / 365

청줄돔과　Pomacanthidae / 370
황줄돔과　Pentacerotidae / 372
황줄감정이과　Kyphosidae / 375
살벤자리과　Teraponidae / 381
돌돔과　Oplegnathidae / 384
가시돔과　Cirrhitidae / 387
다동가리과　Cheilodactylidae / 388
홍갈치과　Cepolidae / 390
망상어과　Embiotocidae / 393
자리돔과　Pomacentridae / 395
놀래기과　Labridae / 404
등가시치과　Zoarcidae / 416
장갱이과　Stichaeidae / 420
황줄베도라치과　Pholididae / 431
도루묵과　Trichodontidae / 435
양동미리과　Pinguipedidae / 436
꼬리점눈퉁이과　Percophidae / 438
까나리과　Ammodytidae / 439
통구멍과　Uranoscopidae / 440
먹도라치과　Tripterygiidae / 446
청베도라치과　Blenniidae / 447
돛양태과　Callionymidae / 453
망둑어과　Gobiidae / 460
활치과　Ephippidae / 486
납작돔과　Scatophagidae / 487
독가시치과　Siganidae / 488
깃대돔과　Zanclidae / 490
양쥐돔과　Acanthuridae / 492
꼬치고기과　Sphyraenidae / 495
갈치꼬치과　Gempylidae / 498
갈치과　Trichiuridae / 499

고등어과　Scombridae / 500
황새치과　Xiphiidae / 510
샛돔과　Centrolophidae / 514
노메치과　Nomeidae / 516
보라기름눈돔과　Ariommatidae / 517
병어과　Stromateidae / 518

가자미목　Pleuronectiformes
풀넙치과　Citharidae / 521
둥글넙치과　Bothidae / 522
넙치과　Paralichthyidae / 526
가자미과　Pleuronectidae / 529
납서대과　Soleidae / 546
참서대과　Cynoglossidae / 550

복어목　Tetraodontiformes
분홍쥐치과　Triacanthodidae / 555
은비늘치과　Triacanthidae / 557
쥐치복과　Balistidae / 558
쥐치과　Monacanthidae / 562
거북복과　Ostraciidae / 570
불뚝복과　Triodontidae / 573
참복과　Tetraodontidae / 574
가시복과　Diodontidae / 594
개복치과　Molidae / 596

부록
한국산 바닷물고기 목록 / 598
학명 찾아보기 / 621
한국명 찾아보기 / 631
주요 참고 문헌 / 641

일러두기

1. 이 도감에는 우리 나라 연근해에 분포하는 937종의 물고기가 목과 과를 중심으로 정리되었으며, 621종의 물고기에 대해서는 사진과 학명, 국명, 영명, 일명, 형태, 생태, 분포 등이 제시되었다.
2. 분류 체계 및 과의 특징은 Nelson(1994)에 따랐고, Nakabo(2000)와 FAO 자료를 참고하였다.
3. 동일종에 대해 복수의 국명이 사용되고 있는 경우에는 학회지(한국어류학회지, 한국동물분류학회지)에 보고된 것을 우선으로 하였고, 다음으로 '한국 동물명집(1997)'과 선취권의 원리에 따랐다.
4. 동종 이명 등 학명과 분류학적으로 문제가 있는 종은 타당한 새로운 학명을 적용하였으며, 이에 따른 문헌과 최근의 분류학적 정보를 '참고'에 제시하였다.
5. 국내에서 아직 발표되지 않은 종으로 이 도감에 처음 수록된 7종에 대해서는 국명을 잠정적으로 '가칭'으로 하였고, 진질해마, 눈전갱이, 남촉수는 각각 복해마, 새가라지, 금줄촉수와 동일종으로 확인되어 어류 목록에서 삭제하였다.
6. 한국산 바닷물고기 목록은 '한국어도보(정, 1977)'를 기초로, 그 이후 학술지에 보고된 한국 미기록종과 신종 및 분류학적 재검토 문헌, 기타 도감에 추가된 어종을 대상으로 작성되었다.
7. 될 수 있으면 전문 용어의 사용을 제한함으로써 일반 독자들이 쉽게 이해할 수 있도록 하였고, 본문의 물고기 전장은 최대 전장을 기준으로 하였다.
8. 우리 나라에 분포하는 물고기로 기록되었으나(정, 1977), 분포지가 함경 북도를 비롯한 휴전선 이북 해역으로, 남한에서 채집이 불가능한 어종은 저자가 일본 홋카이도 대학 연수 기간 중 확보한 표본 사진을 사용하였다. 그 밖에 몇몇 종은 외국에서 촬영한 생태 사진을 사용하였으며, 이 도감에 사용된 국외 표본의 사진 목록은 11쪽에 게재하였다.

국외 표본의 사진 목록(HUMZ는 일본 홋카이도 대학 표본임.)

5.삿징이상어(HUMZ) 6.수염상어(HUMZ) 7.얼룩상어(HUMZ) 8.고래상어(오키나와 기념 수족관) 10.불범상어(HUMZ) 12.표범상어(HUMZ) 20.뱀상어(HUMZ) 24.강남상어(HUMZ) 29.악상어(HUMZ) 45.바닥가오리(HUMZ) 46.저자가오리(HUMZ) 51.참홍어(HUMZ) 55.쥐가오리(HUMZ) 60.검은점곰치(오키나와) 79.압치(고치) 83.날빙어(홋카이도 하코다테) 84.바다빙어(홋카이도 하코다테) 87.곱사연어(HUMZ) 89.송어(HUMZ) 91.홍송어(홋카이도 하코다테) 93.첨문파랑눈매통이(고치) 98.수다꽃동멸(고치) 100.얼비늘치(HUMZ) 106.빨간대구(홋카이도 쿠시로) 114.민부치(HUMZ) 115.빨강부치(HUMZ) 116.꼭갈치(HUMZ) 142.별쭉지성대(HUMZ) 156.돌삼뱅이(홋카이도 오타루) 176.홍살치(홋카이도 무로란) 184.별성대(HUMZ) 186.눈양태(HUMZ) 192.줄노래미(홋카이도 오타루) 196.베로치(홋카이도 하코다테) 197.점줄횟대(HUMZ) 204.줄가시횟대, 흑점줄가시횟대(HUMZ) 205.올꺽정이(HUMZ) 212.송곳횟대(HUMZ) 214.졸단횟대(HUMZ) 215.눈퉁횟대(HUMZ) 216.골판횟대(HUMZ) 217.까치횟대(HUMZ) 220.민어치(HUMZ) 225.뽈줄고기(HUMZ) 226.긴코줄고기(HUMZ) 237.물수배기(HUMZ) 241.분홍꼼치(홋카이도 하코다테) 276.둥글돔(HUMZ) 290.줄만새기(HUMZ) 296.참치방어(오키나와) 299.새가라지(오키나와) 322.게레치(가고시마) 350.금줄촉수(오키나와) 354.큰점촉수(오키나와) 358.먹줄촉수(오키나와) 360.가시나비고기(오키나와) 368.사자구(HUMZ) 376.살벤자리(오키나와) 383.점줄홍갈치(고치) 422.둥근점육점날개(HUMZ) 423.육점날개(HUMZ) 429.황줄베도라치(HUMZ) 499.표문쥐치(오키나와) 520.돛새치(HUMZ) 521.녹새치(HUMZ) 522.청새치(HUMZ) 532.별목탁가자미(HUMZ) 533.고베둥글넙치(HUMZ) 536.동백가자미(HUMZ) 549.강도다리(홋카이도 하코다테) 550.각시가자미(HUMZ) 555.뽈가자미(HUMZ) 556.호수가자미(HUMZ) 586.그물코쥐치(HUMZ) 588.별쥐치(HUMZ)

바닷물고기의 형태 및 명칭

1. 상어류

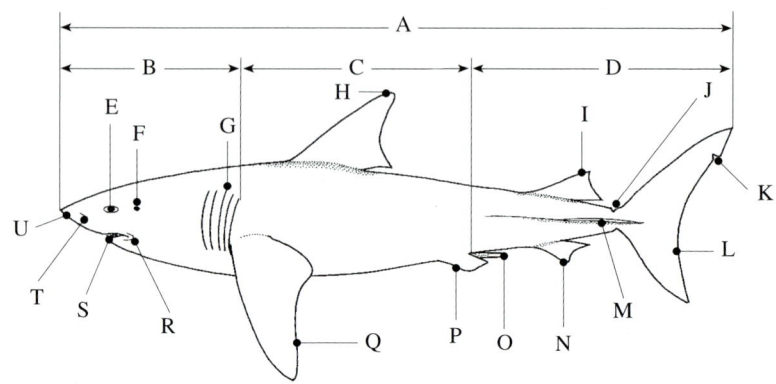

A. 전장(total length) B. 머리부(head) C. 몸통부(trunk) D. 꼬리부(tail) E. 눈(eye) F. 분수공(spiracle) G. 아가미구멍(gill slits) H. 제1등지느러미(first dorsal fin) I. 제2등지느러미(second dorsal fin) J. 미기각(precaudal pit) K. 꼬리지느러미 말단각(subterminal notch) L. 꼬리지느러미(caudal fin) M. 미병 측부 융기선(lateral caudal keel) N. 뒷지느러미(anal fin) O. 교미기(clasper) P. 배지느러미(pelvic fin) Q. 가슴지느러미(pectoral fin) R. 입술주름(labial furrow) S. 입(mouth) T. 콧구멍(nostril) U. 주둥이(snout)

2. 홍어류

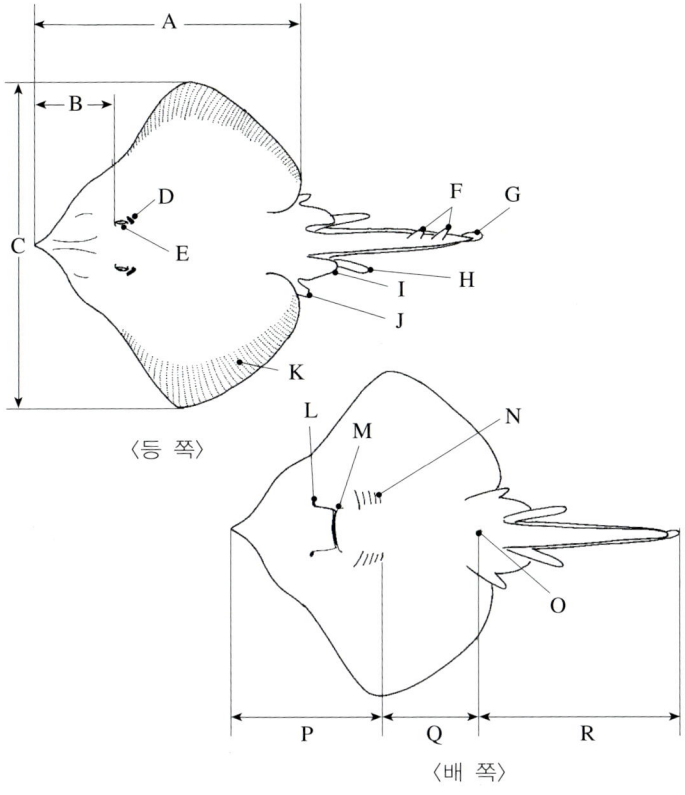

⟨등 쪽⟩

⟨배 쪽⟩

A. 체반 길이(disc length) B. 문장(snout lenth) C. 체반 너비(disc width) D. 분수공(spiracle) E. 눈(eye) F. 등지느러미(dorsal fins) G. 꼬리지느러미(caudal fin) H. 교미기(clasper) I. 배지느러미 후엽(posterior lobe of pelvic fin) J. 배지느러미 전엽(anterior lobe of pelvic fin) K. 가슴지느러미(pectoral fin) L. 콧구멍(nostril) M. 입(mouth) N. 아가미구멍(gill slits) O. 항문(anus) P. 머리부(head) Q. 몸통부(trunk) R. 꼬리부(tail)

3. 경골어류

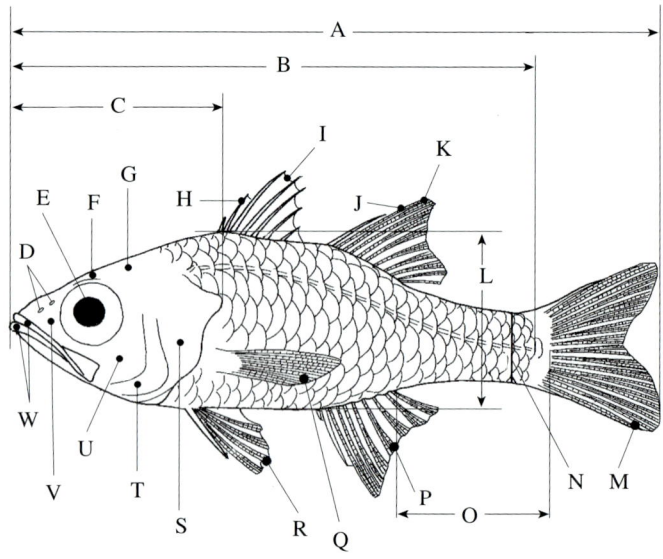

A. 전장(total length) B. 체장(standard length) C. 두장(head length) D. 콧구멍(nostrils) E. 눈(eye) F. 전두부(frontal) G. 후두부(occipital) H. 극조(spine) I. 제1등지느러미(first dorsal fin) J. 연조(soft ray) K. 제2등지느러미(second dorsal fin) L. 체고(body depth) M. 꼬리지느러미(caudal fin) N. 미병고(depth of caudal peduncle) O. 미병장(length of caudal peduncle) P. 뒷지느러미(anal fin) Q. 가슴지느러미(pectoral fin) R. 배지느러미(pelvic fin) S. 새개부(operculum) T. 전새개골(preopercle) U. 뺨(cheek) V. 주둥이(snout) W. 턱(jaws)

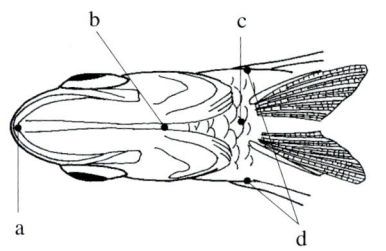

a. 봉합부(symphysis)
b. 협부(isthmus)
c. 흉부(pre-pelvic area)
d. 체폭(body width)

한국 연근해의 해류와 물고기의 분포

우리 나라 연안에는 겨울철에 한류가 동해 연안으로 남하하고, 타이완 근해에서 북상하는 난류가 동해로 북상하여 한류와 난류가 교차하게 된다. 또, 난류의 일부는 제주도 부근에서 갈라져 서해로 올라와 서해 중심에 위치한 냉수대와 만난다. 서해는 대부분이 간석지 및 대륙붕으로 이루어져 있고, 남해안은 2000여 개의 섬들이 모여 다도해를 이루고 있다. 동해안은 평균 수심이 1500m로서 서해와 남해안과는 달리 수심이 깊다.

이와 같은 환경 조건 때문에 우리 나라의 서해와 남해, 그리고 동해에서는 조금씩 구별되는 어류상을 나타낸다. 서해에서는 약 300여 종의 바닷물고기가 출현하는데, 청어목의 청어과와 멸치과, 농어목의 민어과, 돛양태과, 망둑어과, 가자미목의 가자미과, 붕넙치과, 복어목의 참복과 물고기가 대부분을 차지하고 있다.

남해에서는 온대성 물고기와 난대성 물고기가 동시에 출현하며, 청어목의 멸치과, 쏨뱅이목의 양볼낙과, 성대과, 농어목의 전갱이과, 놀래기과, 고등어과, 망둑어과와 가자미목의 참서대과, 납서대과, 복어목의 쥐치과와 참복과 물고기가 우세하게 출현한다. 동해는 심해에 적응된 물고기와 북부에서는 한대성 물고기들이 출현하는데, 대표적인 종은 대구, 명태, 도루묵이다. 그 밖에 장갱이과와 둑중개과, 양볼낙과 물고기 등이 출현한다. 그러나 최근에는 난류의 영향을 받는 해역이 북쪽으로 확대되면서 거북복, 범돔 같은 난대성 물고기들이 속초 부근의 해역에서도 출현하고 있다.

제주도 연안은 연중 난류의 영향권에 있는 데다가 산호 등이 서식하기 때문에 아열대성 물고기들이 많이 분포하고 있어서 약 500종의 물고기가 출현한다. 이러한 까닭으로 일본 남부와 타이완 해역에 분포하는 아열대성 물고기들이 최근에 제주도 해역에 출현해 한국 미기록종으로 많이 보고되고 있다. 제주도 해역은 난대성 물고기인 농어목의 고등어과, 전갱이과, 벵에돔과, 놀래기과, 자리돔과, 쏨뱅이목의 양볼낙과 및 그 밖에 많은 종의 상어류가 출현하고 있다.

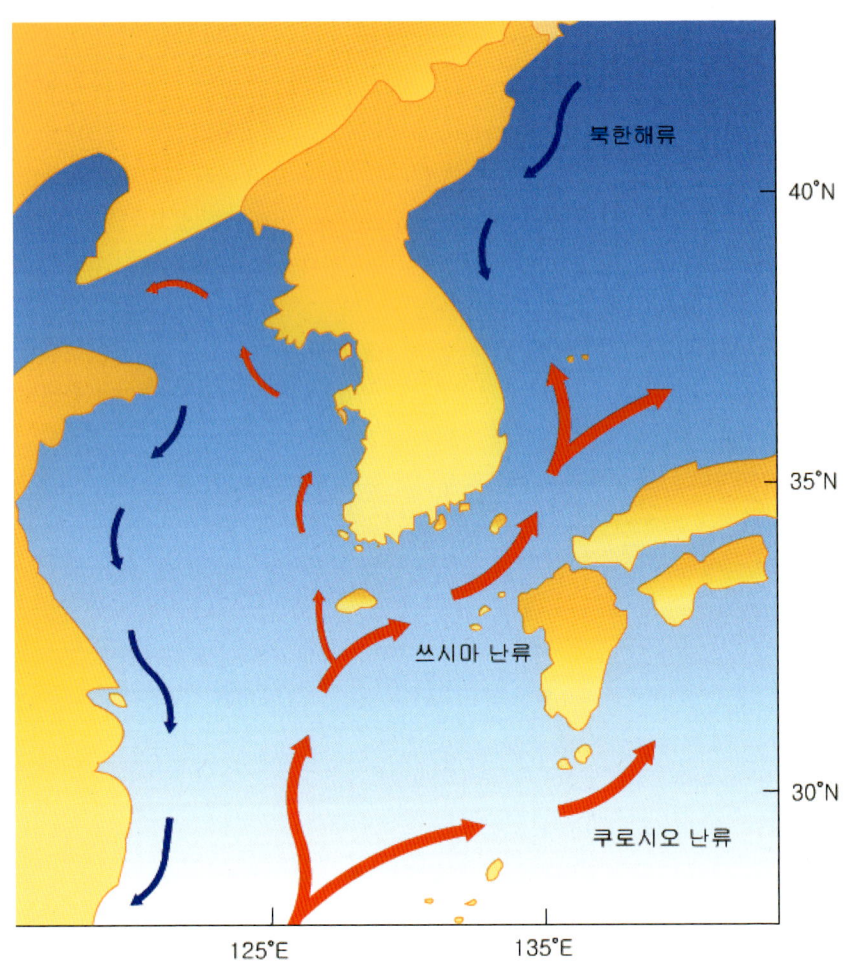

우리 나라 연근해의 해류

바닷물고기의 종별 해설

청줄돔

먹장어목 Myxiniformes

꾀장어과
Myxinidae (Hagfishes)

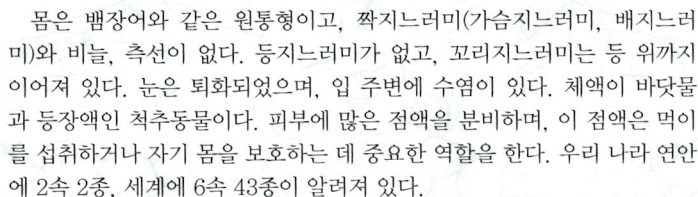

몸은 뱀장어와 같은 원통형이고, 짝지느러미(가슴지느러미, 배지느러미)와 비늘, 측선이 없다. 등지느러미가 없고, 꼬리지느러미는 등 위까지 이어져 있다. 눈은 퇴화되었으며, 입 주변에 수염이 있다. 체액이 바닷물과 등장액인 척추동물이다. 피부에 많은 점액을 분비하며, 이 점액은 먹이를 섭취하거나 자기 몸을 보호하는 데 중요한 역할을 한다. 우리 나라 연안에 2속 2종, 세계에 6속 43종이 알려져 있다.

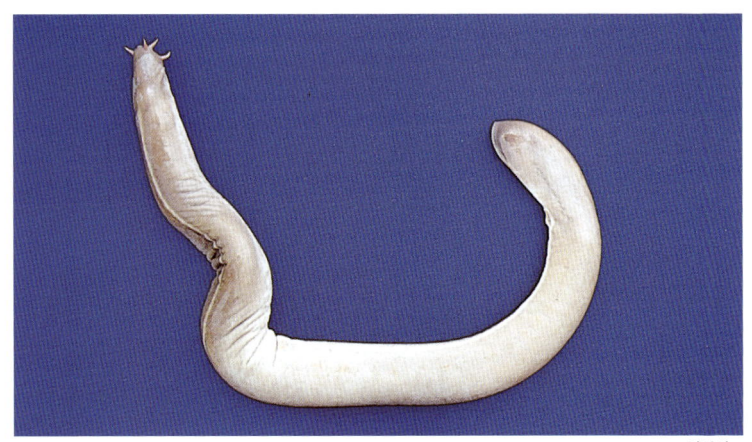

먹장어

1. 먹장어   <꾀장어과>

학명⇒ *Eptatretus burgeri* (Girard)
영명⇒ Marbled eel, borer
일명⇒ ヌタウナギ

형태⇒ 체형은 뱀장어와 같이 긴 원통형이고 꼬리는 약간 납작하다. 콧구멍과 입 양쪽에 육질로 된 3쌍의 수염이 있다. 아가미구멍은 머리 뒤쪽에 6쌍이 일렬로 배열되어 있으며, 눈은 피부에 묻혀 있다. 등지느러미와 뒷지느러미가 없고, 꼬리지느러미 후연은 둥글다. 피부는 점액으로 덮여 있어 매우 미끄럽다. 몸은 다갈색을 띤다. 전장 약 60cm.

생태⇒ 수심 100m 미만의 연안에 서식하며, 밤에 활동력이 강하고, 다른 물고기에 달라붙어 파먹기도 한다. 가을철에 바닥에 산란한다.

분포⇒ 우리 나라 동해 남부와 제주도를 비롯한 남해, 일본 중부 이남

유사종⇒ 묵꾀장어(*Paramyxine atami*)
영명 : Brown hagfish
일명 : クロメクラウナギ

칠성장어목 Petromyzontiformes

칠성장어과
Petromyzontidae (Lampreys)

체형은 뱀장어와 같은 원통형이고, 짝지느러미와 비늘이 없다. 턱이 없고, 외관상으로는 먹장어목 어류와 비슷하지만 유연 관계가 먼 어종이다. 꾀장어과를 포함한 먹장어목 어류는 입 주변에 3쌍의 수염이 있고 입이 흡반형이 아니지만, 칠성장어과 어류는 입 주변에 수염이 없고 입 모양이 둥근 흡반을 이루므로 두 분류군은 크게 다르다. 칠성장어과의 모든 어류는 산란 직후 죽는다. 우리 나라에 1속 1종, 세계에 담수어를 포함해서 8속 30여 종이 알려져 있다.

칠성장어

2. 칠성장어 <칠성장어과>

학명 ⇒ *Lampetra japonica* (Martens)
영명 ⇒ Arctic lamprey, river eight-eyes eel
일명 ⇒ カワヤツメ

형태 ⇒ 체형은 뱀장어와 같은 원통형으로 길고, 꼬리는 약간 납작하다. 입은 흡반 모양이며, 주둥이 끝에 열린다. 아가미구멍은 눈 뒤쪽에 7개가 일렬로 배열되어 있고, 입 안쪽에는 이빨이 잘 발달되어 있다. 등과 배가 모두 암갈색이고, 제2등지느러미와 꼬리지느러미에는 갈색 또는 검은 색소가 있다. 전장 약 60cm.

생태 ⇒ 유생은 하천의 유기질이 많은 모래 속에 묻혀 살다가, 전장 20cm 내외로 자라면 변태하여 바다로 돌아간다. 바다에서는 큰 물고기에 붙어서 기생하며, 전장 60cm 정도 자라면 하천으로 올라와 알을 낳는다.

분포 ⇒ 우리 나라 동해안, 일본, 사할린, 시베리아

은상어목 Chimaeriformes

은상어과
Chimaeridae (Ratfishes)

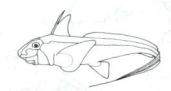

주둥이는 짧고 둥글며 머리는 크고, 몸의 뒤쪽은 실처럼 가늘다. 등지느러미 앞에 큰 가시가 있고, 이 곳에 사람에게 통증을 느끼게 하는 해로운 독이 있다. 우리 나라에 2속 2종, 세계에 2속 27종이 알려져 있다.

은상어

3. 은상어   <은상어과>

학명⇒ *Chimaera phantasma* Jordan et Snyder
영명⇒ Ghost shark, silver chimaera
일명⇒ ギンザメ

형태⇒ 머리는 크고, 몸 뒤로 갈수록 좌우로 납작하고 매우 작아진다. 꼬리지느러미는 실처럼 길게 연장되어 있다. 제1등지느러미는 끝이 뾰족하고, 앞에 강한 가시가 있다. 뒷지느러미는 작고, 꼬리지느러미와의 사이에 깊게 팬 홈이 있어서 두 지느러미가 분명하게 구분된다. 생식기는 세 쌍으로 갈라져 있다. 측선은 작은 물결 모양으로 머리에서 꼬리까지 길게 이어진다. 몸은 은백색의 광택이 나고, 체측에는 2개의 갈색 세로줄이 있다. 전장 약 1.2m.

생태⇒ 난생으로 수심 100~500m 되는 깊은 바다의 바닥에 서식한다.
분포⇒ 우리 나라 서해와 남해, 홋카이도 이남의 일본, 동중국해
유사종⇒ 갈은상어(*Hydrolagus mitsukurii*)
영명 : Chimaera, silver chimaera
일명 : アカギンザメ

괭이상어목 Heterodontiformes

괭이상어과
Heterodontidae (Bullhead sharks)

괭이상어과는 뭉툭한 주둥이, 등지느러미 앞의 가시, 양 눈 위에 솟은 융기부, 턱 뒤쪽에 있는 어금니 모양의 이빨에 의해 특징지어지며, 큰 종이라 하더라도 어미의 전장이 1.6m 정도인 소형 상어류이다. 2개의 등지느러미 앞에 강한 가시가 있고, 분수공은 아주 작다. 가슴지느러미가 크고 근육질로 이루어져 있으며, 이것을 이용해 바닥을 기어다닌다. 사람에게 해를 끼치지 않지만, 귀찮게 하면 무는 경우도 있다. 우리 나라에 1속 2종, 세계에 1속 8종이 알려져 있다.

괭이상어

4. 괭이상어 <괭이상어과>

학명⇒ *Heterodontus japonicus* (Maclay et Macleay)
영명⇒ Japanese bullhead shark
일명⇒ ネコザメ

형태⇒ 머리가 크고, 몸 뒤로 갈수록 가늘어지며, 양 눈 위에 볏 모양의 융기부가 있다. 입 주변에는 육질의 입술주름이 발달하여 있다. 등지느러미는 크고, 앞에 강한 가시가 있다. 몸은 갈색을 띠고, 머리에서 미병부까지 7~8개의 폭넓은 흑갈색 가로줄 무늬가 있다. 태어날 때 전장은 18cm이고, 1.2m까지 자란다.

생태⇒ 난생으로 12~18cm의 알을 돌이나 해조에 낳으며, 한 장소에 15개 정도의 알을 낳는다. 알이 부화하는 데는 1년 정도 소요된다. 온대 수역의 해조 군락이나 바위 지역에 주로 서식하며, 갑각류와 연체류, 성게, 소형 경골어류를 먹는다.

분포⇒ 우리 나라 서해 남부와 제주도를 포함한 남해, 일본 남부, 타이완, 동중국해

삿징이상어

5. 삿징이상어 <괭이상어과>

학명⇒ *Heterodontus zebra* (Gray)
영명⇒ Zebra bullhead shark, striped bull-head shark
일명⇒ シマネコザメ
형태⇒ 체형은 괭이상어와 비슷하지만 미병장이 길다. 빛이 연한 담갈색 바탕에 너비가 좁은 20여 개의 수직 줄무늬가 있다. 전장 약 1.2m.
생태⇒ 난생이며, 대개 수심 50m 미만의 얕은 바다의 바닥에서 서식한다.
분포⇒ 우리 나라 제주도를 포함한 남해, 일본 중부 이남, 서태평양

❖ 상어의 짝짓기

 일반적으로 경골어류는 암컷이 알을 낳으면 수컷이 그 위에 정액을 방출하여 수정이 이루어지는 체외 수정을 한다. 그러나 모든 상어는 체내 수정을 한다. 상어의 수컷은 배지느러미 안쪽에 손가락 모양의 긴 교미기가 있는데, 이것을 암컷의 생식공 안으로 넣어서 짝짓기를 하고, 암컷의 체내에서 수정이 이루어진다.

수염상어목 Orectolobiformes

수염상어과
Orectolobidae (Carpet sharks)

전장 약 0.6~3m이고, 각 종마다 전장에 많은 차이가 있다. 머리가 상하로 납작하고, 입은 거의 주둥이 끝에 위치한다. 콧수염이 있고, 입과 머리 가장자리에는 피부가 늘어져 형성된 피질 돌기들이 있다. 꼬리지느러미는 하엽이 없고, 상엽의 아래에 말단각이 있다. 대부분의 종은 장식한 것과 같은 아름다운 색깔을 띤다. 온대와 열대 수역의 대륙붕에 서식하며, 우리 나라 연안에 1속 1종, 세계에 3속 7종이 알려져 있다.

수염상어

6. 수염상어 <수염상어과>

학명⇒ *Orectolobus japonicus* Regan
영명⇒ Japanese wobbegong, Japanese carpet shark
일명⇒ オオセ

형태⇒ 몸의 전반부는 크고, 뒤로 갈수록 가늘어지며, 머리는 상하로 납작하다. 머리의 양쪽 눈 아래쪽에 피부가 늘어져 형성된 5~6개의 피질 돌기가 있다. 2개의 등지느러미는 모두 몸의 후반부에 있고, 제1등지느러미는 배지느러미보다 뒤에서 시작된다. 뒷지느러미는 꼬리지느러미와 연결되어 있고, 꼬리지느러미 상하엽이 분리되지 않은 채 한 개로 되어 있으며, 그 아래에 오목하게 팬 말단각이 있다. 몸은 밝은 색 바탕에 너비가 넓은 어두운 갈색 줄무늬가 있다. 태어날 때 전장은 20cm이고, 약 1m까지 자란다.

생태⇒ 난태생이며, 해저의 돌과 산호초 부근에 서식하고, 야행성으로 저서어류를 주로 먹는다.

분포⇒ 우리 나라 제주도를 포함한 남해, 일본 남부, 필리핀, 남중국해

얼룩상어과

Hemiscylliidae (Bamboo sharks)

전장 1m 정도의 소형 상어류이다. 입은 주둥이 아래에 위치하고, 코에는 짧은 콧수염이 있다. 분수공은 매우 크다. 제1등지느러미는 배지느러미 기부의 바로 위쪽 또는 약간 뒤쪽에서 시작되고, 뒷지느러미는 제2등지느러미 뒤쪽에 위치한다. 꼬리지느러미의 하엽이 없고, 꼬리지느러미 아래에 말단각이 있다. 우리 나라 연안에 1속 1종, 세계에 2속 11종이 알려져 있다.

얼룩상어

7. 얼룩상어 <얼룩상어과>

- 학명⇒ *Chiloscyllium plagiosum* (Bennett)
- 영명⇒ Brown banded bamboo shark, carpet shark
- 일명⇒ シロボシテンジク

형태⇒ 몸이 길고 주둥이는 둥글며, 입은 주둥이 아래쪽에 위치한다. 제1등지느러미와 제2등지느러미 사이의 거리는 제1등지느러미 기부의 길이보다 약간 길다. 몸에는 어두운 갈색 바탕에 많은 흰색 반점이 있으며, 십여 개의 폭넓은 흑갈색 가로줄 무늬가 비교적 일정한 간격으로 나타난다. 태어날 때 전장은 20cm이고, 전장 약 1m까지 자란다.

생태⇒ 난태생으로 해저의 돌과 산호초 부근에 서식하고, 야행성으로 저서어류를 주로 먹는다.

분포⇒ 우리 나라 남해, 일본 남부, 필리핀, 남중국해, 인도양 동부 해역

고래상어과
Rhincodontidae (Whale shark)

고래상어과에 속하는 종은 국내는 물론 세계적으로도 고래상어 1종뿐이며, 어류 가운데 몸이 가장 큰 대형 상어이다. 입이 크고 주둥이 끝에 열린다.

고래상어(오키나와 기념 수족관)

8. 고래상어 <고래상어과>

- 학명⇒ *Rhincodon typus* Smith
- 영명⇒ Whale shark
- 일명⇒ ジンベエザメ

형태⇒ 체형은 방추형으로 길다. 입은 거의 주둥이 끝에 위치하고 코에는 수염이 있던 흔적이 있다. 양턱에는 약 300열의 작은 이빨이 있으며, 미병부에 융기선이 잘 발달되어 있다. 등은 회색 또는 청갈색이고 배는 흰색이다. 몸 표면에 연한 수직 줄무늬가 일정한 간격으로 나타나고, 그 사이에 흰색 또는 연한 노란색 점들이 배열되어 있다. 태어날 때 전장은 45cm 정도이며, 어미의 최대 전장은 약 18m에 달한다.

생태⇒ 고래상어는 현생하는 어류 가운데 몸이 가장 큰 데 비해 플랑크톤과 소형 갑각류 및 어류, 오징어 등을 먹고, 먹이의 여과를 위하여 앞으로 계속해서 전진 운동을 한다. 수온 21~25℃의 바다에 주로 살며, 홀로 유영하기도 하고 무리를 이루기도 한다. 생식 유형이 확실치 않으나 난태생으로 여겨진다.

분포⇒ 우리 나라 중부 이남의 전 해역, 세계의 온대와 열대 해역

흉상어목 Carcharhiniformes

두툽상어과
Scyliorhinidae (Cat sharks)

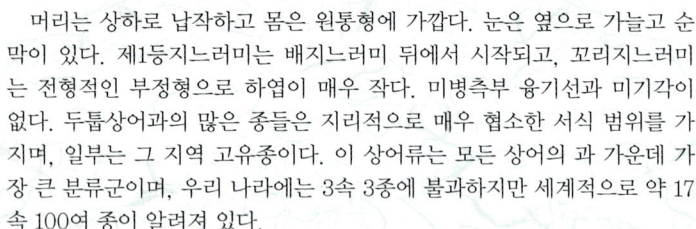

　머리는 상하로 납작하고 몸은 원통형에 가깝다. 눈은 옆으로 가늘고 순막이 있다. 제1등지느러미는 배지느러미 뒤에서 시작되고, 꼬리지느러미는 전형적인 부정형으로 하엽이 매우 작다. 미병측부 융기선과 미기각이 없다. 두툽상어과의 많은 종들은 지리적으로 매우 협소한 서식 범위를 가지며, 일부는 그 지역 고유종이다. 이 상어류는 모든 상어의 과 가운데 가장 큰 분류군이며, 우리 나라에는 3속 3종에 불과하지만 세계적으로 약 17속 100여 종이 알려져 있다.

복상어

9. 복상어   <두툽상어과>

학명⇒ *Cephaloscyllium umbratile* (Bonnaterre)
영명⇒ Blotchy swell shark
일명⇒ ナヌカザメ

형태⇒ 몸의 전반부는 너비가 넓고 상하로 납작하며, 후반부는 원통형에 가깝고 가늘다. 배에는 공기나 물이 차 있을 때가 많아서 부풀어 있다. 제1등지느러미는 배지느러미보다 약간 뒤에서 시작되고, 뒷지느러미는 제2등지느러미와 대칭으로 위치한다. 몸은 담갈색 바탕에 7~8개의 폭넓은 암갈색 가로 구름무늬가 있으며, 몸 전체에 크고 작은 반점들이 불규칙하게 나타난다. 배는 담황색이다. 태어날 때 전장은 16~22cm이고, 약 1.2m까지 자란다.

생태⇒ 난생이며, 산란한 지 약 1년 후에 알에서 부화한다.

분포⇒ 우리 나라 제주도를 포함한 남해, 일본 남부, 타이완, 뉴질랜드

유사종⇒ 두툽상어(*Scyliorhinus torazame*)

불범상어

10. 불범상어 <두툽상어과>

학명⇒ *Halaelurus buergeri* (Müller et Henle)
영명⇒ Black spotted catshark
일명⇒ ナガサキトラザメ

형태⇒ 몸은 가늘고 길며, 눈은 옆으로 가늘다. 꼬리지느러미는 상엽과 하엽이 비대칭으로, 하엽이 매우 작다. 몸은 담갈색 바탕에 등쪽에 진한 자갈색의 폭넓은 가로줄 무늬가 여러 개 있고, 검은 점이 흩어져 있다. 전장이 50cm 미만인 소형 상어이다.
생태⇒ 난생이며 바닥에 서식한다.
분포⇒ 우리 나라 남해(목포), 일본 남부, 남중국해

두툽상어

11. 두툽상어 <두툽상어과>

학명⇒ *Scyliorhinus torazame* (Tanaka)
영명⇒ Cloudy catshark
일명⇒ トラザメ

형태⇒ 복상어와 비슷하지만, 복상어와 달리 입가에 입술주름이 있다. 등지느러미는 2개 모두 몸의 뒷부분에 위치하며, 제1등지느러미는 배지느러미보다 뒤에서 시작되고, 뒷지느러미는 제1등지느러미와 제2등지느러미의 중간 부분 아래에서 시작된다. 몸은 연한 담갈색 바탕이며, 등에 진한 갈색의 가로 구름무늬가 여러 개 있고, 배는 밝은 색을 띤다. 전장이 50cm 미만인 소형 상어이다.
생태⇒ 난생이며, 수심 100m 이내의 저층부에 서식한다.
분포⇒ 우리 나라 서해 남부와 제주도를 포함한 남해, 홋카이도 남부의 일본 해역, 필리핀

표범상어과
Proscylliidae (Finback catsharks)

 전장 1m 미만의 소형 상어류로서 몸이 가늘고 길다. 입은 눈의 앞쪽, 주둥이 끝 하부에 위치하며 등지느러미는 배지느러미 앞에 위치한다. 콧구멍에 짧은 수염이 있고, 분수공은 매우 작다. 입과 코는 얕게 팬 홈에 의해 연결되어 있다. 꼬리지느러미 하엽은 매우 작고, 상엽의 아래쪽에 말단각이 있다. 이 분류군은 두톱상어과와 유사하지만, 입이 눈보다 앞쪽에 위치하고, 코와 입으로 이어지는 얕은 홈이 있다는 점에서 두톱상어과와는 차이가 있다. 우리 나라 연안에 1속 1종, 세계에 4속 6종이 알려져 있다.

표범상어

12. 표범상어 <표범상어과>

학명⇒ *Proscyllium habereri* (Hilgendorf)
영명⇒ Graceful catshark
일명⇒ タイワンザメ

형태⇒ 체형은 긴 원통형에 가깝다. 눈에는 작은 순막이 있고, 입가에 입술주름이 있다. 제1등지느러미는 배지느러미 앞에 위치하고, 제2등지느러미는 뒷지느러미보다 약간 뒤에서 시작된다. 몸은 연한 황갈색을 띠고 검은 점이 흩어져 있다. 전장이 70cm 정도인 소형 상어이다.
생태⇒ 난생이며, 바다의 바닥에 서식한다.
분포⇒ 우리 나라 제주도를 포함한 남해, 일본 남부, 남중국해
참고⇒ 우리 나라의 정(1977)은 이 종의 학명으로 *Calliscyllium venustum* Tanaka를 사용하였고, Nakabo(2000)는 *Proscyllium venustum*을 이 종과 다른 종으로 구분하고 있으나, Compagno(1984)는 이들을 모두 *Proscyllium habereri* (Hilgendorf)의 동종 이명으로 취급하고 있다.

까치상어과
Triakidae (Hound sharks, smooth dogfishes)

어미의 전장이 1.5m 미만인 소형 상어류이며, 등지느러미 앞쪽은 상하로 납작하고, 뒤쪽은 원통형에 가까우며 길다. 입은 머리 아래쪽에 위치하고, 입의 양 끝은 눈 뒤까지 확장되어 있다. 눈 뒤에 분수공이 있고, 아가미구멍은 5쌍이다. 제1등지느러미는 배지느러미보다 앞에 위치하고, 꼬리지느러미의 상하엽이 비대칭이다. 우리 나라 연안에 3속 4종, 세계에 9속 39종이 알려져 있으며, 이 과에 속하는 종들은 대부분 주요 어자원이다.

행락상어

13. 행락상어 <까치상어과>

학명⇒ *Hemitriakis japonica* (Müller et Henle)
영명⇒ Japanese topeshark
일명⇒ エイラクブカ
형태⇒ 체형은 긴 원통형이다. 주둥이는 위에서 보았을 때 끝이 둥근 삼각형이다. 입 양쪽 끝에 입술주름이 잘 발달되어 있고, 윗입술주름이 아랫입술주름보다 길다. 눈은 옆으로 길고, 콧구멍 위에는 비공 피부판이 발달되어 있다. 등은 균일하게 회색을 띠며, 배 쪽은 밝은 색을 띤다. 각 지느러미의 후연은 약간 흰색을 띤다. 태어날 때 전장은 약 20cm이고, 1.2m까지 자란다.
생태⇒ 난태생이며, 출산 개체 수는 8~22마리이다. 바다의 저층부에 서식한다.
분포⇒ 우리 나라 남해, 일본 남부, 남중국해
유사종⇒ 개상어(*Mustelus griseus*)

14. 개상어   <까치상어과>

학명 ⇒ *Mustelus griseus* Pietschmann
영명 ⇒ Spotless smooth hound, dog shark
일명 ⇒ シロザメ

형태 ⇒ 체형과 몸 색깔이 행락상어와 매우 비슷하다. 행락상어에 비해 배지느러미가 약간 앞에 위치하므로 배지느러미가 제1등지느러미 후단의 바로 아래에서 시작된다. 행락상어와 가장 큰 차이점은 이빨의 모양인데, 이 종은 이빨 아래의 양 옆에 첨두가 없는 반면에 행락상어의 이빨은 첨두가 있다. 몸은 전체적으로 균일하게 회색을 띠는데, 배는 밝은 색이다. 태어날 때 전장은 약 28cm이고, 1m까지 자란다.

생태 ⇒ 태생으로, 한 배의 출산 개체 수는 5~16마리이며, 바닥에서 무척추동물을 주로 먹는다.

분포 ⇒ 우리 나라 남해, 일본 남부, 동중국해

개상어

15. 별상어   <까치상어과>

학명 ⇒ *Mustelus manazo* Bleeker
영명 ⇒ Star-spotted smooth hound, hound shark
일명 ⇒ ホシザメ

형태 ⇒ 체형은 개상어와 비슷하지만, 개상어에 비해 윗입술주름이 발달되어 있다. 몸은 회색 바탕에 등 쪽에 흰 점들이 흩어져 있어서 균일하게 회색을 띠는 개상어와 쉽게 구분된다. 태어날 때 전장은 30cm 정도이고, 1.2m까지 자란다.

생태 ⇒ 난태생으로, 한 배의 출산 개체 수는 1~22마리이며, 바닥에서 무척추동물을 주로 먹는다.

분포 ⇒ 우리 나라 서해 남부와 남해, 일본 홋카이도 이남, 남중국해

별상어

16. 까치상어 <까치상어과>

학명⇒ *Triakis scyllium* Müller et Henle
영명⇒ Banded houndshark
일명⇒ ドチザメ

형태⇒ 체형은 긴 원통형이며, 주둥이는 위에서 보았을 때 둥근 반달형이다. 입은 주둥이 아래에 있고, 입 양쪽 끝에는 입술주름이 잘 발달되어 있다. 콧구멍 위에는 비공피부판이 있다. 몸은 연한 자갈색 바탕에 말안장 모양의 어두운 가로줄 무늬가 10개 정도 있고, 흑갈색 점들이 흩어져 있다. 태어날 때 전장은 20~25cm이고, 1.5m까지 자란다.

생태⇒ 난태생이며, 한 배의 출산 개체 수는 9~26마리이다. 육지에 가까운 연안에 서식하며, 야행성으로 어류와 갑각류를 먹는다.

분포⇒ 우리 나라 서해 남부와 남해, 일본 홋카이도 이남, 타이완, 동중국해

까치상어

흉상어과
Carcharhinidae (Requiem sharks)

종에 따라 전장 0.7m에서 6m에 이르기까지 몸의 크기가 다양하다. 몸은 방추형으로 단면은 원통형에 가깝고, 입은 주둥이 아래에 위치하며, 양끝은 눈 뒤까지 확장되어 있다. 눈은 둥글고, 순막이 발달되어 있다. 미병부에 융기선이 없지만, 꼬리지느러미와 미병부 사이에 미기각이 있다. 까치상어 과와 비슷하지만, 까치상어과의 경우 미병부와 꼬리지느러미 사이에 미기각이 없기 때문에 두 분류군이 구분된다. 인간에게 가장 위협적인 5종의 상어 가운데 뱀상어를 비롯한 3종이 이 과에 포함된다. 우리 나라에 4속 8종, 세계적으로 13속 50여 종이 알려져 있다.

무태상어

17. 무태상어 <흉상어과>

학명⇒ *Carcharhinus brachyurus* (Günther)
영명⇒ Copper shark
일명⇒ クロヘリメジロ

형태⇒ 체형은 방추형으로 단면은 원통형에 가깝다. 주둥이는 뾰족하고, 아래에서 보았을 때 포물선형이다. 눈은 둥글고 순막이 있다. 등은 올리브색을 띤 회색 또는 청동색이고, 배는 흰색이다. 배지느러미 위에서 등의 색깔과 같은 어두운 띠무늬가 나타나 가슴지느러미 부근에서 등 쪽의 색깔과 합해진다. 태어날 때 전장은 60~70cm이고, 약 3m까지 자란다.

생태⇒ 태생으로, 한 배의 출산 개체 수는 13~20마리이다. 표층에서 수심 100m에 이르는 해역에 서식하며, 경골어류를 주로 먹는다. 사람에게 크게 위험한 종은 아니다.

분포⇒ 우리 나라 전 연안, 세계의 온대와 아열대 해역

흰뺨상어

18. 흰뺨상어 <흉상어과>

학명⇒ *Carcharhinus dussumieri* (Valenciennes)
영명⇒ White-cheeked shark
일명⇒ スミツキザメ

형태⇒ 체형은 방추형으로 단면은 원통형에 가깝다. 주둥이는 뾰족하고, 아래에서 보았을 때 포물선형이다. 눈은 둥글고 순막이 있다. 제2등지느러미의 윗부분만 뚜렷하게 검은색을 띠는 것이 특징이다. 태어날 때 전장은 35~40cm이다. 전장 약 1m.
생태⇒ 태생으로, 작은 어류와 오징어류를 먹으며, 사람에게 위험한 종은 아니다.
분포⇒ 우리 나라 남해, 일본 남부, 인도양 북부

검은꼬리상어

19. 검은꼬리상어 <흉상어과>

학명⇒ *Carcharhinus sorrah* (Valenciennes)
영명⇒ Spot-tail shark
일명⇒ ホウライザメ

형태⇒ 체형은 방추형으로 단면은 원통형에 가깝다. 주둥이는 아래에서 보았을 때 뾰족한 포물선형이다. 등은 회갈색이고 배는 흰색이다. 가슴지느러미와 제2등지느러미의 후단, 꼬리지느러미 하엽의 후단은 검은색을 띠며, 그 밖의 것은 몸 색깔과 비슷하다. 태어날 때 전장은 45~60cm이고, 1.5m까지 자란다.
생태⇒ 태생으로, 한 배의 출산 개체 수는 1~6마리이다. 사람을 공격하지 않으며, 경골어류와 작은 연골어류, 기타 새우류, 게류 등 갑각류를 먹는다.
분포⇒ 우리 나라 제주도, 일본 남부, 인도양, 서태평양의 열대 해역, 홍해

20. 뱀상어 <흉상어과>

학명⇒ *Galeocerdo cuvier* (Peron et Le Sueur)
영명⇒ Tiger shark
일명⇒ イタチザメ

형태⇒ 체형은 긴 방추형으로, 머리는 크고 뭉툭하다. 입술주름이 매우 길게 발달되어 후단이 눈 아래에까지 도달한다. 이빨은 한쪽으로 심하게 휘어 있고, 가장자리에 톱니 모양의 거치가 잘 발달되어 있다. 꼬리지느러미의 상엽은 가늘고 길어서 그 끝이 매우 뾰족하다. 등은 연한 청회색 바탕에 호랑이 몸과 같은 담갈색 가로줄 무늬가 일정한 간격으로 나타나지만, 자라면서 희미해진다. 태어날 때 전장은 51~76cm이고, 약 5.5m까지 자란다.
생태⇒ 난태생이며, 한 배의 출산 개체 수는 10~82마리이다. 오징어와 경골어류, 연골어류, 바다거북, 해산 포유류 등을 다양하게 먹는다. 야행성이어서 밤에 먹이를 찾아 수심이 얕은 곳으로 이동하기도 한다. 공격을 받았을 때 사망률이 백상아리의 경우보다 높은 것으로 알려져 있다.
분포⇒ 우리 나라 서해와 남해, 세계의 열대와 아열대 해역

뱀상어(사진 최성순, 해외)

21. 청새리상어 <흉상어과>

학명⇒ *Prionace glauca* (Linnaeus)
영명⇒ Blue shark
일명⇒ ヨシキリザメ

형태⇒ 체형은 방추형으로 날씬하고 길며, 단면은 원통형이다. 주둥이가 길고 뾰족하며, 아래에서 볼 때 너비가 좁은 포물선형이다. 가슴지느러미는 매우 길어서 낫과 같은 형태이다. 등은 진한 파란색이고 배는 흰색이다. 태어날 때 전장은 약 40cm이고, 4m까지 자란다.
생태⇒ 태생으로, 한 배의 출산 개체 수는 4~135마리이다. 떼지어 다니는 어류와 오징어, 소형 상어, 바닷새, 포유류 등을 먹고, 새파에 길다란 돌기물들이 있어서 작은 먹이들이 아가미로 빠져 나가는 것을 방지한다. 밤에 주로 활동하고, 사람을 공격하는 위험한 상어이다. 온대와 열대 해역의 광범위한 거리를 회유하는 상어로 알려져 있다.
분포⇒ 우리 나라 동해와 제주도 해역, 세계의 온대와 아열대 해역

청새리상어

22. 펜두상어 <흉상어과>

학명⇒ *Rhizoprionodon acutus* (Rüppelll)
영명⇒ Milk shark
일명⇒ ヒラガシラ

형태⇒ 체형은 방추형으로 날씬하고, 단면은 원통형이다. 입술주름이 비교적 잘 발달되어 있고, 윗입술주름이 아랫입술주름보다 더 길다. 등은 회색 또는 회갈색이고, 배는 연한 색깔을 띤다. 가슴지느러미와 배지느러미, 꼬리지느러미 하엽은 연한 색이고, 새끼는 등지느러미와 꼬리지느러미 상엽의 후단이 어두운 색을 띤다. 태어날 때 전장은 35~40cm이고, 약 1.5m까지 자란다.

생태⇒ 태생으로, 바다의 중·저층을 헤엄쳐 다닌다.

분포⇒ 우리 나라 남해, 일본 남부, 인도양·태평양, 대서양 동부

유사종⇒ 아구상어(*Rhizoprionodon oligolinx*)
일명 : アンコウザメ

펜두상어

흉상어과 Carcharhinidae(Requiem sharks)

귀상어과
Sphyrnidae (Hammerhead sharks)

머리가 망치처럼 독특하게 옆으로 확장되어 있고, 머리 양 끝에 눈이 위치하여 다른 상어류와 쉽게 구분된다. 몸은 방추형이고, 입은 주둥이 아래에 위치한다. 아가미구멍은 5쌍이고, 순막이 있는 둥근 눈을 가진다. 분수공과 미병 측부 융기선이 없으나, 미병부와 꼬리지느러미 사이에 상하 미기각이 있다. 종에 따라 0.9m에서 6m에 이르기까지 크기가 다양하다. 우리 나라 연안에 2속 2종, 세계에 2속 9종이 알려져 있다. 크게 위협적인 상어류는 아니지만, 사람을 공격한 많은 예가 있어서 주의해야 한다.

홍살귀상어

23. 홍살귀상어 <귀상어과>

귀상어

학명⇒ *Sphyrna lewini* (Griffith et Smith)
영명⇒ Scalloped hammerhead
일명⇒ アカシュモクザメ

형태⇒ 체형은 방추형이고 단면은 원통형이다. 머리가 망치처럼 좌우로 확장되어 있고, 그 중앙부 가장자리는 오목한 홈이 있어서 이 부분이 편평한 귀상어와 구분된다. 눈은 좌우로 확장된 머리의 양 끝에 위치한다. 제2등지느러미 후단은 길어서 거의 미기각에 이르고, 그 기부는 뒷지느러미 기부보다 짧다. 등은 청동색 또는 밝은 회갈색이고, 배는 등보다 연한 색이다. 새끼의 가슴지느러미와 제2등지느러미 상단, 꼬리지느러미 하엽의 후단은 어두운 색을 띤다. 태어날 때 전장은 45~50cm이고, 3.5m까지 자란다.

생태⇒ 태생으로, 몸이 비교적 큰 중형 상어이다. 가끔 사람을 공격하는 종이다.
분포⇒ 우리 나라 전 해역, 세계의 온대와 아열대 해역
유사종⇒ 귀상어(*Sphyrna zygaena*)
영명 : Smooth hammerhead
일명 : シロシュモクザメ

악상어목 Lamniformes

강남상어과

Pseudocarchariidae (Crocodile shark)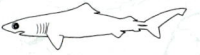

악상어목 가운데 몸이 가장 작은 소형 상어이며, 우리 나라와 세계에 단 1속 1종이 알려져 있다.

강남상어

24. 강남상어 <강남상어과>

학명⇒ *Pseudocarcharias kamoharai* (Matsubara)
영명⇒ Crocodile shark, Kamohara's sand shark
일명⇒ ミズワニ

형태⇒ 체형은 방추형이고 단면은 원통형이다. 머리와 주둥이는 원추형으로 뾰족하고, 아래에서 본 주둥이 모양은 너비가 좁은 포물선형이다. 눈은 크고 머리 중앙에 위치한다. 미병부에는 융기선이 발달되어 있고, 미기각이 있다. 등은 어두운 갈색이고, 배는 연한 색이다. 태어날 때 전장은 40cm 미만이고, 어미의 전장이 1.1m 정도인 소형 상어이다.
생태⇒ 난태생이며 심해성으로, 수심 약 300m 전후의 깊이에 서식한다. 사람을 공격한 예는 없다.
분포⇒ 우리 나라 남해, 일본 남부, 태평양, 인도양, 대서양 동부

환도상어과
Alopiidae (Thresher sharks)

꼬리지느러미의 상엽이 길게 신장되어 몸통부의 길이와 비슷한 특이한 체형이다. 몸은 방추형이고 주둥이는 원추형으로 뾰족하며, 입은 비교적 작다. 미병부와 꼬리지느러미 사이에 미기각이 있고, 미병부에 융기선이 없다. 제2등지느러미와 뒷지느러미는 매우 작다. 이 분류군은 대단히 활동적이며 강한 유영력을 가지고 있어서, 영명 'thresher'는 '도리깨질한다'는 의미이다. 우리 나라에 1속 2종, 세계에 1속 3종이 알려져 있다.

환도상어

25. 환도상어 <환도상어과>

학명⇒ *Alopias pelagicus* Nakamura
영명⇒ Thresher shark
일명⇒ ニタリ

흰배환도상어

형태⇒ 체형은 방추형이고 단면은 원통형이다. 주둥이는 짧고 원뿔형이며, 양턱에는 작은 이빨들이 열을 이룬다. 꼬리지느러미 상엽은 매우 길어서 몸통부의 길이보다 길거나 같다. 제2등지느러미는 매우 작으며, 배지느러미 후단의 위에서 시작된다. 살아 있을 때 등은 청회색이고 배는 흰색인데, 등의 어두운 색과 배의 흰색이 경계를 이루지 않고 등에서 배 쪽으로 갈수록 색깔이 연해진다. 태어날 때 전장은 약 1m이고, 3.3m까지 자란다.

생태⇒ 난태생으로 바다의 상층부를 활발하게 헤엄쳐 다니며 어류와 오징어류를 먹는다.
분포⇒ 우리 나라 동해 남부와 남해 먼바다, 일본 남부, 인도양, 태평양의 열대 해역
유사종⇒ 흰배환도상어(*Alopias vulpinus*)
영명 : Pelagic thresher, common thresher
일명 : マオナガ

돌묵상어과

Cetorhinidae (Basking shark)

어미의 전장이 10m에 달하는 대형 상어이며, 아가미구멍이 머리의 등 쪽에서 배 쪽까지 길게 이어진다. 세계적으로 1속 1종이 있다.

돌묵상어

26. 돌묵상어 <돌묵상어과>

학명⇒ *Cetorhinus maximus* (Gunnerus)
영명⇒ Basking shark
일명⇒ ウバザメ

형태⇒ 체형은 크고 방추형이며, 단면은 원통형이다. 아가미구멍은 등에서 배까지 몸을 거의 둘러싸는 것처럼 길게 이어진다. 입은 주둥이 아래에 크게 열리고, 양턱에는 좁쌀과 같은 많은 이빨이 있다. 몸은 전체적으로 어두운 갈색이고, 배는 밝은 색을 띤다. 태어날 때의 전장은 잘 알려져 있지 않으나, 1.5~2m 정도로 추정된다. 어미의 전장은 10m.

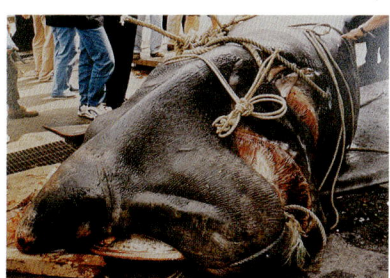

어선에 잡힌 전장 9m의 돌묵상어(충남 보령)

생태⇒ 고래상어 다음으로 큰 대형 상어이지만, 동물성 플랑크톤을 먹는 온순한 종이다. 영명의 'basking shark'는 '햇빛 쬐는 상어'라는 뜻으로, 바다의 표층에서 햇빛을 받으며 천천히 헤엄치는 모습에서 붙여진 이름이다.

분포⇒ 우리 나라 전 해역, 세계의 온대와 한대 해역

악상어과
Lamnidae (Mackerel sharks)

몸은 방추형으로 전장 3~6m에 달하는 활동적이고 유영력이 강한 상어류이다. 주둥이는 원추형으로 뾰족하고, 미병부에 1~2개의 융기선이 잘 발달되어 있다. 초승달 모양의 꼬리지느러미, 긴 아가미구멍, 제2등지느러미와 뒷지느러미가 작은 것 등이 악상어과의 특징이다. 악명 높은 백상아리가 이 분류군에 포함된다. 악상어과의 상어는 발달된 순환계로 대사열을 보존하여 주변의 수온보다 높은 체온을 유지하는데, 백상아리는 수온보다 3~5℃, 청상아리는 7~10℃ 높은 체온을 유지한다. 이 상어들은 체온이 상승함으로써 소화율을 증가시키고, 신속한 대사 작용과 근육 운동을 가능하게 하는데, 이것은 큰 먹이를 먹을 수 있기 때문에 가능하다. 주요 먹이는 경골어류와 다른 상어류, 해산 포유류 등이다. 우리 나라에 3속 3종, 세계에 3속 5종이 알려져 있다.

27. 백상아리 <악상어과>

학명⇒ *Carcharodon carcharias* (Linnaeus)
영명⇒ White shark
일명⇒ ホホジロザメ

형태⇒ 체형은 방추형으로 단면은 원통형이고, 주둥이는 끝이 뾰족한 원추형이다. 양턱에 삼각형의 강한 이빨이 있으며, 이빨의 가장자리에 톱니 모양의 거치가 있다. 눈은 둥글고 순막이 없다. 가슴지느러미 뒤에서 꼬리지느러미 앞까지 융기선이 발달되어 있다. 등은 회색이고 배는 흰색을 띤다. 가슴지느러미의 안쪽 끝이 검은 것도 있다. 태어날 때의 전장은 1.1m, 어미의 최대 전장은 6.5m에 달한다.

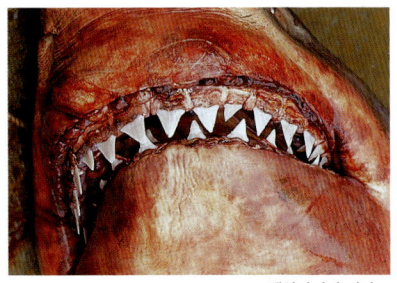

백상아리의 이빨

생태⇒ 난태생으로, 한 배에 7~9마리를 출산한다. 물개, 바다사자, 돌고래 등의 해산 포유류와 상어류, 가오리류, 경골어류 및 무척추동물을 먹는다. 영화 '조스'에 등장한 주인공으로, 바다의 무법자로 일컬어지는 가장 난폭한 상어이다.

분포⇒ 우리 나라 전 해역, 세계의 온대와 열대 해역

참고⇒ 우리 나라 서해 연안에서 1959년부터 1996년까지 상어의 공격으로 6명이 희생되었으며, 희생자는 수영객 1명을 포함하여 전복 채취 해녀와 키조개를 잡던 잠수부들이다. 사람을 공격한 상어는 백상아리로 판단된다.

백상아리(사진 박세화, 해외)

28. 청상아리 <악상어과>

학명⇒ *Isurus oxyrinchus* Rafinesque
영명⇒ Shortfin mako
일명⇒ アオザメ

형태⇒ 체형은 방추형으로 단면은 원통형이며, 주둥이는 끝이 뾰족한 원추형이다. 눈은 검고 둥글며 순막이 없다. 이빨은 송곳처럼 뾰족하고, 가장자리는 톱니 모양의 거치가 없고 매끈하며, 먹이를 잡는 데 용이하도록 안쪽으로 휘어져 있다. 가슴지느러미 뒤에서 미병부까지 융기선이 발달되어 있다. 등은 진한 파란색이고, 배는 흰색이다. 태어날 때의 전장은 65cm이고, 약 4m까지 자란다.

생태⇒ 난태생으로, 한 배의 출산 개체 수는 4~16마리이다. 수심 0~150m의 따뜻한 바다에 주로 서식하지만, 수온 16℃ 이하에서 잡히기도 한다. 백상아리와 달리 주로 경골어류를 먹는다. 사람을 해치는 위험한 종이며, 헤밍웨이의 소설 '노인과 바다'에 등장하는 주인공이다.

분포⇒ 우리 나라 전 해역, 세계의 온대와 열대 해역

청상아리의 이빨

악상어

29. 악상어   <악상어과>

학명⇒ *Lamna ditropis* Hubbs et Follett
영명⇒ Salmon shark
일명⇒ ネズミザメ

형태⇒ 몸이 육중한 방추형으로 단면은 원통형이다. 양턱에는 끝이 옆으로 휘어진 강한 이빨이 있으며, 이빨의 아래 양쪽에 측돌기가 있다. 이 상어의 특징은 미병부에 2개의 융기선이 있다는 점이다. 즉, 미병부에 1개의 융기선이 있고, 그 아래에 또 하나의 작은 융기선이 있다. 등은 회청색이고 배는 흰색이다. 태어날 때의 전장은 약 0.8~1m이고, 어미의 최대 전장은 3m에 달한다.
생태⇒ 난태생으로 한대성 상어이다.
분포⇒ 우리 나라 동해안의 중부 이북, 일본 중부 이북, 베링 해
참고⇒ 몸이 육중하고, 백상아리, 청상아리와 같은 과이기 때문에 위험한 상어로 분류되어 왔다. 그러나 최근에는 이 상어 주변에서 수중 촬영을 해도 공격을 하지 않는 것으로 알려져 있으며, 지금까지 이 상어가 사람을 공격한 예는 거의 없다. 그러나 이빨의 모양 등으로 볼 때 여전히 주의해야 할 상어이다.

❖ 상어의 이빨

상어를 생각하면 가장 먼저 떠오르는 것이 날카로운 이빨이다. 상어 이빨의 모양은 종에 따라 다른데, 이것은 종마다 먹이가 다르고 또 먹이를 얻기 위해 다양한 방식으로 진화된 증거이기도 하다. 사람과는 달리 상어는 살아 있는 동안 몇 번이나 이갈이를 하는데, 상어의 이빨은 턱에 깊이 박혀 있지 않아서 단단한 것을 씹을 때 부러지거나 쉽게 빠진다. 따라서, 상어의 공격을 받은 사람의 몸 속이나 보트의 나무 속에서 상어의 이빨이 발견되는 일이 있으며, 이것으로 사람을 공격한 상어의 종류를 밝혀 내기도 한다. 상어 이빨의 모양은 종마다 독특해서 단 한 조각으로도 어떤 상어인지 알아 낼 수 있다.

신락상어목 Hexanchiformes

신락상어과
Hexanchidae (Cow sharks)

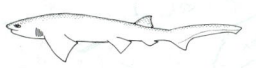

 등지느러미가 1개이고 아가미구멍이 6~7쌍인 점으로 다른 과의 상어와 구분된다. 눈에는 순막이 없고, 분수공은 매우 작다. 이 과에 속하는 모든 종은 칠성상어(*Notorhynchus cepedianus*)를 제외하고는 모두 심해성이다. 우리 나라에 2속 2종, 세계에 3속 4종이 알려져 있다.

꼬리기름상어

30. 꼬리기름상어 <신락상어과>

학명 ⇒ *Heptranchias perlo* (Bonnaterre)
영명 ⇒ Sharpnosed sevengill shark
일명 ⇒ エドアブラザメ
형태 ⇒ 체형은 긴 방추형으로 단면은 원통형이다. 눈은 크고 옆으로 길다. 아가미구멍이 7개이고 등지느러미가 1개인 것이 특징이다. 등은 회갈색이고 배는 연한 색이다. 새끼는 등지느러미와 꼬리지느러미 후단에 어두운 색이 뚜렷하나 자라면서 희미해진다. 살아 있을 때 눈은 푸른색을 띤다. 태어날 때의 전장은 약 25cm이고, 1.4m까지 자란다.
생태 ⇒ 난태생으로 한 배의 출산 개체 수는 9~20마리이다. 수심 300~1000m에 서식하고, 연안 가까운 곳에 나타나기도 하며, 그물에 걸렸을 때 매우 사납게 몸부림친다. 소형 상어로 사람에게 위험한 종은 아니다.
분포 ⇒ 우리 나라 남해, 세계의 온대와 열대 해역

칠성상어

31. 칠성상어 <신락상어과>

학명⇒ *Notorynchus cepedianus* (Péron)
영명⇒ Broadnose sevengill shark
일명⇒ エビスザメ

형태⇒ 체형은 긴 방추형으로 단면은 원통형이며, 머리와 주둥이가 넓어서 배 쪽에서 보면 둥근 포물선형이다. 7개의 아가미구멍이 있고, 등지느러미는 몸 후반부에 한 개만 있다. 등은 연한 청회색 바탕에 몸 전체에 진한 자줏빛 반점이 흩어져 있으며, 배는 밝은 색이다. 태어날 때의 전장은 40~50cm이고, 약 3m까지 자란다.

생태⇒ 난태생으로, 문어와 다른 상어나 가오리류, 연어 등의 경골어류, 썩은 고기, 물개 등을 먹는다. 사람을 공격하지 않는 상어로 알려져 있지만, 수중에서 사람에게 공격적인 행동을 취하기도 한다. 비교적 몸이 커서 조심할 필요가 있다.

분포⇒ 우리 나라 서해와 남해, 세계의 온대와 열대 해역

❖ 상어의 간

상어의 가장 독특한 내부 기관은 간이다. 경골어류는 대개 부레가 있어서 가라앉지 않고 헤엄칠 수 있다. 상어는 부레 대신 지방질의 큰 간을 가지고 있는데, 이것은 몸 속에서 가장 큰 장기이며, 내장 전체의 약 25%를 차지한다. 지방은 물보다 가볍기 때문에 지방질의 간은 상어가 부레 없이도 물에 뜨도록 돕는 역할을 한다. 어떤 상어는 간이 내장의 90%를 차지하여 물 위에서 거의 움직이지 않고도 떠 있을 수 있다. 그러나 대부분의 상어의 간은 부레만큼 물에 뜨는 데 효율적이지 못하므로 헤엄을 치지 않으면 가라앉는다.

백상아리의 간

돔발상어목 Squaliformes

돔발상어과
Squalidae (Dogfish sharks, spurdogs)

양적으로나 종수에 있어서 상어류 가운데 흉상어목 다음으로 큰 분류군이며, 주로 깊은 바다에 서식한다. 뒷지느러미가 없고, 2개의 등지느러미 앞에 강한 가시가 있다. 어미의 전장이 20cm에 불과한 종이 있는 반면에 3m 이상인 종도 있다. 해산 포유류 및 어류에 기생 생활을 하는 종도 있고, 백상아리 등 대형 상어의 먹이가 되기도 한다. 이 과에 속하는 일부 종들이 스쿠알렌을 만드는 데 이용된다. 우리 나라에 2속 5종, 세계에 23속 74종이 알려져 있다.

가시줄상어

32. 가시줄상어 <돔발상어과>

학명⇒ *Etmopterus lucifer* Jordan et Snyder
영명⇒ Blackbelly lantern shark, spiny shark
일명⇒ フジクジラ

형태⇒ 체형은 긴 방추형으로 주둥이는 짧고 약간 뾰족하며, 눈은 크고 옆으로 길다. 2개의 등지느러미 앞에 강한 가시가 있고, 뒷지느러미는 없다. 등은 밝은 갈색이고, 체측은 어두운 갈색이며, 배로 갈수록 검은색을 띤다. 눈과 꼬리지느러미 사이의 등 쪽 중앙부를 따라 연한 줄무늬가 나타나기도 한다. 죽으면 몸 전체가 어두운 색으로 변하고, 꼬리지느러미 상엽에 흰 줄무늬가 있다. 태어날 때의 전장은 15cm이고, 어미의 전장이 약 50cm인 소형 상어이다.

생태⇒ 난태생으로, 대륙붕의 바닥에서 생활하며, 작은 경골어류와 새우류를 먹는다.

분포⇒ 우리 나라 남해, 일본의 홋카이도 이남, 남아프리카, 남대서양

곱상어

33. 곱상어 <돔발상어과>

학명⇒ *Squalus acanthias* Linnaeus
영명⇒ Spiny dogfish, piked dogfish
일명⇒ アブラツノザメ

형태⇒ 체형은 긴 방추형이고, 몸통의 단면은 배 쪽이 넓어서 삼각형에 가깝다. 2개의 등지느러미 앞에 강한 가시가 있고, 뒷지느러미는 없다. 등은 회색 또는 갈색이며, 몸에 흰 반점이 흩어져 있다. 태어날 때의 전장은 20~35cm이고, 약 1.6m까지 자란다.

생태⇒ 난태생으로 한 배의 출산 개체 수는 1~20마리이다. 경골어류와 갑각류, 조개류 등을 먹는다. 등지느러미의 가시는 단단하고 날카로워 상처를 입힐 수도 있지만, 사람에게 위험한 종은 아니다.

분포⇒ 우리 나라 전 해역, 극지방을 제외한 세계의 대륙붕과 대륙 사면

도돔발상어

34. 도돔발상어 <돔발상어과>

학명⇒ *Squalus japonicus* Ishikawa
영명⇒ Japanese spurdog, spiny dogfish
일명⇒ トガリツノザメ

형태⇒ 몸이 약간 가늘며, 몸통의 단면은 배 쪽이 넓어 삼각형에 가깝다. 주둥이는 뾰족하고 길다. 2개의 등지느러미 앞에 강한 가시가 있고, 뒷지느러미는 없다. 등은 갈색이고 배는 밝은 색이며, 등지느러미 가장자리에 흰색 테두리가 있다. 어미의 최대 전장이 1m를 넘지 않는다.

생태⇒ 생식 방법은 불분명하고, 수심 150~300m의 바닥에 서식한다.

분포⇒ 우리 나라 남해, 일본 남부, 동중국해

모조리상어

35. 모조리상어 <돔발상어과>

학명⇒ *Squalus megalops* (Macleay)
영명⇒ Short nose spurdog, short nose dogfish
일명⇒ ツマリツノザメ

형태⇒ 체형은 긴 방추형이고, 몸통의 단면은 배 쪽이 넓어서 삼각형에 가깝다. 등지느러미 앞에 강한 가시가 있고, 뒷지느러미는 없다. 등은 밝은 갈색이고 배는 연한 색이다. 꼬리지느러미의 가장자리에는 흰색의 테두리가 있다. 태어날 때의 전장은 20~24cm이고, 어미의 전장이 약 70cm인 소형 상어이다.

생태⇒ 난태생으로 한 배의 출산 개체 수는 2~4마리이다. 수심 50~700m의 바닥에 살고, 경골어류와 두족류, 갑각류를 주로 먹으며 연골어류도 먹는다.

분포⇒ 우리 나라 전 해역, 일본 남부, 필리핀, 동남 아시아 해역

돔발상어

36. 돔발상어 <돔발상어과>

학명⇒ *Squalus mitsukurii* Jordan et Fowler
영명⇒ Short spine spurdog
일명⇒ フトツノザメ

형태⇒ 체형은 긴 방추형이고, 몸통의 단면은 배 쪽이 넓어 삼각형에 가깝다. 2개의 등지느러미 앞에는 강한 가시가 있다. 등과 체측은 회갈색이고, 배 쪽으로 갈수록 연한 색을 띤다. 태어날 때의 전장은 약 22~26cm이고, 1.1m까지 자란다.

생태⇒ 난태생으로 한 배의 출산 개체 수는 4~9마리이다. 수심 150~300m의 대륙붕에 서식하고, 경골어류와 두족류, 갑각류를 주로 먹는다.

분포⇒ 우리 나라 제주도를 포함한 남해, 일본 중부 이남, 남중국해, 하와이

전자리상어목 Squatiniformes

전자리상어과
Squatinidae (Angel sharks)

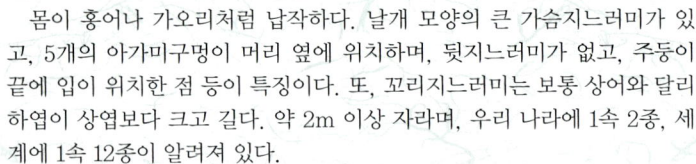

몸이 홍어나 가오리처럼 납작하다. 날개 모양의 큰 가슴지느러미가 있고, 5개의 아가미구멍이 머리 옆에 위치하며, 뒷지느러미가 없고, 주둥이 끝에 입이 위치한 점 등이 특징이다. 또, 꼬리지느러미는 보통 상어와 달리 하엽이 상엽보다 크고 길다. 약 2m 이상 자라며, 우리 나라에 1속 2종, 세계에 1속 12종이 알려져 있다.

전자리상어

37. 전자리상어 <전자리상어과>

학명⇒ *Squatina japonica* Bleeker
영명⇒ Japanese angel shark
일명⇒ カスザメ

형태⇒ 체형은 가오리와 같은 형태로 납작하고, 머리와 가슴지느러미는 분리되어 있다. 양쪽 분수공의 거리는 두 눈 사이의 간격보다 넓고, 가슴지느러미 가장자리는 약 90°의 각을 이룬다. 뒷지느러미는 없다. 등지느러미 앞쪽에서 머리 뒤까지 적당한 크기의 가시들이 열을 이룬다. 몸의 등 쪽은 어두운 갈색이며, 작고 연한 색의 점들이 흩어져 있다. 배는 흰색을 띤다. 전장 약 2.5m.

생태⇒ 한 배의 출산 개체 수는 약 10마리이다. 수심 100m 정도의 모래·개펄 바닥에 서식하며, 가자미류와 민어과 어류 등의 경골어류와 오징어류를 먹는다.

분포⇒ 우리 나라 전 해역, 일본, 동중국해
유사종⇒ 범수구리(*Squatina nebulosa*)

범수구리

38. 범수구리 <전자리상어과>

- 학명⇒ *Squatina nebulosa* Regan
- 영명⇒ Clouded angel shark
- 일명⇒ コロザメ

형태⇒ 체형은 가오리와 같은 형태로 전자리상어와 비슷하다. 가슴지느러미 끝의 각도가 약 120°로 전자리상어에 비해 둔하고, 주둥이 양옆에 피부가 늘어져 있으며, 등에 가시가 없다. 양쪽 분수공의 거리는 두 눈 사이의 간격보다 가깝다. 등 쪽은 어두운 갈색이고, 배는 흰색을 띤다. 전장 약 1.6m.

생태⇒ 수심 100~300m의 모래·개펄 바닥에 서식한다.

분포⇒ 우리 나라 서해 남부와 남해, 일본 중부 이남, 타이완, 필리핀

❖ 상어류와 홍어류의 구분

일반적으로 상어류는 날씬한 방추형의 체형이고, 홍어류는 납작한 마름모꼴의 체형인 것으로 생각하기 쉽다. 그러나 전자리상어와 범수구리는 몸의 모양이 납작하고 마름모꼴임에도 불구하고 홍어류가 아닌 상어류에 포함된다. 그렇다면 상어류와 홍어류를 구분하는 형태적 특징은 무엇일까? 아가미구멍의 위치 및 머리와 가슴지느러미가 분리되었는지, 연결되었는지에 따라 구분된다. 즉, 홍어류는 아가미구멍이 배에 위치하고 머리와 가슴지느러미가 연결되어 있지만, 상어류는 아가미구멍이 머리의 양 옆에 위치하고 머리와 가슴지느러미가 분리되어 있어서 두 분류군이 구분된다.

톱상어목 Pristiophoriformes

톱상어과

Pristiophoridae (Saw sharks)

 세계적으로 5종만이 보고된 작은 분류군이며, 전장 2m 미만의 소형 상어류이다. 주둥이가 앞으로 길게 돌출되어 있고, 그 가장자리는 톱니 모양의 돌기물이 나열되어 있으며, 주둥이 중간에 한 쌍의 긴 수염이 있다. 등지느러미는 2개이고 아가미구멍은 5~6쌍이다. 가슴지느러미가 크고, 꼬리지느러미 앞에 미병 측부 융기선이 있다. 사람에게 위험하지 않은 종으로 알려져 있으며, 우리 나라에 1속 1종, 세계에 2속 5종이 알려져 있다.

톱상어

39. 톱상어 <톱상어과>

학명⇒ *Pristiophorus japonicus* Günther
영명⇒ Japanese saw shark
일명⇒ ノコギリザメ

형태⇒ 체형은 긴 원통형으로 주둥이가 톱처럼 길게 돌출되어 있고, 그 길이는 전장의 약 $\frac{1}{3}$ 정도이다. 주둥이 가장자리에는 톱날 모양의 강한 돌기물이 열을 지어 있고, 중간에 한 쌍의 수염이 있다. 뒷지느러미는 없으며, 꼬리지느러미는 상하엽이 비대칭으로, 하엽은 매우 작다. 몸 색깔은 평범한 갈색이다. 전장 약 1.4m.
생태⇒ 난태생으로 한 배의 출산 개체 수는 약 12마리이다. 바닥에 서식하는 작은 동물을 먹는다.
분포⇒ 우리 나라 동해 남부와 남해, 일본의 홋카이도 이남, 타이완

홍어목 Rajiformes

전기가오리과

Narcinidae (Electric rays)

머리 앞쪽의 외곽선이 뾰족하지 않고 완만하게 둥글거나 일자형에 가깝다. 꼬리지느러미는 손바닥처럼 납작하다. 해부해 보면 머리와 가슴의 중간에 전기를 발생시키는 기관이 있다. 우리 나라에 1속 1종, 세계에 9속 24종이 알려져 있다.

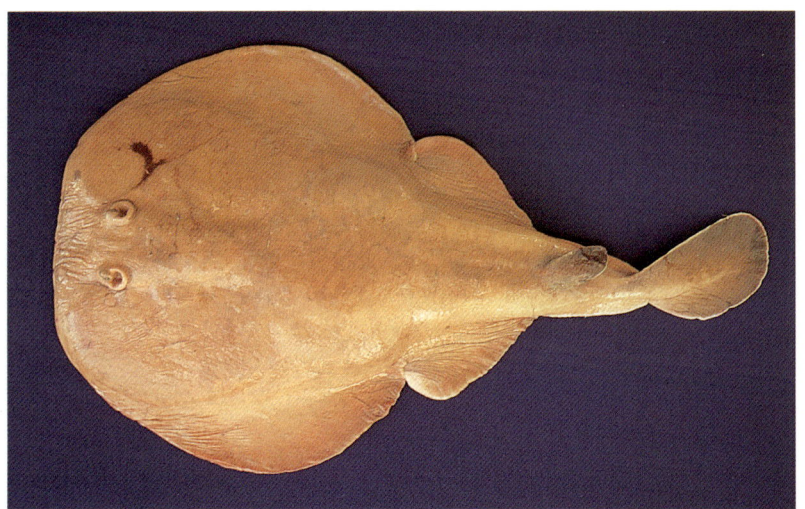

전기가오리

40. 전기가오리 <전기가오리과>

학명⇒ *Narke japonica* (Temminck et Schlegel)
영명⇒ Electric ray
일명⇒ シビレエイ

형태⇒ 체형은 원반형에 가깝고, 주둥이는 약간 둥글거나 일자형이다. 눈 뒤에 눈과 같은 크기의 분수공이 인접해 있다. 입은 주둥이 아래 배 쪽에 작게 열리고, 그 후방에 좌우로 5쌍의 아가미구멍이 있다. 피부는 부드럽다. 등지느러미는 1개이며, 꼬리지느러미 바로 앞에 위치한다. 등 쪽의 색깔은 변화가 심한데 보통은 황갈색이며, 배는 밝은 색을 띤다. 전장 약 40cm.

생태⇒ 태생으로 한 배에 4~5마리를 출산하며, 가슴지느러미의 발전 기관으로부터 50~60 볼트의 전기를 발생시킨다.

분포⇒ 우리 나라 남해, 일본 남부, 남중국해

수구리과
Rhinidae

머리와 가슴지느러미가 맞붙어 있고, 몸은 길게 신장된 가오리형이다. 가슴지느러미는 좌우로 확장되어 양쪽 끝은 각을 이룬다. 제1등지느러미가 배지느러미와 같은 위치에서 시작되고, 가슴지느러미와 배지느러미는 완전히 분리되어 있다. 꼬리지느러미는 상하 양엽으로 구분된다. 우리 나라에 2속 2종, 세계에 2속 6종이 알려져 있다. 수구리과를 가래상어과에 포함시키는 학자들도 있다(Nakabo, 2000).

목탁수구리

41. 목탁수구리 <수구리과>

학명⇒ *Rhina ancylostoma* Bloch et Schneider
영명⇒ Bow-mouthed angel fish
일명⇒ シノノメサカタザメ

형태⇒ 머리와 가슴지느러미가 맞붙어 체반을 형성한다. 가슴지느러미는 좌우로 크고 넓으며, 머리는 둥근 반달형이다. 몸의 등 쪽에는 비늘이 변형된 단단한 돌기들이 열을 이루고, 가슴지느러미 끝의 각도는 90° 미만이다. 가슴지느러미와 배지느러미는 분리되어 있다. 등지느러미는 크고, 몸의 등 쪽 중간과 후반부에 각각 제1등지느러미와 제2등지느러미가 위치한다. 등에는 진한 갈색 바탕에 흰 점들이 흩어져 있고, 배는 밝은 색이다. 어릴 때에는 흑청색 바탕에 흰 점들이 더욱 뚜렷하다. 전장 약 2.8m.

생태⇒ 태생으로 연안의 모래·개펄 바닥에서 저서 생활을 하며, 게와 조개류를 주로 먹는다.

분포⇒ 우리 나라 남해, 일본 남부, 인도양

동수구리

42. 동수구리   <수구리과>

| 학명⇒ *Rhynchobatus djiddensis* (Forsskål)
| 영명⇒ Spotted guitar fish, shovelnose ray
| 일명⇒ トンガリサカタザメ

형태⇒ 체반의 앞쪽은 뾰족한 삼각형이고, 가슴지느러미와 배지느러미는 분리되어 있다. 등지느러미는 두 개로 끝이 뾰족하며, 제1등지느러미는 배지느러미 바로 위쪽에 위치한다. 눈 뒤에서 제1등지느러미 앞쪽의 등 중앙에는 단단한 돌기물들이 열을 이룬다. 등은 전체적으로 갈색을 띠고 가슴지느러미와 배지느러미에 흰 점이 흩어져 있으며, 가슴지느러미에는 검고 둥근 점이 있다. 그러나 어미는 검은 점이 불분명하다. 전장 약 3m.
생태⇒ 태생어로 수심 50m 미만의 모랫바닥에 살며, 어류를 주로 먹는다.
분포⇒ 우리 나라 남해, 일본 남부, 남중국해, 오스트레일리아, 인도양
유사종⇒ 가래상어(*Rhinobatos schlegelii*)

❖ **수구리과와 가래상어과의 구분**

동수구리는 가래상어과의 가래상어와 형태적으로 매우 비슷하다. 또, 학자들마다 다소 차이가 있어서, Nakabo(2000)는 수구리과의 목탁수구리와 동수구리를 가래상어과에 포함시키고 있다. 수구리과와 가래상어과는 가슴지느러미와 배지느러미의 분리 유무에 의해 구분된다. 즉, 수구리과는 가슴지느러미와 배지느러미가 분리되어 있고, 가래상어과는 가슴지느러미와 배지느러미가 인접해 있다. 또, 수구리과는 머리와 가슴지느러미로 이어지는 외곽선이 오목한 반면에 가래상어과는 거의 반듯하게 이어진다.

가래상어과
Rhinobatiae (Guitar fishes)

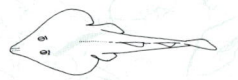

몸은 길게 신장된 가오리형이고, 머리는 가슴지느러미와 맞붙어 있다. 가슴지느러미는 좌우로 확장되고, 양 끝은 각을 이루지 않고 둥글다. 제1 등지느러미는 배지느러미보다 후방에서 시작되고, 가슴지느러미와 배지느러미는 인접되어 있거나 겹쳐진다. 꼬리지느러미는 상하 양엽으로 갈라져 있지 않다. 우리 나라에 2속 3종, 세계에 7속 45종이 알려져 있다.

가래상어(등)

가래상어(배)

43. 가래상어 <가래상어과>

- 학명⇒ *Rhinobatos schlegelii* Müller et Henle
- 영명⇒ Brown guitar fish
- 일명⇒ サカタザメ

형태⇒ 체형은 길게 신장된 가오리형이다. 가슴지느러미는 입보다 앞에서 시작되고 좌우로 확장되었으며, 양 끝은 각을 이루지 않고 둥글다. 제1등지느러미는 배지느러미보다 훨씬 뒤에 위치하며, 가슴지느러미와 배지느러미는 인접해 있다. 주둥이는 뾰족한 삼각형이고, 입 앞쪽의 주둥이 길이는 입 너비의 3배 이상이다. 뒷지느러미는 없다. 등은 균일한 담갈색을 띠며, 배는 흰색이다. 전장 약 1m.

생태⇒ 태생어로서 초여름에 약 6마리의 새끼를 낳는다. 모래에 몸을 묻고 있다가 가까이 다가온 어류와 갑각류 등을 잡아먹는다.

분포⇒ 우리 나라 남해, 일본 남부, 남중국해, 아라비아 해역

목탁가오리

44. 목탁가오리 <가래상어과>

- 학명⇒ *Platyrhina sinensis* (Bloch et Schneider)
- 영명⇒ Fan ray, thornback ray
- 일명⇒ ウチワザメ

형태⇒ 체형은 주둥이가 약간 뾰족한 심장형이다. 눈 안쪽에 3쌍, 견대부(肩帶部)에 3쌍의 골질 돌기가 있고, 등 쪽 중앙선을 따라 일렬의 딱딱한 돌기가 있다. 가슴지느러미 뒤와 배지느러미 앞은 겹쳐진다. 꼬리부는 가늘고, 그 위에 가장자리가 둥근 2개의 등지느러미가 있다. 제1등지느러미는 배지느러미보다 훨씬 뒤에 위치한다. 등은 담갈색이고, 돌기가 있는 부분은 황백색을 띤다. 배는 흰색이다. 전장 약 70cm.

생태⇒ 태생으로, 모래에 몸을 묻고 있다가 가까이 다가온 갑각류나 작은 어류를 잡아먹는다.

분포⇒ 우리 나라 서해와 제주도를 포함한 남해, 일본 남부, 남중국해

홍어과

Rajidae (Skates)

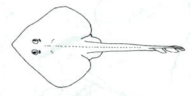

몸은 상하로 납작하고, 가슴지느러미는 머리와 맞붙어 마름모꼴의 체반을 형성한다. 미병부는 꼬리 모양으로 가늘고 길며, 체반과 분리되어 있다. 눈 바로 뒤에는 큰 분수공이 있고, 배 쪽에 5쌍의 아가미구멍이 있다. 배지느러미의 전엽과 후엽은 겹쳐지고, 등지느러미는 꼬리부의 뒤쪽에 위치한다. 우리 나라에 4속 11종, 세계에 18속 200여 종이 알려져 있다.

가오리과 어류는 그 동안 국내에서 *Bathyraja*와 *Raja* 2개의 속이 포함되어 있었으나, 최근 국내외 학자들의 연구 결과 *Raja*속은 *Dipturus*, *Okamejei*, 그리고 *Raja*속으로 세분화되었다.

바닥가오리

45. 바닥가오리 <홍어과>

학명⇒ *Bathyraja bergi* Dolganov
영명⇒ Raspback skate
일명⇒ ソコガンギエイ

형태⇒ 주둥이의 문연골 너비가 좁고 부드러워 상하로 쉽게 휜다. 체반 등 쪽의 견대부에 한 쌍의 단단한 골질 돌기가 돋아 있다. 눈 뒤 쪽 중앙에는 뚜렷한 가시가 있으며, 몸 중간에서 중단되었다가 꼬리부(배지느러미 부근)에서 다시 나타나 꼬리 후단부의 등지느러미 앞까지 길게 이어진다. 등은 보라색을 띤 진한 갈색이고, 배 쪽의 총배설강 주변은 약간 어두운 색을 띠지만 그 밖에는 흰색을 띤다. 전장 약 1m.

생태⇒ 수심 100~500m의 바닥에 서식한다.
분포⇒ 우리 나라 동해 중부 이북, 일본 북부, 오호츠크 해

저자가오리(등)

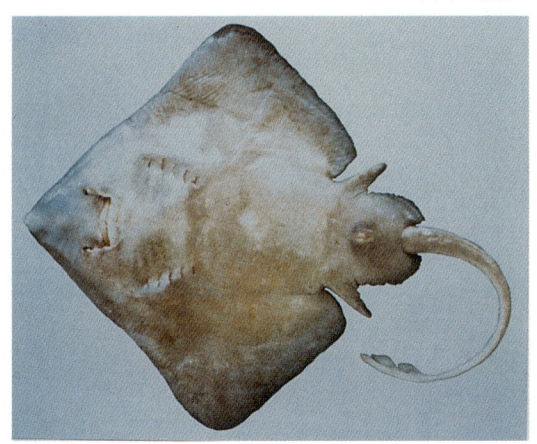
저자가오리(배)

46. 저자가오리   <홍어과>

학명⇒ *Bathyraja isotrachys* (Günther)
영명⇒ Challenger skate
일명⇒ チャレンジャーカスベ

형태⇒ 주둥이의 문연골 너비가 좁고 부드러워 쉽게 휜다. 체반 등 쪽의 견대부에 골질 돌기가 없다. 눈 뒤쪽 중앙에는 가시가 없거나 있다 하여도 1~2개에 불과하고, 꼬리의 한가운데에 17~24개의 가시가 일렬로 뒤쪽으로 이어진다. 등과 배의 색깔이 붉은빛을 띤 회색으로 비슷하다. 전장 약 1m.
생태⇒ 심해성으로 수심 450~1500m의 깊이에 서식한다.
분포⇒ 우리 나라 동해, 일본의 홋카이도 이남, 동중국해

광동홍어(등)

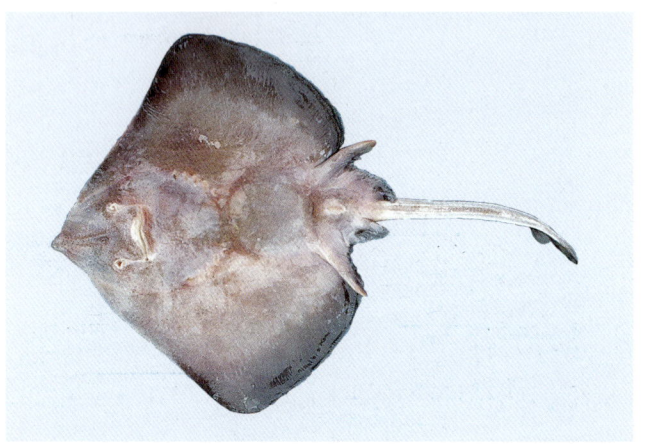

광동홍어(배)

47. 광동홍어 <홍어과>

학명⇒ *Dipturus kwangtungensis* (Chu)
영명⇒ Kwangtung skate
일명⇒ ガンギエイ

형태⇒ 주둥이의 문연골 너비가 넓어 쉽게 휘어지지 않는다. 주둥이의 길이는 비교적 짧으며, 그 길이는 주둥이 끝에서 제5 아가미구멍까지 길이의 $\frac{1}{2}$ 이하이다. 체반의 너비가 꼬리부의 1.6배 이하이다. 꼬리부 등 쪽에 수컷은 1열, 암컷은 3열의 가시가 돋아 있다. 체반의 등 쪽은 암갈색으로 크고 작은 노란색 점이 흩어져 있으며, 가슴지느러미 기부에 한 쌍의 크고 둥근 무늬가 있다. 전장 약 75cm.
생태⇒ 수심 50~200m의 수역에 서식한다.
분포⇒ 우리 나라 동해와 남해, 일본의 홋카이도 이남, 동중국해

무늬홍어(등)

무늬홍어(배)

48. 무늬홍어 <홍어과>

학명⇒ *Okamejei acutispina* (Ishiyama)
일명⇒ モヨウカスベ

형태⇒ 주둥이가 비교적 짧고, 문연골의 너비가 넓어 쉽게 휘어지지 않는다. 주둥이의 길이는 주둥이 끝에서 제5 아가미구멍까지 길이의 $\frac{1}{2}$ 이하이다. 체반의 등 쪽은 다갈색 바탕에 작은 암갈색 반점들이 분포하는데, 이 점들이 이어져 줄무늬를 이루어, 마치 벌레가 지나간 자국과 같은 무늬가 나타난다. 가슴지느러미 기부에 눈과 같은 둥근 반점이 1쌍 있고, 반점 안에는 작은 암갈색 점들이 흩어져 있다. 체반의 배 쪽은 흰색이다. 전장 약 1m.

생태⇒ 수심 30~100m의 모래 바닥에 서식한다.

분포⇒ 우리 나라 제주도를 포함한 남해, 일본 중부 이남, 동중국해

깨알홍어(등)

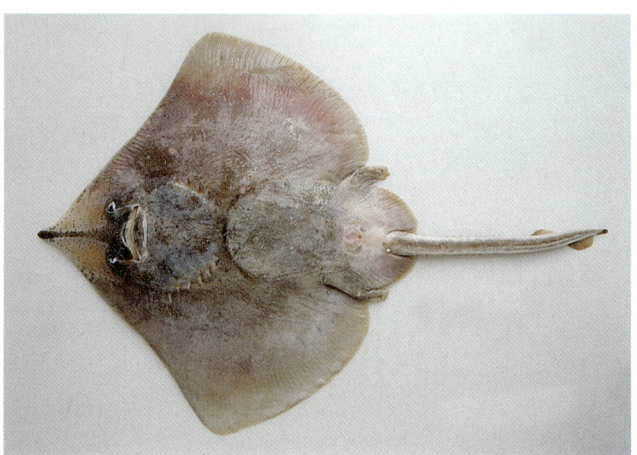

깨알홍어(배)

49. 깨알홍어 <홍어과>

학명⇒ *Okamejei boesemani* (Ishihara)
영명⇒ Black sand skate
일명⇒ イサゴガンギエイ

형태⇒ 형태적으로는 무늬홍어와 매우 비슷하지만 몸의 무늬에 차이가 있다. 이 종은 가슴지느러미 기부의 둥근 반점이 뚜렷하지 않으며, 체반 등 쪽의 암갈색 점들이 등 전체에 균일하게 분포되어 있지 않고 무리를 이루어 분포한다. 전장 약 1m.

생태⇒ 수심 20~100m의 비교적 얕은 바다에 서식한다.

분포⇒ 우리 나라의 제주도, 일본 남부, 남중국해

홍어(등)

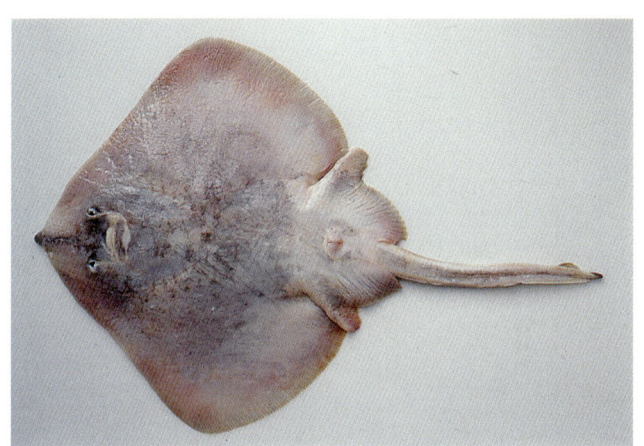

홍어(배)

50. 홍어 <홍어과>

학명⇒ *Okamejei kenojei* (Müller et Henle)
영명⇒ Skate ray
일명⇒ コモンカスベ

형태⇒ 주둥이가 비교적 짧고, 문연골의 너비가 넓어 쉽게 휘어지지 않는다. 주둥이의 길이는 주둥이 끝에서 제5 아가미구멍까지 길이의 $\frac{1}{2}$ 이하이다. 꼬리부의 등 쪽에 수컷은 3열, 암컷은 5열의 가시가 있다. 가슴지느러미 기부에 둥근 반점이 있고, 그 반점 안에 1개 또는 소수의 흑갈색 점무늬가 있다. 둥근 반점이 불분명한 개체들도 있다. 배 쪽은 흰색이고 어두운 반점이 넓게 나타난다. 전장 약 1.5m.

생태⇒ 수심 20~100m의 모래·개펄 바닥에 서식한다.

분포⇒ 우리 나라 전 해역, 일본의 전 해역, 동중국해, 오호츠크 해

참홍어(등)

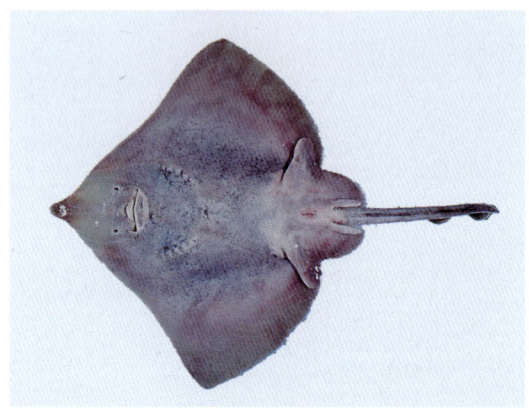

참홍어(배)

51. 참홍어 <홍어과>

학명⇒ *Raja pulchra* Liu
영명⇒ Mottled skate
일명⇒ メガネカスベ

형태⇒ 주둥이의 길이는 비교적 길어서 주둥이 끝에서 제5 아가미구멍까지 길이의 $\frac{1}{2}$ 이상이다. 꼬리부는 짧고, 체반의 너비는 꼬리부 길이의 1.6~1.7배이다. 수컷의 꼬리부 등 쪽에 일렬의 가시가 있다. 등 쪽은 담갈색이고, 가슴지느러미 기부에는 눈 모양의 둥근 흑갈색 반점이 있다. 배 쪽은 흰색으로, 담갈색 무늬가 있는 것도 있다. 전장 약 1m.
생태⇒ 난생으로 수심 40~100m의 바다에 서식한다.
분포⇒ 우리 나라 동해와 남해, 일본의 전 해역, 동중국해, 오호츠크 해
참고⇒ 우리 나라에서는 이 종을 '눈가오리' 라는 국명으로 사용하여 왔으나, 정충훈 박사가 1999년 한국산 홍어속 어류의 학명을 정리하면서 국명을 '참홍어'로 개칭하였다.

색가오리과

Dasyatidae (Sting rays)

머리와 가슴지느러미가 맞붙어 체반을 형성한다. 체반의 너비는 체반 길이의 1.3배 미만이며, 등지느러미와 꼬리지느러미가 없다. 꼬리부는 체반의 길이보다 길고 가늘게 신장되어 있으며, 꼬리부 아래 중앙에는 피부 융기선이나 피습(皮褶)이 있다. 우리 나라에 1속 3종, 세계에 6속 50종이 알려져 있다.

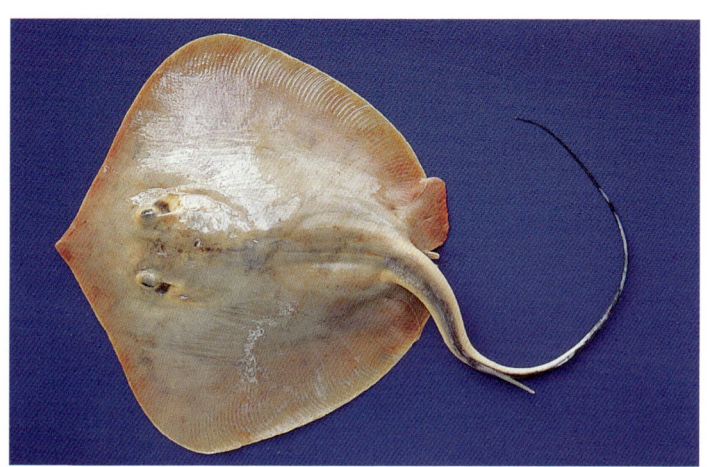

노랑가오리

52. 노랑가오리 <색가오리과>

- 학명⇒ *Dasyatis akajei* (Müller et Henle)
- 영명⇒ Red stingray
- 일명⇒ アカエイ

형태⇒ 체반의 전반부가 다소 넓고 뒤쪽은 좁아서 오각형을 이룬다. 주둥이의 길이는 짧고 끝은 뾰족하다. 어미는 등의 한가운데에 가시 모양의 작은 돌기들이 일렬로 나타난다. 꼬리는 체반 길이보다 약간 길고, 뒤로 갈수록 실 모양으로 가늘어지며, 꼬리의 등 쪽에 크고 강한 가시가 있다. 등지느러미와 뒷지느러미는 없다. 등은 갈색이고 배 쪽의 중앙부는 흰색이며, 가장자리는 주황색을 띤다. 전장 약 1m.

생태⇒ 난태생으로 여름철에 내만의 얕은 모래·개펄 바닥에 5~10마리의 새끼를 낳는데, 이 때 새끼의 체반 너비는 약 10cm이다. 먹이를 먹을 때 이외에는 바닥의 모래에 몸을 묻고 눈과 분수공만 내놓고 있다.

분포⇒ 우리 나라 서해와 남해, 일본 남부, 타이완, 중국

흰가오리과
Urolophidae (Round rays)

체반의 너비는 체반 길이의 1.3배 미만이다. 꼬리부 뒤쪽에 큰 가시가 있고, 후반부에 꼬리지느러미가 납작하게 발달되어 있다. 우리 나라에 1속 1종, 세계에 2속 35종이 알려져 있다.

흰가오리

53. 흰가오리 <흰가오리과>

- 학명 ⇒ *Urolophus aurantiacus* Müller et Henle
- 영명 ⇒ White ray, sepia sting ray
- 일명 ⇒ ヒラタエイ

형태 ⇒ 몸은 대체로 둥글고, 체반의 길이는 체반 너비의 약 1.5배이다. 주둥이는 짧으나 끝이 뾰족하여 낮은 삼각형을 이루며, 주둥이의 길이는 체반 너비의 약 $\frac{1}{5}$ 이다. 꼬리부는 굵고 짧으며, 끝에 납작하고 둥근 꼬리지느러미가 있다. 등지느러미는 없고, 꼬리부 중간의 등 쪽에 강한 가시가 있다. 체반의 등 쪽은 연한 황갈색이고, 가슴지느러미 가장자리는 보라색을 띤다. 배는 흰색 바탕에 어두운 색을 띠는 부분이 있다. 전장 약 1m.

생태 ⇒ 난태생으로 먹이를 먹을 때 이외에는 모랫바닥에 몸을 묻고 있을 때가 많다. 육식성이며, 작은 어류를 주로 먹는다.

분포 ⇒ 우리 나라의 제주도를 포함한 남해와 서해 남부, 일본 남부, 동중국해

나비가오리과
Gymnuridae (Butterfly rays)

체반의 너비가 양 옆으로 크게 확장되어 체반 길이의 1.5배 이상이다. 꼬리부는 매우 짧아서 체반 길이의 $\frac{1}{2}$ 이하, 체반 너비의 $\frac{1}{4}$ 이하이다. 우리 나라에 1속 1종, 세계에 2속 12종이 알려져 있다.

나비가오리

54. 나비가오리 <나비가오리과>

학명⇒ *Gymnura japonica* (Temminck et Schlegel)
영명⇒ Butterfly ray
일명⇒ ツバクロエイ

형태⇒ 체반의 길이보다 체반의 너비가 넓은 마름모꼴로 다른 가오리류와 쉽게 구분된다. 체반 너비는 체반 길이의 약 2배이다. 등지느러미와 뒷지느러미는 없고, 꼬리부가 아주 짧아서 그 길이는 체반 길이의 약 $\frac{1}{2}$ 이하이며, 꼬리에 독가시가 있다. 등은 진한 갈색 바탕에 작고 어두운 색의 점들이 있고, 눈 뒤에 흰 점이 나타나기도 한다. 꼬리의 가시 뒤에 5~8개의 검은 줄무늬가 있다. 전장 약 1m.
생태⇒ 태생어이다.
분포⇒ 우리 나라 서해 남부와 제주도를 포함한 남해, 일본, 중국

매가오리과
Myliobatidae (Eagle rays)

체반은 마름모꼴이며, 체반의 너비가 체반 길이보다 길다. 머리 앞쪽은 등지느러미가 돌출되어 머리지느러미를 형성하고, 눈 뒤에 큰 분수공이 있다. 꼬리지느러미는 없으나 꼬리부 등 쪽에 강한 가시가 있으며, 그 앞에 작은 등지느러미가 있다. 우리 나라에 2속 2종, 세계에 7속 42종이 알려져 있다.

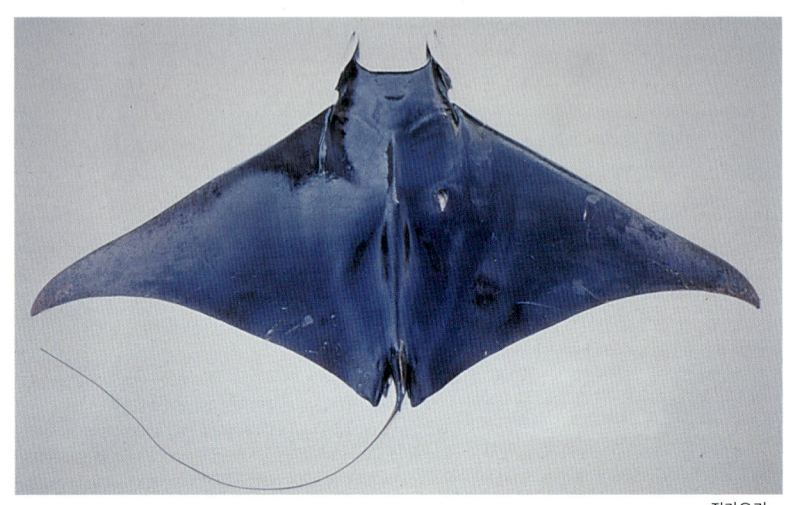

쥐가오리

55. 쥐가오리 <매가오리과>

학명⇒ *Mobula japonica* (Müller et Henle)
영명⇒ Devil ray
일명⇒ イトマキエイ

형태⇒ 체반의 너비가 넓은 마름모꼴이다. 가슴지느러미의 일부가 머리 앞쪽에 귀 모양으로 돌출되어 있고, 양쪽으로 분리되어 머리지느러미를 형성한다. 꼬리부는 실처럼 길게 연장되었고, 체반 뒤쪽에 작은 등지느러미가 있으며, 그 뒤에 가시가 있다. 뒷지느러미는 없다. 체반의 등 쪽은 붉은빛을 띤 회색이고, 배 쪽은 흰색이다. 전장 약 2.5m.

생태⇒ 태생어로, 한 배의 출산 개체 수는 약 8마리이다. 영명이 뜻하는 '악마(devil)'와는 어울리지 않게 바다의 표층과 중층을 천천히 헤엄쳐 다니면서 새우 등 작은 동물을 먹는 온순한 어류이다.

분포⇒ 우리 나라 서해 남부와 남해, 일본 남부, 중국, 인도양, 오스트레일리아

매가오리

56. 매가오리 <매가오리과>

학명⇒ *Myliobatis tobijei* Bleeker
영명⇒ Eagle ray
일명⇒ トビエイ

형태⇒ 체반의 너비가 넓은 마름모꼴이다. 가슴지느러미가 체반 앞쪽으로 돌출되어 머리지느러미를 형성한다. 꼬리부는 말채찍 모양이며, 그 위쪽에 강한 독가시가 있다. 등지느러미는 1개이고 배지느러미보다 뒤에 위치한다. 체반의 등 쪽은 다갈색이며, 암갈색 반점이 흩어져 있는 것도 있는데, 어미는 눈 주변에 검은 무늬가 있다. 배는 흰색이다. 전장 약 2m.

생태⇒ 난태생으로 한 배의 출산 개체 수는 약 8마리이다. 가오리과 어류 가운데 활동성이 가장 적고, 해저 부근에서 생활할 때가 많다. 육식성이며, 작은 어류를 주로 먹는다.

분포⇒ 우리 나라 동해와 남해, 일본 홋카이도 이남, 남중국해에 이르는 해역

❖ 쥐가오리의 아가미

쥐가오리의 아가미는 중국에서 '팽어새'라고 하여 해독의 효능이 있는 것으로 알려져 있는데, 어린아이의 홍역을 치료하는 데도 이용되고 있다. 말린 쥐가오리에서 아가미를 떼어 내어 바짝 건조한 다음 서늘한 곳에 보관하였다가 물에 달여서 아침 저녁으로 복용한다.

철갑상어목 Acipenseriformes

철갑상어과
Acipenseridae (Sturgeons)

 연골어류와 경골어류의 중간 형태로서 연골어류의 특징이 많이 나타나지만, 몸에 굳비늘(ganoid scale)이 있어 경골어류에 포함된다. 등지느러미는 1개이고, 꼬리지느러미는 상하 비대칭으로 상엽이 크다. 골격은 대부분 연골성이다. 입은 주둥이 아래쪽으로 열리고, 입 아래에 수염이 있다. 창자는 상어류와 같이 나선형 구조이다. 우리 나라에 1속 3종, 세계에 4속 24종이 알려져 있다.

철갑상어

57. 철갑상어 <철갑상어과>

학명⇒ *Acipenser sinensis* Gray
영명⇒ Chinese sturgeon, manchurian sturgeon
일명⇒ カラチョウザメ

형태⇒ 체형은 긴 원통형으로 딱딱한 굳비늘이 있다. 입은 주둥이 아래쪽으로 열리고, 입의 아래쪽에 수염이 있으며, 눈 뒤에 분수공이 있다. 등지느러미는 몸 뒤쪽에 위치하는데, 뒷지느러미보다 약간 앞에서 시작된다. 꼬리지느러미의 상엽과 하엽은 비대칭으로 상엽이 하엽보다 길다. 등 쪽 골판은 10~17개, 체측 골판은 29~45개, 배 쪽 골판은 8~15개이다. 등은 진한 청회색을 띠고, 배 쪽은 흰색이다. 전장 약 2m.

생태⇒ 수명은 10~13년이며, 산란은 5월에서 9월 사이에 큰 강의 모래와 자갈이 깔린 곳에서 이루어진다.

분포⇒ 우리 나라 서해안(금강)(현재는 멸종된 것으로 판단됨), 일본 중부 이남, 동중국해

당멸치목 Elopiformes

당멸치과
Elopidae (Tenpounders)

몸이 길고 단면은 원통형이나 약간 좌우로 납작하다. 입은 주둥이 끝에 위치한다. 우리 나라에 1속 1종, 세계에 1속 6종이 알려져 있다.

당멸치

58. 당멸치   <당멸치과>

학명⇒ *Elops hawaiensis* Regan
영명⇒ Bony fish
일명⇒ カライワシ

형태⇒ 체형은 긴 방추형이고 단면은 원통형에 가깝다. 입은 눈의 지름보다 크고, 눈 지름과 주둥이의 길이는 비슷하다. 등지느러미와 배지느러미는 몸의 중앙에 거의 대칭으로 위치하며, 등지느러미는 23~27연조, 뒷지느러미는 15~17연조이다. 가슴지느러미는 아가미 뒤 배 쪽에 있다. 꼬리지느러미는 상하 양엽으로 깊게 갈라져 있다. 몸은 전체적으로 은백색을 띠고, 각 지느러미는 약간 검다. 전장 약 60cm.

생태⇒ 연해를 회유하는 어류로 기수역에도 들어온다. 렙토세팔루스 유생기를 거쳐 어미가 된다.

분포⇒ 우리 나라 남해, 일본 남부, 인도양, 태평양

뱀장어목 Anguilliformes

뱀장어과
Anguillidae (Freshwater eels)

몸이 뱀과 같이 길고, 배지느러미가 없다. 등지느러미와 뒷지느러미는 기저부가 길고 꼬리지느러미와 연결되어 있다. 가슴지느러미는 잘 발달되었다. 몸에 작은 비늘이 있고, 점액이 있어서 몸이 미끄럽다. 담수에서 살다가 바다에 내려가 산란한다. 우리 나라에 1속 1종, 세계에 1속 16종이 알려져 있다.

뱀장어

59. 뱀장어 <뱀장어과>

학명⇒ *Anguilla japonica* Temminck et Schlegel
영명⇒ Eel
일명⇒ ウナギ

형태⇒ 체형은 가늘고 긴 원통형으로 장어형이라고 한다. 배지느러미는 없고, 등지느러미와 뒷지느러미는 꼬리지느러미와 연결되어 있다. 측선은 뚜렷하고 아주 작은 비늘이 있으나 피부에 묻혀 있어서 육안으로 보이지 않는다. 꼬리지느러미의 후연은 둥글다. 등은 청회색이고, 배 쪽은 광택이 있는 흰색이다. 전장 약 1.3m.

생태⇒ 담수에서 유어기를 보내고, 늦은 여름에 바다로 내려가 심해에서 산란한다. 부화된 새끼는 몸이 투명하고 납작하며, 대나무 잎과 모양이 비슷하다. 강 하구에 도달하면 변태하여 가늘고 투명한 실뱀장어가 된다.

분포⇒ 우리 나라 전국의 하천과 하천 주변의 연안, 일본 홋카이도 이남, 중국

곰치과

Muraenidae (Moray eels)

몸이 길고 좌우로 납작하다. 머리에 측선 구멍이 있으나 몸에는 없다. 가슴지느러미와 배지느러미가 없고, 등지느러미와 뒷지느러미는 꼬리지느러미와 연결되어 있다. 입이 크고 아가미구멍은 작다. 일반적으로 이빨이 뾰족하고, 산호와 바위 아래에 서식한다. 우리 나라에 2속 5종, 세계에 15속 200여 종이 알려져 있다.

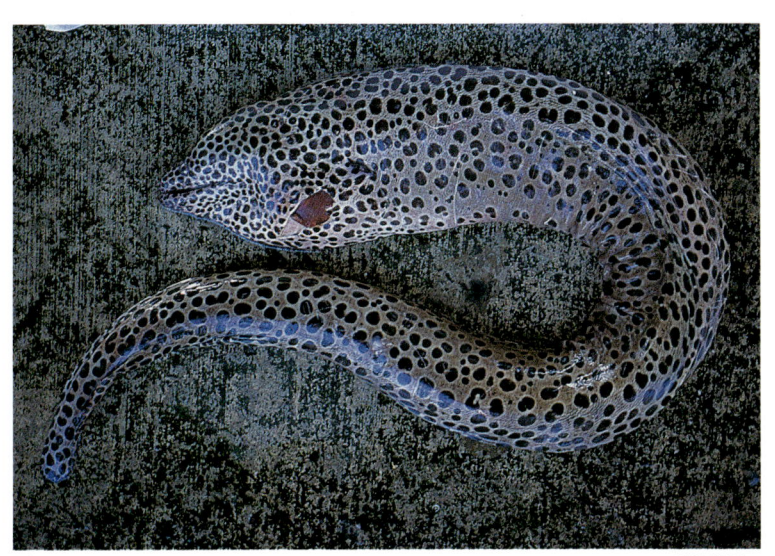

검은점곰치

60. 검은점곰치 <곰치과>

학명⇒ *Gymnothorax isingteena* (Richardson)
영명⇒ Black-spotted moray
일명⇒ ニセゴイシウツボ

형태⇒ 몸은 길고 좌우로 약간 납작하며, 주둥이는 짧고 뾰족하다. 몸은 흰색 바탕에 흑갈색 반점이 빽빽히 밀집되어 있다. 전장 약 1.8m.

생태⇒ 내만이나 연안의 바위 지역에 서식한다.

분포⇒ 우리 나라 남해, 일본 중부 이남, 서태평양

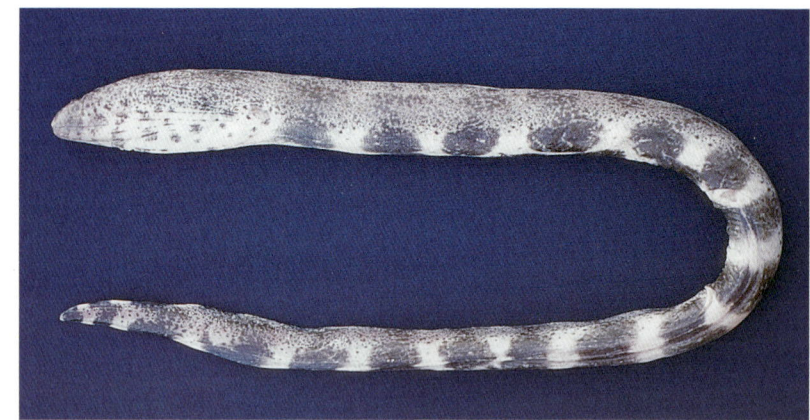

나망곰치

곰치류의 서식처(필리핀)

61. 나망곰치　　　<곰치과>

학명⇒ *Gymnothorax reticularis* Bloch
영명⇒ Net moray
일명⇒ アミウツボ

형태⇒ 몸이 길고 좌우로 약간 납작하다. 머리는 크고 몸 뒤로 갈수록 가늘어지며 꼬리는 약간 뾰족하다. 입이 커서 양 끝은 눈 뒤를 지난다. 이빨은 납작하고 뾰족하다. 몸은 연한 담갈색 바탕에 14~22개의 암갈색 가로줄 무늬가 일정한 간격으로 나타나고, 머리에 갈색 점들이 흩어져 있다. 전장 약 60cm.
생태⇒ 연안의 바위 아래에 서식한다.
분포⇒ 우리 나라 남해, 일본 남부, 인도양
유사종⇒ 가지굴(*Gymnothorax albimarginatus*), 곰치(*Gymnothorax kidako*), 백설곰치(*Gymnothorax mieroszewskii*), 알락곰치(*Muraena pardalis*)

바다뱀과

Ophichthidae (Snake eels, worm eels)

몸에 비늘이 없고, 후비공은 윗입술 주변에 위치한다. 꼬리의 끝은 지느러미가 없고 육질이다. 우리 나라에 4속 6종, 세계에 약 52속 250여 종이 알려져 있다.

바다뱀

모래에 몸을 묻고 있는 바다뱀(제주도 가파도)

62. 바다뱀 <바다뱀과>

학명⇒ *Ophisurus macrorhynchus* Bleeker
영명⇒ Snake eel
일명⇒ ダイナンウミヘビ

형태⇒ 몸은 매우 가늘고 길며, 주둥이와 꼬리의 끝이 뾰족하다. 입이 크고 양턱이 뾰족하게 돌출되었으며, 이빨이 크게 발달되었다. 몸에 매우 미세한 육질의 융기선들이 가로 또는 세로로 나타난다. 등지느러미는 가슴지느러미 후단보다 약간 뒤에서 시작된다. 등 쪽은 균일하게 담갈색을 띠고 무늬는 없다. 배는 은백색이고 지느러미는 담색이다. 등지느러미의 가장자리는 약간 어둡다. 전장 약 2m.

생태⇒ 내만의 얕은 곳에서부터 수심 500m 깊이의 모래·개펄 바닥에 서식한다.

분포⇒ 우리 나라 남해, 일본 남부, 인도양, 서태평양, 대서양

갯장어과

Muraenesocidae (Pike eels)

몸은 뱀장어형으로 길고 주둥이가 뾰족하다. 입의 양 끝은 눈 뒤까지 도달하며, 전비공은 주둥이 중간에 위치한다. 양턱과 서골(鋤骨)에 강한 이빨이 있다. 가슴지느러미가 잘 발달되었고 눈이 크다. 등지느러미는 가슴지느러미 기부 위에서 시작되고, 측선은 뚜렷하다. 우리 나라에 2속 3종, 세계에 3속 9종이 알려져 있다.

갈창갯장어

63. 갈창갯장어 <갯장어과>

학명⇒ *Muraenesox bagio* (Hamilton)
영명⇒ Brown pike conger
일명⇒ スズハモ
형태⇒ 체형은 원통형으로 가늘고 길며, 뒤로 갈수록 좌우로 납작해진다. 주둥이는 뾰족하고, 입이 커서 턱의 양 끝이 눈 뒤까지 도달한다. 양턱에 이빨이 발달되었고 강한 송곳니가 있다. 배지느러미는 없다. 등지느러미와 뒷지느러미는 꼬리지느러미와 연결되어 있으며, 꼬리지느러미의 끝은 뾰족하다. 항문 앞쪽 측선 구멍은 33~39개이다. 등 쪽은 청회색이고 배는 흰색을 띤다. 전장 약 2m.
생태⇒ 수심 100m 미만의 모래·개펄 바닥에 서식한다.
분포⇒ 우리 나라 남해, 일본의 홋카이도 이남, 인도양, 태평양

갯장어

갯장어의 날카로운 이

64. 갯장어 <갯장어과>

학명⇒ *Muraenesox cinereus* (Forsskål)
영명⇒ Conger pike
일명⇒ ハモ

형태⇒ 체형은 갈창갯장어와 비슷하다. 항문 앞쪽의 측선 구멍은 40~47개이다. 등 쪽은 다갈색이고 배는 흰색을 띤다. 가슴지느러미는 약간 붉고, 등지느러미와 뒷지느러미 가장자리는 어두운 빛을 띤다. 전장 약 2.2m.
생태⇒ 얕은 바다의 모래 또는 개펄과 바위 사이에 살며, 야행성이다. 자어는 뱀장어와 같이 변태기를 거치며, 5~7월에 연안에서 산란한다. 조개류와 어류 등을 먹는다.
분포⇒ 우리 나라의 서해와 제주도를 포함한 남해, 아오모리 이남의 일본, 인도양, 서태평양

붕장어과
Congridae (Conger eels)

몸에 비늘이 없다. 대부분의 종은 가슴지느러미와 꼬리지느러미가 있으며, 뚜렷한 측선이 있다. 전비공은 주둥이 끝 부분에 위치한다. 우리 나라에 7속 10종, 세계에 약 32속 150여 종이 알려져 있다.

붕장어

65. 붕장어 <붕장어과>

학명⇒ *Conger myriaster* (Brevoort)
영명⇒ Common conger, white-spotted conger
일명⇒ マアナゴ

형태⇒ 체형은 뱀장어형이다. 측선 구멍 주변에 흰색이 뚜렷하여, 머리 뒤에서 꼬리까지 일렬의 흰색 세로줄을 형성한다. 항문 앞 측선 구멍은 39~43개이다. 등은 다갈색이고 배는 흰빛을 띤다. 등지느러미와 뒷지느러미, 꼬리지느러미의 가장자리는 검은색을 띤다. 전장 약 90cm.

생태⇒ 해초가 많은 모래와 개펄 바닥에 서식하며 야행성이다. 작은 어류와 새우류, 조개류, 갯지렁이류를 먹는다. 뱀장어와 마찬가지로 대나무 잎 모양의 유생 시기를 지내는데, 산란장은 분명하지 않다.

분포⇒ 우리 나라 전 해역, 일본의 홋카이도 이남, 동중국해

유사종⇒ 꾀붕장어(*Anago anago*), 큰흰붕장어(*Ariosoma shiroanago major*), 흰붕장어(*Ariosoma shiroanago shiroanago*), 먹붕장어(*Ariosoma anagoides*), 은붕장어(*Gnathophis nystromi*), 테붕장어(*Rhechias retrotincta*), 애붕장어(*Uroconger lepturus*), 검은꼬리붕장어(*Rhynchoconger ectenurus*)

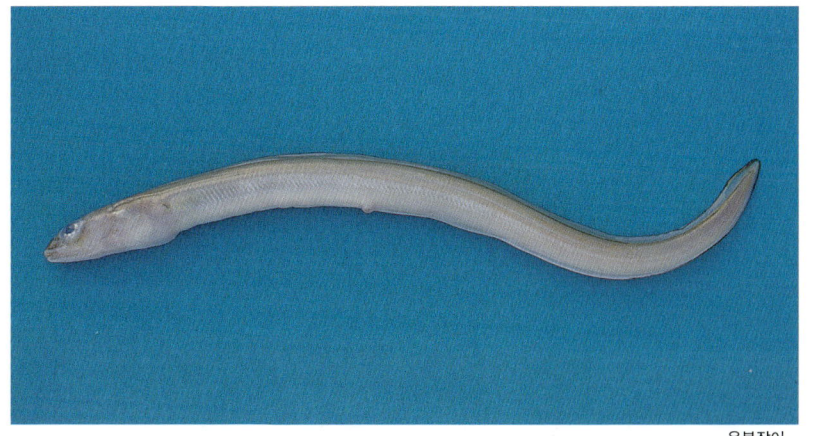

은붕장어

66. 은붕장어 <붕장어과>

학명⇒ *Gnathophis nystromi* (Jordan et Snyder)
영명⇒ Silvery conger
일명⇒ ギンアナゴ

형태⇒ 체형은 붕장어와 비슷하다. 주둥이는 약간 뾰족하고 눈이 커서 주둥이 길이와 눈의 지름이 거의 같다. 꼬리는 뾰족하고 부드러우며 쉽게 휘어진다. 윗입술 주변은 너비가 좁게 갈라져 있고, 이빨은 작고 뾰족하다. 항문 전방의 측선 구멍은 29~35개이다. 몸은 연한 녹갈색을 띠고, 등지느러미와 뒷지느러미, 꼬리지느러미 가장자리에 흑갈색의 테두리가 있다. 전장 약 45cm.
생태⇒ 연안의 바위 지역에 서식한다.
분포⇒ 우리 나라 동해와 남해, 홋카이도 이남의 일본, 남중국해

❖ 어류의 삼투 조절

어류의 체액은 몸 밖의 물과 농도가 다르기 때문에 삼투 조절 능력을 필요로 한다. 해산 경골어류는 체액의 농도가 몸 밖의 바닷물보다 낮기 때문에 아가미와 피부를 통해 몸 속의 물이 몸 밖으로 빠져 나가게 된다. 따라서, 해산 경골어류는 많은 양의 물을 섭취하고, 필요한 양의 물을 신장의 모세 혈관에서 재흡수한다. 그리고 농축된 소량의 오줌을 배출하여 손실된 수분의 양을 보충한다.

반대로 민물고기는 몸 속의 체액이 몸 밖의 민물보다 농도가 높기 때문에 아가미를 통해 물이 들어오고 신장을 통해 많은 양의 묽은 오줌을 배출한다. 연어나 뱀장어 등 바다와 강을 왕래하는 어류는 생리적으로 체액의 농도를 조절하는 능력이 있으며, 상어, 가오리 등의 연골어류는 체액과 바닷물의 농도가 같아서 삼투 조절 기능이 없어도 살아갈 수 있다.

청어목 Clupeiformes

멸치과

Engraulidae (Anchovies)

청어과와 비슷하지만, 청어과 어류보다 입이 크고 위턱의 후단이 아가미뚜껑에 이르는 점이 다르다. 또, 청어목의 다른 과에 비해 몸이 심하게 측편되지 않았다. 우리 나라에 4속 7종, 세계에 16속 139종이 알려져 있다.

웅어

67. 웅어 <멸치과>

학명⇒ *Coilia nasus* Temminck et Schlegel
영명⇒ Estuary tail fin anchovy
일명⇒ エツ

형태⇒ 몸 앞의 체고가 높으며, 뒤로 갈수록 낮아진다. 위턱의 후단은 매우 길어서 가슴지느러미의 기부에 도달하며, 배 한가운데에는 날카로운 인판이 있다. 가슴지느러미 위쪽 6개의 연조는 분리되어 있고, 실 모양으로 매우 길게 연장되어 있다. 뒷지느러미는 몸의 앞부분에서 시작되어 꼬리지느러미까지 길게 이어진다. 측선 비늘은 62~76개인데, 쉽게 떨어진다. 몸은 전체적으로 은색을 띠며, 등쪽은 진한 파란색이다. 전장 약 40cm.

생태⇒ 연안과 기수역에서 동물성 플랑크톤을 먹고 생활하며, 산란기인 3~5월에 담수역으로 올라온다.

분포⇒ 우리 나라 서해의 큰 강 하구와 내만, 일본, 타이완, 중국

멸치

멸치 떼(제주도 모슬포)

68. 멸치   <멸치과>

학명⇒ *Engraulis japonicus* (Houttuyn)
영명⇒ Anchovy
일명⇒ カタクチイワシ

형태⇒ 등은 다소 둥글고 배 쪽에 인판이 없어서 외곽선이 날카롭지 않다. 위턱은 아래턱 앞으로 돌출되었으며, 양턱의 후단이 아가미 뚜껑 앞까지 도달한다. 등지느러미는 몸의 중앙에 있으며, 뒷지느러미는 등지느러미 후단부의 훨씬 뒤에 있다. 체측에는 굵은 파란색 무늬가 아가미 뒤 가장자리에서 미병부까지 연결되어 있다. 등 쪽은 진한 파란색이며, 배는 밝은 은백색을 띤다. 표준 몸 길이 약 14cm.

생태⇒ 연안의 표층에 무리를 지어 다니며 주로 플랑크톤을 먹는다. 부화한 지 1년이면 어미가 되고, 알은 타원형의 분리 부성란이다. 수명은 약 2년이고, 잡히면 바로 죽기 때문에 멸치라는 이름이 붙었다.

분포⇒ 우리 나라 전 해역, 일본, 타이완, 중국

69. 풀반댕이 <멸치과>

학명⇒ *Thryssa adelae* (Rütter)
영명⇒ Short-horned anchovy
일명⇒ ミナミタレクチ
형태⇒ 위턱과 아래턱의 길이는 비슷하고, 위턱의 아랫면에는 작은 거치가 있다. 위턱의 후단은 매우 길어서 가슴지느러미의 기점을 지난다. 아가미 위 후단부에는 동공 크기의 연하고 검은 점이 있다. 등은 연한 노란색이고 배는 은백색을 띠며, 꼬리지느러미의 후연은 어두운 색을 띤다. 표준 몸 길이 약 20cm.
생태⇒ 연안의 표층성 어류이다.
분포⇒ 우리 나라 서해와 남해, 중국, 타이완

풀반댕이

70. 풀반지 <멸치과>

학명⇒ *Thryssa hamiltoni* (Gray)
영명⇒ Deep-bodied anchovy
일명⇒ チョウセンタレクチ
형태⇒ 몸의 등 쪽 외곽선은 거의 반듯하고 배 쪽은 반달형으로 둥글다. 주둥이 끝이 둥글고 위턱과 아래턱의 길이는 비슷하며, 위턱의 후단은 아가미뚜껑의 후단부에 도달한다. 배의 정중앙선에는 예리한 인판이 있다. 등 쪽은 연한 암갈색이고 몸 중앙부에는 어두운 무늬가 있다. 전장은 25cm 미만이다.
생태⇒ 연안의 표층에 무리를 지어 다니고, 기수역에도 들어온다.
분포⇒ 우리 나라 서해와 남해, 일본, 타이완, 인도양

풀반지

71. 청멸 <멸치과>

학명⇒ *Thryssa kammalensis* (Bleeker)
일명⇒ マンシュウカタクチ
형태⇒ 주둥이는 뾰족하고, 입은 주둥이 끝의 아래쪽에 열린다. 위턱은 아래턱보다 현저히 앞으로 돌출되었고, 길어서 후단이 눈 뒤에 도달한다. 배의 외곽선은 다소 둥글고, 한가운데에는 날카로운 인판이 있다. 등지느러미의 기조 수는 1극 11~12연조, 뒷지느러미는 24~31연조이다. 등과 체측은 연한 파란색이고 배는 밝은 은색을 띤다. 전장은 20cm 미만이다.
생태⇒ 연안의 표층에 무리를 지어 다닌다.
분포⇒ 우리 나라 서해와 남해, 일본, 중국

청멸

청어과

Clupeidae (Herrings)

몸은 좌우로 납작하고 전형적인 방추형으로 체고가 낮다. 입은 주둥이 끝, 또는 주둥이 위쪽으로 열린다. 이빨은 아주 작거나 없고, 대부분 배의 정중앙선에 인판이 있다. 지느러미에 가시가 없고, 등지느러미는 1개로 몸 중앙에 위치한다. 우리 나라에 10속 11종, 세계에 56속 181종이 알려져 있다.

청어

72. 청어 <청어과>

학명⇒ *Clupea pallasii* Valenciennes
영명⇒ Pacific herring
일명⇒ ニシン

형태⇒ 위턱과 아래턱의 길이는 거의 같고, 위턱의 후단은 비교적 짧아서 눈의 중간에 도달한다. 배의 한가운데에는 끝이 무딘 인판이 배지느러미 앞과 뒤에 발달되어 있다. 등은 진한 파란색이고, 배는 밝은 은백색을 띤다. 표준 몸 길이 약 30cm.

생태⇒ 수온이 낮은 해역에 살며, 요각류와 치어를 주로 먹는다. 산란기는 3월과 5월 사이이며, 연안의 해조에 알을 붙인다. 부화하는 데 약 1개월, 부화 후 어미가 되는 데는 약 3~4년이 걸리며, 수명이 긴 것은 12년 정도 산다.

분포⇒ 우리 나라 동해, 일본, 오호츠크 해, 베링 해, 태평양

준치

73. 준치 <청어과>

학명⇒ *Ilisha elongata* (Bennett)
영명⇒ Slender shad
일명⇒ ヒラ

형태⇒ 등의 외곽선은 직선에 가깝지만 배 쪽은 둥글게 곡선을 이루어 반달형이다. 아래턱이 위턱보다 약간 돌출되어 있고, 배의 한가운데에는 날카로운 인판이 발달되어 있다. 등지느러미는 1개로 몸의 중앙에 있고, 배지느러미는 다른 지느러미에 비해 현저히 작다. 뒷지느러미는 등지느러미 중간의 약간 뒤에서 시작되어 미병부까지 이어진다. 등은 약간 어두운 색을 띠고, 몸의 측면과 배는 은백색이다. 표준 몸 길이 약 40cm.

생태⇒ 내만이나 강 하구의 바닥이 모래인 곳의 중층에 살며, 소형 어류와 연체 동물 및 갯지렁이류를 먹는다. 여름철에 강의 하구 부근에 알을 낳는다.

분포⇒ 우리 나라 전 해역, 일본, 타이완, 중국

참고⇒ 정(1977)은 청어과 어류를 청어아과와 준치아과로 구분하고, 준치아과에 준치와 때치(*pristioaster chinensis*) 2속 2종을 기재하였다. 그러나 때치속 어류는 아마존 강 중·상류에 *P. cayana* 1종만이 분포하고 있으며, 현재 준치는 청어과에 포함되어 있다 (김과윤, 1998).

❖ **한약재로 쓰이는 준치**

준치는 중국의 본초강목(本草綱目)에 "식욕을 돋우고 뱃속을 따뜻하게 한다."라고 기술되어 있으며, 마음을 안정시키고 위를 튼튼하게 하는 데 이용된다. 준치의 내장을 제거한 후 적당한 양의 파와 생강을 넣고 달여서 복용하거나 불에 바짝 말려 가루를 내어 먹는다.

74. 전어 <청어과>

학명⇒ *Konosirus punctatus* (Temminck et Schlegel)
영명⇒ Dotted gizzard shad
일명⇒ コノシロ

형태⇒ 배 쪽 정중앙선의 배지느러미 앞과 뒤에 각이 예리한 인판이 있다. 등지느러미의 가장 마지막 연조는 실처럼 길게 연장되어 있다. 등과 몸 측면은 금속성 광택이 있는 푸른색이고, 배 쪽은 은백색이다. 아가미 뒤에 크고 검은 점이 1개 있고, 몸의 상반부에 비늘 열을 따라 작고 검은 점이 열을 지어 있다. 꼬리지느러미는 진한 노란색을 띤다. 표준 몸 길이 약 25cm.
생태⇒ 연근해성 어류로 강 하류에도 출현하고, 주로 규조류나 요각류 등의 플랑크톤을 먹는다. 3~6월에 강 하구에서 산란이 이루어지며, 알은 분리 부성란이다. 부화 후 1년이면 어미가 된다. 수명은 약 3년이다.
분포⇒ 우리 나라 전 연안, 일본, 남중국해
유사종⇒ 조선전어(*Clupanodon thrissa*), 대전어(*Nematalosa japonica*), 납작전어(*Macrura reevesii*)

전어

75. 밴댕이 <청어과>

학명⇒ *Sardinella zunasi* (Bleeker)
영명⇒ Big-eyed herring
일명⇒ サッパ

형태⇒ 체형은 긴 타원형으로 좌우로 매우 납작하다. 아래턱이 위턱보다 앞으로 돌출되었고, 위턱의 후단은 짧아서 눈 중간에 도달하지 못한다. 배의 정중앙선에는 29~32개의 날카로운 인판이 있다. 뒷지느러미의 마지막 2개의 연조는 다른 연조보다 약간 길다. 측선은 뚜렷하지 않다. 등은 밝은 파란색이고 배는 은색을 띠며, 꼬리지느러미의 후연은 어두운 색을 띤다. 표준 몸 길이 약 13cm.
생태⇒ 내만성 어류로 주로 플랑크톤을 먹고, 강 하구에 무리를 지어 올라오기도 한다. 5~6월에 연안의 얕은 곳에 산란한다.
분포⇒ 우리 나라 서해와 남해, 일본, 남중국해, 타이완
참고⇒ 우리 나라에서는 이 종의 학명으로 *Harengula zunasi*(정, 1977; 김과 강, 1993)를 사용하여 왔으나 이것은 *Sardinella zunasi*의 동종 이명으로 간주된다(Chan, 1965; FAO, 1985).

밴댕이

76. 정어리 <청어과>

학명⇒ *Sardinops melanostictus* (Temminck et Schlegel)
영명⇒ Spotted sardine
일명⇒ マイワシ

형태⇒ 위턱과 아래턱의 길이는 거의 같다. 배의 정중앙선에는 끝이 무딘 인판이 있다. 등은 진한 파란색이고 체측에는 동공 크기의 검은 반점이 일렬로 배열되어 있으며, 개체에 따라 점이 희미한 것도 있고 그 수에도 차이가 있다. 배 쪽은 밝은 은청색을 띤다. 표준 몸 길이 약 25cm.

생태⇒ 요각류 등의 플랑크톤과 소형 갑각류를 먹으며, 연안에서 먼 바다에 이르는 표층에 무리를 지어 생활한다. 봄~여름에 북상하고 가을~겨울에 남하하는 대규모 회유를 한다. 산란기는 11~6월이고, 위도가 높을수록 산란이 늦어진다. 부화 후 1~3년 만에 어미가 된다. 보통 5~6년 사는데, 수명이 긴 것은 8년까지 산다.

분포⇒ 우리 나라 동해와 남해, 일본, 중국, 오호츠크 해

정어리

샛줄멸

77. 샛줄멸 <청어과>

학명⇒ *Spratelloides gracilis* (Temminck et Schlegel)
영명⇒ Blue spart, silvery anchovy
일명⇒ キビナゴ

형태⇒ 배 쪽 외곽선의 배지느러미 기부에 W자 모양으로 1개의 인판이 있을 뿐, 그 앞과 뒤로는 인판이 없다. 아가미 뒤에서 꼬리지느러미 앞까지 폭넓은 은색 세로줄이 있다. 각 지느러미는 투명하고, 꼬리지느러미는 약간 어두운 색을 띤다. 표준 몸 길이 약 10cm.

생태⇒ 넓은 바다에 접한 연안에 무리를 지어 생활하고, 주로 플랑크톤과 소형 갑각류를 먹는다. 여름철에 연안에서 산란하고, 알은 점착 침성란으로 산란 후 약 1주일 만에 부화한다.

분포⇒ 우리 나라 동해와 제주도를 포함한 남해, 일본, 타이완, 중국

참고⇒ *Spratelloides japonicus*가 샛줄멸의 학명으로 사용된 적이 있으나(정, 1977), 이것은 *S. gracilis*의 동종 이명으로 간주되고 있다(윤과 김, 1998).

횟감으로 이용되는 싱싱한 샛줄멸(가고시마)

압치목 Gonorynchiformes

갯농어과

Chanidae (Milk fishes)

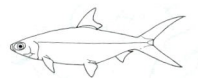

몸은 좌우로 납작하고 입은 주둥이 끝에 작게 열린다. 등지느러미는 1개인데, 몸의 중앙에 배지느러미와 대칭으로 위치해 있다. 우리 나라와 세계에 단 1속 1종이 알려져 있다.

갯농어

78. 갯농어 <갯농어과>

학명⇒ *Chanos chanos* (Forsskål)
영명⇒ Angeo, giant herring, bango
일명⇒ サバヒー

형태⇒ 주둥이는 약간 뾰족하고, 눈의 지름은 주둥이의 길이와 비슷하다. 등지느러미는 1개로 몸 중앙에 위치하고, 아래쪽에 거의 대칭으로 배지느러미가 있다. 꼬리지느러미는 길고, 안쪽으로 깊게 패어 상하엽이 깊게 갈라져 있다. 몸은 전체적으로 은백색을 띠고, 각 지느러미는 검은색을 띤다. 전장 약 1.8m.

생태⇒ 전장 1.3cm 미만의 치어는 부유 생활을 하며, 유어기 때는 기수역에서 생활하다가 어미가 되면 외해로 나가 생활한다.

분포⇒ 우리 나라 서해(부안), 일본 남부, 타이완, 필리핀, 인도양, 홍해

압치과

Gonorynchidae (Beaked salmons)

 몸이 길고 체고가 매우 낮다. 입은 주둥이 아래에 열리고, 주둥이 끝에 1개의 수염이 있다. 몸과 머리에 비늘이 있으며, 측선 비늘은 140~170개이다. 우리 나라에 1속 1종, 세계에 1속 6종이 알려져 있다.

압치

79. 압치 <압치과>

학명⇒ *Gonorynchus abbreviatus* Temminck et Schlegel
영명⇒ Bighead beaked sandfish
일명⇒ ネズミギス
형태⇒ 몸이 매우 가늘고 길며, 단면은 원통형에 가깝다. 주둥이가 아주 뾰족하고 길며, 그 길이는 눈 지름의 두 배 정도이다. 입은 주둥이 아래쪽으로 열리고, 주둥이 아래에 1개의 수염이 있다. 등지느러미와 배지느러미는 몸의 뒤쪽에 대칭으로 위치하며, 등지느러미의 기조 수는 11연조, 뒷지느러미는 8연조이다. 꼬리지느러미의 후연은 안쪽으로 얕게 패어 있다. 비늘은 작고 측선 비늘은 100개 이상이다. 등은 담갈색, 배 쪽은 좀더 밝은 색이고, 등지느러미와 가슴지느러미, 꼬리지느러미의 후반부는 검은색이다. 전장 약 30cm.
생태⇒ 수심 약 100m의 대륙붕 저층부에 서식하고, 새우류와 조개류를 먹는다.
분포⇒ 우리 나라 남해(목포), 일본 중부 이남, 남중국해

잉어목 Cypriniformes

잉어과
Cyprinidae (Carps)

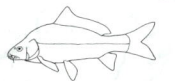

대부분 담수어류이고, 담수와 바다를 왕래하는 종으로 잉어과에 속하는 바닷물고기는 우리 나라에 1속 2종이 있다.

황어

80. 황어 <잉어과>

학명⇒ *Tribolodon hakonensis* (Günther)
영명⇒ Sea rundace
일명⇒ ウグイ

형태⇒ 몸은 긴 방추형이고 머리는 작은 편이다. 주둥이는 뾰족하고 입은 그 끝에 열린다. 등은 황갈색이고 배는 은백색을 띤다. 산란기가 되면 수컷은 주둥이부터 꼬리지느러미까지 노란색을 띠고, 가슴지느러미 기부에서 꼬리지느러미 기점까지, 눈 뒤에서 꼬리지느러미 기점까지 황적색 줄무늬가 나타난다. 전장 약 40cm.

생태⇒ 일생의 대부분을 바다에서 보내고 3~4월에 강으로 올라와 자갈이 많은 곳에 산란한다. 부화한 새끼는 성장하면서 바다로 내려간다. 잡식성으로 수서 곤충과 물고기 알, 갑각류, 식물의 조직 및 씨를 먹는다.

분포⇒ 우리 나라 동해와 남해로 유입되는 하천, 일본

유사종⇒ 대황어(*Tribolodon brandti*)
영명 : Far eastern dace
일명 : シベリアウグイ

메기목 Siluriformes

바다동자개과
Ariidae (Sea catfishes)

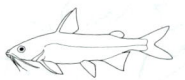

꼬리지느러미는 상하 양엽으로 깊게 갈라져 있고, 등지느러미 뒤에 기름지느러미가 있다. 주둥이에 2~3쌍의 긴 수염이 있으며, 가슴지느러미와 등지느러미에 강한 가시가 있다. 우리 나라에 1속 1종, 세계에 14속 120여 종이 알려져 있다.

바다동자개

81. 바다동자개 <바다동자개과>

학명⇒ *Arius maculatus* (Thunberg)
영명⇒ Catfish, sea barbel, spotted catfish
일명⇒ ハマギギ

형태⇒ 몸은 좌우로 두꺼워 단면은 삼각형에 가깝고, 머리는 상하로 납작하다. 주둥이는 위에서 보면 둥근 반원형이며, 입 주변에 3쌍의 긴 수염이 있다. 등지느러미와 꼬리지느러미 사이에 기름지느러미가 있다. 등지느러미는 몸의 중간보다 약간 앞에 위치하고, 뒷지느러미는 기름지느러미 아래쪽에 위치한다. 가슴지느러미와 등지느러미에는 강한 극조가 있다. 꼬리지느러미의 후연은 깊게 패었고, 상하엽이 대칭이다. 등은 진한 갈색이고 배는 흰색을 띤다. 전장 약 40cm.

생태⇒ 연안의 바닥에 서식한다.
분포⇒ 완도, 목포 등 우리 나라 남해 서부, 일본 남부, 동중국해, 인도양

쏠종개과

Plotosidae (Eel tail catfishes, tandan catfishes)

몸은 길고 꼬리지느러미 끝은 뾰족하다. 대개 4쌍의 수염이 있다. 등지느러미 연조부와 뒷지느러미 기저부가 길고 꼬리지느러미와 연결되어 있다. 가슴지느러미와 등지느러미에 강한 독가시가 있다. 우리 나라에 1속 1종, 세계에 9속 32종이 알려져 있다.

쏠종개

지느러미에 독가시가 있는 쏠종개

무리를 이루는 쏠종개(제주도 모슬포)

82. 쏠종개 <쏠종개과>

학명⇒ *Plotosus lineatus* (Thunberg)
영명⇒ Striped sea catfish
일명⇒ ゴンズイ

형태⇒ 몸의 전반부는 좌우로 약간 두껍고, 뒤쪽으로 갈수록 납작해진다. 입 주변에 4쌍의 긴 수염이 있다. 제1등지느러미는 몸 앞쪽에 있으며 독가시가 있다. 제2등지느러미와 뒷지느러미는 기저부가 길고 꼬리지느러미와 연결되어 있다. 몸은 진한 갈색 바탕에 2개의 너비가 좁은 노란 세로줄이 머리에서 꼬리지느러미 앞까지 이어진다. 배는 연한 황백색이다. 전장 약 30cm.

생태⇒ 연안의 바위 또는 해조류가 많은 곳에 서식한다. 서로 몸을 포개어 큰 무리를 이루며 집단 생활을 하기도 하는데, 주로 야간에 활동한다. 등지느러미와 가슴지느러미의 독가시에 찔리면 심한 통증이 있다.

분포⇒ 우리 나라 제주도, 일본 중부 이남

바다빙어과
Osmeridae (Smelts)

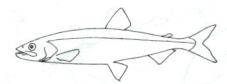

등지느러미는 몸의 중앙에 위치하고, 그 뒤쪽에 기름지느러미가 있다. 배지느러미는 등지느러미 아래에 대칭으로 위치하고, 꼬리지느러미의 후연은 깊게 패어 있다. 측선이 있지만 불완전하다. 우리 나라에 5속 5종, 세계에 7속 13종이 알려져 있다.

날빙어

83. 날빙어 <바다빙어과>

학명⇒ *Hypomesus pretiosus japonicus* (Brevoort)
영명⇒ Surf smelt
일명⇒ チカ

형태⇒ 입이 크고, 아래턱이 위턱보다 약간 길어서 입은 위를 향해 열린다. 위턱의 후단은 눈의 동공 앞 수직선상의 아래까지 도달한다. 등지느러미는 몸의 중앙에 위치하며, 배지느러미는 등지느러미의 제2~3연조 아래에서 시작된다. 측선은 몸의 앞에만 나타나고, 등지느러미와 꼬리지느러미 사이에 작은 기름지느러미가 있다. 등은 갈색이고, 몸 중앙에 은색 세로줄 무늬가 아가미 뒤에서 꼬리지느러미 앞까지 이어진다. 전장 약 25cm.
생태⇒ 바다에서 생활하며 담수에는 들어가지 않는다. 4~5월에 수심 10m 미만의 모래와 자갈 밑에 산란한다.
분포⇒ 우리 나라 동해 북부(원산), 일본 북부, 사할린, 캄차카 반도

바다빙어

84. 바다빙어 <바다빙어과>

학명 ⇒ *Osmerus eperlanus mordax* (Mitchill)
영명 ⇒ American smelt, rainbow smelt
일명 ⇒ キュウリウオ

형태 ⇒ 입이 크고, 아래턱이 위턱보다 약간 길어서 입은 위를 향해 열리며, 위턱의 후단은 눈의 후연 아래에까지 도달한다. 위턱에는 거칠고 단단한 이가 있다. 등지느러미는 몸의 중앙에 위치하며, 등지느러미와 꼬리지느러미 사이에 작은 기름지느러미가 있다. 측선은 불완전하고 몸의 앞에만 있다. 등은 황흑색이고, 측선 부근은 자갈색이며, 배 쪽은 은백색이다. 바다빙어과 어류 가운데에서는 비교적 큰 종이다. 전장 약 30cm.

생태 ⇒ 연안성 어류로, 산란기인 5월 무렵 하천으로 올라와 모래에 알을 낳는다.

분포 ⇒ 우리 나라 동해 북부, 일본, 알래스카, 대서양

유사종 ⇒ 별빙어(*Spirinchus verecundus*), 열빙어(*Mallotus villosus*), 날빙어(*Hypomesus pretiosus japonicus*)

❖ 바다빙어과 어류의 구분

별빙어와 열빙어는 뒷지느러미의 가장자리가 둥글고, 바다빙어와 날빙어는 직선형이거나 안쪽으로 약간 오목해서 구분된다. 또, 열빙어는 측선이 완전하여 측선이 몸의 앞부분에만 나타나는 별빙어와 구분된다. 바다빙어는 위턱의 후단이 눈의 후부 아래에까지 도달하지만 날빙어는 위턱의 후단이 눈 중심의 아래에까지 도달하므로 차이가 있다.

은어

85. 은어 <바다빙어과>

학명⇒ *Plecoglossus altivelis* Temminck et Schlegel
영명⇒ Sweetfish
일명⇒ アユ

형태⇒ 입이 크고 턱의 후단이 눈 뒤까지 도달한다. 등지느러미는 몸의 중앙에 위치하며, 뒷지느러미는 앞쪽의 기조가 뒤쪽 기조보다 길고 가장자리는 약간 오목하다. 측선은 반듯하고 뚜렷하다. 등은 황갈색을 띤 회색이고 배는 은백색이다. 모든 지느러미는 무늬가 없이 투명하다. 산란기의 수컷은 기름지느러미와 뒷지느러미 가장자리에 붉은색이 나타난다. 전장 약 30cm.

생태⇒ 연안에서 성장한 다음, 3~4월에 수온이 10℃로 상승할 무렵 하천을 거슬러 올라와 모래와 자갈 깔린 곳에 세력권을 형성하고, 돌 위의 조류를 먹으며 자란다. 산란기는 9월로 알려져 있으며, 대부분이 1년생으로 산란을 마친 다음 죽는다.

분포⇒ 우리 나라 동해와 남해안, 일본, 타이완

참고⇒ 일부 학자들은 은어를 바다빙어과와 분리하여 은어과(Plecoglossidae)에 포함시키기도 한다(Nakabo, 2000). 은어는 이빨이 무디고 끝이 후방을 향하고 있어서, 양턱의 이빨이 뾰족하고 수직으로 배열된 바다빙어과의 다른 종들과 구분된다.

뱅어과

Salangidae (Icefishes)

몸은 투명하거나 반투명하다. 머리는 상하로 납작하고, 두정부는 편평하다. 등지느러미는 몸의 뒤쪽에 위치하고, 등지느러미가 시작되는 부분의 체고가 가장 높다. 뒷지느러미의 기저부 위에 뚜렷한 비늘열이 있고, 그 밖에는 비늘이 없다. 턱에는 다수의 이빨이 있다. 우리 나라에 5속 7종, 세계에 4속 11종이 알려져 있다. 분류학적으로 재검토가 필요한 분류군이다.

뱅어

86. 뱅어 <뱅어과>

학명⇒ *Salangichthys microdon* Bleeker
영명⇒ Glass fish
일명⇒ シラウオ

형태⇒ 몸은 가늘고 길다. 머리는 상하로 납작하고, 뒷지느러미 기부의 체고가 가장 높다. 입은 크고 아래턱이 위턱보다 길다. 등지느러미는 몸의 후반부에 있고, 가슴지느러미 기부에 육질이 발달되어 있다. 수컷의 뒷지느러미 기부에는 17~18개의 비늘이 있다. 몸은 투명하고 푸른빛을 띠며, 죽으면 흰색으로 변한다. 배 쪽에 두 줄의 작고 검은 점이 세로로 있다. 전장 약 10cm.

생태⇒ 연안이나 기수역에 서식하고, 주로 동물성 플랑크톤을 먹는다. 산란기는 3~4월이고, 수심 2~3m의 모랫바닥에 산란한다. 부화 후 자어는 바다로 내려가 성장한다.

분포⇒ 우리 나라 서해·동남해, 일본, 사할린
유사종⇒ 벚꽃뱅어(*Hemisalanx prognathus*), 도화뱅어(*Neosalanx andersoni*), 실뱅어(*Neosalanx hubbsi*), 젓뱅어(*Neosalanx jordani*), 붕퉁뱅어(*Protosalanx chinensis*), 국수뱅어(*Salanx ariakensis*)

연어목 Salmoniformes

연어과
Salmonidae (Salmons)

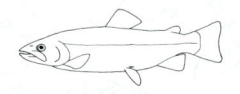

 입이 크고 위턱의 후단은 눈 아래에까지 도달한다. 등지느러미 뒤에 기름지느러미가 있다. 측선은 뚜렷하고 비늘은 아주 작다. 담수에서 생활할 때에는 일반적으로 몸의 등 쪽에 어두운 가로줄 무늬들이 나타나지만, 바다에서 생활할 때에는 몸 전체가 균일하게 은백색을 띠며, 산란기에는 종 특유의 혼인색이 나타난다. 우리 나라에 5속 13종, 세계에 5속 66종이 알려져 있다.

곱사연어

87. 곱사연어 <연어과>

학명⇒ *Oncorhynchus gorbuscha* (Walbaum)
영명⇒ Pink salmon, humpback salmon
일명⇒ カラフトマス

형태⇒ 입이 매우 크고, 위턱이 눈 아래로 휘어져 내려와 후단은 눈 뒤를 지난다. 등지느러미는 몸의 중앙에 위치하고, 등지느러미 뒤에는 기름지느러미가 있다. 연어과 어류 가운데 비늘이 가장 작다. 산란기의 수컷은 턱이 심하게 구부러지고 등이 높게 솟아오른다. 등은 흑청색인데, 산란기에는 흑갈색을 띠며 검은 점들이 흩어져 있다. 배는 은백색이고, 꼬리지느러미와 기름지느러미에 검은 점들이 있다. 전장 약 75cm.
생태⇒ 갑각류 등의 동물성 플랑크톤이나 작은 물고기를 먹는다. 9~11월에 강에 올라와 산란하며, 부화한 치어는 이듬해 봄에 바다로 내려가 생활하다가 16~18개월 후 9~11월에 어미가 되어 산란을 위해 다시 강으로 돌아온다. 자갈이 깔린 곳에 수컷이 산란장을 만들고, 알을 낳은 다음에는 암컷이 지느러미를 이용하여 알을 자갈로 덮어 보호한다. 산란을 한 다음 어미는 모두 죽는다.
분포⇒ 우리 나라 동해 북부(함경도), 일본 북부, 베링 해 등의 북태평양 연안

연어(위 : ♂, 아래 : ♀)

산란을 위해 강으로 올라오는 연어들(강원도 양양 남대천)

88. 연어 <연어과>

학명⇒ *Oncorhynchus keta* (Walbaum)
영명⇒ Chum salmon, dog salmon
일명⇒ サケ

형태⇒ 입이 크고, 양턱의 길이는 비슷하며 위턱은 눈 아래로 휘어져 내려와 후단은 눈 뒤를 지난다. 등지느러미는 몸 중앙에 위치하고, 등지느러미 뒤에는 기름지느러미가 있다. 산란기의 수컷은 턱이 심하게 구부러지고, 머리와 몸통이 만나는 부분이 오목해진다. 등은 흑청색이고 배는 은백색을 띤다. 산란기에는 몸에 홍자색의 불규칙한 가로무늬가 나타난다. 전장 약 1m.

생태⇒ 치어는 연안에서 동물성 플랑크톤을 먹으며 생활하다가 2월이 되면 바다로 나간다. 어미가 되는 데 걸리는 기간은 개체에 따라 차이가 심한데, 2년에서 7년이 걸린다. 바다에서 살다가 9~11월에 강으로 올라와 알을 낳는다. 자갈이 깔린 곳에 수컷이 산란장을 만들고, 알을 낳은 다음에는 암컷이 지느러미를 이용하여 알을 자갈로 덮어 보호한다. 산란을 한 다음 어미는 모두 죽는다.

분포⇒ 우리 나라 동해 중부 이북의 하천(양양 남대천, 삼척 마읍천 등), 일본, 베링 해 등의 북태평양 해역

89. 송어 <연어과>

- 학명⇒ *Oncorhynchus masou masou* (Brevoort)
- 영명⇒ Trout, cherry salmon
- 일명⇒ サクラマス

형태⇒ 체고가 약간 높은 방추형이다. 위턱은 눈 아래로 휘어져 내려와 후단은 눈 뒤를 지난다. 연어과의 다른 종에 비해 비교적 미병부가 짧다. 등지느러미는 몸 중앙에 위치하며, 등지느러미 뒤에는 기름지느러미가 있다. 암컷은 등과 머리가 암청색이고 배는 은백색을 띤다. 등에 작은 검은 점이 있으나 개체에 따라 변이가 심하다. 육봉형은 산천어라고 하며, 등에 검은 점이 뚜렷하다. 말안장과 같은 8~10개의 가로줄 무늬가 아가미 뒤에서 꼬리지느러미 앞까지 배열된다. 바다에서 생활할 때에는 은백색을 띠고, 산란기에는 암수 모두 체측에 불규칙한 홍자색의 구름무늬가 나타난다. 전장 약 80cm(육봉형은 40cm).
생태⇒ 치어는 봄에 수생 곤충을 주로 먹고, 바다에서는 작은 물고기를 먹는다. 바다에서 살다가 9~10월에 강으로 올라와, 수컷이 만든 여울의 산란장에 알을 낳는다.
분포⇒ 우리 나라 동해로 유입되는 일부 하천, 일본, 오호츠크 해

송어

90. 무지개송어 <연어과>

- 학명⇒ *Oncorhynchus mykiss* (Walbaum)
- 영명⇒ Rainbow trout
- 일명⇒ ニジマス

형태⇒ 몸의 형태는 송어와 같으며, 배를 제외한 몸 전체에 동공보다 작은 검은 점들이 흩어져 있는 것이 특징이다. 살아 있을 때에는 체측 중앙에 홍적색 또는 분홍빛 세로줄 무늬가 나타난다. 바다에서 생활할 때에는 연어과의 다른 어류와 마찬가지로 은백색을 띠며, 주둥이가 짧은 점으로 다른 종과 구분이 가능하다. 전장 약 1m.
생태⇒ 연어과 어류 가운데에서는 비교적 따뜻한 수온에 잘 적응하고, 양식도 이루어진다.
분포⇒ 우리 나라 동해 북부, 일본 북부, 북태평양 연안

무지개송어

91. 홍송어 <연어과>

학명⇒ *Salvelinus leucomaenis leucomaenis* (Pallas)
영명⇒ Whitespotted char
일명⇒ アメマス

형태⇒ 송어보다 체고가 약간 낮고 미병부가 길다. 등지느러미는 몸 중앙에 위치하며, 등지느러미 뒤에는 기름지느러미가 있다. 등은 연한 회청색이고 배는 흰색이다. 배를 제외한 몸 전체에 연한 색의 둥근 반점들이 눈송이 모양으로 나타난다. 전장 약 70cm 가까이 자라지만 30~40cm 정도가 가장 흔하다.
생태⇒ 치어는 봄에 수생 곤충을 주로 먹고, 바다에서는 작은 물고기를 먹는다. 어미가 되는 데 걸리는 기간은 4~5년이다. 봄에서 초여름에 바다로 내려가고 가을철에 산란을 위해 강으로 올라온다.
분포⇒ 우리 나라 동해 북부(함경도), 일본 중부 이북, 사할린

홍송어

홍메치목 Aulopiformes

홍메치과
Aulopodidae (Aulopus)

위턱은 뒤쪽으로 갈수록 너비가 넓어지고, 그 후단은 눈의 중간을 지난다. 등지느러미는 크고 기저부가 길며, 기조 수는 14~22연조이다. 배지느러미는 등지느러미와 거의 비슷한 위치에서 대칭으로 시작된다. 미병부 등쪽에 기름지느러미가 있다. 우리 나라에 1속 1종, 세계에 2속 9종이 알려져 있다.

히메치

92. 히메치 <홍메치과>

학명⇒ *Aulopus japonicus* Günther
영명⇒ Japanese aulopus, tread-sail fish
일명⇒ ヒメ

형태⇒ 체형은 원통형으로 모래무지와 비슷하고, 머리의 앞쪽은 상하로 납작하다. 눈은 크고 머리의 등 쪽으로 치우쳐 있다. 등지느러미는 크며 몸의 앞쪽에 위치하고, 가장 뒤쪽 연조의 후단은 기름지느러미 근처까지 도달한다. 등은 황갈색이고 배는 은백색 바탕에 연한 보랏빛을 띤다. 머리의 뒤에서부터 꼬리지느러미 앞에 이르는 등 쪽에 너비가 넓은 4개의 황갈색 반점이 있고, 수컷은 등지느러미의 제1~6연조에 붉은 무늬가 있다. 꼬리지느러미와 뒷지느러미, 배지느러미에 노란 줄무늬가 있다. 전장 약 30cm.
생태⇒ 수심 100~200m의 모래와 개펄 바닥에 서식한다.
분포⇒ 우리 나라 제주도를 포함한 남해, 일본, 필리핀

파랑눈매통이과
Chlorophthalmidae (Greeneyes)

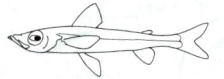

위턱의 후단은 눈의 중간을 넘지 않는다. 등지느러미는 기저부가 짧고, 기조 수는 9~13연조이다. 우리 나라에 1속 2종, 세계에 2속 20종이 알려져 있다.

첨문파랑눈매통이

93. 첨문파랑눈매통이 <파랑눈매통이과>

학명⇒ *Chlorophthalmus acutifrons* Hiyama
영명⇒ Humpback greeneye
일명⇒ トモメヒカリ

형태⇒ 체형은 원통형에 가까우며, 등지느러미 기점의 체고가 가장 높고 뒤로 갈수록 낮아진다. 눈은 아주 크고 머리의 등 쪽에 위치하며, 눈의 지름은 주둥이 길이보다 약간 짧다. 배지느러미 전방의 비늘은 19~23개이다. 등은 갈색 바탕에 어두운 구름무늬가 불분명하게 나타나고, 배 쪽은 밝은 색을 띤다. 항문 주변에는 검은색을 띤다. 전장 약 30cm.

생태⇒ 수심 200~500m의 대륙붕 부근에 주로 서식한다.
분포⇒ 우리 나라 제주도, 일본 남부, 필리핀, 동중국해
유사종⇒ 파랑눈매통이(*Chlorophthalmus albatrossis*)
영명 : Bigeyed greeneye
일명 : アオメエソ

매퉁이과
Synodontidae (Lizard fishes)

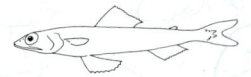

위턱의 너비는 좁지만 길이는 길어서 그 후단은 눈 뒤를 훨씬 지난다. 몸은 원통형에 가깝고 유연하지 않다. 머리의 일부를 제외한 몸 전체에 비늘이 있다. 꼬리지느러미 후연은 안쪽으로 약간 깊게 패어 있고, 등지느러미 뒤에 작은 기름지느러미가 있다. 가슴지느러미와 배지느러미는 실처럼 분리되어 있지 않고 짧다. 뒷지느러미는 기름지느러미 아래에 위치한다. 우리 나라에 4속 8종, 세계에 5속 55종이 알려져 있다.

물천구

94. 물천구 <매퉁이과>

학명⇒ *Harpadon nehereus* (Hamilton)
영명⇒ Bombay duck
일명⇒ テナガミズテング

형태⇒ 머리는 작고 주둥이 길이는 눈 지름보다 짧다. 입이 매우 커서 턱의 후단이 아가미 구멍 가까이 도달하며, 아래턱이 위턱보다 약간 길다. 양턱에는 작고 강한 치열이 있다. 등지느러미는 몸 중앙보다 앞에 위치하고, 등지느러미 뒤에 작은 기름지느러미가 있다. 가슴지느러미와 배지느러미가 길고, 가슴지느러미의 후단은 등지느러미 기점의 아래에까지 도달한다. 몸은 흰색에 가까운 연한 갈색이고 무늬는 없으며, 꼬리지느러미는 어두운 색을 띤다. 전장 약 30cm.

생태⇒ 수심 50m 미만의 모래나 개펄 바닥에 서식한다.

분포⇒ 우리 나라 서해와 남해, 일본 중부 이남, 남중국해

날매통이

95. 날매통이 <매통이과>

학명⇒ *Saurida elongata* (Temminck et Schlegel)
영명⇒ Shortfin lizardfish
일명⇒ トカゲエソ

형태⇒ 체형은 원통형으로 길고 머리는 상하로 납작하다. 턱의 후단은 눈 뒤를 훨씬 지나 아가미뚜껑에 이른다. 양턱에는 여러 줄의 이빨이 있다. 등지느러미 뒤에는 작은 기름지느러미가 있다. 가슴지느러미는 짧고 바깥쪽과 안쪽의 기조 길이가 거의 비슷하며, 그 후단이 배지느러미 기부에 도달하지 못하는 점이 특징이다. 등지느러미 앞의 비늘은 22~27개이다. 등은 녹갈색과 황갈색이 섞여 세로줄을 형성하며, 배는 밝은 색을 띤다. 전장 약 55cm.

생태⇒ 육식성으로 어류를 주로 먹고, 그 밖에 연체류와 갑각류 등을 먹는다. 얕은 바다와 약간 깊은 곳의 모래·개펄 바닥에 서식하고, 산란기는 5~7월이다.

분포⇒ 우리 나라 서해와 남해, 일본 중부 이남, 남중국해

유사종⇒ 잔비늘매통이(*Saurida microlepis*), 매통이(*Saurida undosquamis*), 툼빌매통이(*Saurida wanieso*)

❖ **새파(gill raker)**

아가미뚜껑을 떼어 내면 새궁 안쪽에 고드름 모양의 골질 돌기가 있는데, 이것을 새파라고 한다. 새파의 모양이나 수는 물고기의 식성과 관련이 있는 것으로 생각되며, 육식성 어류보다는 초식성 어류의 새파가 조밀하고 그 수도 많다. 또, 새파의 수는 물고기를 분류하는 형질로 이용되기도 한다.

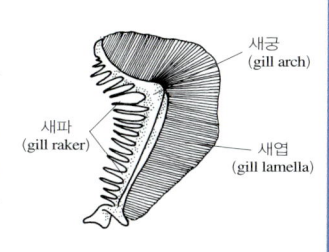

매퉁이

96. 매퉁이 <매퉁이과>

학명⇒ *Saurida undosquamis* (Richardson)
영명⇒ Lizard fish
일명⇒ マエソ

형태⇒ 체형은 원통형으로 길고 머리는 약간 상하로 납작하다. 양턱에는 여러 줄의 이빨이 있다. 등지느러미는 앞쪽의 연조가 뒤쪽의 것보다 현저히 길어서 그 길이의 차이가 5배 이상이다. 등지느러미 뒤에 작은 기름지느러미가 있다. 가슴지느러미가 길어서 후단은 배지느러미 기부를 지난다. 등지느러미 앞의 비늘은 17~20개이다. 등은 황갈색이고 배는 은백색을 띤다. 꼬리지느러미 위쪽 가장자리에 일렬의 검은 점이 있다. 가슴지느러미와 꼬리지느러미는 어두운 색을 띠며, 약간 노란색이 있다. 전장 약 50cm.

생태⇒ 수심 30~70m, 수온 18℃, 염분도 34‰ 전후의 모래·개펄 바닥에 서식하며, 육식성으로 갑각류와 작은 어류를 먹는다.

분포⇒ 우리 나라 서해와 남해, 일본 중부 이남, 타이완, 필리핀, 남중국해, 인도양

> ❖ 한약재로 이용되는 매퉁이과 어류
>
> 매퉁이를 비롯한 잔비늘매퉁이, 툼빌매퉁이 등의 매퉁이과 어류는 예부터 중국에서 한약재로 많이 이용되어 왔는데, 강장과 보신뿐만 아니라 인후부의 통증이나 야뇨증, 소아마비의 치료에 쓰인다. 식용할 때에는 내장과 비늘을 제거하고 생것을 먹거나 햇볕에 말린 것을 삶아 먹는다.

주홍꽃동멸

97. 주홍꽃동멸 <매퉁이과>

학명⇒ *Synodus hoshinonis* Tanaka
영명⇒ Hoshino's lizardfish
일명⇒ ホシノエソ

형태⇒ 체형은 원통형에 가깝고 머리 앞부분은 상하로 납작하다. 배 쪽에서 보았을 때 주둥이 끝이 둥글다. 아가미구멍 위쪽에 검은 점이 있어 다른 종과 구분된다. 측선 상부 비늘 수는 3.5~4.5개이다. 몸에 T자형의 암갈색 구름무늬가 8~10개 가로로 나타나고 배는 흰색을 띤다. 살아 있을 때에는 체측에 연한 보랏빛 세로줄이 나타난다. 각 지느러미에는 주황색 점이 있다. 전장 약 25cm.
생태⇒ 수심 10~20m의 모래와 바위 지역에 서식한다.
분포⇒ 우리 나라 제주도, 일본 남부
유사종⇒ 꽃동멸(*Synodus variegatus*)
영명 : Red lizardfish
일명 : ミナミアカエソ
수다꽃동멸(*Synodus macrops*)

꽃동멸류(제주도 서귀포)

수다꽃동멸

98. 수다꽃동멸 <매퉁이과>

학명⇒ *Synodus macrops* Tanaka
영명⇒ Crossmark lizardfish
일명⇒ チョウチョウエソ
형태⇒ 체형은 주홍꽃동멸과 같고, 양턱의 길이는 비슷하다. 체측에 X자형의 검은 무늬가 4개 있다. 전장 약 20cm.
생태⇒ 수심 100m 정도의 대륙붕 주변에 서식한다.
분포⇒ 우리 나라 제주도, 일본 남부, 동중국해, 남중국해

황매퉁이

99. 황매퉁이 <매퉁이과>

학명⇒ *Trachinocephalus myops* (Schneider)
영명⇒ Snake fish
일명⇒ オキエソ
형태⇒ 체형은 긴 원통형이며 머리는 작다. 주둥이는 눈의 지름보다 짧고 눈 앞 외곽선은 급경사를 이룬다. 눈은 머리 위쪽에 위치하고, 두 눈 사이의 간격이 좁다. 입은 크고, 아래턱이 위턱보다 약간 길다. 양턱에 날카로운 이빨이 2열로 배열되어 있다. 등지느러미는 몸의 중앙보다 약간 앞에 위치하고, 등지느러미 뒤에는 작은 기름지느러미가 있다. 몸은 노란색 바탕에 3~4개의 연한 파란색 세로줄 무늬가 있고, 그 사이에 노란색 줄무늬가 있다. 전장 약 30cm.
생태⇒ 연안의 수심이 낮은 모랫바닥에 몸을 묻고 눈만 내놓고 있을 때가 많다.
분포⇒ 우리 나라 제주도를 포함한 남해, 일본 남부, 세계의 온대와 열대 해역

샛비늘치목 Myctophiformes

샛비늘치과
Myctophidae (Lanternfish)

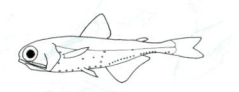

머리와 몸은 좌우로 납작하다. 입이 크고 턱의 후단은 아가미뚜껑까지 도달한다. 뒷지느러미는 등지느러미 기저부 후단의 아래에서 시작된다. 몸의 발광기는 길게 열을 이루지 않고 분산되어 있다. 등지느러미 뒤에 기름지느러미가 있다. 우리 나라에 2속 3종, 세계에 32속 235종이 알려져 있다.

얼비늘치

100. 얼비늘치 <샛비늘치과>

학명⇒ *Myctophum asperum* Richardson
영명⇒ Prickly lanternfish
일명⇒ アラハダカ

형태⇒ 주둥이는 짧고 둥글다. 눈이 커서 눈지름은 주둥이 길이의 2배 이상이다. 아가미뚜껑 뒤쪽과 체측 그리고 배에 발광기가 분산되어 있고, 뒷지느러미 기저부와 미병부 아래에 5~7개씩의 발광기가 일정한 간격으로 열을 이루고 있다. 이 밖에도 가슴지느러미 주변과 배지느러미 앞뒤에 발광기가 있다. 몸은 진한 흑청색이고 지느러미는 투명하다. 등지느러미와 뒷지느러미, 꼬리지느러미에는 매우 작은 점들이 줄무늬를 이루고 있다. 전장 10cm 미만의 소형 어류이다.

생태⇒ 수심 1000m 정도의 깊은 곳에 서식하며, 야간에는 표층으로 올라오기도 한다.

분포⇒ 우리 나라 남해, 일본 홋카이도 이남, 인도양, 대서양

유사종⇒ 깃비늘치(*Benthosema pterotum*)
영명 : Skinnycheek lanternfish
일명 : イワハダカ
샛비늘치(*Myctophum nitidulum*)
영명 : Metallic lanternfish
일명 : ススキハダカ

첨치목 Ophidiiformes

첨치과
Ophidiidae (Brotulas, cusk eels)

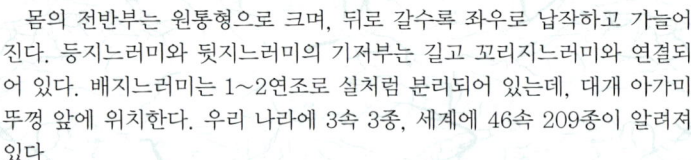

몸의 전반부는 원통형으로 크며, 뒤로 갈수록 좌우로 납작하고 가늘어진다. 등지느러미와 뒷지느러미의 기저부는 길고 꼬리지느러미와 연결되어 있다. 배지느러미는 1~2연조로 실처럼 분리되어 있는데, 대개 아가미뚜껑 앞에 위치한다. 우리 나라에 3속 3종, 세계에 46속 209종이 알려져 있다.

붉은메기

101. 붉은메기 <첨치과>

학명⇒ *Hoplobrotula armata* (Temminck et Schlegel)
영명⇒ Armored brotula
일명⇒ ヨロイイタチウオ

형태⇒ 주둥이는 짧고 뭉툭해서 눈의 지름보다 짧다. 위턱과 아래턱의 길이는 비슷하며, 전새개골에 3개의 강한 가시가 있다. 등지느러미와 뒷지느러미의 기저부는 길고 꼬리지느러미와 연결되어 있다. 꼬리지느러미 끝은 뾰족하고, 배지느러미는 턱의 후단부 아래에 위치하며, 실 모양으로 길게 연장되어 있다. 등은 홍갈색 바탕에 작은 반점들이 열을 이루고, 반점의 주변은 흰색을 띤다. 배는 은백색이다. 전장 약 70cm.

생태⇒ 수심 200~350m의 저층부에서 서식한다.

분포⇒ 우리 나라 동해 남부와 제주도, 일본 남부, 동중국해

유사종⇒ 그물메기(*Neobythites sivicolus*), 동갈메기(*Sirembo imberbis*)

그물메기

102. 그물메기 <첨치과>

학명⇒ *Neobythites sivicolus* (Jordan et Snyder)
영명⇒ Whitespotted brotula
일명⇒ シオイタチウオ

형태⇒ 몸과 머리는 좌우로 납작하고, 몸의 앞부분은 크고 체고가 높지만 뒤로 갈수록 좌우로 더 납작해지고 체고도 낮아진다. 주둥이 끝은 짧고 뭉툭하지만 붉은메기에 비해 길어서 주둥이 길이가 눈 지름보다 길다. 위턱과 아래턱의 길이는 비슷하다. 등지느러미와 뒷지느러미는 몸 앞부분에서 시작되어 뒤로 연장되어 있으며, 꼬리지느러미와 연결된다. 꼬리지느러미의 끝은 뾰족하다. 배지느러미는 아가미구멍 아래쪽에 실 모양으로 길게 연장되어 있다. 등지느러미의 기조 수는 93~94연조, 뒷지느러미는 74~75연조이다. 머리에도 비늘이 있고, 측선은 몸의 등 쪽을 지나며, 측선 비늘은 약 100개이다. 몸은 진한 갈색 바탕에 배의 색깔과 같은 둥근 반점들이 있다. 배는 은백색이다. 등지느러미는 담갈색이고 뒤쪽은 검은색을 띤다. 형태적으로 붉은메기와 비슷하지만 붉은메기는 배지느러미가 턱의 후단부 아래에 위치하는 반면, 이 종은 실 모양의 배지느러미가 아가미구멍 아래에 위치하는 점으로 구분된다. 전장 약 30cm.

생태⇒ 수심 200m 정도의 모래 · 개펄 바닥에 서식한다.

분포⇒ 우리 나라 제주도를 포함한 남해와 동해, 일본, 동중국해

동갈메기

103. 동갈메기 <첨치과>

학명⇒ *Sirembo imberbis* (Temminck et Schlegel)
영명⇒ Loach brotula
일명⇒ ウミドジョウ

형태⇒ 체형은 그물메기와 비슷하지만, 전새개골에 가시가 없고 배지느러미가 1연조여서 잘 구분된다. 몸은 황갈색 바탕에 둥글고 진한 갈색 반점들이 있으며, 배는 밝은 은백색을 띤다. 등지느러미에는 긴 타원형의 검은 반점들이 있고, 뒷지느러미 가장자리는 검다. 전장 약 20cm.

생태⇒ 수심 약 200m의 모래·개펄 바닥에 서식한다.

분포⇒ 우리 나라 동해 남부, 일본 남부, 필리핀, 오스트레일리아

❖ 어류의 범위

어류란 ① 척추를 가지고 있고, ② 아가미로 호흡을 하며, ③ 지느러미로 헤엄치면서 수중에서 생활하는 냉혈 동물을 말하며, 분류학적으로는 척추동물 아문에 속한다. 척추동물에 속하는 포유류, 조류, 파충류, 양서류, 어류 가운데 가장 하등한 동물이다.

대구목 Gadiformes

민태과
Macrouridae (Grenadiers, rattails)

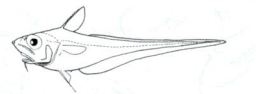

등지느러미는 2개로 제1등지느러미는 기저부가 짧고 2개의 극조가 있다. 제2등지느러미와 뒷지느러미는 기저부가 길어서 꼬리에 도달하고, 꼬리지느러미 끝은 실 모양으로 가늘어진다. 우리 나라에 1속 3종, 세계에 38속 285종이 알려져 있다.

줄비늘치

104. 줄비늘치 <민태과>

학명 ⇒ *Caelorinchus multispinulosus* Katayama
영명 ⇒ Spearnose grenadier
일명 ⇒ ヤリヒゲ

형태 ⇒ 몸은 뒤로 갈수록 좌우로 납작해지고 가늘어져서 꼬리 부분은 뾰족하다. 주둥이는 길고 뾰족하게 돌출하였으며, 입은 주둥이 아래 열린다. 눈 아래 융기선이 변형된 비늘은 눈 중앙보다 앞쪽에 일렬로 배열되어 있다. 머리와 아랫턱의 아랫면에는 비늘이 없다. 제2등지느러미가 시작되는 곳의 측선 상부 비늘은 3.5~5개이다. 등 쪽은 흑갈색, 배 쪽은 은백색이며, 체측에 구름무늬의 흑갈색 반점이 세로로 열을 이룬다. 전장 약 40cm.

생태 ⇒ 수심 140~300m의 대륙 사면 위쪽에 서식한다.

분포 ⇒ 우리 나라 남해(부산, 충무, 여수), 일본 남부, 동중국해

유사종 ⇒ 무줄비늘치(*Caelorinchus longissimus*)
일명 : トンガリヒゲ
꼬리민태(*Caelorinchus japonicus*)
영명 : Rat tail, grenadier
일명 : トウジン

돌대구과
Moridae (Morid cods)

아래턱 끝에 짧은 수염이 있다. 등지느러미는 아가미구멍보다 약간 뒤에서 시작되어 꼬리지느러미 앞까지 이어지며, 꼬리지느러미와 연결되지는 않는다. 등지느러미의 제5~6연조는 길고, 깊게 팬 홈에 의해서 뒤의 연조부와 분리된다. 배지느러미는 실 모양이 아니고 지느러미막이 있는 일반적인 지느러미 형태를 갖추고 있다. 우리 나라에 1속 1종, 세계에 18속 98종이 알려져 있다.

놀락민태

105. 놀락민태 <돌대구과>

학명⇒ *Lotella phycis* (Temminck et Schlegel)
영명⇒ Purple hakeling
일명⇒ イソアイナメ

형태⇒ 몸은 길고 뒤로 갈수록 좌우로 납작해진다. 아래턱은 위턱보다 약간 짧고, 아래턱의 끝에 1개의 수염이 있다. 등지느러미는 아가미구멍보다 약간 뒤에서 시작되며, 앞쪽의 제5~6연조는 기조가 길고, 깊게 팬 홈에 의해서 뒤의 연조부와 분리된다. 등지느러미와 뒷지느러미는 기저부가 미병부까지 길게 이어지지만, 꼬리지느러미와는 분리되어 있다. 몸은 자갈색이다. 등지느러미와 뒷지느러미 가장자리는 몸 색깔과 비슷하지만 어두운 색을 띠고, 아가미 아래와 배지느러미는 붉은 색을 띤다. 전장 약 30cm.
생태⇒ 심해성 어류이다.
분포⇒ 우리 나라 제주도를 포함한 남해, 일본 중부 이남

대구과
Gadidae (Cods)

등지느러미는 3개로 제1등지느러미는 아가미구멍 뒤에서 시작된다. 콧구멍에 수염이 없고, 아래턱에 1개의 수염이 있다. 우리 나라에 3속 3종, 세계에 15속 30종이 알려져 있다.

빨간대구

106. 빨간대구 <대구과>

학명⇒ *Eleginus gracilis* (Tilesius)
영명⇒ Northern cod, pacific saffron cod
일명⇒ コマイ

형태⇒ 몸의 전반부는 원통형에 가깝고, 뒤로 갈수록 좌우로 납작해진다. 아래턱이 위턱보다 약간 짧고, 아래턱 끝의 수염 길이는 눈 지름의 $\frac{1}{2}$ 이하이다. 등지느러미는 3개, 뒷지느러미는 2개이다. 등은 황갈색 바탕에 어두운 그물무늬가 있으며 배는 흰색이다. 전장은 약 55cm인데, 우리 나라에서 출현하는 대구과 어류 3종 가운데 가장 작은 종이며, 대구에 비해 수염이 짧고 체고가 낮다.

생태⇒ 냉수성 어류로 북극 근처의 얼음 아래 또는 빙점의 낮은 수온에서 3~4월에 산란한다. 알은 침성란으로 수심 약 100m에서 부화하여 전장 3cm 정도까지 바닥에서 생활하다가 여름철에 연안에서 먹이를 먹으면서 성장한다. 2년째에 전장 30cm에 이르면 산란 능력을 갖게 된다.

분포⇒ 우리 나라 동해 북부(원산 이북의 심해), 일본 북부, 오호츠크 해, 베링 해 등의 북태평양

대구

그물에 잡힌 직후의 대구

107. 대구 <대구과>

학명⇒ *Gadus macrocephalus* Tilesius
영명⇒ Pacific cod
일명⇒ マダラ

형태⇒ 몸의 전반부는 크고 원통형이지만, 뒤쪽으로 갈수록 작고 좌우로 납작해진다. 주둥이는 뭉툭하고, 아래턱의 길이가 위턱보다 약간 짧으며 양턱에 빗살 모양의 이가 있다. 주둥이 아래 중앙에는 길이가 눈 지름과 비슷한 1개의 수염이 있다. 등지느러미는 3개, 뒷지느러미는 2개이다. 몸은 담황색 바탕에 적갈색 구름무늬가 있고 배는 밝은 색이다. 전장 약 1.2m.

생태⇒ 차가운 수역의 수심 10~500m에 이르는 대륙붕과 대륙 사면에 서식한다. 어류와 갑각류를 먹으며, 12~3월에 수심이 낮은 곳으로 이동하여 개펄과 모랫바닥에 산란한다. 수컷은 3년, 암컷은 4년 만에 어미가 된다. 여름철에는 먹이를 잡기 위하여 깊은 곳으로 이동하지만, 지역성이 강하여 대규모 이동은 하지 않는다.

분포⇒ 우리 나라 전 해역, 북위 34° 이상의 북태평양

명태

108. 명태 <대구과>

학명⇒ *Theragra chalcogramma* (Pallas)
영명⇒ walleye pollock
일명⇒ スケトウダラ

형태⇒ 몸은 좌우로 두껍고, 몸 전반부의 체고가 높다. 아래턱이 위턱보다 길고 입이 크다. 주둥이 아래의 수염은 매우 작아서 거의 보이지 않는다. 등지느러미는 3개, 뒷지느러미는 2개이다. 몸은 담색 바탕에 등은 진한 갈색이고, 체측에는 갈색 반점이 세로로 배열되어 3개의 줄무늬를 이룬다. 배는 흰색이다. 아래턱이 위턱보다 길고 수염이 거의 퇴화되어 보이지 않는 점으로 유사종인 대구 또는 빨간대구와 구분된다. 전장 약 80cm.
생태⇒ 냉수성 어류로, 수심 2000m에 이르는 수역의 표층과 중층에 서식하며, 멸치, 정어리 등의 물고기와 작은 갑각류, 오징어류 등을 먹는다. 12~3월이 되면 내만의 수심이 낮은 곳으로 몰려와 모래와 진흙 바닥에 산란한다. 부화한 지 3~4년 후 전장 30cm 정도가 되면 어미가 되고, 8~9년 후에는 50cm에 달한다.
분포⇒ 우리 나라 동해 중부 이북, 일본 북부, 오호츠크 해, 베링 해 등의 북태평양
참고⇒ 명태는, 잡아서 냉동시키지 않은 것을 생태, 냉동시킨 것을 동태, 말린 것을 황태라고 하는 등 다양한 이름을 가지고 있으며, 우리 나라의 주요 수산 어종이다. 특히, 알은 명란젓으로 우리 나라 사람들이 즐겨 먹는 식품이다.

아귀목 Lophiiformes

아귀과
Lophiidae (Goosefishes)

머리가 크고 몸은 상하로 납작하다. 입은 주둥이 끝에 열리고 매우 크며, 배지느러미가 있다. 머리에 유인 돌기(illicium)가 있다. 보통 해저에 정지 상태로 있고, 바닥에 몸을 묻고 있는 경우도 있다. 우리 나라에 3속 3종, 세계에 4속 25종이 알려져 있다.

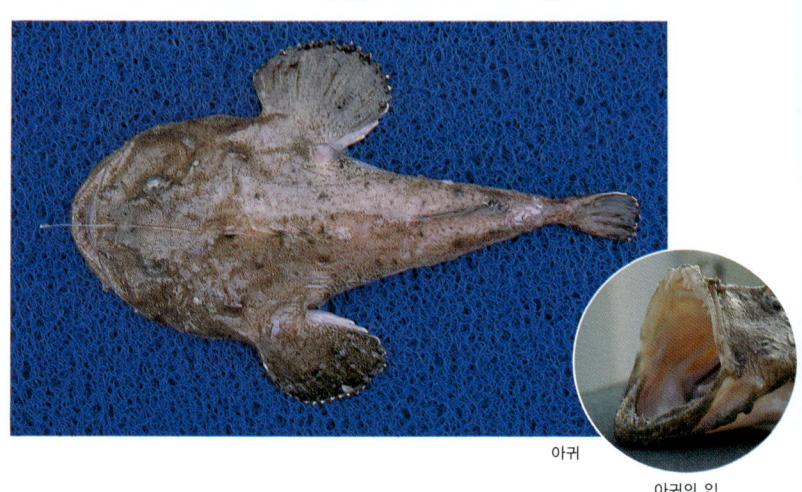

아귀

아귀의 입

109. 아귀 <아귀과>

학명⇒ *Lophiomus setigerus* (Vahl)
영명⇒ Black mouth goosefish, angler
일명⇒ アンコウ

형태⇒ 몸은 상하로 납작하고 머리가 매우 크다. 꼬리부는 짧고 가늘며 좌우로 납작하다. 몸 옆에는 나뭇잎 모양의 많은 피판이 있고, 제1등지느러미 양측에 있는 상박극(上膊棘)의 끝이 갈라져 있다. 제1등지느러미의 제1극조는 길이가 매우 길고, 유인 돌기로 변형되어 있다. 몸은 적갈색 또는 회갈색이고 배는 밝은 색을 띤다. 입 안에 흰색 반점들이 있다. 전장 약 1m.

생태⇒ 수심 30~500m의 모래·개펄 바닥에 서식한다. 모래 속에 몸을 묻고, 등지느러미가 변형된 유인 돌기를 이용하여 먹이를 유인한다. 산란기는 3~4월이다.

분포⇒ 우리 나라 전 해역, 일본 홋카이도 이남, 동중국해, 인도양, 서태평양, 아프리카 해역

유사종⇒ 황아귀 (*Lophius litulon*)
영명 : Yellow goosefish
일명 : キアンコウ

씬벵이과
Antennariidae (Frogfishes)

몸은 아귀과와 달리 좌우로 납작하거나 원통형에 가깝다. 피부는 느슨하고 몸에 비늘이 없으며, 작은 가시나 돌기가 있는 종도 있다. 아가미구멍은 가슴지느러미 기부 아래쪽에 열린다. 제1등지느러미 앞쪽의 1개의 기조가 유인 장치로 변형되어 있고, 그 뒤에 크고 두꺼운 극조 2개가 분리되어 있다. 우리 나라에 2속 3종, 세계에 14속 43종이 알려져 있다.

줄씬벵이

110. 줄씬벵이 <씬벵이과>

학명⇒ *Antennarius hispidus* (Bloch et Schneider)
영명⇒ Zebra angler fish
일명⇒ ボンボリイザリウオ

형태⇒ 몸과 머리는 좌우로 납작하고 체고가 높다. 제1등지느러미는 주둥이 위에 긴 유인 돌기로 변형되었고, 그 뒤에 2개의 크고 두꺼운 극조가 있다. 유인 돌기 끝의 피판은 소나무 잎처럼 수십 개로 갈라져 있다. 가슴지느러미는 손바닥 모양이고, 모든 지느러미가 두꺼운 육질로 덮여 있다. 피부는 거칠다. 몸은 황록색 또는 담색 바탕에 갈색의 줄무늬들이 있다. 전장 약 40cm.

생태⇒ 수심 100m 미만의 모래·개펄 바닥에 서식한다. 육질의 가슴지느러미와 배지느러미를 이용하여 바닥을 기어다니고, 아가미 구멍으로 물을 내뿜으면서 위치를 이동한다.

분포⇒ 우리 나라 남해(충무), 일본 남부, 인도양, 서태평양

유사종⇒ 빨간씬벵이(*Antennarius striatus*), 노랑씬벵이(*Histrio histrio*)

빨간씬벵이

111. 빨간씬벵이 <씬벵이과>

학명⇒ *Antennarius striatus* (Shaw et Nodder)
영명⇒ Trilobate frogfish, striped frogfish
일명⇒ イザリウオ

형태⇒ 체형은 줄씬벵이와 같다. 유인 돌기 끝의 피판은 2~7개로 갈라져 있다. 색깔의 변화가 매우 심하고 담갈색을 띠는 것이 가장 많다. 눈을 중심으로 방사상의 검은 줄무늬가 있고, 몸과 지느러미에도 검은 반점이 흩어져 있다. 어미의 전장은 20cm 미만이다.
생태⇒ 모래와 개펄 또는 자갈 바닥에 서식한다.
분포⇒ 우리 나라 제주도를 포함한 남해, 동부 태평양을 제외한 세계의 온대와 열대 해역
참고⇒ 이 종은 우리 나라에서 *Antennarius tridens*(Temminck et Schlegel), 일본에서 *Phrynelox tridens*(Temminck et Schlegel)를 학명으로 사용하는 등 세계적으로 수십 개의 학명이 사용된 바 있다. 그러나 이들은 모두 *Antennarius striatus*(Shaw et Nodder)의 동종이명으로 정리되었다(Theodore and Grobecker, 1987).

씬벵이과 어류(필리핀)

노랑씬벵이

112. 노랑씬벵이 <씬벵이과>

학명⇒ *Histrio histrio* (Linnaeus)
영명⇒ Frogfish
일명⇒ ハナオコゼ

형태⇒ 체형은 줄씬벵이, 빨간씬벵이와 비슷하나, 피부에 가시나 돌기가 없이 매끈해서 이들 종과는 잘 구분된다. 주둥이 앞의 유인 돌기는 다른 종에 비해 길이가 짧다. 등지느러미의 기조 수는 유인 돌기를 포함하여 3극 11~13연조, 뒷지느러미는 6~8연조, 가슴지느러미는 9~11연조이다. 개체에 따라 몸 색깔의 변화가 심하고, 보통 노란색 바탕에 부정형의 흑갈색 얼룩무늬가 몸 전체에 나타난다. 흰 점들이 있는 개체도 있다. 전장 약 15cm.

생태⇒ 연안의 바위 지역과 모랫바닥에 서식하며, 작은 물고기를 먹는다.

분포⇒ 우리 나라 제주도를 포함한 남해, 태평양의 중동부 해역을 제외한 세계의 온대와 열대 해역

❖ 씬벵이과 어류의 유인 장치

　씬벵이과 어류는 제1등지느러미의 가장 앞쪽 기조 1개가 유연하고 긴 유인 장치로 변형되어 있다. 이들은 바닥에 몸을 정지한 채 이 유인 장치를 살살 흔들어 먹이를 유인한다. 유인 장치 끝의 갈라진 모양은 씬벵이과 어류를 분류하는 중요한 특징이다.

점씬벵이과
Chaunacidae (Coffinfishes, sea toads)

몸통은 크고 단면은 상하로 약간 납작한 편이며, 몸 뒤쪽과 미병부는 좌우로 납작하고 아주 가늘다. 피부는 작은 가시로 덮여 있다. 머리 위에 1개의 짧은 유인 돌기만 있고 제1등지느러미에 해당하는 다른 기조는 없다. 아가미구멍은 가슴지느러미 뒤쪽에 열린다. 우리 나라에 1속 1종, 세계에 2속 12종이 알려져 있다.

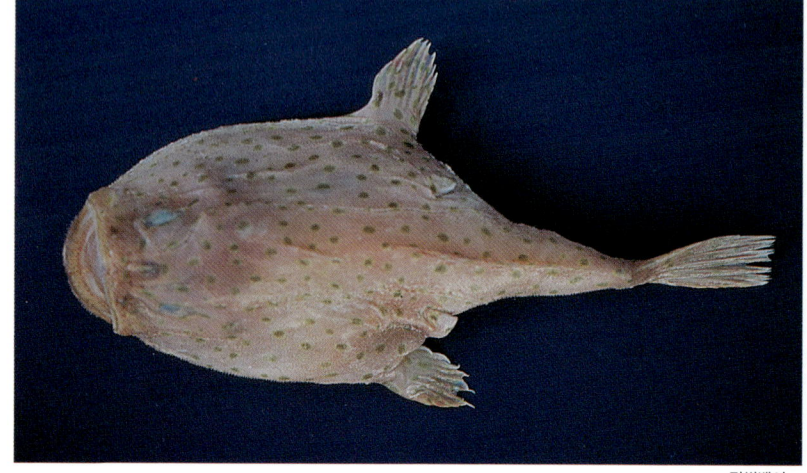

점씬벵이

113. 점씬벵이 <점씬벵이과>

학명⇒ *Chaunax abei* le Danois
일명⇒ ミドリフサアンコウ
형태⇒ 몸과 머리는 상하로 납작하고 크며, 미병부는 좌우로 납작하고 가늘다. 아래턱이 위로 둥글게 올라와 있어서 입은 위쪽으로 열린다. 눈은 작고 머리의 등 쪽에 위치하며, 주둥이 위의 유인 돌기는 길이가 짧다. 피부에 작은 가시들이 돋아 있고, 몸 옆에는 부드러운 피판이 많이 나 있다. 몸은 밝은 등적색을 띠고, 눈 크기의 녹색 반점들이 비교적 균일하게 분포한다. 전장 약 40cm.
생태⇒ 수심 100~500m의 바닥에 서식한다.
분포⇒ 우리 나라 남해(거제도), 일본 남부, 동중국해
참고⇒ '한국산 어명집'(이 등, 2000)과 '한국 해산 어류 도감'(김 등, 2001)에는 이 종의 국명이 '녹점술아귀'로 기록되어 있다.

부치과
Ogcocephalidae (Batfishes)

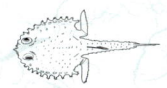

몸은 상하로 납작하고 머리의 너비가 넓다. 몸 뒤쪽은 짧고 가늘다. 머리와 몸은 딱딱한 골질 돌기와 작은 가시로 덮여 있다. 등지느러미의 유인 돌기는 아주 짧게 퇴화되었고, 두 눈 사이가 오목하게 패어 있다. 입은 주둥이 아래에 열린다. 우리 나라에 2속 2종, 세계에 9속 62종이 알려져 있다.

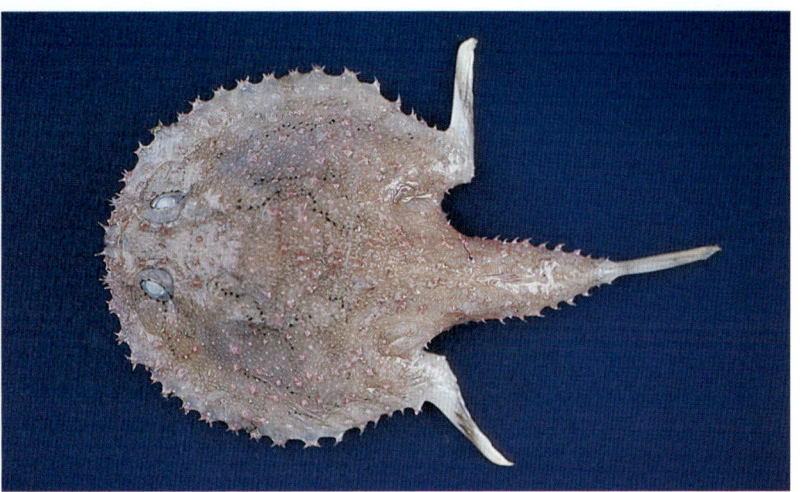

민부치

114. 민부치 <부치과>

학명⇒ *Halieutaea fumosa* Alcock
영명⇒ Smoky batfish
일명⇒ ヒメアカグツ

형태⇒ 몸과 머리는 상하로 납작하고, 보름달 모양으로 원형에 가깝다. 꼬리 부분은 매우 가늘다. 주둥이는 매우 짧고 앞 외곽선은 둥글다. 턱에 강한 이가 있으며, 입은 크고 주둥이 아래쪽으로 열린다. 머리와 등은 뾰족하고 날카로운 골질 돌기와 가시들이 돋아 있으나 배에 작은 가시〔小棘〕가 없다. 등지느러미의 기조 수는 5연조, 뒷지느러미는 4연조이다. 몸은 주홍색을 띤다. 전장 약 20cm.

생태⇒ 이동 범위가 좁고 대개 바닥에 정지 상태로 있으며, 조개류와 어류, 갯지렁이류를 먹는다.

분포⇒ 우리 나라 부산, 일본 남부, 필리핀, 동중국해

유사종⇒ 빨강부치(*Halieutaea stellata*)

빨강부치

115. 빨강부치 <부치과>

학명⇒ *Halieutaea stellata* (Vahl)
영명⇒ Red batfish
일명⇒ アカグツ

형태⇒ 체형은 민부치와 비슷하다. 턱에 강한 이빨이 있으며, 입은 크고 주둥이 아래쪽으로 열린다. 머리와 등은 뾰족하고 날카로운 골질 돌기와 가시들이 돋아 있으며, 배에도 작은 가시가 있다. 꼬리 부분이 시작되는 몸통의 양 옆에 가슴지느러미가 있다. 몸은 주홍색을 띤다. 전장 약 35cm.

생태⇒ 수심 50~100m, 수온 18℃ 전후, 염분도 34‰의 바닥에 서식하며, 주로 게, 새우 등의 갑각류와 작은 조개류를 먹는다. 움직임이 둔하여 멀리 이동하지 못하며, 가슴지느러미를 이용하여 바닥을 기어다닌다.

분포⇒ 우리 나라 서해 남부와 남해, 일본 남부, 타이완, 인도양

❖ 빨강부치와 민부치의 구분

빨강부치와 민부치는 몸의 형태와 색깔이 매우 비슷해서 구분하기가 쉽지 않다. 그러나 빨강부치는 몸의 등 쪽뿐만 아니라 배에도 많은 가시가 돋아 있어서, 배에 가시가 없이 매끈한 민부치와 구분된다.

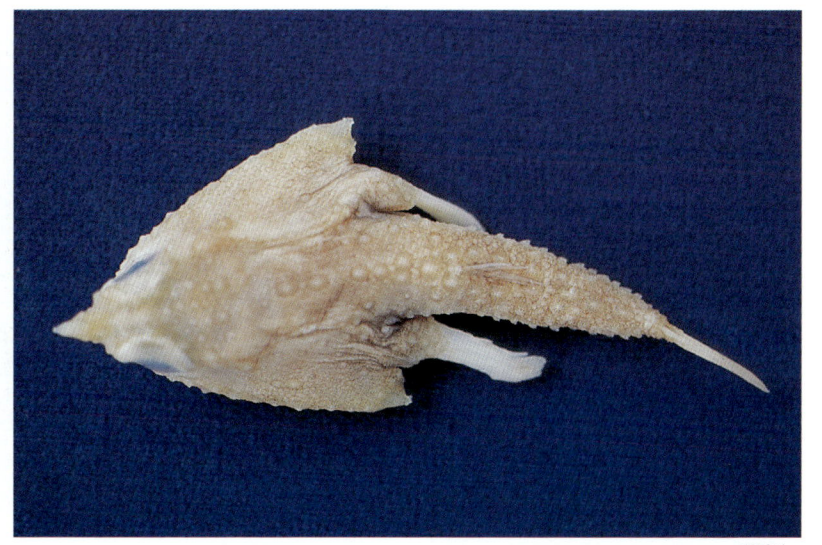

꼭갈치

116. 꼭갈치 <부치과>

학명⇒ *Malthopsis lutea* Alcock
영명⇒ Mud batfish
일명⇒ フウリュウウオ

형태⇒ 머리와 몸은 상하로 납작하고, 가슴지느러미 앞 몸의 양쪽 끝이 돌출하여 체형은 삼각형을 이룬다. 머리와 몸에 큰 골판이 불규칙하게 나타나고, 머리 가장자리에 골질 돌기들이 돋아 있다. 머리 중앙에도 약 3~5열의 무딘 골질 돌기가 있다. 주둥이 위의 전방으로 머리 끝이 뾰족하게 돌출되어 있고, 입은 그 아래쪽으로 열린다. 아가미는 양쪽에 2개씩 있다. 등은 황갈색 바탕에 2~8개의 둥글고 검은 무늬가 있고, 이 무늬는 퇴색되기도 한다. 전장 약 10cm.

생태⇒ 수심 200~700m의 바닥에 서식한다.

분포⇒ 우리 나라 남해, 일본 남부, 필리핀, 동중국해

❖ 어류의 출현

물고기가 지구상에 출현한 것은 약 4억 년 전으로, 다른 척추동물에 비해 약 1억 년 정도 앞서 있다. 현재 물고기의 종수는 척추동물 가운데에서 가장 많은 수를 차지하는데, 현존하는 종만 2만여 종이 알려져 있다. 이것은 양서류 2500종, 파충류 6000종, 조류 8600종, 포유류 4500종보다 훨씬 많은 수이다.

숭어목 Mugiliformes

숭어과
Mugilidae (Mullets)

등지느러미는 2개로 분리되었고, 두 지느러미 사이의 간격은 제1등지느러미의 기저 길이보다 넓다. 제1등지느러미는 4극조이며, 앞쪽 3개의 극조 아래쪽은 가깝게 인접하여 거의 붙어 있는 것이 특징이다. 측선이 없다. 우리 나라에 2속 3종, 세계에 17속 70여 종이 알려져 있다.

가숭어

117. 가숭어 <숭어과>

학명⇒ *Chelon haematocheilus* (Temminck et Schlegel)
영명⇒ Redlip mullet
일명⇒ メナダ

형태⇒ 체형은 긴 방추형으로 좌우로 두껍고, 머리 앞쪽은 약간 상하로 납작하다. 눈 위를 덮고 있는 지검(脂瞼)이 매우 약하게 발달되어 있고, 꼬리지느러미의 후연이 비교적 얕게 패어 있어서 유사종과 구분된다. 측선은 없다. 등 쪽은 진한 청갈색이고 배는 흰색이며, 각 비늘에 흑갈색 점무늬가 있어서 여러 개의 세로줄을 형성한다. 전장 약 1m.
생태⇒ 내만이나 연안에 서식하며, 새끼는 담수까지 들어온다. 산란기는 10월 무렵이다.
분포⇒ 우리 나라 전 해역, 일본, 중국
유사종⇒ 숭어(*Mugil cephalus*)
등줄숭어 (*Chelon affinis*)
일명 : セスジボラ

숭어

118. 숭어   \<숭어과\>

학명⇒ *Mugil cephalus* Linnaeus
영명⇒ Gray mullet
일명⇒ ボラ

형태⇒ 체형은 긴 방추형으로 좌우로 두껍고, 머리 앞쪽은 상하로 약간 납작하다. 투명한 지방질이 잘 발달되어 눈 전체를 덮고 있다. 꼬리지느러미의 후연은 안쪽으로 깊게 패어 있으며 측선은 없다. 등은 회청색이고 배는 은백색이다. 각 비늘의 중앙에는 어두운 반점이 있어서 몸에 여러 개의 세로줄이 있는 것처럼 보인다. 가슴지느러미 기저의 위쪽에 푸른색 반점이 있다. 전장 약 80cm.

생태⇒ 내만에 주로 서식하고, 진흙 속의 유기물이나 아주 작은 해조류를 먹는다. 새끼들은 담수까지 들어오고, 산란을 위해 연안 밖으로 회유하기도 한다.

분포⇒ 우리 나라 전 해역, 세계의 온대와 열대 해역

숭어(위)의 눈에는 가숭어(아래)의 눈과는 달리 지검(脂瞼)이라고 하는 투명한 지방질이 크게 발달되어 있다.

색줄멸목 Atheriniformes

색줄멸과
Atherinidae (Silversides)

등지느러미는 2개로 분리되어 있고, 제1등지느러미는 모두 유연성이 있는 극조로 이루어져 있다. 제2등지느러미와 뒷지느러미에 1개의 극조가 있다. 가슴지느러미는 아가미 뒤의 약간 위쪽에 위치한다. 입은 작고 주둥이 끝에 열린다. 몸에 측선이 없고, 폭넓은 은백색 세로줄이 있다. 대부분 몸이 긴 소형 어류이다. 우리 나라에 2속 3종, 세계에 25속 165종이 알려져 있다.

색줄멸

119. 색줄멸 <색줄멸과>

학명⇒ *Hypoatherina bleekeri* (Günther)
영명⇒ Flathead silverside
일명⇒ トウゴロウイワシ

형태⇒ 몸이 가늘고 길다. 눈 위쪽에 작은 가시열이 없고, 눈이 매우 커서 주둥이 길이의 두 배에 달한다. 제1등지느러미는 몸의 중앙에 위치하고, 꼬리지느러미의 후연은 안쪽으로 깊게 패어 있다. 비늘은 매우 거친 빗비늘이며, 측선은 없다. 항문은 배지느러미 후단의 앞에 위치한다. 등은 담갈색이고 배는 은청색이다. 몸의 중앙에 너비가 넓은 은백색 세로줄이 있다. 전장 약 15cm.

생태⇒ 연안의 표층에서 유영 생활을 하며, 동물성 플랑크톤을 먹는다.

분포⇒ 우리 나라 동해 남부, 일본 남부, 인도양, 서태평양

유사종⇒ 밀멸(*Atherion elymus*)
영명 : Roughhead silverside
일명 : ムギイワシ

은줄멸(*Hypoatherina tsurugae*)
영명 : Cobaltcap silverside
일명 : ギンイソイワシ

동갈치목 Beloniformes

동갈치과
Belonidae (Needle fishes)

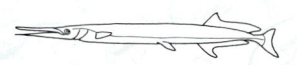

몸은 길고 가늘며 비늘이 매우 작다. 등지느러미는 1개로 뒷지느러미와 대칭으로 위치한다. 어미는 양턱이 앞으로 길게 돌출되어 있고, 바늘처럼 뾰족한 많은 이빨이 있다. 우리 나라에 3속 4종, 세계에 10속 32종이 알려져 있으며, 이 가운데 11종은 담수어이다.

동갈치

120. 동갈치 <동갈치과>

학명⇒ *Strongylura anastomella* (Valenciennes)
영명⇒ Green gar, hound fish, needle fish
일명⇒ ダツ

형태⇒ 몸은 가늘고 길다. 등지느러미의 기조 수는 18~20연조, 뒷지느러미는 21~23연조이다. 꼬리지느러미의 후연은 안쪽으로 약간 오목하다. 측선은 몸 아래 배 쪽에 위치하고, 아가미 뒤에서 시작되어 미병부까지 길게 이어진다. 가슴지느러미 아래에도 짧은 측선이 있어서 배 쪽의 측선과 이어진다. 등은 진한 청록색이고 배는 은백색을 띤다. 전장 약 1m.
생태⇒ 연안의 표층에서 유영 생활을 한다.
분포⇒ 우리 나라 서해 남부, 일본 홋카이도 이남, 동중국해
유사종⇒ 물동갈치(*Ablennes hians*), 항알치 (*Tylosurus acus melanotus*), 꽁치아재비 (*Tylosurus crocodilus*)

꽁치과

Scomberesocidae (Sauries)

꼬리지느러미 앞에는 등지느러미와 뒷지느러미로부터 분리된 작은 지느러미들이 있다. 등지느러미는 뒷지느러미보다 뒤에서 시작된다. 측선은 몸의 아랫배 쪽에 있고, 아래턱이 위턱보다 약간 돌출되어 있다. 우리 나라에 1속 1종, 세계에 1속 4종이 알려져 있다.

꽁치

121. 꽁치 <꽁치과>

학명⇒ *Cololabis saira* (Brevoort)
영명⇒ Pacific saury
일명⇒ サンマ

형태⇒ 몸은 길고 좌우로 약간 두껍다. 등지느러미는 몸의 후단부에 치우쳐 있고, 등지느러미 뒤에 6~7개, 뒷지느러미 뒤에 6~9개의 작은 분리 기조가 있다. 측선은 몸의 아랫배 쪽에 위치한다. 등은 암청색이고 배는 흰색을 띤다. 각 지느러미는 무늬가 없이 투명하지만 꼬리지느러미 기부는 암청색을 띤다. 살아 있을 때 아래턱의 전단은 노란색을 띤다. 전장 약 40cm.

생태⇒ 냉수성 어류로 표층을 헤엄쳐 다니며, 한류의 흐름을 따라 여름에는 북상하고 겨울에는 남하하는 계절적 회유를 한다. 부유성의 작은 갑각류를 주로 먹는다. 산란기는 5~8월이며, 알은 분리 침성란이다.

분포⇒ 우리 나라 동해, 일본에서 미국 서해안에 이르는 북태평양 해역

날치과
Exocoetidae (Flying fishes)

가슴지느러미가 날개 모양으로 크고 길어서 등지느러미의 기부를 지나고, 가슴지느러미와 배지느러미를 이용하여 해면 위를 날아다니기도 한다. 꼬리지느러미 하엽이 길어서 상하엽이 비대칭이다. 우리 나라에 4속 6종, 세계에 7~8속 52종이 알려져 있다.

날치

122. 날치 <날치과>

학명⇒ *Cypselurus agoo agoo* (Temminck et Schlegel)
영명⇒ Flying fish
일명⇒ トビウオ

형태⇒ 눈은 몸에 비해 크고 머리 중앙의 앞쪽에 위치한다. 등지느러미는 몸의 뒤쪽에 치우쳐 있고, 가슴지느러미가 길어서 그 끝이 등지느러미의 중간까지 도달한다. 꼬리지느러미는 하엽이 상엽보다 길어서 상하엽이 비대칭이다. 측선은 몸의 아랫배 쪽에, 아가미 구멍 뒤에서 꼬리지느러미 앞까지 이어진다. 가슴지느러미 가장 위쪽 2개의 기조가 갈라져 있지 않은 점으로 다른 종과 구분된다.

생태⇒ 표층성 어류로 바다의 수면 위를 나는 습성이 있다. 산란기는 4~10월이며, 연안의 해조류에 알을 붙인다. 작은 부유성 갑각류를 주로 먹는다.

분포⇒ 우리 나라 전 해역, 일본 남부, 타이완
유사종⇒ 제비날치(*Cypselurus hiraii*), 새날치 (*Cypselurus poecilopterus*), 매날치 (*Danichthys rondeletii*), 상날치(*Exocoetus volitans*), 황날치 (*Parexocoetus brachypterus brachypterus*)

제비날치

123. 제비날치 <날치과>

- 학명⇒ *Cypselurus hiraii* Abe
- 영명⇒ Flying fish
- 일명⇒ ホソトビウオ

형태⇒ 체형은 날치와 비슷하며, 가슴지느러미의 가장 위쪽에 1개의 갈라지지 않은 연조가 있다. 배지느러미는 길어서 뒷지느러미의 후반부에 도달하며, 뒷지느러미는 등지느러미보다 뒤에서 시작된다. 꼬리지느러미는 하엽이 길어서 상하엽이 비대칭이다. 측선은 배의 외곽선 가까이에 위치한다. 등은 흑청색이고 배는 흰색이다. 가슴지느러미는 반투명하고 뚜렷한 반점은 없으며, 선단부는 투명하다. 등지느러미는 투명하고 무늬는 없다. 전장 약 30cm.

생태⇒ 표층성 어류로, 바다의 수면 위를 나는 습성이 있다. 작은 부유성 갑각류를 주로 먹는다.

분포⇒ 우리 나라 동해와 남해, 일본 홋카이도 이남, 타이완

❖ 어류학의 시조

어류 연구를 가장 먼저 시작한 사람은 그리스 철학자인 아리스토텔레스이다. 아리스토텔레스는 2000여 년 전 그의 저서 '동물 21(Historia animalium)'에 넙치, 뱀장어, 아귀 등 많은 어류의 생태 및 해부에 관해 기록하였다. 이 책에는 그 시대의 기록으로는 놀랄 만한 관찰 내용이 적혀 있다.

황날치

124. 황날치   <날치과>

학명⇒ *Parexocoetus brachypterus brachypterus* (Richardson)
영명⇒ Sailfin flyingfish
일명⇒ ツマリトビウオ
형태⇒ 체형은 날치와 비슷하며, 가슴지느러미가 비교적 짧아서 그 끝이 등지느러미의 전단부에 도달한다. 또, 뒷지느러미는 몸의 중간에 위치한다. 뒷지느러미는 짧은 편으로 그 후단은 꼬리지느러미의 기점 부근에 도달한다. 등지느러미는 높고 크며, 등지느러미와 뒷지느러미가 시작되는 위치는 거의 비슷하다. 꼬리지느러미는 하엽이 길어서 상하엽이 비대칭이다. 등은 흑청색이고 배는 흰색이다. 등지느러미의 상단은 검은색을 띠고, 수컷은 배지느러미와 꼬리지느러미에 붉은색을 띤다. 전장 약 20cm.
생태⇒ 표층성 어류로, 부유성 갑각류를 주로 먹는다. 수면 위를 나는 습성이 있다.
분포⇒ 우리 나라 남해, 일본 남부, 인도양, 태평양의 열대 해역

❖ 날치의 비행

 날치류는 크게 발달된 가슴지느러미를 이용하여 수면 위를 날 수가 있다. 대개 수면 가까운 곳에서 유영 생활을 하다가 지나가는 뱃소리에 놀라거나 큰 물고기에게 쫓기게 되면 가슴지느러미를 펴고 꼬리지느러미로 가속도를 내어, 수면 위 2~3m 높이로 약 100여 m를 단숨에 날기도 한다.

학공치과
Hemiramphidae (Half beaks)

아래턱이 앞쪽으로 길게 돌출되어 있다. 등지느러미는 1개이고, 등지느러미와 뒷지느러미는 몸의 뒤쪽에 대칭으로 위치한다. 가슴지느러미와 배지느러미는 짧고, 가슴지느러미의 후단은 배지느러미 기부에 도달하지 못한다. 우리 나라에 1속 3종, 세계에 12속 85종이 알려져 있다.

학공치

125. 학공치 <학공치과>

학명⇒ *Hyporhamphus sajori* (Temminck et Schlegel)
영명⇒ Half beak
일명⇒ サヨリ

형태⇒ 체형은 원통형으로 가늘고 길다. 주둥이 끝이 뾰족하고 길게 신장되어 있으며, 아래턱이 더욱 가늘고 길게 돌출되었다. 측선은 뚜렷하고 몸의 아래에 위치한다. 등은 청록색이고 배는 은백색이며, 몸 중앙에는 금속성 광택을 띠는 은백색의 굵은 세로줄 무늬가 있다. 살아 있을 때에는 아래턱 선단이 주홍색을 띠기 때문에 주둥이 끝이 검은색을 띠는 줄공치와 구분된다. 전장 약 50cm.

생태⇒ 연안과 내만의 표층에 무리를 지어 서식하며, 강 하구에도 올라온다. 산란기는 4~7월이고, 연안의 해조에 알을 붙인다. 동물성 플랑크톤을 먹는다.

분포⇒ 우리 나라 전 해역, 일본 홋카이도 이남
유사종⇒ 줄공치(*Hyporhamphus intermedius*)
영명 : Brackish half beak
일명 : クルメサヨリ
살공치(*Hyporhamphus quoyi*)
영명 : Smallfin half beak
일명 : センニンサヨリ

금눈돔목 Beryciformes

철갑둥어과
Monocentridae (Pinecone fishes)

배지느러미에 1개의 크고 딱딱한 가시(棘)가 있고, 나머지 3개의 연조는 흔적으로만 남아 있다. 등지느러미의 극조도 매우 강하고, 각 극조는 막으로 연결되어 있지 않다. 뒷지느러미에는 극조가 없다. 비늘은 딱딱한 갑질로 이루어져 있으며, 턱에 1쌍의 발광기가 있다. 우리 나라에 1속 1종, 세계에 2속 4종이 알려져 있다.

철갑둥어

126. 철갑둥어 <철갑둥어과>

학명⇒ *Monocentris japonica* (Houttuyn)
영명⇒ Pinecone fish
일명⇒ マツカサウオ

형태⇒ 등지느러미 앞에 크고 강한 극조가 있으며, 각 극조는 지느러미막으로 연결되어 있지 않다. 배지느러미에는 1개의 강한 극조가 있고 연조 수는 3개이다. 미병부를 제외한 몸 전체가 갑옷과 같은 단단한 비늘로 덮여 있고, 비늘 표면에는 뾰족한 돌기가 있다. 비늘은 육각형으로 연결부는 검은색을 띠므로 비늘의 경계면이 뚜렷이 구분된다. 몸 전체가 황금빛을 띠고, 눈 주변과 아가미뚜껑 가장자리에 검은 무늬가 있다. 전장 약 15cm.

생태⇒ 난해성 어류로 연안의 바위가 많은 지역에 서식한다. 아래턱에 발광 박테리아가 공생하는 부분이 있어서 밤에 청백색 빛을 발하기도 한다.

분포⇒ 우리 나라 제주도를 포함한 남해와 동해, 일본 홋카이도 이남, 인도양, 오스트레일리아

금눈돔과

Berycidae (Alfonsinos)

배지느러미에 1개의 극조와 7~13개의 연조가 있다. 등지느러미에 4~7개의 극조가 있고, 위쪽 가장자리에 뚜렷한 홈이 없다. 뒷지느러미에도 4개의 극조가 있다. 등지느러미의 기저는 뒷지느러미의 기저보다 짧다. 우리 나라에 1속 1종, 세계에 2속 9종이 알려져 있다.

금눈돔

127. 금눈돔 <금눈돔과>

학명⇒ *Beryx decadactylus* Cuvier
영명⇒ Broad alfonsino
일명⇒ ナンヨウキンメ

형태⇒ 체고가 높은 타원형이다. 아래턱이 위턱보다 약간 앞으로 돌출되었고, 턱의 후단은 눈의 중간을 지난다. 눈의 지름은 주둥이의 2배 이상이고, 머리의 위쪽에 위치한다. 눈 앞에 크고 강한 가시가 있다. 등지느러미는 1개로 몸 중앙에 위치하고, 뒷지느러미의 기저부가 등지느러미의 기저부보다 길다. 꼬리지느러미의 상엽과 하엽의 끝은 뾰족하다. 몸과 지느러미는 주홍색을 띤다. 전장 약 70cm.

생태⇒ 수심 300~500m의 바위 지역에 서식하고, 가슴지느러미를 움직이는 근육이 잘 발달되어 있다.

분포⇒ 우리 나라 동해와 제주도를 포함한 남해, 일본 남부, 태평양, 인도양, 대서양, 지중해

얼게돔과

Holocentridae (Squirrel fishes, soldier fishes)

비늘이 크고 딱딱하며 가장자리에 거치가 있다. 몸의 형태는 돔류와 비슷하며 눈이 크다. 등지느러미의 극조부와 연조부 사이에 깊은 홈이 있고, 극조부의 기저부가 연조부의 기저부보다 길다. 배지느러미의 기조 수는 1극 7연조이며, 뒷지느러미의 극조는 4개이다. 우리 나라에 4속 5종, 세계에 8속 65종이 알려져 있다.

도화돔

128. 도화돔 <얼게돔과>

학명⇒ *Ostichthys japonicus* (Cuvier)
영명⇒ Japanese soldier fish, deepwater squirrel fish
일명⇒ エビスダイ

형태⇒ 체고가 높은 타원형이다. 입은 크고 아래턱은 위턱보다 돌출되어 있다. 눈 아래 안하골의 너비가 넓다. 등지느러미의 홈은 등의 외곽선까지 깊게 패어 지느러미가 2개로 분리되어 있다. 등지느러미의 기조 수는 12극 12~14연조이고, 가장 마지막 극조는 바로 앞에 위치한 극조의 길이보다 길다. 뒷지느러미의 기조 수는 4극 10~12연조이다. 비늘은 크고 딱딱하며, 각 비늘마다 여러 줄의 평행한 융기선이 있고, 그 가장자리는 톱니 모양의 거치가 있다. 몸은 전체적으로 적홍색을 띠어 아름답다. 전장 약 40cm.

생태⇒ 수심 100m 부근의 바위 주변에 서식한다.

분포⇒ 우리 나라 제주도를 포함한 남해, 일본 중부 이남, 오스트레일리아

달고기목 Zeiformes

달고기과
Zeidae (Dories)

입은 비교적 크고 앞으로 돌출되어 있다. 비늘은 없거나 매우 작다. 어미의 극조부 지느러미막은 실처럼 길게 연장되어 있다. 우리 나라에 2속 2종, 세계에 7속 13종이 알려져 있다.

민달고기

129. 민달고기 <달고기과>

학명⇒ *Zenopsis nebulosa* (Temminck et Schlegel)
영명⇒ Mirror dory
일명⇒ カガミダイ

형태⇒ 몸과 머리는 좌우로 납작하고 체고가 높은 난원형이며, 미병부는 짧고 가늘다. 머리에서 등지느러미로 이어지는 외곽선이 크게 함입되어 있어서, 이 부분이 볼록한 달고기와 구분된다. 입은 주둥이 끝에 위를 향해 열린다. 등지느러미 극조부의 제6~7극조는 지느러미막이 실처럼 길게 연장되어 있다. 몸은 밝은 회백색이고, 몸 중앙에 보름달 모양의 희미한 무늬가 있지만 자라면서 불분명해진다. 전장 약 70cm.

생태⇒ 수심 200~800m의 저층부에 서식하고 육식성이다.

분포⇒ 우리 나라 전 해역, 일본 중부 이남, 동중국해, 오스트레일리아

달고기

130. 달고기   <달고기과>

학명⇒ *Zeus faber* Linnaeus
영명⇒ John dory
일명⇒ マトウダイ

형태⇒ 몸과 머리는 좌우로 납작하고, 체고가 높은 난원형이며 미병부는 짧고 가늘다. 머리와 등지느러미 앞의 외곽선은 약간 볼록하여 이 부분이 오목한 민달고기와 구분된다. 등지느러미 극조부의 제6~7극조의 끝은 지느러미막이 실처럼 길게 연장되었다. 몸은 담갈색 또는 밝은 갈색을 띠며, 몸 중앙에 보름달 모양의 큰 반점이 있고, 반점 주변에는 밝은색의 테두리가 있다. 물결 모양의 희미한 담색 줄무늬들이 체측에 나타나기도 한다. 전장 약 50cm.

생태⇒ 수심 100~200m의 비교적 깊은 곳에 서식하는 육식성 어류이다.

분포⇒ 우리 나라 제주도를 포함한 남해와 동해, 일본 홋카이도 이남, 인도양, 태평양

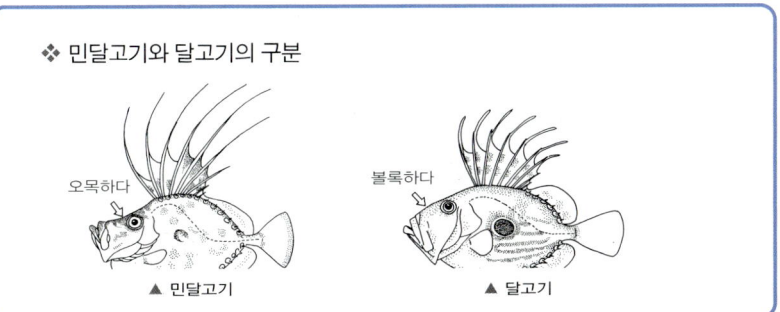

❖ 민달고기와 달고기의 구분

▲ 민달고기   ▲ 달고기

병치돔과
Caproidae (Boarfishes)

몸은 좌우로 납작하고 체고가 높다. 입은 작고 주둥이 끝에 열린다. 몸에 아주 작은 빗비늘이 있다. 등지느러미의 극조는 8~9개, 뒷지느러미의 극조는 2~3개이다. 배지느러미는 1극 5연조이다. 꼬리지느러미의 후연은 안쪽으로 둥글게 패었다. 우리 나라에 1속 1종, 세계에 2속 8종이 알려져 있다.

병치돔

131. 병치돔 <병치돔과>

학명⇒ *Antigonia capros* Lowe
영명⇒ Boarfish
일명⇒ ヒシダイ

형태⇒ 체고가 높은 마름모꼴이다. 등지느러미 기점의 체고가 가장 높고, 그 앞쪽 외곽선은 주둥이까지 급경사를 이룬다. 등지느러미와 뒷지느러미의 기저부는 미병부까지 길게 이어진다. 몸은 아름다운 선홍색을 띠고, 아가미 아래와 몸 중앙에 은색 빛이 나타난다. 각 지느러미의 연조부는 연한 노란색이고, 그 가장자리는 선홍색을 띤다. 전장 약 20cm.

생태⇒ 수심 50~750m의 수역에 분포한다.
분포⇒ 우리 나라 동해 남부(포항), 일본 중부 이남, 남아프리카, 대서양
참고⇒ 우리 나라에서는 이 종을 농어목의 나비고기아목에 포함시키고 있으나(정, 1977) 세계적으로 달고기목으로 분류되고 있다 (Nelson, 1994).

큰가시고기목 Gasterosteiformes

양미리과
Hypoptychidae (Sand eels)

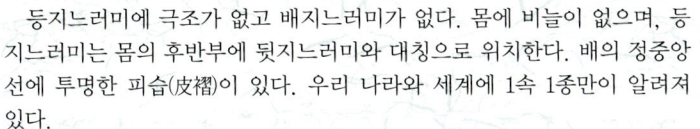

등지느러미에 극조가 없고 배지느러미가 없다. 몸에 비늘이 없으며, 등지느러미는 몸의 후반부에 뒷지느러미와 대칭으로 위치한다. 배의 정중앙선에 투명한 피습(皮褶)이 있다. 우리 나라와 세계에 1속 1종만이 알려져 있다.

양미리

132. 양미리 <양미리과>

학명⇒ *Hypoptychus dybowskii* Steindachner
영명⇒ Sand eel, naked sand lance
일명⇒ シワイカナゴ

형태⇒ 몸은 가늘고 길며 비늘이 없다. 주둥이는 길고 뾰족하며, 아래턱이 위턱 앞으로 돌출되었다. 수컷은 이빨이 있으나 암컷은 없다. 등지느러미는 몸의 뒤쪽에 뒷지느러미와 대칭으로 위치한다. 배지느러미는 없고, 뒷지느러미 앞에 투명한 피습이 있다. 등은 갈색이고 배는 은백색이며, 각 지느러미는 투명하다. 전장 약 9cm.

생태⇒ 연안에 서식하며, 새끼는 모래 속에 들어가 생활한다. 해조류에 알을 붙이고 수컷이 알을 보호한다.

분포⇒ 우리 나라 동해, 일본 북부, 오호츠크해

참고⇒ 이 종은 까나리와 유연 관계가 먼 종임에도 불구하고 외관상 까나리와 비슷하여 농어목(Perciformes)의 까나리과(Ammodytidae)에 포함된 적이 있으나(정, 1977), 최근에는 이 종을 큰가시고기목에 포함시키고 있다(Nelson, 1994; Nakabo, 2000).

실비늘치과
Aulorhynchidae (Tubesnouts)

몸은 가늘고 길며, 단면은 원통형이다. 주둥이는 긴 관 모양이다. 측선 위에 비늘이 잘 발달하였으며, 등의 전반부에 지느러미막으로 연결되지 않은 약 20개의 작은 극조가 있다. 우리 나라에 1속 1종, 세계에 2속 2종이 알려져 있다.

실비늘치

133. 실비늘치 <실비늘치과>

학명⇒ *Aulichthys japonicus* Brevoort
영명⇒ Japanese tubesnout
일명⇒ クダヤガラ

형태⇒ 체형은 가늘고 긴 원통형이며, 주둥이는 관 모양으로 길게 돌출되어 있다. 수컷은 양턱에 미세한 이빨이 있으나 암컷은 이빨이 없다. 등지느러미와 뒷지느러미는 몸 중앙에 대칭으로 위치하며, 수컷의 뒷지느러미 가장자리는 안쪽으로 오목하고 암컷의 것은 반듯하다. 측선 위에 가시로 된 판이 있다. 몸은 암갈색이고 지느러미는 투명하다. 전장 약 13cm.

생태⇒ 얕은 바다에 살며, 봄~여름에 멍게의 위새강에 알을 낳는다. 어미는 산란을 마친 다음에 곧 죽고, 알에서 부화한 새끼는 1년 후면 어미가 된다.

분포⇒ 우리 나라 동해와 남해, 일본

실고기과
Syngnathidae (pipefishes, seahorses)

몸은 길고 둥근 마디가 이어지는 딱딱한 체륜(體輪)으로 덮여 있다. 등지느러미는 1개이고 15~60개의 연조로 이루어진다. 뒷지느러미는 아주 작고 기조 수는 2~6연조이다. 배지느러미는 없고, 일부 종은 가슴지느러미와 꼬리지느러미가 없다. 우리 나라에 5속 10종, 세계에 52속 215종이 알려져 있다.

해마

형태⇒ 머리는 말과 같은 모양이고, 몸의 축과 직각을 이룬다. 배가 볼록하게 나와 있으며, 꼬리는 둥글게 감겨 있다. 몸과 꼬리는 딱딱하고 둥근 체륜으로 덮여 있다. 머리와 주둥이에 뿔 모양의 긴 관상 돌기가 있고, 몸통의 체륜은 10개(가슴지느러미가 위치한 체륜부터 미병부 앞 체륜까지), 꼬리부의 체륜은 37~40개이다. 몸 색깔의 변화가 심하고, 대개 담갈색 바탕에 작은 점이나 무늬가 있다. 어미의 전장은 10cm 미만이다.

생태⇒ 연안 얕은 곳의 바위 지역이나 해조류가 많은 곳에 서식한다. 해조류에 꼬리를 감고 수직으로 서 있으며, 주로 등지느러미를 이용하여 헤엄친다. 암컷은 수란관을 수컷의 육아낭에 넣어 산란을 하고, 수정된 알은 약 2주일 후에 부화하게 된다. 수컷은 부화 후에도 새끼를 잠시 육아낭에 담고 있다. 따라서 수컷의 배가 커지고 수컷이 새끼들을 한 마리씩 낳는데, 약 70~80마리를 낳는다. 즉, 수컷이 새끼를 낳는 묘한 생태를 가지고 있다. 매우 빨리 성장하여 2~3개월에 어미가 되며, 1년에 3~4대를 거친다. 1년 이상 사는 것은 드물다.

분포⇒ 우리 나라 남해, 일본의 전 해역

134. 해마 <실고기과>

학명⇒ *Hippocampus coronatus* Temminck et Schlegel
영명⇒ Common seahorse, crowned seahorse
일명⇒ タツノオトシゴ

가시해마　　　　　　　　　가시해마(필리핀)

135. 가시해마　　　　<실고기과>

학명⇒ *Hippocampus histrix* Kaup
영명⇒ Thorny seahorse, spiny seahorse
일명⇒ イバラタツ

형태⇒ 체형은 해마와 같으나 몸통부의 체륜 수가 11개이며, 체륜 위의 돌기들이 뾰족하고 길어서 구분된다. 주둥이는 길고 주둥이와 등에 융기선이 있으며, 눈 앞에도 뾰족한 돌기가 있다. 머리 위에 관 모양의 돌기가 뚜렷하고, 그 끝에 약 5개의 뾰족한 돌기가 있다. 꼬리부 체륜 수는 33~34개이다. 몸은 노란색을 띠며, 체륜 위의 돌기 끝이 검은색을 띠는 것도 있다. 전장 약 15cm.

생태⇒ 수심 20~40m의 모래와 바위 지역에 서식하며, 생식 유형은 해마와 같다.

분포⇒ 우리 나라 제주도, 일본 중부 이남, 인도양, 태평양

산호해마

136. 산호해마 <실고기과>

학명⇒ *Hippocampus japonicus* Kaup
영명⇒ Coral seahorse
일명⇒ サンゴタツ

형태⇒ 체형은 해마와 같으나 주둥이가 매우 짧고, 머리 위의 관상 돌기가 낮으며 뚜렷하지 않다. 몸 위의 돌기는 작고, 꼬리부는 가늘고 길다. 몸통부의 체륜은 11개이고 꼬리부의 체륜은 38~40개이다. 몸은 암갈색 또는 검은색을 띠고, 등지느러미는 연한 녹갈색이다. 전장 약 8cm.

생태⇒ 바위와 해조류가 많은 곳에 서식하며, 생식 유형은 해마와 같다.

분포⇒ 우리 나라 남해, 일본, 남중국해

복해마

137. 복해마   <실고기과>

학명⇒ *Hippocampus kuda* Bleeker
영명⇒ Spotted seahorse, yellow seahorse
일명⇒ オオウミウマ

형태⇒ 체형은 해마와 같다. 주둥이는 관 모양으로 길고 두꺼우며, 눈 위와 머리에 돌기가 있다. 머리 위의 관상 돌기는 뚜렷하고 몸통부 체륜은 11개, 꼬리부 체륜은 34~37개이다. 해마와 비슷하지만 몸통부의 체륜 수가 11개로 1개 많고, 머리 위의 관 모양 돌기가 해마보다 짧다. 몸은 황갈색 또는 흑갈색이고 어두운 색의 띠가 있다. 전장은 약 30cm이며, 해마류 중에서는 큰 종이다.

생태⇒ 내만과 강 하구의 기수역에 서식하며, 생식 유형은 해마와 같다.

분포⇒ 우리 나라 남해, 일본 남부, 인도양, 태평양

참고⇒ 우리 나라에서 진질해마(*Hippocampus aterrimus* Jordan et Snyder)는 주둥이 길이와 눈 뒤 머리 길이의 비로 복해마와 구분하고 있으나(정, 1977; Kim and Lee, 1995), 최근 진질해마는 복해마(*Hippocampus kuda* Bleeker)의 동종 이명으로 간주되고 있다 (Masuda et al., 1984; Lourie et al., 1999).

점해마

138. 점해마 <실고기과>

학명⇒ *Hippocampus trimaculata* Leach
영명⇒ Three-spot seahorse
일명⇒ タカクラタツ
형태⇒ 체형은 해마와 비슷하다. 그러나 머리 위 관 모양의 형태가 매우 낮아 불분명하고, 등에 3개의 검고 둥근 뚜렷한 점이 있어서 다른 종과 쉽게 구분된다. 몸통부의 체륜은 11개, 꼬리부의 체륜은 38~43개이다. 몸은 암갈색이고, 등에 3개의 검은 점이 있다. 전장 약 15cm.
생태⇒ 연안 얕은 곳의 바위와 모랫바닥에 서식하며, 생식 유형은 해마와 같다.
분포⇒ 우리 나라 남해, 일본 남부, 인도양 동부와 태평양 서부의 열대 해역

❖ 해마류의 약효

해마는 중국의 본초강목(本草綱目)에 '양기(陽氣)를 돋우고 정창종독(疔瘡腫毒)을 치료한다.'고 기술되어 있다. 실제로 지금도 해마속에 포함되는 모든 종들은 요통, 불면증, 천식 등을 치료하는 약으로 이용된다.

실고기과 Syngnathidae(Pipefishes, seahorses)

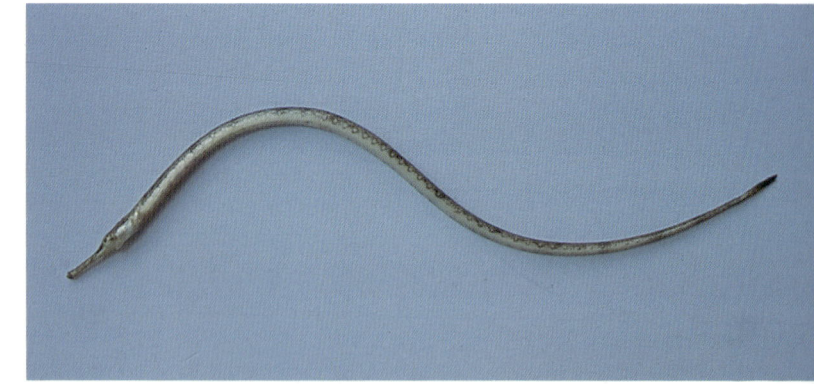

실고기

부채꼬리실고기 *Doryrhamphus japonicus*(사진 김동식, 독도)

139. 실고기 <실고기과>

학명⇒ *Syngnathus schlegeli* Kaup
영명⇒ Seaweed pipefish
일명⇒ ヨウジウオ

형태⇒ 몸은 딱딱한 골판으로 덮여 있고, 젓가락처럼 가늘고 긴 원통형이다. 주둥이는 길고 관 모양이다. 몸통부의 체륜은 18~20개, 꼬리부의 체륜은 38~46개이다. 등지느러미는 몸 중앙에 위치하고, 뒷지느러미와 배지느러미는 없다. 수컷의 꼬리지느러미 앞에는 수정된 알을 보관하는 육아낭이 있다. 몸은 담갈색 또는 흑갈색이고, 지느러미는 투명하다. 전장 약 30cm.

생태⇒ 연안의 해조류 사이 또는 연안 얕은 곳의 모랫바닥에 서식한다. 해마와 마찬가지로 암컷이 수컷의 육아낭에 산란하여 수컷의 육아낭에서 부화가 이루어지고, 새끼가 헤엄쳐 나갈 때까지 수컷이 보호한다. 수컷이 새끼를 낳는 형태를 취하지만 알을 보호하는 것이지 새끼를 낳는 것은 아니다.

분포⇒ 우리 나라 전 해역, 일본 중북부 해역

대치과

Fistulariidae (Cornet fishes)

몸은 길고 비늘이 없거나 작은 가시가 많이 있다. 꼬리지느러미는 상하 양엽으로 갈라져 있고, 상엽과 하엽 사이에 기조 1개가 꼬리 모양으로 길게 연장되어 있다. 우리 나라에 1속 2종, 세계에 1속 4종이 알려져 있다.

홍대치

140. 홍대치 <대치과>

학명⇒ *Fistularia commersonii* Rüppell
영명⇒ Flute mouth, cornet fish
일명⇒ アカヤガラ

청대치(필리핀)

형태⇒ 몸은 길고 비늘이 없다. 주둥이는 관 모양이며, 그 단면은 육각형이다. 두 눈 사이는 오목하다. 꼬리지느러미의 상엽과 하엽의 중앙에 2개의 연조가 합해져 뒤쪽으로 실처럼 길게 연장되어 있다. 미병부의 측선 비늘에 끝이 후방을 향한 가시가 있다. 등은 적갈색이고 배는 흰색을 띤다. 전장 약 1.5m.
생태⇒ 수컷이 둥우리를 만들어 그 안에 암컷을 유인하여 산란시키고, 알과 새끼는 수컷이 보호한다. 암컷은 산란한 다음에, 수컷은 새끼가 다 자란 다음에 죽는다.
분포⇒ 우리 나라 제주도를 포함한 남해, 일본 중부 이남, 인도양, 태평양 동부
유사종⇒ 청대치(*Fistularia petimba*)

대주둥치과

Macroramphosidae (Snipe fishes)

몸은 좌우로 납작하고 주둥이가 뾰족하게 돌출되었다. 양턱에 이빨이 없고 측선이 없다. 몸은 거친 비늘로 덮여 있다. 등지느러미는 극조부와 연조부로 구분되고, 극조 수는 4~8개, 연조 수는 11~19개이며, 극조부의 둘째 번 가시는 매우 강하고 체고보다 길다. 우리 나라에 1속 1종, 세계에 3속 12종이 알려져 있다.

대주둥치

141. 대주둥치 <대주둥치과>

학명⇒ *Macroramphosus scolopax* (Linnaeus)
영명⇒ Trumpet fish
일명⇒ サギフエ

형태⇒ 체형은 긴 타원형이고, 주둥이가 관 모양으로 길게 돌출되었다. 머리와 몸에는 작고 거친 비늘이 있다. 턱에 이빨이 없고 몸에 측선이 없다. 등지느러미는 극조부와 연조부로 구분되고, 꼬리지느러미의 후연은 약간 오목하다. 몸은 전반적으로 붉은색을 띠지만, 체측과 배 쪽은 은백색을 띠는 부위가 있다. 전장 약 20cm.

생태⇒ 수심 15~150m의 모래·개펄 바닥에 서식하며, 해저의 작은 동물을 먹는다.

분포⇒ 우리 나라 동해 남부와 제주도 해역, 일본 중부 이남, 인도양, 서태평양

쏨뱅이목 Scorpaeniformes

쭉지성대과
Dactylopteridae (Flying gurnards)

머리에 큰 골판이 있고, 전새개골 아래에 긴 골질 가시가 뒤로 향해 나 있다. 미병부 옆에는 돌기물이 있고, 몸은 딱딱한 비늘로 덮여 있다. 가슴지느러미가 아주 커서 꼬리지느러미에 도달하며, 등지느러미의 극조부와 연조부는 분리되어 있다. 우리 나라에 2속 2종, 세계에 2속 7종이 알려져 있다.

별쭉지성대

142. 별쭉지성대 <쭉지성대과>

학명⇒ *Daicocus peterseni* (Nyström)
영명⇒ Flying gurnard
일명⇒ ホシセミホウボウ

형태⇒ 머리 위에 강하고 긴 골질판이 있고, 아가미뚜껑 아래에 긴 가시가 후방을 향해 돌출되어 있다. 제1등지느러미 앞에 1개의 분리된 극조가 있다. 가슴지느러미는 아주 크고 길어서 펴면 부챗살 모양이고, 접었을 때 후단이 꼬리지느러미에 도달한다. 몸의 비늘은 강하게 부착되어 있고, 각 비늘 중앙에 돌기가 있다. 몸은 황적색이고, 전장은 약 40cm.
생태⇒ 큰 가슴지느러미를 펴고 바다 근처에

쭉지성대과 어류(제주도 서귀포)

서 유영 생활을 하며 작은 갑각류를 먹는다.
분포⇒ 우리 나라 동해 남부와 제주도, 일본 남부, 하와이, 인도양, 서태평양
유사종⇒ 쭉지성대(*Dactyloptena orientalis*)
영명 : Purple flying gurnard
일명 : セミホウボウ

양볼낙과

Scorpaenidae (Scorpion fishes)

몸과 머리는 좌우로 납작하고, 머리에 골질의 융기선이나 강한 가시가 발달되어 있다. 전새개골에 3~5개(보통 5개)의 가시가 있다. 등지느러미는 보통 1개이고, 극조부와 연조부 사이는 깊게 패어 있다. 우리 나라에 17속 43종, 세계에 약 56속 400여 종이 알려져 있다.

벌감펭

143. 벌감펭 <양볼낙과>

| 학명⇒ *Apistus carinatus* (Bloch et Schneider)
| 영명⇒ Bearded waspfish
| 일명⇒ ハチ

형태⇒ 체고가 낮고 긴 방추형이다. 아래턱이 위턱 앞으로 돌출되었고, 아래턱 아래쪽에 3쌍의 수염이 있다. 가슴지느러미가 길어서 후단은 미병부까지 도달하며, 가슴지느러미의 가장 아래쪽 기조 1개는 가늘고 길게 분리되어 있다. 몸은 담갈색 바탕에 등은 진하고 배는 흰색이다. 눈 아래에서 주둥이까지 진한 갈색 줄무늬가 있다. 가슴지느러미는 흰색이고, 등지느러미의 극조부 뒤에 눈 지름의 약 2배에 달하는 검은 반점이 있다. 꼬리지느러미에는 5개의 암갈색 가로줄이 있다. 전장 약 20cm.

생태⇒ 수심 100m 이내의 모래·개펄 바닥에 서식하고, 작은 저서 동물을 먹는다. 등지느러미 가시에는 독이 있어서 찔리면 통증이 심하다.

분포⇒ 우리 나라 남해, 일본 중부 이남, 인도양, 서태평양

홍감펭

144. 홍감펭 <양볼낙과>

학명⇒ *Helicolenus hilgendorfi* (Steindachner et Döderlein)
영명⇒ Hilgendorf saucord
일명⇒ ユメカサゴ

형태⇒ 몸과 머리는 좌우로 납작하고 체형은 긴 타원형이다. 머리는 크고 눈은 머리 앞부분의 위쪽에 치우쳐 있다. 두 눈 사이는 좁고 깊게 패어 있다. 주둥이 끝은 뾰족하고 아래턱이 위턱보다 약간 길다. 위턱의 뒤끝은 눈의 후연 아래에 도달하고, 아래턱 봉합부에 작고 날카로운 혹 모양의 돌기가 있다. 등지느러미의 극조부와 연조부 사이는 홈이 있고, 기조 수는 12극 11~13연조, 뒷지느러미는 3극 4~6연조이며, 꼬리지느러미의 후연은 안쪽으로 약간 오목하다. 가슴지느러미의 상단부가 약간 오목하게 만입되었다. 머리와 몸은 빗비늘로 덮여 있으나 양턱과 눈 앞쪽에는 비늘이 없다. 부레가 없는 것이 이 종의 특징이다. 몸은 연한 주홍색 바탕에 불규칙한 4개의 암적색 가로무늬가 있다. 배는 흰색이고 각 지느러미는 몸과 비슷한 색깔을 띤다. 전장 약 20cm.
생태⇒ 난태생으로 수심 200~300m의 모래·개펄 바닥에 서식한다.
분포⇒ 우리 나라 제주도를 포함한 남해, 일본 중부 이남, 동중국해

145. 미역치 <양볼낙과>

학명⇒ *Hypodytes rubripinnis* (Temminck et Schlegel)
영명⇒ Tiny stinger, redfin velvetfish
일명⇒ ハオコゼ

형태⇒ 머리 뒤의 체고가 가장 높으며 뒤로 갈수록 낮아진다. 전새개골에 4개의 가시가 있으며, 1개는 강하고 나머지 3개는 피부에 묻혀 있다. 등지느러미는 눈 위에서 미병부까지 이어지고, 극조부 제2~3기조의 길이가 가장 길며, 극조부 전반부의 지느러미막은 깊게 패어 있다. 비늘은 피부에 묻혀 있다. 몸은 회색과 적갈색이 섞여 불규칙한 무늬를 이루고, 머리에는 눈을 중심으로 흰 무늬가 방사상으로 나타난다. 극조부의 제6~7기조 아래에 검은 반점이 있다. 전장 약 10cm.
생태⇒ 내만성 어류로 연안 가까운 곳의 해조류와 바위 지역에 무리를 지어 생활한다. 양볼낙과의 다른 어류와 달리 난생이다. 등지느러미의 가시에 찔리면 통증이 심하다.
분포⇒ 우리 나라 동해와 제주도를 포함한 남해, 일본 중부 이남

미역치

146. 쑤기미 <양볼낙과>

학명⇒ *Inimicus japonicus* (Cuvier)
영명⇒ Devil stinger
일명⇒ オニオコゼ

형태⇒ 몸의 전반부는 크고 원통형이며, 후반부는 작고 좌우로 납작하다. 등지느러미 앞에서 주둥이 끝에 이르는 부분은 굴곡이 심하다. 아래턱이 위턱 앞으로 돌출되어 입이 위쪽을 향해 열린다. 피부는 거칠고 융모상의 피부 돌기들이 많이 나 있다. 등지느러미의 기조 수는 16~18극 5~8연조, 뒷지느러미는 2극 8~10연조이다. 몸 색깔은 변화가 심하고, 보통 암갈색 또는 적갈색을 띠며, 노란색을 띠는 것도 있다. 전장 약 25cm.
생태⇒ 수심 200m 미만인 연안의 모래와 개펄 바닥에 서식하며 작은 어류를 먹는다. 산란기는 여름철이고 바위 위에 알을 낳는다. 등지느러미 가시에 강한 독이 있어서, 가시에 찔리면 심한 통증이 하룻동안 지속된다.
분포⇒ 우리 나라 전 해역, 일본 중부 이남, 남중국해

쑤기미

147. 일지말락쏠치 <양볼낙과>

학명⇒ *Minous monodactylus* (Bloch et Schneider)
영명⇒ Puny goblinfish, gray goblinfish
일명⇒ ヒメオコゼ

형태⇒ 체고가 약간 낮은 긴 타원형이다. 아가미뚜껑 위에 강한 가시가 있다. 등지느러미 극조부의 1극조와 2극조는 길이가 비슷하고 서로 분리되어 있다. 등지느러미의 기조 수는 9~11극 10~12연조, 뒷지느러미는 2극 7~10연조이다. 가슴지느러미의 가장 아래쪽 연조 1개는 길고 분리되어 있다. 몸에 비늘이 없다. 몸 색깔은 변화가 심하고, 보통 다갈색 바탕에 암갈색 반점들이 이어져 줄무늬를 이룬다. 꼬리지느러미에 2개의 흑갈색 가로줄무늬가 있다. 전장 약 15cm.

생태⇒ 내만성 어류로 모래·개펄 바닥에 서식하며 육식성이다. 등지느러미에 독이 있다.

분포⇒ 우리 나라 제주도, 일본 중부 이남, 인도양, 서태평양, 홍해

유사종⇒ 말락쏠치(*Minous pusillus*)
영명 : Puny goblinfish
일명 : ヤセオコゼ
제주쏠치(*Minous quincarinatus*)
영명 : Whitetail goblinfish
일명 : イトオコゼ

일지말락쏠치

쏠배감펭

148. 쏠배감펭 <양볼낙과>

학명⇒ *Pterois lunulata* Temminck et Schlegel
영명⇒ Butterfly fish
일명⇒ ミノカサゴ

형태⇒ 체고가 약간 높은 타원형이다. 두 눈 사이는 깊게 패어 있고, 눈 위쪽에 눈의 지름보다 짧은 피판이 있다. 등지느러미의 극조부는 매우 길고 기조 수는 13극 11~12연조, 뒷지느러미는 3극 7~8연조이다. 가슴지느러미는 공작의 날개깃처럼 크고 아름다우며, 연조는 각각 분리되어 있다. 몸은 연한 빨간색 바탕에 약 20여 개의 흑갈색 가로줄 무늬가 있다. 등지느러미의 극조부와 가슴지느러미에 어두운 가로무늬가 있으나, 등지느러미의 연조부와 뒷지느러미, 그리고 꼬리지느러미는 무늬가 없이 투명하고 붉은빛을 띤다. 전장 약 30cm.

생태⇒ 연안의 모래와 바위 지역에 서식하고, 등지느러미의 극조부에 독선이 있어서 찔리면 심한 통증을 느끼게 된다.

분포⇒ 우리 나라 동해와 제주도를 포함한 남해, 일본 홋카이도 이남, 인도양, 서태평양

❖ 쏠배감펭과 점쏠배감펭의 구분

머리 아래와 가슴부에 무늬가 없다.

▲ 쏠배감펭

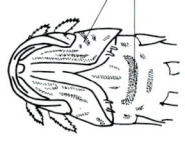

머리 아래와 가슴부에 다갈색 무늬가 있다.

▲ 점쏠배감펭

공작의 깃과 같은 지느러미를 가진 쏠배감펭(제주도 모슬포)

쏠배감펭(제주도 서귀포)

양볼낙과 Scorpaenidae(Scorpion fishes)

점쏠배감펭(제주도 서귀포)

149. 점쏠배감펭 <양볼낙과>

학명⇒ *Pterois volitans* (Linnaeus)
영명⇒ Butterfly cod, scorpion cod
일명⇒ ハナミノカサゴ

형태⇒ 체형은 쏠배감펭과 비슷하지만, 눈 위 피판의 길이가 눈의 지름보다 훨씬 길다. 등지느러미의 극조는 길고 기조 수는 13극 11~12연조, 뒷지느러미는 3극 6~7연조이다. 가슴지느러미는 크고 아름다우며, 각 연조는 분리되어 있다. 기조 수는 14~15연조로 쏠배감펭보다 1~2개가 많다. 몸은 연한 빨간색을 띠고 약 20여 개의 흑갈색 가로줄 무늬가 있다. 등지느러미의 극조부와 가슴지느러미에 어두운 가로줄 무늬가 있으며, 등지느러미의 연조부와 뒷지느러미, 그리고 꼬리지느러미에 검은 점이 열을 이룬다. 전장 약 30cm.
생태⇒ 연안의 모래와 바위 지역에 서식하며, 작은 어류를 먹는다. 등지느러미 가시에 독이 있다.
분포⇒ 우리 나라 제주도, 일본 남부, 인도양, 태평양

쭈굴감펭

쭈굴감펭(제주도 모슬포)

150. 쭈굴감펭 <양볼낙과>

학명⇒ *Scorpaena miostoma* Günther
영명⇒ smallmouth scorpionfish
일명⇒ コクチフサカサゴ

형태⇒ 체형은 타원형이다. 눈 위쪽 머리 중심부에 깃털 모양의 피판이 있으며, 전새개골에 6개의 가시가 있다. 등지느러미의 기조 수는 12극 9연조, 뒷지느러미는 3극 5~6연조이다. 가슴지느러미 상반부의 기조는 끝이 갈라져 있으며, 기조 수는 16연조이다. 가슴지느러미 기부 앞의 육질부는 작은 비늘로 덮여 있다. 몸은 연한 주황색 바탕에 머리는 진한 황갈색이고, 등지느러미의 극조부와 연조부 아래에 너비가 넓은 적갈색 가로무늬가 있다. 가슴지느러미와 배지느러미, 뒷지느러미, 그리고 꼬리지느러미는 연한 선홍색 바탕에 진한 빨간색 점이 가로무늬를 이룬다. 전장 약 20cm.

생태⇒ 연안의 바위 지역에 서식하고 육식성 어류이다. 생식 유형은 확실하게 밝혀져 있지 않다.

분포⇒ 우리 나라 제주도를 포함한 남해, 일본의 중부 이남

유사종⇒ 점감펭(*Scorpaena onaria*), 살살치(*Scorpaena neglecta*)

151. 살살치 <양볼낙과>

학명⇒ *Scorpaena neglecta* Temminck et Schlegel
영명⇒ Izu scorpion fish
일명⇒ イズカサゴ

형태⇒ 체형은 타원형이고, 머리와 몸에 많은 피판이 있다. 위턱의 후단은 눈 중앙의 아래까지 도달하고 주둥이 길이는 눈의 지름보다 길다. 가슴지느러미의 기조 수는 19~20연조이고, 배지느러미의 앞쪽에 비늘이 없으며, 가슴지느러미의 겨드랑이 부근에 납작한 피판이 1개 있는 점으로 다른 유사종과 구분된다. 등지느러미의 기조 수는 12극 8~10연조, 뒷지느러미는 3극 5~6연조이다. 몸은 빨간색을 띠고, 체측에 부정형의 적갈색 가로무늬가 4개 있으며, 각 지느러미에는 암갈색 점이 흩어져 있다. 전장 약 35cm.
생태⇒ 수심 100~150m의 모래·개펄 지역에 서식하며, 갑각류, 어류 등을 먹는다. 생식 유형은 확실치 않다.
분포⇒ 우리 나라 제주도를 포함한 남해, 일본 중부 이남, 동중국해

살살치

152. 점감펭 <양볼낙과>

학명⇒ *Scorpaena onaria* Jordan et Snyder
일명⇒ フサカサゴ

형태⇒ 체형은 타원형이다. 위턱과 아래턱의 길이는 비슷하고, 위턱의 후단은 눈의 뒤끝 아래까지 도달한다. 눈의 위쪽 머리 중심부에 깃털 모양의 큰 피판이 있고, 눈의 위쪽과 뺨에 날카로운 가시가 있다. 등지느러미의 기조 수는 12극 8~10연조, 뒷지느러미는 3극 5연조이다. 측선은 가슴지느러미 위에서 아래쪽으로 급한 경사를 이룬다. 몸은 선홍색을 띠고 갈색의 반점이 흩어져 있다. 수컷의 등지느러미 제5극과 10극 사이에 크고 검은 반점이 있고, 꼬리지느러미에 작은 점들이 흩어져 있다. 전장 약 30cm.
생태⇒ 수심 100m 부근의 바닥에 서식하며, 갑각류와 어류를 먹는다.
분포⇒ 우리 나라 동해와 제주도를 포함한 남해, 일본의 중부 이남, 타이완

점감펭

153. 주홍감펭   <양볼낙과>

학명⇒ *Scorpaenodes littoralis* (Tanaka)
영명⇒ Shore rockfish
일명⇒ イソカサゴ

형태⇒ 체형은 타원형이다. 양턱의 길이는 비슷하고, 위턱의 뒤끝은 눈의 후단부 아래까지 도달한다. 등지느러미의 기조 수는 13극 8~9연조(보통 9연조), 뒷지느러미는 3극 5연조, 가슴지느러미의 연조 수는 17~19개이다. 꼬리지느러미의 후연은 바깥쪽으로 둥글다. 몸은 빨간색 바탕에 체측에 불분명한 암적색 가로무늬가 5개 있다. 등지느러미의 극조부에는 빨간색 바탕에 흰색 점이 흩어져 있고, 등지느러미의 연조부와 가슴지느러미, 뒷지느러미, 꼬리지느러미에는 작은 빨간색 점들이 열을 이룬다. 아가미뚜껑 가장자리의 아랫부분에 어두운 반점이 있는 것이 이 종의 특징이다. 전장이 약 15cm 미만인 소형 어류이다.

생태⇒ 얕은 바다의 바위 지역에 서식하며, 육식성 어류이다. 등지느러미의 가시에 약한 독이 있다.

분포⇒ 우리 나라 동해 남부와 제주도, 일본 중부 이남, 인도양, 태평양

주홍감펭

쑥감펭

쑥감펭(제주도 서귀포)

154. 쑥감펭 <양볼낙과>

학명⇒ *Scorpaenopsis cirrhosa* (Thunberg)
영명⇒ Hairy stingfish, raggy scorpion fish
일명⇒ オニカサゴ

형태⇒ 측면에서 보았을 때 등 쪽은 약간 볼록한 반면 배 쪽은 거의 반듯하다. 머리 위에는 강한 골질 돌기가 발달되어 있다. 아래턱이 위턱보다 길며, 양턱의 주변과 몸에 많은 피판이 있다. 눈은 머리의 등 쪽에 치우쳐 있고 눈 앞에는 약간 깊은 홈이 있다. 등지느러미의 넷째 번 극조가 가장 길며, 기조 수는 12극 8~10연조, 뒷지느러미는 3극 5연조이다. 가슴지느러미 상부의 기조는 끝이 갈라져 있다. 몸 색깔은 변화가 심하고, 암적색과 암갈색이 불규칙하게 섞여 있다. 전장 약 30cm.
생태⇒ 연안의 산호와 바위가 많은 곳에 서식하며, 갑각류와 어류를 먹는다.
분포⇒ 우리 나라 제주도, 일본 남부

놀락감펭

놀락감펭(필리핀)

155. 놀락감펭   <양볼락과>

학명⇒ *Scorpaenopsis diabolus* (Cuvier)
일명⇒ セムシカサゴ

형태⇒ 몸은 긴 타원형이다. 아래턱이 위턱보다 길고, 양턱 주변과 몸에 많은 피판이 있다. 주새개골 위쪽의 가시 끝이 3~4개로 갈라져 있는 것이 특징이다. 등지느러미의 기조 수는 12극 9연조, 뒷지느러미는 3극 5연조이다. 가슴지느러미는 상부의 기조 끝이 나뉘어 있고 17~19연조이다. 몸은 암적색과 적갈색이 불규칙하게 섞여 있고, 가슴지느러미 안쪽은 노란색 바탕에 검은 반점이 있다. 꼬리지느러미 가장자리에 흰색의 테두리가 있고, 중간에도 너비가 넓고 흰 가로줄 무늬가 있다. 전장 약 20cm.

생태⇒ 얕은 바다의 산호와 바위가 많은 곳에 서식한다.

분포⇒ 우리 나라 제주도를 포함한 남해, 일본 남부, 인도양, 태평양

돌삼뱅이

156. 돌삼뱅이 <양볼낙과>

학명⇒ *Sebastes baramenuke* (Wakiya)
영명⇒ Brickred rockfish, scorpion fish
일명⇒ バラメヌケ

형태⇒ 체형은 타원형이다. 눈이 크고, 눈의 지름은 주둥이 길이와 비슷하다. 아래턱이 위턱보다 앞으로 나와 있다. 등지느러미의 기조수는 13극 14연조, 뒷지느러미는 3극 8~9연조, 가슴지느러미는 18~19연조이다. 꼬리지느러미의 후연은 안쪽으로 약간 오목하다. 몸 전체가 담적색을 띠고, 머리 위에 3개의 암적색 가로줄 무늬가 있으며, 등지느러미의 극조부와 연조부 아래에 3개의 진한 빨간색 구름무늬가 있다. 아가미뚜껑 뒤에 크고 검은 반점이 있으며, 모든 지느러미는 몸과 같은 빨간색을 띤다. 전장 약 40cm.
생태⇒ 수심 100~400m의 깊은 곳에 살며, 난태생의 새끼를 낳는다.
분포⇒ 우리 나라 동해 북부(청진), 홋카이도를 비롯한 일본 북부

❖ 한국산 어류에 관한 최초의 연구

한국산 어류에 관한 연구를 가장 먼저 시작한 외국인은 독일인 헤르첸슈타인(Herzenstein)이다. 그는 1892년 우리 나라 풍동(현재의 충주) 지방에서 채집한 잉어과의 돌고기를 신종으로 기재하여, 최초로 우리 나라의 어류를 연구한 외국인 학자로 기록되었다.

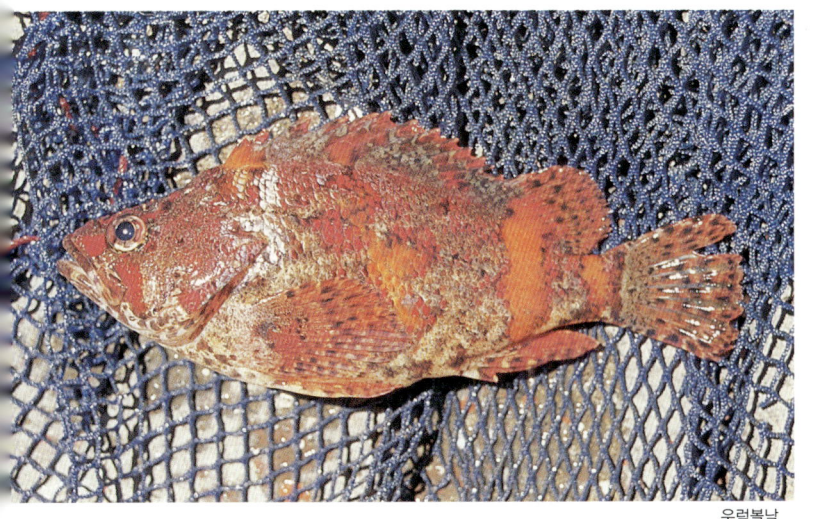

우럭볼낙

157. 우럭볼낙 <양볼낙과>

학명⇒ *Sebastes hubbsi* (Matsubara)
영명⇒ Armorclad rockfish
일명⇒ クロイメバル

형태⇒ 체고가 약간 높은 타원형이다. 양턱의 길이는 비슷하고 위턱 후단은 눈의 뒤끝 아래에 도달한다. 등지느러미의 기조 수는 13~14극 10~12연조, 뒷지느러미는 3극 5~7연조, 가슴지느러미는 16~18연조이다. 꼬리지느러미의 후연은 바깥쪽으로 둥글다. 몸은 적갈색 바탕에 진한 자갈색의 가로 구름무늬가 불규칙하게 나타나고, 미병부와 뒷지느러미 중간에 주홍색 가로무늬가 있다. 등지느러미의 연조부와 가슴지느러미, 뒷지느러미는 주홍색 바탕에 검은 점들이 흩어져 있다. 전장 약 20cm.

생태⇒ 얕은 연안의 해조류와 바위가 많은 곳에 서식하며, 작은 갑각류를 먹는다. 난태생이다.

분포⇒ 우리 나라 동해와 제주도를 포함한 남해, 일본 중부 이남

❖ 우럭볼낙과 흰꼬리볼낙의 구분

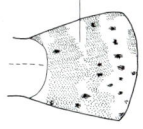

꼬리지느러미에 흰색 가로무늬가 없다.

▲ 우럭볼낙

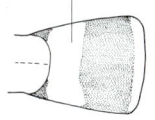

꼬리지느러미 전반부에 너비가 넓은 흰색 가로무늬가 있다(168쪽 참조).

▲ 흰꼬리볼낙

눌치볼낙

158. 눌치볼낙 <양볼낙과>

학명⇒ *Sebastes ijimae* (Jordan et Metz)
영명⇒ Korean fox jacopever
일명⇒ コウライキツネメバル

형태⇒ 체고가 약간 높은 타원형이다. 뺨의 아래쪽에 가시가 없다. 등지느러미의 기조 수는 13극 12~13연조, 뒷지느러미는 3극 5~6연조, 가슴지느러미는 16~17연조이다. 꼬리지느러미의 후연은 바깥쪽으로 약간 둥글다. 몸은 거의 전체가 어두운 회흑색으로 주둥이가 더 검다. 전장 약 20cm.
생태⇒ 수심 20~50m의 바위 지역에 서식하며, 난태생이다.
분포⇒ 우리 나라 동해와 남해, 일본
유사종⇒ 누루시볼낙(*Sebastes vulpes*)

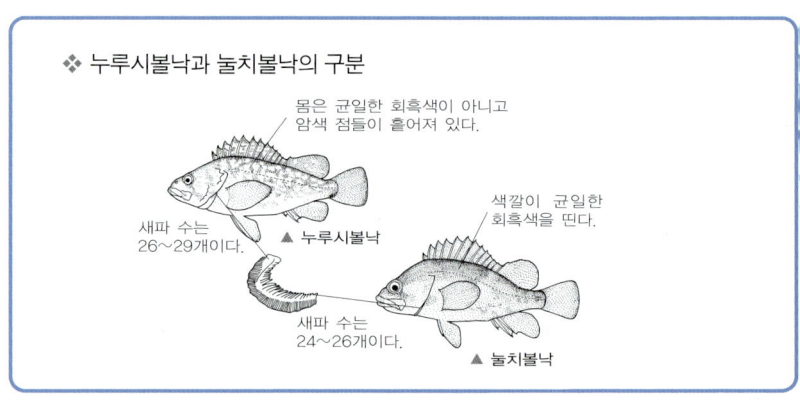

❖ 누루시볼낙과 눌치볼낙의 구분

몸은 균일한 회흑색이 아니고 암색 점들이 흩어져 있다.
새파 수는 26~29개이다.
▲ 누루시볼낙

색깔이 균일한 회흑색을 띤다.
새파 수는 24~26개이다.
▲ 눌치볼낙

볼낙

볼낙의 새끼(전장 약 10cm)

159. 볼낙 <양볼낙과>

학명⇒ *Sebastes inermis* Cuvier
영명⇒ Dark-banded rockfish
일명⇒ メバル

형태⇒ 체고가 약간 높은 타원형이다. 주둥이 위에 1쌍, 두 눈 사이에 1쌍, 그 뒤쪽에 1쌍의 약한 가시가 있다. 눈이 커서 눈의 지름이 주둥이 길이보다 길다. 등지느러미의 기조 수는 13극 13~14연조, 뒷지느러미는 3극 7~8연조, 가슴지느러미는 15~17연조이다. 꼬리지느러미의 후연은 거의 직선형이다. 몸 색깔은 주변 환경에 따라 변이가 심하여 황갈색, 회갈색, 회흑색 등으로 다양하고, 체측에 5~6개의 불분명한 어두운 가로무늬가 있다. 새끼 때는 연한 갈색 바탕에 작고 둥근 노란색 점들이 몸 전체에 나타난다. 전장 약 30cm.
생태⇒ 연안의 바위 지역에서 10~20마리씩 무리를 지어 생활한다. 전장 약 6cm 정도 되면 저서 생활을 시작하고, 어미가 되면 새우류와 조개류, 갯지렁이류, 작은 어류 등을 다양하게 먹는다. 난태생어로 11~12월에 전장 0.4~0.5cm의 새끼를 낳으며, 태어나서 1년 후면 9cm까지 자라고, 5년 후에는 20cm 가까이 자란다.
분포⇒ 우리 나라 전 해역(주로 동해안과 제주도 해역), 일본 홋카이도 이남

도화볼낙

160. 도화볼낙 <양볼낙과>

학명⇒ *Sebastes joyneri* Günther
영명⇒ Joyner stingfish
일명⇒ トゴットメバル

형태⇒ 체형은 타원형이다. 아래턱이 약간 길고 위턱의 후단은 눈의 앞부분 아래에 도달한다. 위턱의 상단을 덮는 2개의 가시가 있다. 등지느러미의 기조 수는 13극 14~15연조, 뒷지느러미는 3극 7연조, 가슴지느러미는 15~17연조이다. 꼬리지느러미의 후연은 안쪽으로 아주 얕게 패어 있거나 거의 반듯하다. 몸 색깔은 노란색이고, 측선 위쪽에 윤곽이 뚜렷한 검은 반점이 6개 있다. 전장 약 20cm.
생태⇒ 연안의 바위 지역에 서식하며, 동물성 플랑크톤이나 작은 어류를 먹는다. 난태생으로 이른 봄에 새끼를 낳는다.
분포⇒ 우리 나라 울릉도와 남해, 일본 남부, 타이완
유사종⇒ 불볼낙(*Sebastes thompsoni*)

❖ 도화볼낙과 불볼낙의 구분

도화볼낙과 불볼낙은 형태와 몸의 무늬가 매우 비슷하다. 이 두 종은 체측 상반부에 흑갈색의 무늬가 있으며, 도화볼낙은 불볼낙에 비해 색깔이 진하고 무늬의 윤곽이 뚜렷하여 두 종이 구분된다(176쪽 불볼낙 참조).

▲ 도화볼낙

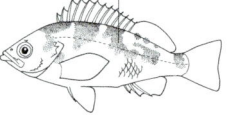

▲ 불볼낙

황해볼낙

황해볼낙(전북 어청도)

161. 황해볼낙 <양볼낙과>

학명⇒ *Sebastes koreanus* Kim et Lee

형태⇒ 체고가 약간 높은 타원형이다. 양턱의 길이는 비슷하고, 위턱의 상단을 덮는 2개의 가시가 있으며, 전새개골에 5개의 가시가 있다. 등지느러미의 기조 수는 14극 12~13연조, 뒷지느러미는 3극 5~6연조, 가슴지느러미는 16~17연조이다. 꼬리지느러미의 후연은 둥글다. 몸은 연한 갈색 바탕에 등 쪽에 작고 어두운 반점들이 있으며, 체측에 너비가 넓은 4~5개의 희미한 가로무늬가 있다. 뺨에 3개의 줄무늬가 있다. 전장 약 20cm.

생태⇒ 연안의 바위 지역에서 조피볼낙과 함께 서식하지만, 먹이를 달리 해서 경쟁 관계를 피한다. 조피볼낙은 새우류나 물고기를 먹는 반면에 황해볼낙은 거미불가사리나 따개비류를 먹는다.

분포⇒ 전북 군산, 인천 등지의 우리 나라 서해

흰꼬리볼낙

162. 흰꼬리볼낙 <양볼낙과>

학명⇒ *Sebastes longispinis* (Matsubara)
영명⇒ Longspined rockfish
일명⇒ コウライヨロイメバル

형태⇒ 체고가 약간 높은 타원형이다. 머리는 크고 주둥이는 짧아서 눈의 지름과 거의 같은 길이이다. 아래턱이 위턱보다 약간 짧고, 위턱의 후단은 눈 뒤 끝 아래에 도달한다. 등지느러미의 기조 수는 13극 13연조, 뒷지느러미는 3극 6연조, 가슴지느러미는 16연조이다. 꼬리지느러미의 후연은 바깥쪽으로 약간 둥글다. 측선은 완전하며, 등의 외곽선을 따라 둥글게 굽어 있고, 측선 비늘은 25~28개, 척추골은 26개이다. 몸은 회갈색과 빨간색 또는 암적색이 너비가 넓고 불규칙한 가로무늬를 이룬다. 꼬리지느러미 전반부에 너비가 넓고 흰 가로줄 무늬가 있으며, 그 뒤에 빨간색 가로줄 무늬가 있다. 우럭볼낙과 형태적인 특징뿐만 아니라 몸 전체에 나타나는 붉은 무늬가 비슷하여 구분이 까다로운데, 꼬리지느러미 전반부에 너비가 넓은 흰색 가로무늬가 있는 흰꼬리볼낙과 달리, 우럭볼낙은 이러한 가로무늬가 없는 점으로 구분된다. 전장 약 20cm.

생태⇒ 난태생으로 바위가 많은 연안에 살며, 낚시에 잘 걸린다.

분포⇒ 우리 나라 제주도를 포함한 남해와 서해, 일본

유사종⇒ 우럭볼낙(*Sebastes hubbsi*)

좀볼낙

163. 좀볼낙 <양볼낙과>

학명 ⇒ *Sebastes minor* Barsukov
영명 ⇒ Minor rockfish
일명 ⇒ アカガヤ

형태 ⇒ 체형은 긴 타원형이다. 머리 위의 눈 앞쪽에 1쌍의 가시가 있다. 아래턱이 위턱보다 약간 길고, 위턱의 후단은 눈 중간 아래에 도달한다. 등지느러미의 기조 수는 12~13극 11~13연조, 뒷지느러미는 3극 6~8연조, 가슴지느러미는 15~16연조이다. 가슴지느러미의 기조 수는 7개인데, 끝이 갈라져 있지 않다. 꼬리지느러미의 후연은 안쪽으로 약간 둥글게 패어 있다. 체측은 적황색 바탕에 작고 검은 점들이 흩어져 있으며, 어두운 구름무늬가 불분명하게 나타난다. 배는 담색이고 각 지느러미의 연조부도 담색을 띠지만 꼬리지느러미 전반부는 약간 어두운 색을 띤다. 전장 약 20cm.

생태 ⇒ 난태생으로 연안의 바위 지역에 서식한다.

분포 ⇒ 우리 나라 동해 중부 이북(속초, 주문진), 일본 북부

유사종 ⇒ 말락볼낙(*Sebastes wakiyai*)
영명 : Wakiya's rockfish
일명 : ガセモドキ

❖ **좀볼낙과 말락볼낙의 구분**

좀볼낙과 가장 비슷한 종으로 말락볼낙이 있는데, 이 두 종은 가슴지느러미의 기조 수로 구분이 가능하다. 좀볼낙은 가슴지느러미의 기조 수가 15~16개인 반면에 말락볼낙은 17~18개이다.

황점볼낙

164. 황점볼낙 <양볼낙과>

학명⇒ *Sebastes oblongus* Günther
영명⇒ Oblong rockfish
일명⇒ タケノコメバル

형태⇒ 몸과 머리는 좌우로 납작하고, 체형은 긴 타원형이다. 머리 위에 강한 가시가 있으나 눈 아래에는 가시가 없다. 두 눈 사이는 너비가 약간 넓고 편평하다. 주둥이는 길고, 눈의 지름은 주둥이 길이보다 짧다. 양턱의 뒤 끝은 눈의 후단부 아래에까지 도달하고, 턱에 융털 모양의 치열이 있다. 등지느러미의 극조부와 연조부 사이에 홈이 있고, 기조 수는 13극 11~13연조, 뒷지느러미는 3극 5~8연조이고, 가슴지느러미는 14~18연조이다. 꼬리지느러미의 후연은 바깥쪽으로 약간 둥글다. 측선이 뚜렷하고 측선 비늘은 39~49개, 척추골은 26개이다. 몸은 황갈색 바탕에 4~5개의 흑갈색 가로무늬가 있고, 그 사이에 작은 흑갈색 반점들이 흩어져 얼룩무늬를 이룬다. 눈을 중심으로 방사상의 검은 줄무늬가 나타난다. 지느러미는 노란색 바탕에 흑갈색 점들이 흩어져 있다. 전장 약 35cm.

생태⇒ 연안의 바위 지역에 서식한다. 11~1월에 난태생의 새끼를 낳는다. 약 10여 마리의 새끼를 낳으며, 출산할 때 자어의 전장은 7.3~7.5mm이다.

분포⇒ 우리 나라 동해와 남해, 일본

황볼낙

165. 황볼낙   <양볼낙과>

학명⇒ *Sebastes owstoni* (Jordan et Thompson)
영명⇒ Owston's rockfish
일명⇒ ハツメ

형태⇒ 다른 볼낙류에 비해 비교적 체고가 낮고 몸이 길다. 두 눈 사이는 편평하고 너비가 약간 넓다. 주둥이는 끝이 뾰족하고, 아래턱이 위턱보다 약간 길다. 등지느러미의 기조 수는 14극 12~15연조, 뒷지느러미는 3극 7~11연조, 가슴지느러미는 15~17연조이다. 꼬리지느러미의 후연은 안쪽으로 오목하다. 등은 황적색 바탕에 4개의 불분명한 회갈색 가로무늬가 있고, 배는 흰색이다. 모든 지느러미는 연한 노란색을 띤다. 전장 약 25cm.
생태⇒ 수심 100~300m의 비교적 깊은 바다에 서식하며, 작은 갑각류를 먹는다.
분포⇒ 우리 나라 동해 중부 이북(속초, 주문진), 일본 북부, 오호츠크 해

❖ 어류의 피부

어류는 피부를 경계로 체액과 삼투압의 차이가 있는 물 속에서 생활한다. 따라서, 피부는 물의 출입을 막는 방벽으로서의 역할을 하고 있다. 또, 어류는 피부에 점액을 분비하여 몸 표면을 미끄럽게 함으로써 물과의 마찰을 적게 하고, 기생충이 달라붙는 것을 방지하거나 체내 삼투압을 조절한다.

개볼낙

개볼낙(제주도 모슬포)

166. 개볼낙 <양볼낙과>

학명⇒ *Sebastes pachycephalus* Temminck et Schlegel
영명⇒ Spotbelly rockfish, blass bloched rockfish
일명⇒ ムラソイ

형태⇒ 체고가 약간 높은 타원형이다. 아래턱이 위턱보다 짧고, 턱의 후단은 눈의 뒤끝을 약간 지나거나 그 아래에 도달한다. 두 눈 위에 융기선이 솟아 있고, 융기선 사이는 오목하게 패어 있다. 등지느러미의 기조 수는 13극 11~13연조, 뒷지느러미는 3극 5~7연조, 가슴지느러미는 17~19연조이다. 꼬리지느러미의 후연은 바깥쪽으로 둥글다. 몸 색깔은 주변 환경에 따라 변화가 심하여 적갈색 바탕에 검은 무늬가 불규칙하게 흩어져 있거나, 흑갈색 바탕에 노란 점이 흩어져 있다. 일본의 경우 무늬의 형태에 따라 아종으로 구분하고 있으나, 우리 나라에서는 모두 한 종으로 취급하고 있어서 분류학적으로 재검토가 요구되는 종이다. 전장 약 35cm.

생태⇒ 연안의 바위 지역에 서식하며, 육식성이다. 난태생어로 봄에 새끼를 낳는다.

분포⇒ 우리 나라 전 해역, 홋카이도 이남의 일본 해역, 중국

조피볼낙

조피볼낙(전북 어청도)

167. 조피볼낙 <양볼낙과>

학명⇒ *Sebastes schlegeli* Hilgendorf
영명⇒ Jacopever
일명⇒ クロソイ

형태⇒ 체형은 타원형이며, 두 눈 사이는 너비가 넓고 거의 편평하거나 약간 볼록하다. 머리의 가시는 짧지만 강하며, 눈의 지름은 주둥이 길이보다 짧다. 아래턱이 위턱보다 길고, 위턱의 후단은 눈 중앙의 아래에까지 도달한다. 위턱의 상부를 덮는 3개의 날카로운 가시가 있는 것이 이 종의 특징이다. 등지느러미의 기조 수는 13극 11~13연조, 뒷지느러미는 3극 6~8연조, 가슴지느러미는 17~18연조이다. 꼬리지느러미의 후연은 직선형이다. 몸은 회갈색 바탕에 검은 점들이 흩어져 있고, 4~5개의 어두운 가로무늬가 있다. 눈 아래에 2개의 경사진 줄무늬가 있다. 전장 약 50cm.

생태⇒ 바위가 많고 수심이 낮은 연안에 서식하며, 어류와 갑각류, 오징어류를 먹는다. 난태생으로 5~6월에 새끼를 낳고, 태어난지 만 3년이면 어미가 된다.

분포⇒ 우리 나라 전 해역, 일본의 전 해역, 중국

노랑볼낙

168. 노랑볼낙 <양볼낙과>

학명⇒ *Sebastes steindachneri* Hilgendorf
영명⇒ Yellow body rockfish
일명⇒ ヤナギノマイ

형태⇒ 체형은 타원형이고, 머리의 등 쪽에는 가시가 없으나 주둥이 위와 콧구멍 주변에는 가시가 있다. 아래턱이 위턱보다 약간 나와 있고, 위턱의 후단은 눈 뒤끝 아래에 도달한다. 등지느러미의 기조 수는 13극 13~15연조, 뒷지느러미는 3극 6~7연조이다. 가슴지느러미의 기조 수는 17~19연조이고, 아래쪽 9개의 연조는 갈라지지 않은 모양이다. 꼬리지느러미의 후연은 안쪽으로 오목하다. 몸은 등황색이고 전체적으로 부정형의 구름무늬가 있다. 측선을 따라 담황색의 밝은 선이 비교적 뚜렷하게 나타난다. 배는 좀더 연한 색을 띠고, 각 지느러미는 몸과 같은 색을 띤다. 전장 약 35cm.

생태⇒ 수심 200m 미만의 바위와 모래·개펄 지역에 무리를 지어 다닌다.

분포⇒ 우리 나라 동해 중부 이북(속초, 주문진), 일본 북부, 오호츠크 해

❖ 지느러미의 기조 수

지느러미의 기조 수는 어류를 분류하는 데 중요한 형질 가운데 하나이다. 등지느러미와 뒷지느러미의 가장 마지막 연조는 아랫부분은 인접되어 있으나 끝은 2개로 분리되어 있는 경우가 있는데, 이 때 기조 수는 1개로 간주한다.

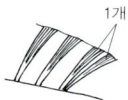

탁자볼낙

169. 탁자볼낙 〈양볼낙과〉

학명⇒ *Sebastes taczanowskii* (Steindachner)
영명⇒ White edged rockfish
일명⇒ エゾメバル

형태⇒ 몸과 머리는 좌우로 납작하고, 체고가 약간 높은 타원형이다. 코 위와 눈 앞에 뚜렷한 가시가 있고, 위턱을 덮는 끝이 아래쪽으로 향한 가시가 없다. 주둥이는 뾰족하고, 눈의 지름은 주둥이 길이보다 짧다. 아래턱이 위턱보다 약간 길고, 위턱의 뒤끝은 눈의 중간 부분 아래에 도달한다. 등지느러미의 극조부와 연조부 사이에는 홈이 있으며, 기조 수는 13극 13~15연조, 뒷지느러미는 3극 6~8연조, 가슴지느러미는 16~17연조이다. 꼬리지느러미의 후연은 둥글지만 한가운데 부분이 약간 들어가 있다. 측선은 완전하고 측선 비늘은 40~49개이며, 측선 비늘에는 작은 부속 비늘이 발달되어 있다. 척추골은 26~27개이다. 몸은 회갈색 또는 적갈색이고 흰 점이 나타나는 것도 있다. 배는 약간 밝은 색을 띠고, 꼬리지느러미 뒤 가장자리에는 너비가 좁은 흰색 테두리가 있다. 전장 약 25cm.
생태⇒ 연안성이 강한 한해성 어류로, 차가운 바다의 바위가 많고 얕은 곳에 살며 기수역에도 들어온다. 난태생으로 태어난 지 만 1년에 10cm, 4년이면 20cm 가까이 자란다.
분포⇒ 우리 나라 동해 중부 이북, 일본 북부, 사할린

불볼낙

170. 불볼낙 <양볼낙과>

학명⇒ *Sebastes thompsoni* (Jordan et Hubbs)
영명⇒ Goldeye rockfish
일명⇒ ウスメバル

형태⇒ 몸은 좌우로 납작하고 체형은 긴 난원형이다. 코 주변, 눈의 앞과 위에 가시가 있으나 약하고, 위턱의 상부를 덮는 2개의 가시가 있다. 아래턱이 위턱보다 길고, 위턱의 뒤끝은 눈 중간 부분의 아래에 도달한다. 주둥이는 뾰족한데, 그 길이는 눈의 지름과 비슷하다. 등지느러미의 극조부와 연조부 사이에는 홈이 있으며, 기조 수는 13극 14~15연조, 뒷지느러미는 3극 7연조, 가슴지느러미는 15~17연조이다. 꼬리지느러미의 후연은 안쪽으로 얕게 패어 있다. 측선은 뚜렷하고 측선 비늘은 52~56개이다. 몸은 담황색 바탕에 5개의 흑갈색 가로무늬가 있으며, 앞쪽 4개의 무늬는 등지느러미 아래에 있고, 나머지 1개는 미병부에 위치한다. 도화볼낙과 모양이 비슷하지만 체측 상반부의 흑갈색 무늬가 도화볼낙에 비해 연하고, 무늬의 윤곽선이 뚜렷하지 않다. 가슴지느러미는 진한 빨간색이고 꼬리지느러미는 암적색이다. 전장 약 35cm.

생태⇒ 수심 40~150m의 바위 지역에 서식하고, 동물성 플랑크톤이나 작은 어류를 먹는다. 난태생으로, 전장 6cm에 이르면 저서 생활을 시작한다.

분포⇒ 우리 나라 서해를 제외한 전 해역, 일본 홋카이도에서 쓰시마 섬에 이르는 해역

유사종⇒ 도화볼낙(*Sebastes joyneri*)

세줄볼낙

171. 세줄볼낙 <앙볼낙과>

학명⇒ *Sebastes trivittatus* Hilgendorf
영명⇒ Threestripe rockfish
일명⇒ シマゾイ

형태⇒ 몸과 머리는 좌우로 납작하고 체형은 타원형이다. 머리에 강한 융기연이 있으며, 두 눈 사이는 깊게 패어 있다. 위턱 상부를 덮는 가시는 뾰족하지 않고 둥글다. 아래턱 봉합부에는 혹 모양의 작은 돌기가 있다. 양턱의 길이는 거의 비슷하고, 위턱의 뒤끝은 눈의 후단을 약간 지난다. 등지느러미의 극조부와 연조부는 홈이 있으며 기조 수는 13~14극 12~14연조, 뒷지느러미는 3극 6~7연조, 가슴지느러미는 17~19연조이다. 꼬리지느러미의 후연은 바깥쪽으로 약간 둥글다. 측선은 뚜렷하고 측선 비늘은 31~40개, 척추골은 26개이다. 몸은 녹황색 바탕에 등지느러미의 기부와 측선 부위에 1개씩 2개의 흰색 세로 줄 무늬가 있다. 이 종은 이 줄무늬에 의해 양볼낙과의 다른 종과 비교적 쉽게 구분된다. 눈 아래쪽으로도 약 5개의 어두운 줄무늬가 방사상으로 나타난다. 전장 약 35cm.
생태⇒ 연안의 바위 지역에 서식하며, 낚시에도 걸린다. 난태생으로 봄에 새끼를 낳는다.
분포⇒ 우리 나라의 동해와 서해, 일본 중북부(1977년 정이 기록한 우리 나라 인천을 비롯한 서해의 출현 기록에 대해서는 나중에 면밀한 검토가 요구됨.)

누루시볼낙

172. 누루시볼낙 <양볼낙과>

학명⇒ *Sebastes vulpes* Döderlein
영명⇒ Fox jacopever
일명⇒ キツネメバル

형태⇒ 몸의 형태가 조피볼낙과 비슷하지만, 체고가 비교적 높고 위턱 상부를 덮는 뚜렷한 가시가 없다. 콧구멍 위와 눈의 앞과 뒤, 머리에 강한 가시가 있다. 등지느러미의 기조 수는 13극 12~13연조, 뒷지느러미는 3극 5~6연조, 가슴지느러미는 17~18연조이다. 꼬리지느러미의 후연은 직선형에 가깝다. 몸은 회색 바탕에 좀더 어두운 희미한 암회색 가로무늬가 등지느러미의 극조부와 연조부, 미병부에 나타난다. 간혹 꼬리지느러미의 후연에 너비가 아주 좁은 흰 테두리가 나타나기도 하는데, 대부분은 없다. 전장 약 40cm.
생태⇒ 난태생으로, 수심 50~100m의 바위 지역에 서식한다. 작은 갑각류와 어류 등을 먹는다.
분포⇒ 우리 나라 동해와 남해 동부, 일본 중북부 해역

❖ 우리 나라 어류에 관한 기록

우리 나라에서 어류에 관한 가장 오래 된 기록은 1425년 하연 등이 엮은 '경상도지리지 - 토산부'로, 여기에 25종의 물고기 이름과 산지가 수록되어 있다. 그 후 1814년에 정약전이 편찬한 '자산어보'는 101종의 어류의 명칭, 형태 및 생태적 특징, 그리고 이용에 관한 내용이 자세히 수록되어 있어, 우리 나라 어류 연구의 최초 단행본으로 특기할 만하다.

띠볼낙

띠볼낙(경북 영해)

173. 띠볼낙 <양볼낙과>

학명⇒ *Sebastes zonatus* Chen et Barsukov
영명⇒ Banded jacopever
일명⇒ タヌキメバル

형태⇒ 체형은 긴 타원형으로 누루시볼낙과 모양이 비슷하다. 등지느러미의 기조 수는 13극 13연조, 뒷지느러미는 3극 6연조, 가슴지느러미는 17~18연조이다. 꼬리지느러미의 후연은 바깥쪽으로 약간 둥글다. 몸은 분홍색을 띤 흰색 바탕에 자흑색 점들이 흩어져 있고, 너비가 넓은 3개의 자흑색 가로무늬가 있다. 가슴지느러미는 담색을 띠며, 그 끝은 약간 어둡다. 꼬리지느러미의 후연에 흰 테두리가 있다. 전장 약 40cm.
생태⇒ 수심 50~170m의 바위 지역에 서식하고 누루시볼낙과 함께 어획된다.
분포⇒ 우리 나라 동해와 남해, 일본

쏨뱅이

바위가 많은 바닥에 서식하는 쏨뱅이(제주도 모슬포)

174. 쏨뱅이 <양볼낙과>

학명⇒ *Sebastiscus marmoratus* (Cuvier)
영명⇒ Marbled rockfish
일명⇒ カサゴ

형태⇒ 체형은 타원형이다. 머리의 등 쪽에는 끝이 뒤로 향한 날카로운 가시들이 있고, 두 눈 사이는 깊게 패어 있다. 등지느러미의 기조 수는 12극 11∼13연조, 뒷지느러미는 3극 5연조이다. 몸은 진한 황갈색을 띠고, 지느러미 전체에 자갈색 무늬가 있다. 가슴지느러미는 연한 황갈색 바탕에 기부 가운데는 진한 흑갈색을 띠며, 흑갈색의 안쪽에 여러 개의 밝고 둥근 반점들이 밀집되어 있다. 전장 약 30cm.

생태⇒ 야행성으로 바위가 많은 연안의 바다에 서식한다. 어미는 게와 새우, 작은 어류 등을 먹는다. 난태생으로, 자어는 부유 생활을 하다가 약 2cm 가량 자라면 저서 생활을 시작하고, 그 뒤에는 멀리 이동하지 않는다.

분포⇒ 우리 나라 동해와 제주도를 포함한 남해, 일본 홋카이도 이남, 동중국해

유사종⇒ 붉은쏨뱅이(*Sebastiscus tertius*)

붉은쏨뱅이

붉은쏨뱅이(제주도 모슬포)

175. 붉은쏨뱅이 〈양볼낙과〉

학명⇒ *Sebastiscus tertius* Barsukov et Chen
일명⇒ ウッカリカサゴ

형태⇒ 몸의 형태는 쏨뱅이와 비슷하다. 등지느러미의 기조 수는 11～13극 11～12연조, 뒷지느러미는 3극 5～6연조, 가슴지느러미는 18～20연조(대개 19연조)이다. 꼬리지느러미의 후연은 거의 직선형에 가깝다. 몸은 전체적으로 붉은색이 강하고, 연한 황적색 바탕에 좀더 진하고 붉은색을 띤 구름무늬가 있다. 전장 약 40cm.
생태⇒ 연안의 바위 지역에 서식한다.
분포⇒ 우리 나라 동해와 제주도를 포함한 남해, 서해, 일본, 동중국해

홍살치

176. 홍살치 <양볼낙과>

학명⇒ *Sebastolobus macrochir* (Günther)
영명⇒ Bighand thornyhead
일명⇒ キチジ

형태⇒ 체형은 긴 타원형이다. 눈이 커서 눈의 지름이 주둥이 길이보다 길다. 두 눈 사이는 편평하다. 위턱과 아래턱의 길이가 비슷하고, 위턱의 후단은 눈 중간의 아래쪽을 약간 지난다. 눈 아래에 융기연이 있고, 새개골에 5개의 가시가 있다. 가슴지느러미의 후연이 안쪽으로 오목하게 패어 있는 것이 이 종의 특징이다. 등지느러미의 기조 수는 15~16극 8~10연조, 뒷지느러미는 3극 5연조이다. 꼬리지느러미의 후연은 반듯하다. 몸은 전체적으로 주홍색을 띠고, 등지느러미의 극조부 뒤쪽에 큰 검은 반점이 있다. 전장 약 30cm.

홍살치(홋카이도 쿠시로)

생태⇒ 수심 150~1200m의 해저에 서식하며, 새우류와 작은 어류를 주로 먹는다. 산란기는 2~5월이며, 알은 점착성이 강한 한천질로 싸여 있다.

분포⇒ 우리 나라 원산 이북의 동해, 일본 북부와 사할린

성대과
Triglidae (Gurnards)

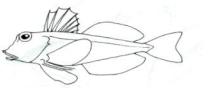

 몸은 원통형에 가깝고, 머리의 등 쪽은 투구 모양의 골질판으로 덮여 있다. 등지느러미의 극조부와 연조부는 분리되어 있고, 기저부에 골질판이 발달되어 있다. 가슴지느러미 아래쪽 3개의 기조는 손가락처럼 분리되어 바닥을 기어다니는 데 사용한다. 주둥이 끝에 1쌍의 골질 돌기가 있는 종이 많다. 우리 나라에 5속 10종, 세계에 14속 100여 종이 알려져 있다.

성대　　　　　　성대의 앞모습

177. 성대　　　　　　<성대과>

학명 ⇒ *Chelidonichthys spinosus* (McClleland)
영명 ⇒ Bluefin searobin
일명 ⇒ ホウボウ

형태 ⇒ 체형은 원통형으로 길며 머리가 크고, 뒤로 갈수록 작아진다. 등지느러미 기저부에는 23~25개의 골질판이 있다. 가슴지느러미는 커서 후단이 등지느러미 연조부의 제7~11연조 아래에까지 도달한다. 몸의 상반부는 회갈색 바탕에 불규칙한 빨간색 무늬가 넓게 흩어져 있고 배는 흰색이다. 가슴지느러미의 안쪽은 진한 녹색을 띠고, 바깥쪽 가장자리에는 파란 테두리가 있으며, 그 안쪽으로도 파란색의 작고 둥근 점들이 흩어져 있다. 전장 약 40cm.

생태 ⇒ 수심 20m에서 600m의 모래·개펄 바닥에 서식하며, 새우류를 먹는다. 근육으로 부레를 압축시켜 소리를 낸다. 알은 분리 부성란으로 4~6월에 산란하고, 부화 후 전장은 1년 만에 14cm, 4년 뒤에는 30cm 가까이 자란다. 겨울에는 연안 가까운 곳에 나타난다.

분포 ⇒ 우리 나라 전 해역, 일본 홋카이도 중부 이남, 남중국해

쌍뿔달재

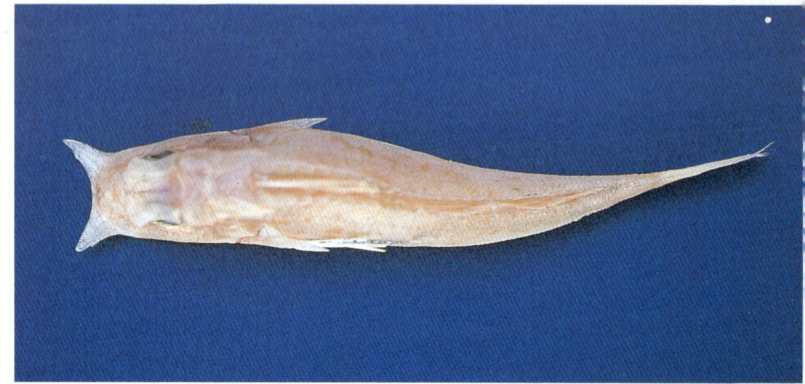

쌍뿔달재(등)

178. 쌍뿔달재 <성대과>

학명⇒ *Lepidotrigla alata* (Houttuyn)
영명⇒ Forksnout searobin
일명⇒ イゴダカホデリ

형태⇒ 몸의 전반부는 원통형이며, 머리가 크고 미병부는 가늘다. 머리 앞은 상하로 납작하며, 양 끝에는 강하고 긴 가시가 끝이 약 45° 각도로 V자형을 이루며 돌출되어 있다. 새개골에는 뒤를 향한 길고 강한 가시가 있으며, 가시의 후단은 등지느러미 극조부의 제6 극조 아래에까지 도달한다. 등지느러미의 기저부에는 약 23~24개의 골판이 있다. 등지느러미의 기조 수는 8~10극 15~17연조, 뒷지느러미는 15~16연조이다. 몸의 상반부는 적황색 바탕에 진한 빨간색 무늬가 불규칙하게 나타나고 배는 흰색이다. 살아 있을 때 가슴지느러미 안쪽은 녹황색이고 가장자리는 검붉은 빛을 띤다. 전장 약 20cm.
생태⇒ 수심 약 60~100m의 모래·개펄 바닥에 서식하고, 전장 13cm 정도가 되면 어미가 된다.
분포⇒ 우리 나라 남해, 일본 남부에서 남중국해에 이르는 해역

꼬마달재

179. 꼬마달재 <성대과>

학명⇒ *Lepidotrigla guentheri* Hilgendorf
영명⇒ Red-banded searobin
일명⇒ カナド

형태⇒ 주둥이의 양 끝에 가시가 있으며, 가시 가장자리는 끝이 여러 갈래로 뾰족하게 갈라져 있다. 등지느러미의 기저부에는 22~24개의 골질판이 있다. 등지느러미 극조부의 제2극조가 현저하게 긴 것이 이 종의 특징이다. 등지느러미의 극조부와 연조부 아래쪽에 붉은 구름무늬가 등에서 배까지 폭넓게 나타난다. 살아 있을 때 가슴지느러미의 안쪽 아래에 크고 검은 무늬가 있고, 그 속에는 파란색 반점들이 나타난다. 전장 약 20cm.

생태⇒ 수심 70~280m의 모래·개펄 바닥에 서식하며, 새우류를 주로 먹는다.

분포⇒ 우리 나라 남해, 일본 중부 이남, 동중국해

유사종⇒ 밑달갱이(*Lepidotrigla abyssalis*), 쌍뿔달재(*Lepidotrigla alata*), 히메성대(*Lepidotrigla hime*), 가시달강어(*Lepidotrigla japonica*), 고지달재(*Lepidotrigla kanagashira*), 뿔성대(*Lepidotrigla kishinouyei*), 달강어(*Lepidotrigla microptera*)

❖ **측편형과 종편형**

물고기의 체형 가운데 측편형(compressed form)과 종편형(depressed form)이 있다. 정면에서 보았을 때 좌우로 납작한 형태를 측편형이라고 하며, 상하로 납작한 형태를 종편형이라고 한다.

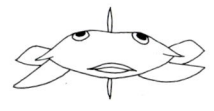

▲ 측편형　　　　▲ 종편형

히메성대

180. 히메성대 <성대과>

학명⇒ *Lepidotrigla hime* Matsubara et Hiyama
일명⇒ ヒメソコカナガシラ
형태⇒ 몸의 전반부는 원통형이다. 머리는 큰데, 뒤로 갈수록 작아진다. 주둥이는 너비가 넓고 머리 아래쪽으로 치우쳐 있다. 두 눈 사이의 간격은 주둥이 돌출부의 양 끝 거리보다 좁다. 주둥이의 돌출부에는 작은 가시들이 돋아 있는데, 가장 바깥쪽의 가시가 강하고 길다. 등 쪽은 황적색이고 배는 흰색이다. 제1등지느러미 후반부에 진한 황적색 반점이 있다. 전장 약 20cm.
생태⇒ 수심 40~400m의 모래·개펄 지역에 서식한다.
분포⇒ 우리 나라 남해, 일본 남부, 동중국해

❖ **어류의 발육 단계**

어류는 부화하여 어미가 될 때까지 보통 다음의 여섯 단계를 거친다.
① 전기 자어(pre-larva) : 부화 직후부터 난황이 흡수될 때까지의 시기
② 후기 자어(post-larva) : 난황 흡수 직후부터 각 지느러미의 기조가 완전히 나타날 때까지의 시기
③ 치어(young or juveniles) : 후기 자어 이후 종의 특징은 나타나지만 몸의 색깔 및 계측값이 어미와는 차이가 있는 시기
④ 미성어(immature) : 체형과 몸의 색깔은 어미와 비슷하나 생식 능력이 없는 시기
⑤ 성어(mature or adult) : 생식 능력을 완전히 갖춘 시기
⑥ 노어(senility) : 생식소가 폐쇄되어 산란이나 방정 능력이 없는 시기

달강어

달강어(등)

181. 달강어   <성대과>

학명⇒ *Lepidotrigla microptera* Günther
영명⇒ Redwing searobin
일명⇒ カナガシラ

형태⇒ 몸의 전반부는 원통형이다. 머리는 큰데, 뒤로 갈수록 작아진다. 주둥이 양 끝이 돌출되어 있는데, 돌출부 가장자리의 가시는 짧고 크기가 거의 비슷하며, 가장 긴 것은 눈 지름의 약 $\frac{1}{4}$ 정도이다. 몸의 상반부는 빨간색이고 배는 연한 황백색을 띤다. 가슴지느러미 안쪽은 등적색이다. 등지느러미 극조부의 제 4~6극조에 바탕색보다 좀더 진하고 붉은 반점이 있다. 전장 약 30cm.

생태⇒ 수심 40~340m의 모래·개펄 바닥에 서식하며, 새우와 게를 주로 먹는다.

분포⇒ 우리 나라 서해 남부(전북 위도)와 평안 북도, 홋카이도 남부를 포함한 일본, 남중국해

황성대

황성대(등)

182. 황성대 <성대과>

학명⇒ *Peristedion orientale* Temminck et Schlegel
영명⇒ Oriental searobin, oriental crocodile fish
일명⇒ キホウボウ

형태⇒ 몸의 전반부는 원통형에 가까우나 뒤로 갈수록 작아져 미병부는 매우 가늘다. 두 눈 사이는 깊게 패어 있다. 주둥이 앞쪽으로 양 팔을 벌린 듯한 긴 돌출부가 있으며, 양쪽 돌출부 간격은 끝 부분이 안쪽보다 넓다. 머리 뒤에는 짧은 가시가 끝이 뒤를 향해 나 있고, 턱 아래쪽에 8개의 짧은 수염이 있다. 몸은 황적색 바탕에 머리와 등에는 자갈색 그물무늬가 있다. 등지느러미의 극조부와 연조부 가장자리에는 갈색 테두리가 있다. 전장 약 20cm.

생태⇒ 수심 약 120~500m의 바닥에 서식한다.

분포⇒ 우리 나라 남해, 일본 남부, 동중국해

밑성대

183. 밑성대 <성대과>

학명⇒ *Pterygotrigla hemisticta* (Temminck et Schlegel)
영명⇒ Spottyback searobin
일명⇒ ソコホウボウ

형태⇒ 몸은 원통형이고, 다른 성대류에 비해 길이가 약간 짧다. 머리 부분이 큰데, 뒤로 갈수록 작아져 미병부는 가늘다. 눈은 크고 머리의 등 쪽에 치우쳐 있으며, 눈 앞의 머리 부분은 주둥이 끝까지 경사를 이룬다. 주둥이 너비는 넓고, 양쪽에 뾰족하고 강한 가시가 돌출하였으며, 가시 안쪽은 오목하게 패어 있다. 전새개골에 뒤를 향한 길고 강한 가시가 있으며, 가시의 뒤끝은 등지느러미 극조부의 제4극 아래까지 도달한다. 제2등지느러미 기저부에는 골질판이 없다. 등지느러미의 극조부와 연조부는 완전히 분리되어 있고, 기조 수는 6~8극 10~12연조이다. 뒷지느러미는 11~12연조이고, 꼬리지느러미의 후연은 안쪽으로 얕게 패어 있다. 몸의 등 쪽은 선홍색을 띠며, 암녹색의 작은 점들이 3~4개의 불규칙한 세로열을 이룬다. 등지느러미의 극조부는 노란색을 띠고 제4~6극조 사이에 눈 크기만한 검은 무늬가 있다. 가슴지느러미는 크고 그 안쪽은 검은색을 띤다. 전장 약 30cm.
생태⇒ 수심 100~500m의 바닥에 서식한다.
분포⇒ 우리 나라 남해, 일본 남부, 동중국해, 인도양

별성대

184. 별성대 <성대과>

학명⇒ *Satyrichthys rieffeli* (Kaup)
영명⇒ Brown-dotted searobin
일명⇒ イソキホウボウ

형태⇒ 체형은 황성대와 비슷하지만, 주둥이 양쪽에 위치한 돌출부의 끝이 전방을 향하거나 안쪽으로 휘어져 있어서 양 끝의 거리가 안쪽보다 좁다. 아래턱에는 4개의 짧은 수염이 있다. 머리 뒤에 끝이 후방을 향한 2개의 작은 가시가 있고, 전새개골에도 역시 끝이 후방을 향한 길고 날카로운 가시가 있다. 몸은 연하고 붉은색이며, 머리와 몸의 등 쪽, 등지느러미에 작은 흑갈색 점들이 흩어져 있다. 전장 30cm.
생태⇒ 수심 60~600m의 바다에 서식한다.
분포⇒ 우리 나라 서해 남부, 일본 남부, 남중국해

❖ 어류의 산란기와 산란 수

　어류의 산란 시기는 어종에 따라 다르며, 같은 종류라 하더라도 해역에 따라 다르다. 많은 어류가 봄과 여름철에 산란하지만 농어와 노래미 등은 가을과 겨울철에 산란이 이루어진다. 상어류는 대개 100개 미만의 알이나 새끼를 낳는 반면, 대부분의 경골어류는 수천 개 이상의 알을 낳고, 개복치는 약 3억 개의 알을 낳는 것으로 알려져 있다.

빨간양태과
Bembridae (Red flatheads)

머리는 상하로 납작하고, 배지느러미는 가슴지느러미의 기부 아래에 위치한다. 등지느러미는 극조부와 연조부로 분리되어 있다. 대부분이 소형의 저서성 어류이며, 몸은 붉은색을 띤다. 우리 나라에 2속 2종, 세계에 4속 5종이 알려져 있다.

빨간양태

185. 빨간양태 <빨간양태과>

학명⇒ *Bembras japonica* Cuvier
영명⇒ Red flathead
일명⇒ アカゴチ

형태⇒ 머리와 몸은 상하로 납작하고, 배는 편평하여 단면은 삼각형에 가깝다. 위턱과 아래턱의 길이는 비슷하며, 위턱의 후단은 눈의 전반부 아래에 도달한다. 등지느러미는 2개로 분리되어 있고, 배지느러미는 가슴지느러미보다 앞에서 시작된다. 머리와 몸의 윗부분은 연한 빨간색을 띠며, 등과 등지느러미의 극조부와 연조부에 작은 갈색 반점이 나타난다. 배는 흰색이다. 등지느러미 극조부의 제 2~5극조에 암갈색 무늬가 사선으로 나타나고, 꼬리지느러미의 하반부에 눈보다 큰 검은 반점이 있다. 전장 약 30cm.
생태⇒ 수심 80~230m의 대륙붕 주변에 서식한다.
분포⇒ 우리 나라 제주도, 일본 남부, 남중국해 북부

눈양태

186. 눈양태 <빨간양태과>

학명⇒ *Parabembras curta* (Temminck et Schlegel)
영명⇒ Matron flathead
일명⇒ ウバゴチ

형태⇒ 체형은 빨간양태와 비슷하지만, 체고와 미병고가 빨간양태에 비해 높다. 머리는 길고 상하로 납작하며 눈이 매우 크다. 아래턱은 위턱 앞으로 나와 있고, 눈 주변과 새개부에 날카로운 가시들이 있다. 제2등지느러미와 뒷지느러미는 거의 대칭으로 위치하고 기저부가 짧다. 배지느러미는 가슴지느러미와 거의 같은 위치에서 시작된다. 비늘은 크고 조잡하다. 몸은 붉은색이고 배는 연한 색을 띤다. 전장 약 30cm.
생태⇒ 대륙붕 주변에 서식한다.
분포⇒ 우리 나라 남해(부산), 일본 남부, 인도양

❖ 어류 표본의 보존

채집 활동을 통해 수집된 어류 표본은 시중에서 판매하는 포르말린 용액을 10배의 물로 희석하여 영구 보존할 수 있다. 채집된 표본은 먼저 붓을 이용하여 지느러미를 잘 편 다음 포르말린 원액을 10배의 물로 희석한 포르말린 용액과 함께 표본병에 넣어 보관한다. 이 때, 표본병에는 표본의 학명과 함께 채집 날짜, 채집 장소, 채집자 등이 기록된 표를 붙이도록 한다.

양태과
Platycephalidae (Flatheads)

 영명의 'flathead'가 의미하는 것처럼 머리는 상하로 납작하고 너비가 넓다. 아래턱은 위턱보다 돌출되었다. 등지느러미의 극조부와 연조부는 분리되고, 가장 앞의 극조 1개는 아주 작다. 배지느러미는 가슴지느러미 기부 아래에서 시작되며, 뒷지느러미는 극조가 없고 기저부가 길다. 우리 나라에 7속 8종, 세계에 18속 60종이 알려져 있다.

까지양태   까지양태(등)

187. 까지양태 <양태과>

학명⇒ *Cociella crocodila* (Tilesius)
영명⇒ Spotted flathead
일명⇒ イネゴチ

형태⇒ 머리는 상하로 납작하고 배는 편평하며 몸의 단면은 삼각형에 가깝다. 아래턱이 위턱보다 길고, 안하골 융기선 위에는 3개의 가시가 있다. 등지느러미 극조부의 가장 앞의 극조는 매우 작아서 흔적만 남아 있다. 몸은 담갈색 바탕에 너비가 넓은 어두운 무늬가 있고, 머리와 체측에 작고 검은 점들이 흩어져 있다. 제2등지느러미 기조 위에도 검은 점들이 있다. 전장 약 50cm.

생태⇒ 연안의 바닥에 살며 새우와 게, 작은 어류 등을 먹는다. 전장 30cm를 넘게 되면 수컷에서 암컷으로 성전환을 한다.

분포⇒ 우리 나라 서해와 남해, 일본 남부, 인도양

유사종⇒ 악어양태(*Inegocia guttata*), 점양태(*Inegocia japonica*), 큰비늘양태(*Onigocia macrolepis*), 비늘양태(*Onigocia spinosa*), 양태(*Platycephalus indicus*), 봉오리양태(*Ratabulus megacephalus*), 바늘양태(*Rogadius asper*), 큰눈양태(*Suggrundus meerdervoorti*)

비늘양태(제주도 모슬포)

188. 비늘양태   〈양태과〉

학명⇒ *Onigocia spinosa* (Temminck et Schlegel)
영명⇒ Devil flathead
일명⇒ オニゴチ

형태⇒ 머리는 상하로 납작하고 배는 편평하며, 뒤로 갈수록 작아진다. 눈 아래쪽에 골질의 융기선이 있고 융기선 전체에 톱니 모양의 거치가 발달되어 있으며, 융기선은 분리되지 않고 길게 이어져 있다. 전새개골에 3개의 가시가 있다. 등지느러미 극조부의 가장 앞쪽 극조는 아주 작다. 측선 앞쪽 8~11개의 비늘에 가시가 있다. 몸은 암회색을 띠고, 등 쪽은 너비가 넓은 5개의 적갈색 무늬가 불규칙하게 섞여 있다. 배지느러미 중간에는 검은색이 뚜렷하고, 그 가장자리는 연한 황백색을 띤다. 꼬리지느러미에 4개의 적갈색 가로줄 무늬가 있다. 어미의 전장이 약 15cm인 소형 양태류이다.

생태⇒ 수심 100m 전후의 모래·개펄 바닥에 서식한다.

분포⇒ 우리 나라 제주도를 포함한 남해, 일본 남부, 동중국해

양태

양태과 어류(제주도 모슬포)

189. 양태 <양태과>

학명⇒ *Platycephalus indicus* (Linnaeus)
영명⇒ Bartail flathead
일명⇒ ゴチ

형태⇒ 머리는 상하로 납작하고 배는 편평하며, 몸의 단면은 낮은 삼각형을 이룬다. 머리가 크고, 몸 뒤로 갈수록 가늘어진다. 아래턱이 위턱보다 길고, 전새개골에는 2개의 가시가 있다. 등지느러미 가장 앞쪽의 극조 2개는 아주 작다. 등은 연한 갈색 바탕에 진한 흑갈색 점들이 흩어져 있고, 너비가 넓으며, 어두운 세로 구름무늬가 있다. 배는 흰색이다. 등지느러미의 연조에 검은 점들이 열을 이루고, 꼬리지느러미 아래에 검은 가로줄 무늬가 있다. 전장 약 60cm.

생태⇒ 연안 얕은 곳의 모래와 개펄 바닥에 살며 기수역에도 들어온다. 산란기는 5월 무렵이다.

분포⇒ 우리 나라 서해와 제주도를 포함한 남해, 일본 중부 이남, 타이완, 오스트레일리아, 인도양

양태과 Platycephalidae(Flatheads)

가시양태과

Hoplichthyidae (Ghost flatheads)

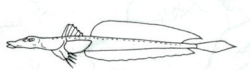

 몸이 길고, 머리는 상하로 매우 납작하고 너비가 넓다. 몸에 비늘이 없고 체측에 가시열이 있다. 가슴지느러미 하부의 기조 3~4개는 분리되어 있고, 뒷지느러미에 극조가 없다. 우리 나라에 1속 2종, 세계에 1속 10종이 알려져 있다.

외가시양태

190. 외가시양태 <가시양태과>

학명⇒ *Hoplichthys gilberti* Jordan et Richardson
영명⇒ Gilbert's spiny flathead
일명⇒ ソコハリゴチ

형태⇒ 몸이 길고 머리는 상하로 납작하며, 위에서 본 머리 모양은 삼각형에 가깝다. 미병부로 갈수록 가늘고 좌우로 납작해진다. 두 눈 사이의 간격은 좁아서 눈 지름의 약 $\frac{1}{4}$ ~ $\frac{1}{10}$ 이다. 주둥이 길이는 눈 지름과 거의 같고, 주둥이 아래 양쪽에 가시열이 있다. 체측의 각 골판에 끝이 후방을 향한 1개씩의 강한 가시가 있다. 등지느러미는 극조부와 연조부가 분리되어 있는데, 기조 수는 6극 15연조, 뒷지느러미는 16~18연조이다. 가슴지느러미는 3~4개의 짧은 연조가 분리되어 실 모양으로 되어 있고, 기조 수는 14~17연조이다. 전체적으로 녹갈색 또는 황갈색을 띠며, 등지느러미에 줄무늬가 있다. 전장 약 20cm.
생태⇒ 대륙붕 근처의 모래·개펄 바닥에 서식한다.
분포⇒ 우리 나라 남해(부산), 일본 남부, 인도양, 서태평양
유사종⇒ 가시양태(*Hoplichthys langsdorfii*)
영명 : Langsdorf's spiny flathead
일명 : ナツハリゴチ

쥐노래미과
Hexagrammidae (Greenlings)

머리에 촉수 모양의 피판이 있고, 골질의 융기연이나 가시는 없다. 측선은 1~5개이고 비늘은 작다. 등지느러미는 1개로 극조 수는 16~28개, 연조 수는 11~30개이다. 등지느러미와 뒷지느러미의 기저부는 길다. 우리 나라에 3속 4종, 세계에 5속 11종이 알려져 있다.

노래미

다양한 색깔을 띠는 노래미(강원도 양양)

191. 노래미   <쥐노래미과>

학명⇒ *Hexagrammos agrammus* (Temminck et Schlegel)
영명⇒ Spotty belly greenling
일명⇒ クジメ
형태⇒ 체형은 긴 방추형이다. 눈 위 가장자리에 깃털 모양의 피판이 있다. 등지느러미는 1개로 아가미구멍 위에서 시작되어 꼬리지느러미 앞까지 길게 이어지며, 극조부와 연조부는 오목하게 팬 홈에 의해서 구분된다. 꼬리지느러미의 후연은 둥글다. 측선은 1개로 등쪽에 위치한다. 몸 색깔은 주변 환경에 따라 황갈색, 적갈색, 암갈색, 붉은색 등 변화가 심하며, 대개 연한 색 바탕에 진한 황갈색 구름무늬가 있고, 전체적으로 흰 점들이 흩어져 있다. 전장 약 30cm.
생태⇒ 바위와 해조류가 많은 연안에 서식하며, 작은 갑각류를 주로 먹는다. 산란기는 11~12월이고, 알의 지름은 2mm로 해조류 줄기에 알을 덩어리로 붙인다.
분포⇒ 우리 나라 전 해역, 일본
유사종⇒ 쥐노래미(*Hexagrammos otakii*), 줄노래미(*Hexagrammos octogrammus*)

줄노래미

192. 줄노래미 <쥐노래미과>

학명⇒ *Hexagrammos octogrammus* (Pallas)
영명⇒ Alaska greenfish, common greenfish
일명⇒ スジアイナメ

형태⇒ 체형은 대나무 잎처럼 긴 방추형이다. 눈 위에 작은 피판이 있고, 측선은 5개로 제4측선은 배지느러미 앞에서 2개로 갈라진다. 등지느러미의 극조부와 연조부 사이에는 오목한 홈이 있고, 꼬리지느러미의 후연은 둥글다. 제2측선과 제3측선 사이에 7~9열의 비늘이 있다. 몸 색깔은 녹갈색 또는 적갈색을 띠지만 변화가 심하며, 등지느러미의 기조는 붉은색을 띤다. 전장 약 30cm.
생태⇒ 바위와 해조류가 많은 연안의 얕은 곳에 서식하고, 작은 갑각류를 먹는다. 부화하여 6년이 되면 전장 30cm 가까이 자란다.
분포⇒ 우리 나라 동해 중부 이북, 일본 북부, 오호츠크 해, 베링 해

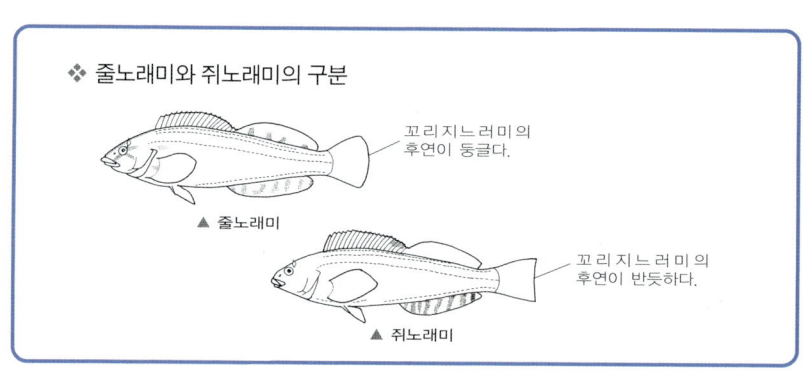

❖ 줄노래미와 쥐노래미의 구분

꼬리지느러미의 후연이 둥글다.
▲ 줄노래미

꼬리지느러미의 후연이 반듯하다.
▲ 쥐노래미

쥐노래미

쥐노래미(강원도 옥계)

193. 쥐노래미 <쥐노래미과>

학명⇒ *Hexagrammos otakii* Jordan et Starks
영명⇒ Greenling
일명⇒ アイナメ

형태⇒ 체형은 긴 방추형이다. 눈 위 가장자리에 깃털 모양의 피판이 있다. 꼬리지느러미의 후연은 직선형이거나 약간 오목하다. 측선은 5개로 등 쪽에 3개가 있고 몸 중앙과 배 쪽에 각각 1개씩 있다. 비늘이 작고, 제2측선과 제3측선 사이에는 11~12열의 비늘이 있다. 노래미와 유사하지만 꼬리지느러미의 후연이 반듯하고 측선이 5개로, 측선이 1개인 노래미와 쉽게 구분된다. 몸은 연한 황갈색 바탕에 진한 갈색의 구름무늬가 섞여 있고, 배 쪽은 연한 색을 띤다. 산란기의 수컷은 몸 색깔이 등황색을 띤다. 전장 약 65cm.

생태⇒ 바위와 해조가 많은 연안에 서식하며, 새우류와 작은 조개류, 어류 등을 먹는다. 산란기는 11~12월로 해초에 알을 붙인다. 치어는 부유 생활을 하다가 5~7cm까지 자라면 저서 생활을 시작한다. 수컷은 부화 후 1년, 암컷은 2년 만에 어미가 된다.

분포⇒ 우리 나라 전 해역, 일본

임연수어

194. 임연수어 <쥐노래미과>

학명⇒ *Pleurogrammus azonus* Jordan et Metz
영명⇒ Arabesque greenling
일명⇒ ホッケ

형태⇒ 체형은 긴 방추형이다. 등지느러미의 극조부와 연조부 사이에 오목하게 팬 홈이 없이 거의 반듯하게 이어진다. 꼬리지느러미의 후연은 깊게 패어 있다. 측선은 5개이다. 몸은 연한 황갈색 바탕에 어두운 구름무늬가 있는데, 이 무늬는 배까지 이어져 있지 않다. 배는 연한 황백색을 띤다. 전장 약 60cm.

생태⇒ 수심 20~100m의 바위 지역에 무리를 지어 생활하고, 물고기 알과 갑각류, 작은 물고기 등을 먹는다.

분포⇒ 우리 나라 동해 중부 이북(속초, 주문진), 쓰시마 섬 이북의 일본 해역, 사할린, 오호츠크 해

유사종⇒ 단기임연수어(*Pleurogrammus monopterygius*)
영명 : Atka fish
일명 : キタノホッケ

단기임연수어

둑중개과
Cottidae (Sculpins)

머리가 크고 상하로 납작하며, 전새개골에 1~4개의 가시가 있다. 등지느러미는 극조부와 연조부가 분리되어 있고, 뒷지느러미에 극조가 없다. 배지느러미에 1개의 극조와 2~5개의 연조가 있다. 부레가 없는 저서성 어류이다. 대부분의 종은 비늘이 변형된 가시가 있고, 일부 종은 측선 위에만 비늘이 있다. 어미의 전장은 3cm에서 80cm에 이르기까지 다양하다. 우리 나라에 17속 31종, 세계에 약 70속 300여 종이 알려져 있다.

빨간횟대

195. 빨간횟대 <둑중개과>

학명⇒ *Alcichthys elongatus* (Steindachner)
영명⇒ Elkhorn sculpin
일명⇒ ニジカジカ
형태⇒ 체형은 원통형으로 머리가 크고 몸 뒤로 갈수록 작아진다. 눈 위에 끝이 여러 갈래로 갈라진 깃털 모양의 피판이 있으며, 후두부에도 2개의 작은 피판이 있다. 전새개골에는 4개의 가시가 있으며, 측선 위에만 비늘이 있다. 몸은 붉은색 바탕에 어두운 무늬가 있고, 연한 황갈색의 작고 둥근 반점들이 있다. 배는 연한 황갈색 또는 흰색이다. 등지느러미 극조부의 제1~3극 사이의 기조막은 검고, 연조부에 5~6개의 경사진 붉은 줄무늬가 있다. 전장 약 35cm.
생태⇒ 냉수성 어류로, 수심 50m 정도의 바닥에 서식한다. 봄에 수컷이 연안의 바위 지역에 산란장을 만들어 암컷을 유인하여 산란시키고 침성 점착란 덩어리를 보호한다.
분포⇒ 우리 나라 동해, 일본 중부, 오호츠크해
참고⇒ 최근까지 국내외적으로 *Alcichthys alcicornis*(Herzenstein)가 학명으로 사용되어 왔으나, 최근 *Alcichthys elongatus*(Steindachner)가 학명으로 적용되고 있다(Nakabo, 2000).

베로치

196. 베로치 <둑중개과>

학명⇒ *Bero elegans* (Steindachner)
영명⇒ Elegant sculpin
일명⇒ ベロ

형태⇒ 체형은 원통형으로 머리가 크고 뒤로 갈수록 작아진다. 눈 위에 깃털 모양의 피판이 있으며, 그 끝은 여러 갈래로 갈라져 있다. 전새개골에는 4개의 가시가 있고, 이 가운데 가장 위의 가시는 끝이 위로 강하게 휘어져 있다. 측선부 외에는 비늘이 없다. 몸은 전체가 녹갈색 또는 암갈색이며, 등은 진하고 배는 연한 색을 띤다. 체측에 불규칙한 흑갈색 줄무늬가 있고, 작고 밝은 색 반점들이 흩어져 있다. 등지느러미 연조부에 약 8개, 뒷지느러미에 10개의 경사진 흑갈색 줄무늬가 있으며, 꼬리지느러미에도 4개의 줄무늬가 있다. 전장 약 20cm.

생태⇒ 수컷은 잘 발달된 생식기로 짝짓기를 하고, 봄에 연안 얕은 곳 바위 표면에 파란 알덩어리를 붙인다. 부화 자어의 몸 길이는 4mm이며, 1개월 동안의 부유 생활을 한 다음 1cm 정도 자라면 저서 생활을 시작한다.

분포⇒ 우리 나라 전 해역(서해와 남해의 분포에 관해서는 검토가 필요함.), 일본 중부 이북, 사할린

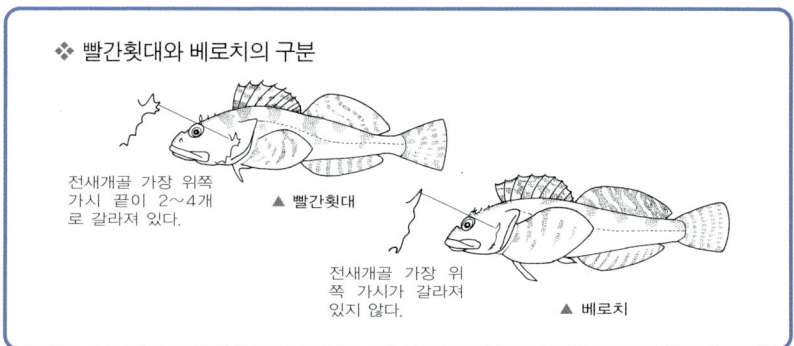

❖ 빨간횟대와 베로치의 구분

전새개골 가장 위쪽 가시 끝이 2~4개로 갈라져 있다. ▲ 빨간횟대

전새개골 가장 위쪽 가시가 갈라져 있지 않다. ▲ 베로치

점줄횟대

197. 점줄횟대 <둑중개과>

학명⇒ *Cottiusculus schmidti* Jordan et Starks
영명⇒ Kinkazan sculpin
일명⇒ キンカジカ
형태⇒ 체형은 원통형으로 뒤로 갈수록 작아진다. 눈 위에 깃털 모양의 작은 피판이 있다. 전새개골에 4개의 가시가 있고, 가장 위의 것은 끝이 위를 향해 휘어져 있다. 콧구멍 앞의 가시는 끝이 두 갈래로 갈라져 있다. 측선구멍은 꼬리지느러미 위까지 이어진다. 몸은 황갈색 바탕에 불규칙하고 진한 갈색 무늬가 측선 바로 아래까지 나타나고, 배는 흰색이다. 등지느러미의 가장자리는 검고, 연조부에 5개의 검은 줄무늬가 있다. 꼬리지느러미에도 여러 개의 검은 줄무늬가 있다. 전장은 10cm를 약간 넘는다.
생태⇒ 수심 약 100m의 바닥에 서식한다.
분포⇒ 우리 나라 동해 북부(청진), 일본 북부, 오호츠크 해
유사종⇒ 꼬마횟대(*Cottiusculus gonez*)
영명 : Gonez's sculpin
일명 : オキヒメカジカ

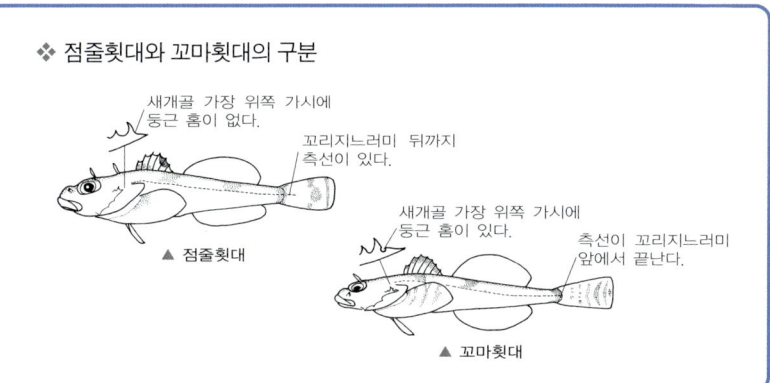

❖ 점줄횟대와 꼬마횟대의 구분

뿔횟대

뿔횟대(등)

198. 뿔횟대 <둑중개과>

학명⇒ *Enophrys diceraus* (Pallas)
영명⇒ Elf sculpin
일명⇒ オニカジカ

형태⇒ 체형은 원통형으로 머리가 크고 뒤로 갈수록 작아진다. 눈 뒤와 후두부에 골질의 융기선이 발달되어 있으며, 입 주변과 체측에 골질 돌기가 흩어져 있다. 전새개골의 가장자리에 4개의 가시가 있는데, 가장 위의 것은 뿔 모양으로 강하고 날카로우며 끝이 아가미뚜껑 뒤까지 뻗쳐 있다. 이 가시의 위쪽 가장자리에는 톱니 모양의 또 다른 작은 가시들이 있다. 측선은 등 쪽에 위치하고, 측선 비늘은 골판 모양으로 크며 노출면이 조잡하다. 몸은 보랏빛을 띤 검은색이며, 배는 진한 노란색을 띤다. 등지느러미와 꼬리지느러미는 보라색 또는 흑갈색의 작은 반점이 불규칙한 줄무늬를 이룬다. 전장 약 30cm.

생태⇒ 수심 5~150m의 바위와 모랫바닥에 서식하며, 갑각류와 갯지렁이류, 조개류를 먹는다.

분포⇒ 우리 나라 동해 중부 이북, 일본 중부 이북, 알래스카 만

알롱횟대

199. 알롱횟대 <둑중개과>

학명⇒ *Furcina ishikawae* Jordan et Starks
영명⇒ Ishikawa's sculpin
일명⇒ サラサカジカ

형태⇒ 체형은 좌우로 두껍고, 머리는 상하로 납작하다. 눈 위와 그 뒤쪽에 피판이 있으며, 앞엣것은 끝이 여러 갈래로 갈라져 있다. 전새개골에 2개의 가시가 있고, 위쪽의 것은 끝이 위로 휘어져 있다. 등지느러미는 극조부와 연조부 사이에 홈이 있고, 아래쪽은 지느러미막으로 연결되어 있다. 몸 표면에 비늘이 없고, 측선의 피부 안쪽에 물결 모양의 비늘이 있다. 등은 갈색 바탕에 4개의 암갈색 가로줄 무늬가 있으며, 어두운 색 가로줄 무늬 사이에 작고 둥근 점들이 있다. 등지느러미의 연조부와 뒷지느러미, 꼬리지느러미에 황갈색 줄무늬가 있다. 전장 약 10cm.
생태⇒ 연안 얕은 곳의 해조류와 바위가 많은 곳에 서식한다.
분포⇒ 우리 나라 남해(부산), 일본 중부 해역
유사종⇒ 무늬횟대(*Furcina osimae*)

❖ 알롱횟대와 무늬횟대의 구분

홈이 깊게 패어 있다.　　　　　　홈이 아주 낮다.

▲ 알롱횟대　　　　　　▲ 무늬횟대

무늬횟대

200. 무늬횟대 <둑중개과>

학명⇒ *Furcina osimae* Jordan et Starks
영명⇒ Silk sculpin
일명⇒ キヌカジカ

형태⇒ 몸의 형태는 알롱횟대와 비슷하다. 주둥이는 짧고 코 앞에 짧은 가시가 있다. 눈 위에 끝이 여러 갈래로 갈라진 피판이 있고, 그 뒤에 좀더 작은 피판이 있다. 전새개골에 2개의 가시가 있으며, 위의 것은 끝 부분이 양쪽으로 갈라져 있다. 등지느러미 극조부의 제3~4기조가 짧아서 홈을 이루고, 극조부와 연조부 사이는 깊게 패어 막으로 연결되지 않는다. 꼬리지느러미의 후연은 바깥쪽으로 약간 둥글다. 등은 연한 갈색 바탕에 너비가 넓은 진한 갈색 무늬가 몇 개 있고, 배는 연한 회색 바탕에 작고 둥근 반점들이 있다. 각 지느러미에는 적갈색 줄무늬가 있다. 전장 약 10cm.

생태⇒ 연안 얕은 곳의 바위와 해조류가 많은 곳에 서식하고, 소형 갑각류를 주로 먹는다.

분포⇒ 우리 나라 울릉도와 남해, 일본 중남부 해역

❖ 대구횟대와 가시횟대의 구분

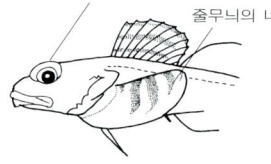

▲ 대구횟대

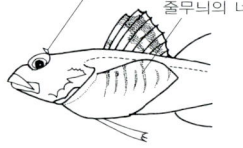

▲ 가시횟대

대구횟대

201. 대구횟대 <둑중개과>

학명⇒ *Gymnocanthus herzensteini* Jordan et Starks
영명⇒ Black-edged sculpin
일명⇒ ツマグロカジカ
형태⇒ 체형은 원통형이며 머리가 크고 뒤로 갈수록 작아진다. 눈 위에 피판이 없고, 후두부와 두 눈 사이에 작은 골판이 많이 있다. 전새개골의 가장자리에 4개의 가시가 있고, 가장 위쪽의 것은 뒤쪽으로 길게 뻗어 있으며, 가시의 위 가장자리에는 톱니 모양의 거치가 있다. 꼬리지느러미의 후연은 약간 오목하며, 측선은 몸의 등 쪽에 있다. 등은 암갈색이고 배는 흰색이다. 등지느러미와 가슴지느러미는 연한 노란색 바탕에 검은 줄무늬가 있다. 꼬리지느러미는 노란색인데, 중간에 너비가 넓고 검은 가로줄 무늬가 있다. 전장 약 40cm.
생태⇒ 수심 50~100m의 모래와 바위 지역에 서식하며, 작은 어류와 새우류를 먹는다.
분포⇒ 우리 나라 동해 중부 이북(속초, 주문진), 일본 북부, 사할린
유사종⇒ 가시횟대(*Gymnocanthus intermedius*)
영명 : Whip sculpin
일명 : アイカジカ

가시횟대

밑횟대

202. 밑횟대 <둑중개과>

학명⇒ *Gymnocanthus pistilliger* (Pallas)
영명⇒ Thread sculpin
일명⇒ ハゲカジカ

형태⇒ 체형은 원통형이며 머리가 크고 몸 후반부로 갈수록 작아진다. 전새개골에 4개의 가시가 있고, 가장 위의 것은 뒤쪽으로 강하게 뻗어 있으며, 가시의 위 가장자리에 2개 이상의 또 다른 작은 가시가 있다. 두 눈 사이에 골질판은 없거나, 있다 하더라도 그 수가 아주 적다. 등지느러미의 극조부와 연조부는 깊게 팬 홈에 의해 구분되고, 기조 수는 9~11극 13~16연조, 뒷지느러미는 14~18연조, 가슴지느러미는 17~20연조이다. 꼬리지느러미의 후연은 약간 둥글다. 등은 다갈색 바탕에 체측에 진한 흑갈색 무늬가 세로로 배열되고 배는 흰색이다. 등지느러미의 극조부는 검은색 바탕에 위와 아래에 작고 둥근 흰색 점이 열을 이룬다. 가슴지느러미와 등지느러미의 연조부, 꼬리지느러미에는 너비가 좁은 흑갈색 줄무늬가 있다. 전장 약 30cm.

생태⇒ 수심 20~150m의 바닥에 서식하며, 주로 작은 갑각류를 잡아먹는 육식성 어류이다.

분포⇒ 우리 나라 동해, 홋카이도 이북의 일본 해역, 베링 해, 캐나다 북부와 대서양

참고⇒ 밑횟대는 1959년 정문기, 김균현이 부산에서 표본을 입수하여 미기록종으로 발표하였다(한국동물학회지 2권 1호). 그러나 이 종은 한해성 어류로서 일본 북부와 오호츠크 해, 베링 해 등에 주로 분포하며, 부산에서의 출현에 대해서는 앞으로 면밀한 검토가 필요하다. 또, 정문기(1977)가 '한국어도보'에 기록한 전장 175mm의 밑횟대(Color plate, 118-4)는 형태와 무늬의 모양으로 볼 때 대구횟대인 것으로 생각된다.

동갈횟대(♂)

동갈횟대(우)

203. 동갈횟대 <둑중개과>

학명⇒ *Hemilepidotus gilberti* Jordan et Starks
일명⇒ ヨコスジカジカ

형태⇒ 등지느러미 극조부 앞의 체고가 가장 높고 뒤로 갈수록 낮아진다. 전새개골 가장자리에 4개의 가시가 있고, 둘째 번 가시가 가장 길다. 등지느러미의 극조부는 제1기조의 길이가 가장 길고 제3기조의 길이가 짧아서 홈을 이룬다. 몸은 연한 황갈색 바탕에 제1극조 아래에서 미병부까지 6개의 너비가 넓은 갈색 무늬가 있다. 등지느러미의 기조막은 검고, 몸에서 확장된 갈색 무늬가 연조부 위까지 확장되어 있다. 꼬리지느러미에도 너비가 넓은 갈색 무늬가 있다. 뒷지느러미는 진한 노란색 바탕에 갈색 반점이 흩어져 있다. 전장 약 35cm.

생태⇒ 약간 깊은 곳의 저층부에 서식한다. 산란기에 2차 성징이 나타나며, 이 때 수컷은 배지느러미가 길어지고, 이 부분에 검은 점들이 뚜렷해진다.

분포⇒ 우리 나라 동해 중부 이북(속초·주문진), 일본 홋카이도, 베링 해

줄가시횟대

204. 줄가시횟대 <둑중개과>

학명⇒ *Icelus cataphractus* (Pavlenko)
영명⇒ Mailclad sculpin
일명⇒ コオリカジカ

형태⇒ 등지느러미 극조부 앞의 체고가 가장 높으며 뒤로 갈수록 가늘어져 미병부는 매우 가늘다. 후두부에는 약간 크고 강한 가시가 있다. 전새개골의 가장자리에 4개의 가시가 있고, 가장 위의 것은 끝이 두 갈래로 갈라져 있다. 등지느러미의 기저부와 측선에 각각 일렬의 골판이 있고, 각 골판 위에는 끝이 후방을 향한 가시가 있다. 등은 회적색이고 배는 흰색이며, 체측에 갈색의 크고 작은 무늬가 있다. 등지느러미의 연조부와 가슴지느러미, 꼬리지느러미에 여러 개의 갈색 줄무늬가 있다. 전장 약 20cm.

생태⇒ 수심 100~300m의 모래·개펄 바닥에 서식한다.

분포⇒ 우리 나라 동해 북부(청진·원산), 일본 북부, 오호츠크 해

유사종⇒ 흑점줄가시횟대(*Icelus ochotensis*)
영명 : Kobu-koraikajika
일명 : コブコオリカジカ

흑점줄가시횟대

올꺽정이

05. 올꺽정이 <둑중개과>

학명⇒ *Myoxocephalus jaok* (Cuvier)
영명⇒ Joak, plain sculpin
일명⇒ オクカジカ

형태⇒ 체형은 원통형으로 길고, 머리는 상하로 납작하며 너비가 넓고 편평하다. 몸 뒤로 갈수록 작아지고 좌우로 납작해진다. 머리 위에 골질 돌기와 골질 융기선이 있다. 전새개골에 4개의 가시가 있고, 후두부에 2쌍의 작은 가시가 있다. 측선은 등의 외곽선과 평행을 이룬다. 등은 갈색 바탕에 등지느러미 극조부와 연조부 아래, 그리고 미병부에 어두운 구름무늬가 있고 배는 흰색이다. 등지느러미와 뒷지느러미에 3~4개의 갈색 줄무늬가 사선으로 나타나고, 꼬리지느러미에도 물결 모양의 암갈색 가로줄 무늬가 있다. 전장 약 45cm.

생태⇒ 수심 50~100m의 바닥에 서식한다.
분포⇒ 우리 나라 동해 북부, 일본 홋카이도, 알래스카 만
유사종⇒ 살꺽정이(*Myoxocephalus polyacanthocephalus*), 개구리꺽정이(*Myoxocephalus stelleri*)

❖ **올꺽정이와 살꺽정이, 개구리꺽정이의 구분**

개구리꺽정이는 눈 뒤쪽 후두부에 가시가 없고 복부에 벌레 모양의 얼룩무늬가 있으나, 올꺽정이와 살꺽정이는 후두부에 2쌍의 작은 가시가 있고 배에 얼룩무늬가 없으며, 단순히 밝은 색을 띤다. 또, 올꺽정이와 살꺽정이는 꼬리지느러미의 무늬에 의해 구분된다. 올꺽정이의 꼬리지느러미에는 3~4개의 가로줄 무늬가 불규칙하게 나타나지만 살꺽정이의 꼬리지느러미 후연에는 흰 테두리가 있고, 그 안쪽에 너비가 넓은 1개의 흑갈색 가로무늬가 있다(212~213쪽 참조).

살꺽정이

살꺽정이(배)

206. 살꺽정이   <둑중개과>

학명⇒ *Myoxocephalus polyacanthocephalus* (Pallas)
영명⇒ Great sculpin
일명⇒ トゲカジカ

형태⇒ 체형은 원통형이며, 머리는 상하로 납작하고 배는 불룩하다. 머리 위에 골질 돌기연이 뚜렷하고, 후두부에 2쌍의 작은 가시가 있다. 체측의 표면은 비늘이 변형된 가시 모양의 작은 돌기로 덮여 있으며, 전새개골에는 4개의 가시가 있다. 몸은 진한 황갈색 바탕에 등지느러미의 극조부와 연조부 아래, 그리고 꼬리지느러미 기부에 큰 흑갈색 무늬가 있다. 꼬리지느러미의 후연에 뚜렷한 황백색 테두리가 있는 것이 이 종의 특징이다. 둑중개과 어류 가운데서는 대형종이다. 전장 약 70cm.

생태⇒ 연근해의 약간 깊은 곳과 연안의 얕은 곳에 서식하며, 겨울철에 산란을 한다.

분포⇒ 우리 나라 동해 중부 이북(속초, 청진), 일본 북부, 알래스카 만

개구리꺽정이

개구리꺽정이(배)

207. 개구리꺽정이 <둑중개과>

학명⇒ *Myoxocephalus stelleri* Tilesius
영명⇒ Frog sculpin
일명⇒ ギスカジカ

형태⇒ 체형은 원통형으로 전반부는 크고 뒤로 갈수록 작아진다. 배는 불룩하게 나와 있다. 머리는 너비가 넓으며, 두 눈 사이의 간격은 넓고 편평하다. 눈 위와 후두부에 각각 1쌍의 작은 피판이 있고 가시가 없으나, 전새개골에는 3개의 가시가 있다. 측선은 등의 외곽선과 평행을 이룬다. 등은 진한 갈색을 띠고 4개의 어두운 가로무늬가 있다. 배 쪽은 연한 노란색 바탕에 벌레가 지나간 듯한 흰무늬가 뚜렷하다. 등지느러미와 뒷지느러미, 꼬리지느러미에 흑갈색 줄무늬가 있다. 전장 약 45cm.

생태⇒ 냉수성 어종으로 연안의 바위 지역에 서식하며, 갯지렁이류와 갑각류, 어류 등을 먹는다. 겨울철에 연안의 바위에 지름 1.8mm의 점착란을 낳는다. 초봄에 부화하고, 자어는 부유 생활을 하다가 지름 1.3cm까지 자라면 저서 생활을 시작한다.

분포⇒ 우리 나라 동해 북부, 일본 북부, 베링해

고려실횟대

고려실횟대의 서식처(충남 태안군 모항)

208. 고려실횟대   <둑중개과>

학명⇒ *Porocottus leptosomus* Muto, Choi et Yabe

일명⇒ コウライフサカジカ

형태⇒ 몸과 머리는 좌우로 납작하고 미병부가 약간 짧다. 눈 위와 후두부에 끝이 갈라진 피판이 있으며, 피판의 기부는 돌기가 없고 매끈하다. 전새개골에 4개의 가시가 있고, 가장 위의 것은 나머지 가시보다 길며 위로 휘어져 있다. 등지느러미의 극조 끝에는 끝이 갈라지지 않은 피판이 있다. 살아 있을 때의 몸은 분홍색 바탕에 5개의 암갈색 가로무늬가 있다. 등지느러미 극조부의 전반부는 암갈색을 띠고, 제2등지느러미와 가슴지느러미, 뒷지느러미, 꼬리지느러미는 불규칙한 암갈색 줄무늬가 있다. 전장 약 6cm.

생태⇒ 연안의 바위와 돌 틈, 해조류 사이에 서식한다.

분포⇒ 우리 나라 충남 태안군 모항의 연안 조간대(바위와 자갈, 해조류 사이)

참고⇒ 이 종은 저자(최윤)가 일본의 Yabe, Muto와 함께 2002년 신종으로 보고한 종이며, 현재 우리 나라의 충남 태안군 소원면 모항 해안에만 서식하는 것으로 알려져 있다.

가시망둑

가시망둑(강원도 양양)

209. 가시망둑   <둑중개과>

학명⇒ *Pseudoblennius cottoides* (Richardson)
영명⇒ Sunrise sculpin
일명⇒ アサヒアナハゼ

형태⇒ 머리는 상하로, 몸통은 좌우로 납작하며, 미병부는 가늘다. 콧구멍 위에 작은 가시가 있고 눈 위에는 피판이 있다. 전새개골 가장자리에는 작은 가시가 1개 있다. 등지느러미의 극조부와 연조부는 가깝게 인접되어 있지만 지느러미막에 의해 연결되지는 않는다. 몸 중앙의 측선 위에는 몇 개의 피판이 있으며, 수컷은 생식 돌기가 발달되어 있다. 몸은 회갈색을 띠며, 가슴지느러미 기부에서 꼬리지느러미 앞에 이르는 체측에 아령 모양의 은백색 무늬가 6~7개 있어 세로줄을 형성한다. 등지느러미의 연조부와 뒷지느러미는 작은 점들이 열을 이루며 거의 투명하다. 전장 약 16cm.

생태⇒ 연안의 바위 사이와 조수 웅덩이에 서식하며, 육식성으로 작은 갑각류를 먹는다.

분포⇒ 우리 나라 울릉도와 동해 남부, 제주도 해역, 일본 홋카이도 이남

돌망둑이

210. 돌망둑이   <둑중개과>

학명⇒ *Pseudoblennius marmoratus* (Döderlein)
영명⇒ Marbled blenny sculpin
일명⇒ アヤアナハゼ

형태⇒ 체형은 가시망둑과 비슷하다. 콧구멍에 가시가 없고, 전새개골 가장자리에 날카로운 가시가 1개 있다. 극조부의 제1~3연조가 길고 제4연조부터 길이가 짧아져서 낮은 홈을 형성한다. 측선 위에는 몇 개의 피판이 있으며, 수컷은 큰 생식 돌기가 있다. 등은 갈색이고 배는 약간 푸른빛을 띤 흰색이다. 체측 측선을 따라 둥근 무늬들이 열을 이룬다. 연조부와 뒷지느러미는 갈색과 연한 노란색 무늬가 서로 물결 모양의 무늬를 이룬다. 전장 약 15cm.

생태⇒ 바위와 해조류가 많은 연안에 서식하며, 육식성으로 작은 갑각류를 주로 먹는다.

분포⇒ 우리 나라 울릉도와 동해 남부, 제주도, 일본 남부

❖ 돌망둑이의 세밀화

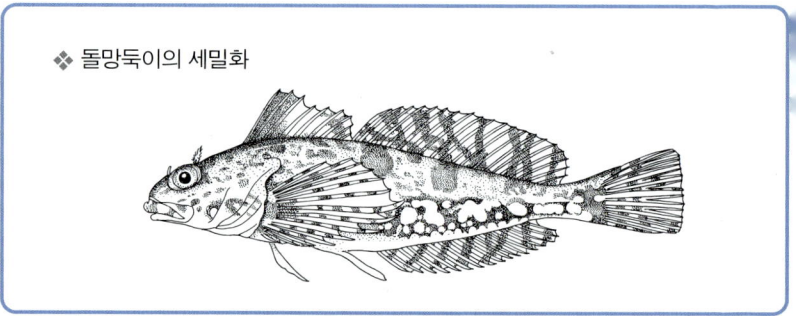

둑중개과 Cottidae(Sculpins)

돌망둑이(경북 영해)

돌망둑이(울릉도)

돌팍망둑

돌팍망둑(제주도 성산)

211. 돌팍망둑 <둑중개과>

학명⇒ *Pseudoblennius percoides* Günther
영명⇒ Perch sculpin
일명⇒ アナハゼ

형태⇒ 몸은 길고 좌우로 두껍다. 위턱이 아래턱보다 길고, 입이 커서 위턱의 후단은 눈 뒤끝의 아래까지 도달한다. 전새개골에는 3개의 작은 가시가 있다. 등지느러미의 극조부와 연조부는 분리되어 있으며, 수컷은 큰 생식 돌기가 있다. 몸 전체가 녹갈색을 띠고, 흰색과 어두운 반점들이 흩어져 있으며, 배 쪽은 연한 녹색이다. 등지느러미 극조부의 제1기조부터 3, 4기조 사이의 지느러미막에 진한 갈색 무늬가 있다. 전장 약 20cm.

생태⇒ 연안의 해조류가 많은 바위 지역에 서식하며, 육식성으로 작은 갑각류를 주로 먹는다.

분포⇒ 우리 나라 제주도를 포함한 남해, 일본 남부

송곳횟대

212. 송곳횟대 <둑중개과>

학명 ⇒ *Taurocottus bergi* Soldatov et Pavlenko
영명 ⇒ Gimlet spine sculpin
일명 ⇒ キリカジカ
형태 ⇒ 머리는 상하로 납작하고 몸은 원통형이다. 등지느러미 극조부 앞의 체고는 비교적 높고 미병부는 매우 가늘다. 눈은 크고 머리의 등 쪽에 위치한다. 머리 위에 조잡한 골질 돌기가 있고 몸에 피질 돌기가 많다. 눈 위와 턱 주변에 피판이 있다. 전새개골에 4개의 가시가 있고, 가장 위쪽 가시는 뒤로 길게 뻗어 있으며, 그 끝이 등지느러미 극조부의 제 2~4극조 아래에까지 도달한다. 연한 황갈색 바탕에 등지느러미 아래와 꼬리지느러미 앞에 흑갈색 구름무늬가 있다. 전장 약 20cm.
생태 ⇒ 약간 깊은 연근해의 바닥에 서식한다.
분포 ⇒ 우리 나라 동해 북부, 일본 북부, 오호츠크 해

❖ 어류의 호흡

대부분의 어류는 호흡 기관인 아가미로 물 속에 녹아 있는 산소를 흡수하고 체내의 이산화탄소를 물로 배출한다. 그러나 일부 특수한 물고기는 창자와 부레를 이용하여 공기 호흡을 하기도 하고 피부를 통해 가스 교환을 하기도 한다.

꺽정이

꺽정이(등)

213. 꺽정이   <둑중개과>

학명⇒ *Trachidermus fasciatus* Heckel
영명⇒ Rough skin sculpin
일명⇒ ヤマノカミ

형태⇒ 머리는 상하로 납작하고 몸은 원통형이다. 두 눈 사이는 약간 패어 있고, 눈 아래와 후두부에 뚜렷한 골질 융기연이 있다. 전새개골에 4개의 가시가 있는데, 가장 위의 것은 길며 끝이 위로 둥글게 휘어져 있다. 몸에 작은 비늘이 있다. 등과 체측은 녹색을 띤 담갈색 바탕에 4~5개의 불규칙한 흑갈색 구름 무늬가 있으며 배는 흰색이다. 겨울철에 산란기가 되면 암수 모두 아가미막과 뒷지느러미 기부에 진한 주황색을 띤다. 전장 약 20cm.

생태⇒ 연안의 바위 지역과 조수 웅덩이, 큰 강의 중·하류에 서식한다. 겨울철에 내만이나 강의 기수역에서 조개 껍데기 안에 산란한다. 빠른 것은 1년, 대개 2년 만에 어미가 된다.

분포⇒ 우리 나라 서해, 일본, 중국

졸단횟대

214. 졸단횟대 <둑중개과>

학명⇒ *Triglops jordani* (Schmidt)
영명⇒ Sakhalin sculpin
일명⇒ カラフトカジカ

형태⇒ 몸은 가늘고 길며, 등지느러미 극조부 앞의 체고가 가장 높다. 머리의 앞부분은 상하로 납작하고 미병부는 매우 가늘다. 눈은 크고 머리의 등 쪽에 위치하는데, 약간 솟아 있다. 눈의 지름은 주둥이 길이와 비슷하고 위턱이 아래턱보다 약간 길며, 전새개골 가장자리에 4개의 짧은 가시가 있다. 등지느러미의 극조부와 연조부는 깊은 홈에 의해 분리되어 아랫부분이 막으로 연결되어 있지 않다. 등지느러미의 기조 수는 9~10극 26~27연조, 뒷지느러미는 27~28연조, 가슴지느러미는 19연조이다. 등지느러미의 기저부에 비늘열이 없으며, 꼬리지느러미의 후연은 오목하게 패어 있다. 측선 위에 작은 골판이 있고, 몸의 하반부는 비늘열이 주름 모양을 이룬다. 등은 황갈색이며, 체측 아래쪽에 사각형의 갈색 반점이 일렬로 배열되고, 그 사이는 은빛 광택을 띤다. 꼬리지느러미 뒤쪽에 희미한 검은색 가로줄 무늬가 있다. 전장 약 15cm.

생태⇒ 수심 200~300m의 모래 또는 개펄 바닥에 서식한다.

분포⇒ 우리 나라 동해 중부와 북부, 일본 북부, 베링 해

유사종⇒ 눈퉁횟대(*Triglops pingeli*), 골판횟대(*Triglops scepticus*)

눈퉁횟대

215. 눈퉁횟대 <둑중개과>

학명⇒ *Triglops pingeli* Reinhardt
영명⇒ Pacific ribbed sculpin
일명⇒ ホッキョクカジカ

형태⇒ 몸은 가늘고 길며, 등지느러미 극조부 앞의 체고가 가장 높다. 머리의 앞부분은 상하로 납작하고 미병부는 매우 가늘다. 눈은 머리의 등 쪽에 위치하고 눈의 지름은 주둥이 길이보다 약간 짧으며, 위턱이 아래턱보다 약간 길다. 등지느러미 기저부에 1개의 비늘열이 있다. 등지느러미의 극조부와 연조부는 분리되어 있고, 기조 수는 9~12극 23~27연조, 뒷지느러미는 22~27연조, 가슴지느러미는 16~19연조이다. 몸의 하단부는 비늘열이 주름 모양으로 나타난다. 꼬리지느러미의 후연은 반듯하다. 등은 진한 황갈색이며, 체측 중앙의 아가미 뒤에서 꼬리지느러미 앞까지 흑갈색의 세로줄 무늬가 길게 이어진다. 배는 흰색이다. 꼬리지느러미의 상단과 하단에 검은 점이 대칭으로 나타난다. 골판횟대와 매우 비슷하지만 체측 중앙의 줄무늬 모양과 꼬리지느러미의 무늬 모양에 의해 쉽게 구분된다. 또, 이 종과 졸단횟대는 아가미뚜껑 하단에는 비늘이 없지만 유사종인 골판횟대는 아가미뚜껑 전체가 작은 비늘로 덮여 있다. 전장 약 20cm.

생태⇒ 수심 100~200m의 모래·개펄 바닥에 서식한다.

분포⇒ 우리 나라 동해 북부(청진), 일본 북부, 베링 해

골판횟대

216. 골판횟대 <둑중개과>

학명⇒ *Triglops scepticus* Gilbert
영명⇒ Glaring sculpin
일명⇒ ニラミカジカ

형태⇒ 몸이 가늘고 길며, 미병부는 특히 가늘다. 가슴지느러미 극조부의 체고는 눈퉁횟대, 졸단횟대보다 높으며, 아래턱이 위턱보다 약간 돌출하였다. 전새개골에는 4개의 작은 가시가 있다. 몸은 갈색 바탕에 약간 진하고 불규칙한 반점이 4개 있으며, 배는 연한 황갈색이다. 꼬리지느러미에는 흑갈색 가로줄 무늬가 있다. 전장 약 20cm.
생태⇒ 수심 200~400m의 모래·개펄 바닥에 서식한다.
분포⇒ 우리 나라 동해 북부(원산), 일본 북부, 베링 해

❖ **졸단횟대와 눈퉁횟대, 골판횟대의 구분**

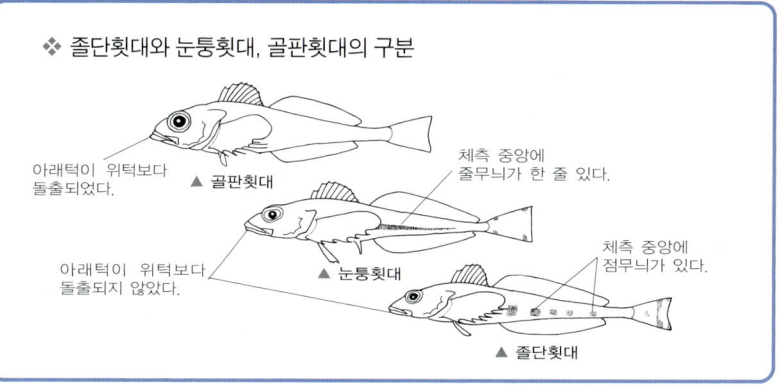

삼세기과

Hemitripteridae

몸 전체가 미세한 가시나 피부 돌기로 덮여 있다. 눈은 머리 등 쪽의 외곽선 위로 솟아 있다. 전새개골에 3~4개의 가시가 있고, 뒷지느러미에 극조는 없다. 우리 나라에 2속 3종, 세계에 3속 8종이 알려져 있다.

까치횟대

217. 까치횟대 <삼세기과>

학명⇒ *Blepsias bilobus* Cuvier
영명⇒ Crested sculpin
일명⇒ ホカケアナハゼ

형태⇒ 체형은 긴 난원형이다. 주둥이는 짧고 끝이 약간 둥글며, 입 주변에 다수의 피판이 있다. 전새개골에 끝이 무디고 작은 4개의 가시가 있고, 아래턱에 3개의 수염이 있다. 몸은 황갈색 바탕에 약간 어두운 갈색의 구름무늬가 군데군데 불분명하게 나타난다. 각 지느러미는 연한 갈색이고, 등지느러미의 연조부와 뒷지느러미, 꼬리지느러미에 흑갈색 줄무늬가 있다. 전장 약 25cm.

생태⇒ 연안의 해조류 사이에 서식한다.

분포⇒ 우리 나라의 동해 북부(청진), 일본 북부, 캐나다의 태평양 연안

붉은색을 띤 날개횟대

검은색을 띤 날개횟대

218. 날개횟대 <삼세기과>

학명⇒ *Blepsias cirrhosus* (Pallas)
영명⇒ Little dragon sculpin
일명⇒ イソバテング

형태⇒ 체형은 긴 타원형이다. 전새개골 가장자리에 4개의 가시가 있고, 위에서 둘째 번 가시가 가장 길다. 피부는 작은 돌기로 덮여 있다. 눈 위와 입 주변에 촉수 모양의 피판이 있다. 몸은 적갈색, 다갈색, 흑갈색 등 변화가 심하다. 주둥이와 가슴지느러미 아래는 은백색을 띠고, 체측에도 이러한 은백색 무늬가 3~4개 난원형으로 나타난다. 각 지느러미는 몸과 같은 색깔의 구름무늬가 불규칙하게 나타난다. 눈 아래에는 1개의 뚜렷한 줄무늬가 있다. 전장 약 25cm.

생태⇒ 얕은 바다의 해조류 사이에 서식하고 작은 갑각류를 주로 먹는다. 바위에 부착된 해면 동물의 체내에 산란을 하고, 알이 부화하는 데 약 200일이 소요된다.

분포⇒ 우리 나라 동해 중부 이북(속초, 주문진), 일본 중부 이북, 북태평양

삼세기

삼세기의 앞모습(전북 격포)

219. 삼세기 <삼세기과>

학명⇒ *Hemitripterus villosus* (Pallas)
영명⇒ Shaggy sea raven
일명⇒ ケムシカジカ

형태⇒ 몸의 전반부는 크고 원통형이며, 미병부는 가늘고 좌우로 납작하다. 두 눈의 간격은 좁으며 깊게 패어 있다. 머리 위에 돌기들이 많이 있고, 턱과 머리, 뺨, 그리고 몸에 끝이 갈라진 나뭇잎 모양의 피판이 많이 있다. 전새개골에는 4개의 가시가 있고, 피부는 작은 가시와 피질 돌기로 덮여 있어서 거칠다. 몸은 연한 갈색 바탕에 진한 갈색의 얼룩무늬가 있고, 배 쪽은 연한 녹갈색을 띤다. 드물게 몸 바탕색이 노란색인 것도 있다. 전장 약 40cm.

생태⇒ 수심 10~100m의 모래·개펄 바닥에 서식하며, 갑각류와 어류를 먹는다. 늦은 가을에서 겨울 사이에 산란한다.

분포⇒ 우리 나라 전 해역, 일본 중부 이북, 오호츠크 해, 베링 해

날개줄고기과
Agonidae (Poachers)

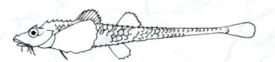

몸은 길고 골판으로 덮여 있다. 부레가 없고 배지느러미의 기조 수가 1극 2연조인 것이 특징이다. 연안 얕은 곳에서 수심 1000m에 이르는 해역에 서식하는 저서성 어류이다. 우리 나라에 10속 15종, 세계에 2속 44종이 알려져 있다.

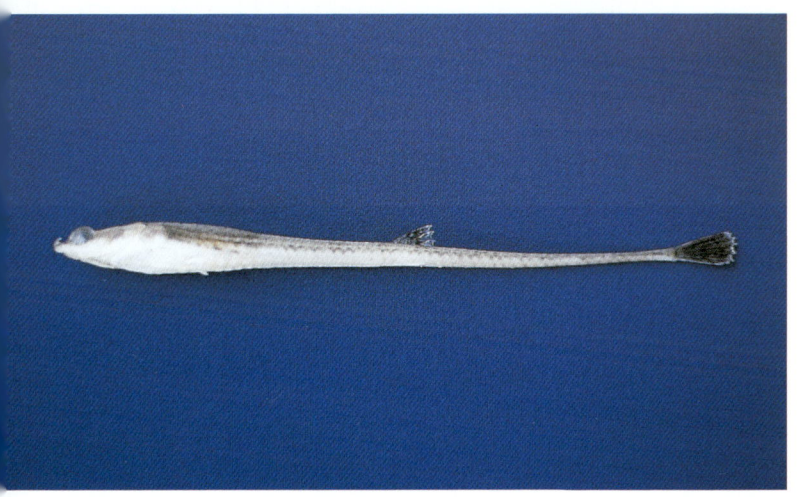

민어치

220. 민어치 <날개줄고기과>

학명⇒ *Anoplagonus occidentalis* Lindberg
일명⇒ ニセナメトクビレ
형태⇒ 몸은 전체적으로 가늘고 길며, 머리는 약간 크다. 눈은 크고 머리의 등 쪽에 있다. 몸에 6열의 골판이 있으며, 주둥이 끝에 움직일 수 있는 1개의 골판이 있다. 등지느러미는 2개이고 매우 작으며, 아래쪽에 거의 대칭으로 뒷지느러미가 있다. 몸은 전체적으로 흑갈색을 띤다. 등지느러미에는 검은 줄무늬가 있고, 꼬리지느러미에도 검고 너비가 넓은 무늬가 있다. 전장 약 10cm.
생태⇒ 수심 100m 정도의 모래·개펄 바닥과 바위 지역에서 단독으로 생활한다.
분포⇒ 우리 나라 동해 북부, 일본 북부, 오호츠크 해

잔줄고기

221. 잔줄고기 <날개줄고기과>

학명⇒ *Brachyopsis rostratua* (Tilesius)
영명⇒ Long snout poacher
일명⇒ シチロウウオ

형태⇒ 몸은 가늘고 길며, 머리는 상하로 납작하다. 눈은 작고 머리의 중간 부분에 위치한다. 아래턱이 위턱 앞으로 올라와 입이 위를 향해 열린다. 턱에는 수염이 없다. 등지느러미는 극조부와 연조부로 분리되고, 극조부의 기저부 길이는 연조부의 기저부 길이와 비슷하거나 약간 길다. 등지느러미의 기조 수는 7~9극 7~9연조, 뒷지느러미는 12~15연조, 가슴지느러미는 14~15연조이다. 꼬리지느러미의 후연은 부채 모양으로 둥글다. 등은 갈색이고 배는 연한 노란색을 띤 흰색이며, 등과 배 사이에 적황색의 세로무늬가 나타난다. 등지느러미의 극조부와 연조부에는 작고 검은 점이 흩어져 있다. 뒷지느러미는 거의 투명하고 꼬리지느러미는 노란색 바탕에 가장자리는 검은색을 띤다. 전장 약 30cm.
생태⇒ 저서성 어류이며, 연안의 해조류 사이에 서식한다.
분포⇒ 우리 나라 동해 북부, 일본 북부, 쿠릴열도, 오호츠크 해
유사종⇒ 흑줄고기(*Tilesina gibbosa*)

❖ 잔줄고기와 흑줄고기의 구분

제1등지느러미의 기저부가 짧고 극조 수는 7~9개이다.

▲ 잔줄고기

제1등지느러미의 기저부가 길고 극조 수는 17~21개이다.

▲ 흑줄고기

실줄고기

222. 실줄고기   <날개줄고기과>

학명⇒ *Freemanichthys thompsoni* (Jordan et Gilbert)
영명⇒ Cockscomb
일명⇒ ヤセトクビレ

형태⇒ 몸은 길고 앞부분은 원통형이며 뒤로 갈수록 가늘어진다. 머리는 삼각형이고 미병부는 아주 가늘다. 눈 위와 머리에는 닭볏 모양의 많은 골질 돌기가 발달되어 있다. 눈 위에서 주둥이에 이르는 외곽선은 오목한 경사를 이루며, 주둥이는 뾰족하게 돌출되었다. 주둥이 아래에는 수염이 말미잘의 촉수와 같이 다발로 나 있다. 몸에 6열의 골판이 있고, 골판 표면에는 날카로운 가시가 있다. 등지느러미는 극조부와 연조부로 분리되고, 기조 수는 8~10극 5~7연조, 뒷지느러미는 6~8연조, 가슴지느러미는 15~17연조이다. 꼬리지느러미의 후연은 둥글다. 몸은 황갈색을 띠고, 배는 좀더 밝은 색이며 특별한 무늬는 없다. 등지느러미와 뒷지느러미에는 연한 노란색 반점이 있고, 꼬리지느러미는 어두운 색을 띤다. 전장 약 20cm.

생태⇒ 수심 100~300m의 모래·개펄 바닥에서 단독으로 생활한다.
분포⇒ 우리 나라 동해 북부, 일본 북부, 오호츠크 해
참고⇒ 우리 나라에서는 최근까지 *Podothecus thompsoni* Jordan et Gilbert를 실줄고기의 학명으로 사용하여 왔다. 그러나 1991년 Kanayama가 날개줄고기과 어류를 정리하는 과정에서 이 종을 새로운 속으로 분리하여 *Freemanichthys thompsoni*(Jordan et Gilbert)라고 하였는데, 세계적으로 이 학명을 따르고 있다.

고양이줄고기

223. 고양이줄고기 <날개줄고기과>

학명⇒ *Hypsagonus jordani* (Schmidt)
영명⇒ barbed poacher
일명⇒ クマガイウオ

형태⇒ 몸의 앞부분은 원통형이고, 등지느러미 극조부 앞의 체고가 가장 높으며 뒤로 갈수록 낮아진다. 주둥이는 짧고 그 위쪽 끝에 육질의 긴 수염이 1개 있다. 눈은 머리의 등 쪽에 볼록 솟아 있고, 눈의 위쪽과 후두부, 그리고 코에 가시가 있다. 몸의 등 쪽과 체측, 배 쪽에 골판이 발달되어 열을 이루고, 각 골판의 표면에는 날카로운 가시가 있다. 등지느러미는 극조부와 연조부로 분리되고, 등지느러미의 기조 수는 7~9극 6~8연조, 뒷지느러미는 13~14연조, 가슴지느러미는 10~11연조이다. 등지느러미 극조부의 첫째 번 가시는 특히 길다. 꼬리지느러미의 후연은 둥글고, 측선골판은 31~35개이다. 몸은 다갈색 바탕에 너비가 넓고 진한 갈색 가로무늬가 있으며, 체측 중앙에 실 모양의 가늘고 검은 세로줄이 아가미구멍 뒤에서 꼬리지느러미 앞까지 측선을 따라 이어져 있다. 등지느러미 극조부의 제1극조와 제2극조 사이의 기조막에 3개의 검은 점무늬가 있고, 꼬리지느러미 가장자리에도 검은 무늬가 있다. 전장 약 20cm.

생태⇒ 수심 10~100m의 모랫바닥에 서식하고, 작은 저서 동물을 먹는다.

분포⇒ 우리 나라 동해 중부 이북, 일본 북부, 오호츠크 해

참고⇒ '한국어류도감'(김과 강, 1993)에는 측선줄고기로 기록되어 있다.

곱추줄고기

224. 곱추줄고기 <날개줄고기과>

학명⇒ *Hypsagonus proboscidalis* (Valenciennes)
영명⇒ Barbed hunchback poacher
일명⇒ アツモリウオ

형태⇒ 몸의 앞부분은 원통형이고, 등지느러미 극조부 앞의 체고가 가장 높으며 뒤로 갈수록 낮아진다. 주둥이는 짧고 그 위쪽 끝에 육질의 수염이 1개 있다. 눈은 머리의 등 쪽에 볼록 솟아 있고, 눈의 위쪽과 코에 날카로운 가시가 있다. 등과 체측, 배 쪽에 골판이 발달되어 열을 이루고, 골판 표면에는 날카로운 가시가 있다. 등지느러미는 극조부와 연조부로 분리되고, 등지느러미의 기조 수는 9~10극 5~7연조, 뒷지느러미는 11~13연조, 가슴지느러미는 10~11연조이다. 등지느러미의 첫째 번 가시가 가장 길고, 가슴지느러미 하반부의 연조는 막으로 연결되어 있다. 꼬리지느러미의 후연은 둥글고, 측선 골판은 24~30개이다. 몸 색깔은 변화가 심한데, 대개 빨간색 바탕에 갈색의 폭넓은 가로무늬가 있고, 검은 반점들이 흩어져 있다. 뒷지느러미는 흰색과 갈색, 빨간색 무늬가 혼합되어 있다. 꼬리지느러미의 가장자리는 검고 그 안쪽은 밝은 빨간색을 띤다. 전장 약 20cm.

생태⇒ 수심 25~100m의 바다 바닥에 살며, 작은 갑각류를 주로 먹는다.

분포⇒ 우리 나라 동해 중부 이북, 일본 북부, 오호츠크 해

유사종⇒ 뿔줄고기(*Hypsagonus quadricornis*)

뿔줄고기

225. 뿔줄고기 <날개줄고기과>

학명⇒ *Hypsagonus quadricornis* (Cuvier)
영명⇒ Four horn poacher
일명⇒ ツノシャチウオ

형태⇒ 몸은 좌우로 납작하고 등지느러미 앞의 체고가 가장 높다. 눈은 머리의 등 쪽에 볼록 솟아 있고, 눈 위와 후두부에 골질의 융기연과 강한 가시가 있다. 주둥이는 짧아서 눈의 지름과 거의 같고, 주둥이 위쪽 끝에 육질의 수염이 있다. 등과 체측, 배 쪽에 가시 모양의 골판이 열을 이룬다. 등지느러미는 극조부와 연조부로 분리되고 등지느러미의 기조 수는 8~11극 5~7연조, 뒷지느러미는 10~11연조, 가슴지느러미는 12~14연조이다. 가슴지느러미 하반부의 연조는 지느러미막이 없이 분리되어 있어서, 막으로 연결된 곱추줄고기와 구분된다. 꼬리지느러미의 후연은 둥글고 기조가 기조막 밖으로 돌출되어 있다. 몸은 연한 다갈색 바탕에 너비가 약간 넓고 진한 갈색의 가로줄 무늬가 5~6개 있다. 꼬리지느러미의 기저부는 진한 갈색이고, 그 바깥쪽으로 너비가 넓은 흰색 부분이 있다. 전장 약 12cm.

생태⇒ 수심 10~250m의 바위 지역에 서식한다.

분포⇒ 우리 나라의 동해 북부, 일본 북부, 오호츠크 해, 북태평양 북부

긴코줄고기

226. 긴코줄고기 <날개줄고기과>

학명⇒ *Leptagonus leptorhynchus* (Gilbert)
영명⇒ Longnose poacher
일명⇒ テングトクビレ
형태⇒ 몸은 길고 전반부는 원통형이며, 등지느러미의 연조부 뒤에서부터 미병부까지는 아주 가늘다. 주둥이는 머리 아래쪽으로 뾰족하게 돌출하였고, 그 아랫면에 수염이 있다. 수염은 다발을 이루지 않고 단일형이다. 등지느러미는 극조부와 연조부로 분리되고, 등지느러미의 기조 수는 6~9극 5~7연조, 뒷지느러미는 6~8연조, 가슴지느러미는 13~15연조이다. 꼬리지느러미의 후연은 둥글다. 등쪽은 약간 진한 갈색이고 배는 연한 황갈색을 띠며, 가슴지느러미와 꼬리지느러미는 다른 지느러미에 비해 검은색을 띤다. 전장 약 20cm.
생태⇒ 수심 50~200m의 모래·개펄 바닥에 서식한다.
분포⇒ 우리 나라 동해 중부 이북, 일본 북부, 오호츠크 해, 알래스카 만
참고⇒ 우리 나라에서 긴코줄고기는 Kim et al.(1993)에 의해 미기록종으로 보고되어 학명으로 *Sarritor leptorhynchus*(Gilbert)를 사용하여 왔다. *Sarritor*속은 Cramer(1896)에 의해 처음 기록되었으나, Andriashev(1954)에 의해 Gill(1862)이 처음 기록한 *Leptagonus*속과 아주 유사하다는 사실이 밝혀진 이후, 최근에는 *Sarritor*속 어류를 *Leptagonus*속에 포함시키고 있다(Nakabo, 2000).

꽃줄고기

227. 꽃줄고기 <날개줄고기과>

학명⇒ *Occella dodecaedron* (Tilesius)
영명⇒ Bering poacher
일명⇒ カムトサチウオ

형태⇒ 몸은 원통형으로 길고, 등지느러미 앞의 체고가 가장 높으며 미병부는 매우 가늘다. 주둥이는 짧고 아래턱이 위턱 앞으로 돌출되어 입은 45°방향으로 위를 향해 열린다. 몸에 6열의 골판이 있고, 그 표면에는 가시가 돋아 있다. 등지느러미는 극조부와 연조부로 분리되고, 등지느러미의 기조 수는 8~11극 6~9연조, 뒷지느러미는 13~16연조, 가슴지느러미는 14~16연조이다. 수컷의 배지느러미는 암컷보다 짧고 그 후단은 뒷지느러미에 도달하지 못한다. 꼬리지느러미의 후연은 둥글고, 측선 골판은 39~42개이다. 등은 진한 갈색이고, 중앙에 너비가 넓은 노란색 줄무늬가 있으며 배는 흰색이다. 등지느러미의 극조부에 2개의 검은색 줄무늬가 있고, 가슴지느러미는 담황색 바탕에 5개의 검은 줄무늬가 있다. 전장 약 20cm.

생태⇒ 수심 10~60m의 모래·개펄 바닥에 서식한다.

분포⇒ 우리 나라 동해 중부와 북부, 일본 북부, 오호츠크 해, 베링 해

❖ **어류의 지느러미 기조**

어류의 지느러미는 막(membrane)과 막을 지탱하는 기조(fin ray)로 이루어진다. 기조는 마디가 없는 극조(spinous ray)와 마디가 있는 연조(soft ray)로 이루어지며, 연조는 다시 끝이 갈라지지 않은 불분지 연조와 끝이 갈라진 분지 연조로 구분된다.

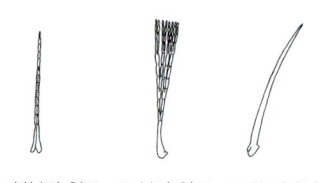

▲ 불분지 연조   ▲ 분지 연조   ▲ 극조(가시)

네줄고기

228. 네줄고기 <날개줄고기과>

학명⇒ *Percis japonicus* (Pallas)
영명⇒ Dog poacher
일명⇒ イヌゴチ

형태⇒ 몸은 막대 모양으로 가늘고 길며 단면은 팔각형이다. 등지느러미의 극조부 기점은 높게 솟아 이 부위의 체고가 가장 높고, 미병부도 비교적 높아서 체고의 $\frac{1}{2}$ 이상이다. 눈은 머리 앞 등 쪽에 볼록하게 솟아 있고, 주둥이 끝은 둥글며 수염이 없다. 코에 날카로운 가시가 있으며, 체측의 각 골판 위에도 날카로운 가시가 있다. 등지느러미의 극조부와 연조부는 분리되어 멀리 떨어져 있으며, 양 지느러미 사이의 거리는 등지느러미 극조부의 기저부 길이와 비슷하다. 등지느러미의 기조수는 5~6극 6~8연조, 뒷지느러미는 7~9연조, 가슴지느러미는 12~13연조이다. 꼬리지느러미의 후연은 직선형에 가까우며, 각 기조는 지느러미막 밖으로 돌출되어 있다. 몸은 연한 황갈색 바탕에 크기가 다른 적황색의 부정형 가로무늬가 5~6개 있다. 이러한 무늬는 등지느러미의 극조부와 연조부 위까지 이어지며, 꼬리지느러미의 뒷부분은 어두운 색을 띤다. 전장 약 40cm.

생태⇒ 한해성 어류이며, 수심 150~250m의 모래·개펄 바닥에서 단독으로 생활한다.

분포⇒ 우리 나라 동해 중부 이북, 일본 북부, 사할린, 오호츠크 해, 베링 해

팔각줄고기

229. 팔각줄고기 <날개줄고기과>

학명⇒ *Podothecus hamlini* Jordan et Gilbert
영명⇒ Kurile poacher
일명⇒ チシマトクビレ

형태⇒ 몸은 길고 원통형에 가까우며 미병부는 가늘다. 주둥이는 앞으로 뾰족하게 돌출하였고, 주둥이 아래쪽에 다발 모양의 수염이 2쌍 있다. 몸 전체가 딱딱한 골판으로 덮여 있고, 미병부 위의 체측 골판에 가시가 있어서 거칠다. 몸은 갈색 바탕에 등은 어둡고 배는 약간 밝은 색을 띤다. 주둥이와 눈 사이에 암갈색의 가는 줄무늬가 있다. 제1등지느러미 1~2극조의 윗부분에 검은 반점이 있다. 전장 약 25cm.

생태⇒ 강 하구의 기수역이나 연안의 바닥에 서식한다.

분포⇒ 우리 나라 동해 중부 이북(강원도 주문진), 일본 홋카이도, 오호츠크 해

유사종⇒ 왕눈줄고기(*Podothecus veternus*)
영명 : Long tail poacher
일명 : オイガトクビレ

❖ 팔각줄고기와 왕눈줄고기의 구분

팔각줄고기와 유사한 종으로 왕눈줄고기가 있다. 왕눈줄고기는 등 쪽 골판 수가 21~22개, 복부 골판 수가 19~20개이고 미병부가 매끈하지만, 팔각줄고기는 등 쪽 골판 수가 24~25개, 복부 골판 수가 23개이며, 미병부의 체측 골판에 가시가 있어서 두 종이 구분된다.

날개줄고기

230. 날개줄고기 <날개줄고기과>

학명⇒ *Podothecus sachi* (Jordan et Snyder)
영명⇒ Sailfin poacher
일명⇒ トクビレ

형태⇒ 몸은 거의 원통형으로 등지느러미 극조부 앞의 체고가 가장 높고, 뒤로 갈수록 가늘어져서 미병부의 높이는 체고의 $\frac{1}{3}$ 미만이다. 주둥이는 뾰족하고, 입은 주둥이 아래쪽으로 열린다. 주둥이 끝에 2개의 가시가 있으며, 앞의 가시는 끝이 전방을 향하고 뒤의 가시는 후방을 향한다. 주둥이 아래의 입 앞쪽에는 2쌍의 수염이 다발을 이루며, 각 다발에는 10개 이상의 수염이 있다. 등지느러미는 극조부와 연조부가 분리되었으나 가깝게 인접되어 있고, 2차 성징이 뚜렷하여 수컷의 등지느러미 연조부와 뒷지느러미는 공작의 날개 모양으로 매우 크다. 등지느러미의 기조수는 8~10극 12~14연조, 뒷지느러미는 13~17연조, 가슴지느러미는 16~19연조이다. 꼬리지느러미의 후연은 직선형에 가깝다. 몸은 어두운 회갈색이고 배는 연한 색을 띤다. 등지느러미 극조부의 가장자리는 검은색이고 안쪽으로 흰색 줄무늬가 있다. 수컷의 등지느러미와 뒷지느러미는 전체적으로 어두운 색을 띠며, 가장자리는 더욱 검고 그 안쪽으로 흰 점무늬가 열을 이룬다. 전장 약 40cm.

생태⇒ 수심 150m 정도의 모래·개펄 바닥에 서식한다.

분포⇒ 우리 나라 동해 중부 이북, 일본 중부 이북

말락줄고기

231. 말락줄고기 <날개줄고기과>

학명⇒ *Podothecus sturioides* (Guichenot)
영명⇒ Hawk poacher
일명⇒ サメトクビレ

형태⇒ 몸은 길고 원통형에 가깝다. 극조부 앞의 체고가 가장 높고 뒤로 갈수록 가늘어지며, 미병부의 높이는 체고의 $\frac{1}{3}$ 미만이다. 주둥이는 뾰족하고, 입은 주둥이 아래쪽으로 열린다. 입 전방에는 다발 모양의 수염이 3쌍 있으며, 눈 위에서 등지느러미 극조부 앞까지 닭볏 모양의 골질 돌기가 이어진다. 등지느러미는 극조부와 연조부가 분리되었고, 등지느러미의 기조 수는 7~9극 7~9연조, 뒷지느러미는 8~11연조, 가슴지느러미는 15~17연조이다. 꼬리지느러미의 후연은 직선형에 가깝다. 등은 갈색이고, 머리와 등, 그리고 체측에 진한 갈색 반점들이 불규칙하게 흩어져 있다. 배는 연한 색을 띤다. 등지느러미의 극조부와 연조부에 흑갈색의 작은 점들이 있고, 가슴지느러미의 기부에 동공 크기의 검은 점이 1개 있다. 전장 약 30cm.

생태⇒ 수심 10~150m의 바위 지역이나 모래·개펄 바닥에서 단독으로 생활한다.

분포⇒ 우리 나라의 동해 중부와 북부(원산), 일본 중부 이북, 오호츠크 해, 캄차카 반도 동부. 이 종을 중국해에서 채집하여 보고한 기록이 있으나(Guichenot, 1869), 이 기록에 대해서는 의문이 제기되고 있다(Kanayama, 1991).

참고⇒ 우리 나라에서 정(1977)에 의해 줄고기로 기록된 적이 있는 *Podothecus accipiter* Jordan et Starks와 길줄고기로 기록된 *Podothecus gilberti*(Collett)는 두 종 모두 말락줄고기 *Podothecus sturioides*(Guichenot)의 동종 이명으로 간주되고 있다(Kanayama, 1991).

흑줄고기

232. 흑줄고기 <날개줄고기과>

학명⇒ *Tilesina gibbosa* Schmidt
영명⇒ Demon poacher
일명⇒ オニシャチウオ

형태⇒ 몸은 길고 앞부분은 원통형으로 제1등지느러미 앞의 체고가 가장 높으며, 뒤로 갈수록 가늘어진다. 눈은 머리의 등 쪽에 있다. 주둥이는 길고 상하로 납작하며, 아래턱이 위턱보다 길어서 입은 45° 각도로 위를 향해 열린다. 몸은 6열의 골판으로 덮여 있고, 각 골판의 표면에는 끝이 날카로운 가시가 돋아 있다. 등지느러미는 극조부와 연조부로 구분되고, 극조부의 기저부가 길어서 연조부 기저부 길이의 약 2배에 달한다. 등지느러미의 기조 수는 17~21극 6~9연조, 뒷지느러미는 23~27연조, 가슴지느러미는 13~16연조이다. 꼬리지느러미의 후연은 둥글고, 측선 골판은 53~56개이다. 등은 진한 황갈색이고 배는 흰색이며, 몸 중앙에 흑자색 세로줄이 있다. 등지느러미의 가장자리는 검고 안쪽에 노란색 부분이 있으며, 꼬리지느러미는 노란색 바탕에 검은 무늬가 있다. 뒷지느러미의 가장자리는 흑갈색이다. 전장 약 35cm.

생태⇒ 수심 40~170m의 모래·개펄 바닥에서 단독으로 생활한다.

분포⇒ 우리 나라 동해 중부 이북, 일본 북부, 사할린

물수배기과
Psychrolutidae (Fathead sculpins, tadpole sculpins)

몸에 비늘이 없고 피부는 부드러우며 점액질이 있다(머리에 과립상으로 변형된 비늘이 있는 종도 있다.). 두 눈 사이의 간격은 눈의 지름보다 넓다. 측선 비늘은 퇴화되었고, 측선 구멍은 대개 20개 미만이다. 등지느러미의 극조부는 약하게 발달되어 있으며, 피부에 묻혀 있는 경우도 있다. 배지느러미는 작고 극조 수는 1극 3연조이다. 우리 나라에 4속 6종, 세계에 7속 29종이 알려져 있다.

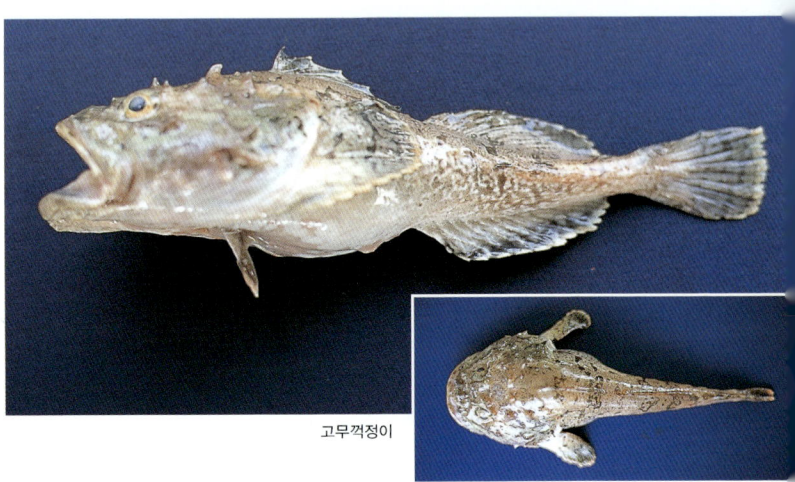

고무꺽정이

고무꺽정이(등)

233. 고무꺽정이 <물수배기과>

학명⇒ *Dasycottus setiger* Bean
영명⇒ Spinyhead sculpin
일명⇒ ガンコ

형태⇒ 체형은 원통형으로 등지느러미 극조부 앞의 체고가 가장 높고 뒤로 갈수록 가늘어진다. 머리의 등 쪽에는 끝이 무딘 골질 돌기들이 돋아 있고, 뺨과 입 주변에 수염 모양의 많은 피판이 있다. 전새개골에는 4개의 가시가 있다. 피부는 부드럽거나 점액으로 싸여 있어 미끄럽다. 극조부와 연조부는 깊은 홈에 의해 구분되고, 아래쪽은 막으로 연결되어 있다. 몸은 연한 회갈색이고 검은 반점이 흩어져 있다. 전장 약 35cm.
생태⇒ 수심 20~800m의 바닥에 서식한다.
분포⇒ 우리 나라 동해 중부 이북(속초, 원산), 일본 북부, 오호츠크 해, 알래스카 만

털수배기

등지느러미가 반듯한 모양

털수배기(배)

234. 털수배기 <물수배기과>

학명⇒ *Eurymen gyrinus* Gilbert et Burke
영명⇒ Spineless sculpin
일명⇒ ヤギシリカジカ

형태⇒ 체형은 원통형으로 등지느러미 극조부 앞의 체고가 가장 높고 뒤로 갈수록 가늘어진다. 머리의 등 쪽에 골질 돌기가 없고, 뺨과 턱에 수염 모양의 많은 피판이 있다. 전새개골에 가시가 없다. 피부는 부드럽거나 점액으로 싸여 있어 미끄럽다. 등지느러미의 극조부와 연조부 사이는 거의 반듯하게 지느러미막으로 연결되어 있어서, 그 경계가 불분명한 점으로 유사종인 고무꺽정이와 구분된다. 몸과 지느러미 전체에 적갈색과 흑갈색이 혼합되어 불규칙한 무늬를 이루고 부분적으로 흰 무늬가 나타난다. 꼬리지느러미 중간에 너비가 넓은 흰색 가로무늬가 뚜렷하고, 아가미막과 배는 선명한 적황색을 띤다. 전장 약 40cm.

생태⇒ 수심 약 100m 정도의 연안에 서식한다.

분포⇒ 우리 나라 동해 중부 이북(경상 북도 울진), 일본 북부, 베링 해

주먹물수배기

235. 주먹물수배기 <물수배기과>

학명⇒ *Malacocottus gibber* Sakamoto
영명⇒ Hunchback sculpin
일명⇒ セッパリカジカ

형태⇒ 체형은 원통형으로 등지느러미 극조부 앞의 체고가 가장 높고 뒤로 갈수록 가늘어진다. 얼룩수배기와 형태는 비슷하지만, 전새개골 둘째 번 가시의 기부에 작은 가시가 없거나 흔적만 보일 정도이다. 또, 얼룩수배기와 달리 뺨에 비늘이 변형된 작은 돌기물들이 없다. 몸은 적갈색 또는 흑갈색이고, 등지느러미와 가슴지느러미, 뒷지느러미는 검은색이다. 가슴지느러미와 등지느러미의 연조부 가장자리에는 황백색 테두리가 있고, 꼬리지느러미 중간에 너비가 넓은 황백색 가로줄 무늬가 있으며, 후연에도 역시 같은 빛깔의 테두리가 있다. 전장 약 25cm.

생태⇒ 수심 800~1000m의 깊은 바다에 서식한다.

분포⇒ 우리 나라 동해 중부 이북, 일본 중부 이북

유사종⇒ 얼룩수배기(*Malacocottus zonurus*)

❖ **주먹물수배기와 얼룩수배기의 구분**

주먹물수배기는 눈 주변과 머리에 과립상의 변형된 비늘이 없거나, 있다 하더라도 등지느러미 앞에 매우 적게 나타나지만, 얼룩수배기는 눈 주변과 머리 전체에 과립상의 비늘이 덮여 있어서 두 종이 구분된다(243쪽 그림 참조).

얼룩수배기

36. 얼룩수배기 <물수배기과>

학명⇒ *Malacocottus zonurus* Bean
영명⇒ Darkfin sculpin
일명⇒ コブシカジカ

형태⇒ 체형은 원통형으로 등지느러미 극조부 앞의 체고가 가장 높고 뒤로 갈수록 가늘어진다. 전새개골에는 2~3개의 가시가 있고, 둘째 번 가시의 기부에 또 다른 작은 가시가 있다. 피부는 부드러우며 점액으로 싸여 있다. 머리와 뺨은 비늘이 변형된 작은 돌기들로 덮여 있다. 등지느러미의 극조부와 연조부 사이에 홈이 있다. 몸은 적갈색 또는 흑갈색이고, 등지느러미와 가슴지느러미, 뒷지느러미는 검은색이다. 가슴지느러미와 등지느러미의 연조부 가장자리는 황백색 테두리가 있고, 꼬리지느러미 중간에 너비가 넓은 황백색 가로줄 무늬가 있으며, 후연에도 역시 같은 빛깔의 테두리가 있다. 전장 약 25cm.
생태⇒ 수심 400~1200m의 깊은 바다에 서식한다.
분포⇒ 우리 나라 동해 중부 이북, 일본 북부, 알래스카 만

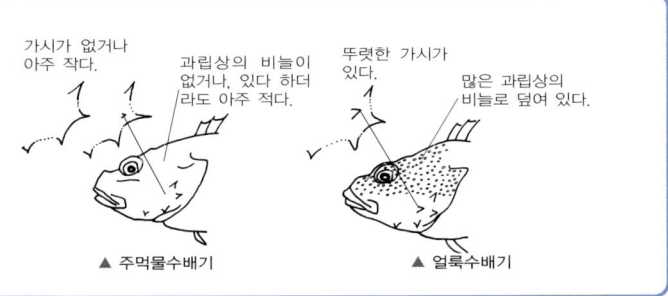

▲ 주먹물수배기   ▲ 얼룩수배기

물수배기

물수배기(등)

237. 물수배기   <물수배기과>

학명⇒ *Psychrolutes paradoxus* Günther
영명⇒ Tadpole sculpin
일명⇒ ウラナイカジカ

형태⇒ 몸은 약간 짧고 머리는 크고 둥글다. 전새개골에 가시가 없고, 머리와 몸에 아주 작은 피질 돌기가 돋아 있다. 등지느러미는 1개이고 극조는 피부로 덮여 있다. 몸은 갈색 바탕에 불규칙한 흑갈색의 구름무늬가 있으며, 등지느러미와 뒷지느러미, 꼬리지느러미에 부정형의 흑갈색 무늬가 있다. 전장이 7cm 미만인 소형 어류이다.

생태⇒ 수심 30~200m의 바닥에 서식한다.
분포⇒ 우리 나라 동해 북부(청진), 일본 홋카이도, 오호츠크 해, 캐나다의 태평양 연안

도치과
Cyclopteridae (Lumpfishes, lumpsuckers)

몸은 둥근 구형이다. 배지느러미는 흡반으로 변형되어 있다. 2개의 등지느러미가 있고, 극조는 4~8개로 일부 종은 극조가 피부에 묻혀 있어 보이지 않는 경우도 있다. 우리 나라에 2속 4종, 세계에 7속 28종이 알려져 있다.

뚝지

238. 뚝지 <도치과>

학명⇒ *Aptocyclus ventricosus* (Pallas)
영명⇒ Smooth lumpsucker
일명⇒ ホテイウオ

형태⇒ 몸은 둥근 모양이지만 근육이 부드러워 체형이 일정하지 않고 미병부는 가늘다. 등지느러미의 극조부는 몸 중앙에 위치하고, 피부에 묻혀 구분하기 어려우며, 기조 수는 5~6극이다. 배지느러미는 둥근 흡반으로 변형되어 있다. 피부는 부드럽고 점액질로 덮여 있어 미끄럽다. 몸의 상반부는 진한 녹갈색 또는 황갈색 바탕에 검은 점들이 흩어져 있고, 배는 연한 황갈색을 띤다. 모든 지느러미는 몸 색깔과 비슷하고 검은 점들이 흩어져 있다. 전장 약 40cm.

생태⇒ 수심 100~200m의 바닥에 서식한다. 바위에 알덩어리를 붙이고, 수컷이 알을 보호하는 습성이 있다. 부화 직후 자어의 전장은 6~7mm이며, 바로 물체에 부착한다. 어미가 되기까지는 3년 정도 걸리는 것으로 추정된다.

분포⇒ 우리 나라 동해 중부 이북(속초, 주문진), 일본 북부, 베링 해, 캐나다

우릉성치

239. 우릉성치 <도치과>

학명⇒ *Eumicrotremus birulai* Popov
영명⇒ Round lumpfish
일명⇒ コンペイトウ

형태⇒ 전장이 매우 짧고 체고가 높아 공 모양이다. 등지느러미는 극조부와 연조부로 구분되고, 극조부는 매우 낮으며 몸의 골질 돌기 사이에 묻혀 있다. 극조 수는 6~7개이다. 연조부는 몸의 뒷부분에 있고 9~12연조, 뒷지느러미는 9~11연조이다. 배지느러미는 둥근 흡반으로 변형되어 있다. 몸과 머리는 단단한 돌기물로 덮여 있다. 몸은 녹갈색을 띠고 배 쪽은 연한 노란색을 띤다. 전장 12cm.

생태⇒ 수심 80~150m의 바닥에 서식한다.
분포⇒ 우리 나라 동해 중부 이북(강원도 경계), 일본 중부, 오호츠크 해, 베링 해
유사종⇒ 도치(*Eumicrotremus orbis*)
영명 : Pacific spiny lumpsucker
일명 : イボダンゴ
골린어(*Eumicrotremus pacificus*)

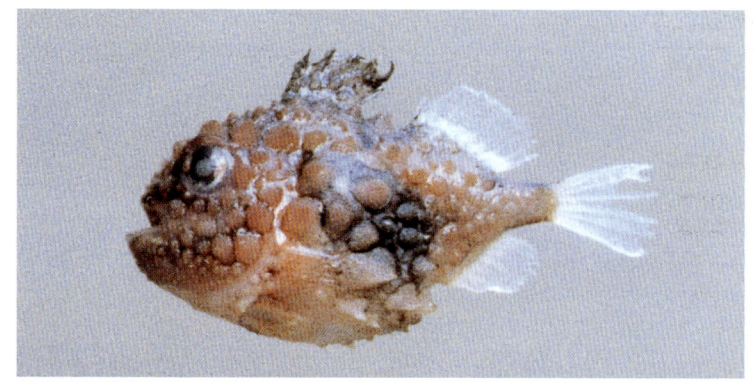

도치

골린어

240. 골린어 <도치과>

학명⇒ *Eumicrotremus pacificus* Schmidt
영명⇒ Balloon lumpfish
일명⇒ フウセンウオ
형태⇒ 몸은 둥글고 피부에는 원추형의 돌기가 있으나 우릉성치와 도치에 비해 돌기 수가 적고, 등과 체측 일부의 돌기는 퇴화되어 있다. 등지느러미의 극조부는 잘 발달되어 낫과 같은 모양이고, 연조부와 분리되어 있다. 배지느러미는 흡반으로 변형되어 있다. 몸은 황갈색을 띠고, 머리와 몸통, 등지느러미에 작고 검은 점들이 흩어져 있다. 전장 약 13cm까지 자라지만 보통 10cm 미만이다.
생태⇒ 우릉성치와 비슷하다.
분포⇒ 우리 나라 동해 북부(청진), 일본 북부, 사할린, 오호츠크 해

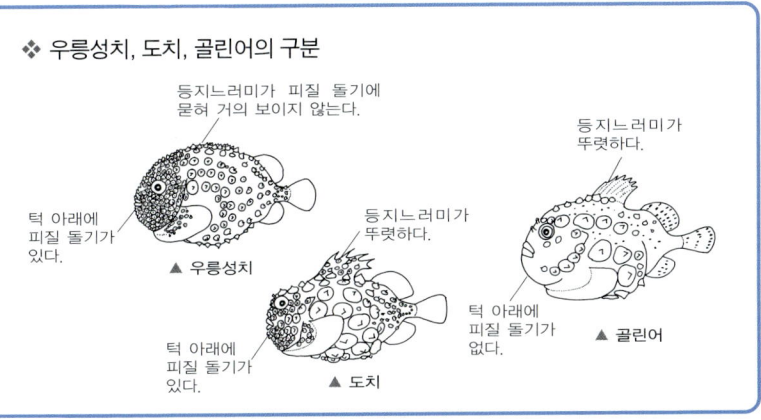

❖ 우릉성치, 도치, 골린어의 구분

꼼치과

Liparidae (Snailfishes)

몸은 길고 비늘이 없으며, 피부는 부드러워 젤리와 비슷하다. 등지느러미와 뒷지느러미는 기저부가 길어서 그 후단은 꼬리지느러미의 기부와 겹쳐진다. 배지느러미는 없거나 흡반으로 변형되어 있다. 우리 나라에 2속 7종, 세계에 19속 195종이 알려져 있다.

분홍꼼치

241. 분홍꼼치   <꼼치과>

학명⇒ *Careproctus rastrinus* Gilbert et Burke
영명⇒ Tanaka's snailfish
일명⇒ サケビクニン
형태⇒ 체형은 긴 타원형이다. 배지느러미는 둥근 흡반으로 변형되었다. 가슴지느러미의 후연에 깊은 홈이 있고 그 하단부의 기조는 길게 연장되어 있다. 몸과 지느러미는 아름다운 핑크빛을 띤다. 전장 약 40cm.
생태⇒ 수심 100~600m의 저층부에 서식한다.
분포⇒ 우리 나라 동해 북부, 일본 홋카이도, 오호츠크 해

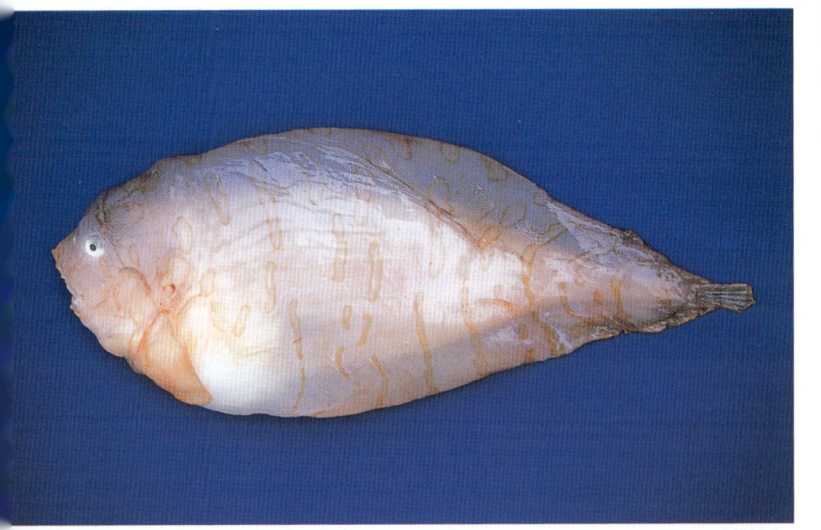

물미거지

242. 물미거지 <꼼치과>

학명⇒ *Crystallichthys matsushimae* (Jordan et Snyder)
영명⇒ Barred snailfish
일명⇒ アバチャン
형태⇒ 피부와 근육이 부드러워 뚜렷한 체형이 이루어지지 않는다. 주둥이와 입술에 육질의 많은 수염이 있다. 배지느러미는 흡반으로 변형되어 있다. 몸은 전체가 분홍색 바탕에 달걀 모양 또는 긴 막대 모양의 무늬들이 있고, 지느러미에도 같은 모양의 무늬가 있다. 전장 약 40cm.
생태⇒ 수심 50~350m의 바닥에 서식한다.
분포⇒ 우리 나라 동해 중부 이북, 일본 북부, 오호츠크 해

❖ **어류의 유문수(pyloric caeca)**

대부분의 경골어류는 위와 창자가 시작되는 경계부에 손가락 모양의 맹낭이 붙어 있는데 이것을 유문수라고 하며, 소화 효소를 분비하여 먹이의 소화를 돕는 역할을 한다. 유문수의 모양이나 수는 어류에 따라 다르지만, 동일한 어류에서는 그 수가 거의 비슷하므로 어류를 분류하는 형질로 이용되기도 한다. 까나리는 1개의 흔적적인 유문수를 가지는가 하면, 눈퉁멸처럼 천여 개의 유문수를 가지고 있는 어류도 있다.

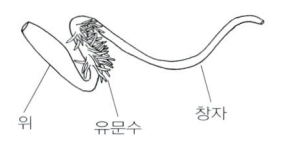

아가씨물메기

줄무늬가 없는 아가씨물메기

243. 아가씨물메기 <꼼치과>

학명⇒ *Liparis agassizii* Putnam
영명⇒ Agassiz's snailfish
일명⇒ エゾクサウオ

형태⇒ 피부와 근육이 부드러워 뚜렷한 체형이 이루어지지 않는다. 가슴지느러미의 아래 가장자리는 안쪽으로 깊게 패어 있다. 꼬리지느러미 앞쪽의 약 $\frac{2}{5}$ 는 등지느러미의 후단과 겹쳐진다. 배지느러미는 둥근 흡반으로 변형되었다. 몸은 황갈색 또는 흑갈색이고, 무늬가 없거나 몸과 지느러미에 실 모양의 긴 세로줄 무늬가 좁은 간격으로 물결처럼 나타나는 개체들도 있다. 전장 약 40cm.

생태⇒ 수심 100m 내외의 바닥에 서식한다.

분포⇒ 우리 나라 동해 중부 이북(강원도 고성), 일본 북부, 사할린

노랑물메기

244. 노랑물메기 <꼼치과>

학명⇒ *Liparis chefuensis* Wu et Wang
일명⇒ キイロイビクニン
형태⇒ 체형은 전체적으로 올챙이 모양이다. 등지느러미의 제5~7기조는 약간 짧아서 가장자리에 홈을 이룬다. 등지느러미와 뒷지느러미의 후단은 꼬리지느러미의 기부와 약간 겹쳐진다. 몸은 황갈색이고 지느러미는 몸 색깔과 같으나, 수컷은 등지느러미와 뒷지느러미가 크고 검은색을 띠며, 몸과 지느러미에 아주 작고 연한 색의 점들이 균일하게 배열되어 있다. 암컷의 등지느러미 앞부분은 눈 크기의 갈색 반점이 있다. 전장이 20cm를 넘지 않는 소형종이다.
생태⇒ 수심 20~50m의 개펄 바닥에 서식하고, 겨울에서 봄 사이에 산란한다.
분포⇒ 우리 나라 서해(전북 군산), 중국 동북부
참고⇒ 이 종은 Wu와 Wang이 1933년에 *Liparis chefuensis*와 함께 새로운 종으로 발표하였으며, 우리 나라에서는 학명으로 *Liparis choanus* Wu et Wang을 사용하여 왔다(김과 강, 1993). 그러나 *Liparis chefuensis*와 *Liparis choanus*는 성적 이형을 나타내는 동일종임이 확인되어, *Liparis choanus*는 *Liparis chefuensis*의 동종 이명으로 정리되었다(최 등, 1998).

보라물메기

245. 보라물메기   <꼼치과>

학명⇒ *Liparis megacephalus* (Burke)
일명⇒ リュウモグサウオ
형태⇒ 피부와 근육이 부드러워 뚜렷한 체형이 이루어지지 않는다. 배지느러미는 둥근 흡반으로 변형되었다. 몸은 연한 보라색 바탕에 진한 보라색의 큰 무늬가 있다. 각 지느러미는 몸 색깔과 같고 가장자리는 약간 어두운 색을 띤다. 전장 약 40cm.
생태⇒ 연근해의 모래·개펄 바닥에 서식한다.
분포⇒ 우리 나라 동해 중부 이북(강원도 고성), 베링 해

❖ 비늘(scale)

어류의 비늘은 다음의 네 가지 종류가 있다.
① 방패 비늘 : 상어류의 몸을 덮고 있는 비늘로 순린이라고도 한다.
② 굳비늘 : 철갑상어 등에서 볼 수 있는 비늘로 마름모꼴의 판상으로 되어 있다.

 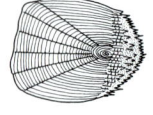
▲ 둥근 비늘   ▲ 빗비늘

③ 둥근 비늘 : 비교적 하등한 경골어류의 비늘로 원형, 난형, 사각형 등이 있으며, 원린이라고도 한다.
④ 빗비늘 : 고등한 경골어류에서 볼 수 있는 비늘로 비늘 뒤편에 작은 가시들이 돋아 있으며, 즐린이라고도 한다.

꼼치

246. 꼼치 <꼼치과>

- 학명⇒ *Liparis tanakai* (Gilbert et Burke)
- 영명⇒ Tanaka's snailfish
- 일명⇒ クサウオ

형태⇒ 피부와 근육이 부드러워 체형이 잘 유지되지 않는다. 눈은 작고 머리의 등 쪽에 있으며, 눈 앞에 2쌍의 콧구멍이 있다. 꼬리지느러미 기부의 $\frac{3}{4}$ 미만이 등지느러미 후단과 겹쳐진다. 가슴지느러미는 크고 아래쪽에 홈이 없다. 배지느러미는 둥근 흡반으로 변형되었다. 몸 전체가 연한 갈색을 띠며, 모든 지느러미는 검은색을 띤다. 전장 약 60cm.
생태⇒ 수심 20~120m의 바닥에 서식하고, 새우류와 작은 어류를 먹는다. 12~2월에 산란하는데, 알은 덩어리의 점착 침성란이다. 부화 직후 자어의 전장은 4~5mm이고, 1년 만에 30~40cm 이상 자란다. 수명은 1년으로 추정된다.
분포⇒ 우리 나라 서해와 남해, 홋카이도 남부를 포함한 일본 전 해역, 동중국해
유사종⇒ 물메기(*Liparis tessellatus*)

❖ 꼼치와 물메기의 구분

꼼치와 물메기는 가슴지느러미의 형태로 가장 쉽게 구분할 수 있다. 꼼치는 가슴지느러미의 후연이 약간 둥글거나 편평한 반면에 물메기는 가슴지느러미 후연의 하단부가 오목하게 패어 결각을 형성한다(254쪽 그림 참조).

물메기

247. 물메기 <꼼치과>

학명⇒ *Liparis tessellatus* (Gilbert et Burke)
영명⇒ Cubed snailfish
일명⇒ ビクニン

형태⇒ 피부와 근육이 부드러워 체형이 잘 유지되지 않는다. 눈은 머리의 등 쪽에 가까이 있고, 그 앞에 2쌍의 콧구멍이 있다. 가슴지느러미는 크고, 아래쪽 후연은 깊게 패어 홈을 이룬다. 배지느러미는 둥근 흡반으로 변형되어 있다. 등지느러미와 뒷지느러미의 후단은 꼬리지느러미의 $\frac{3}{4}$ 이상과 겹쳐진다. 몸 전체가 연한 갈색을 띠며, 모든 지느러미는 검은색이다. 전장 약 35cm.

생태⇒ 수심 200m 내외의 모래·개펄 바닥에 서식한다.

분포⇒ 우리 나라 동해, 홋카이도 이남의 일본 중부, 쿠릴 열도 남부

❖ 꼼치와 물메기의 가슴지느러미 모양

가슴지느러미 하반부에 홈이 없다.

▲ 꼼치

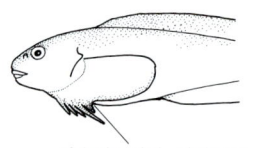

가슴지느러미 하반부에 오목한 홈이 있다.

▲ 물메기

농어목 Perciformes

농어과

Percichthyidae (Temperate basses, temperate perches)

몸은 좌우로 납작하고 긴 타원형이다. 등지느러미는 1~2개이고, 극조부와 연조부 사이에 깊은 홈이 있다. 뒷지느러미의 극조는 2~3개이며, 주새개골에 2개의 가시가 있다. 우리 나라에 1속 3종, 세계에 11속 22종이 알려져 있다.

농어

248. 농어 <농어과>

학명⇒ *Lateolabrax japonicus* (Cuvier)
영명⇒ Sea perch
일명⇒ スズキ

형태⇒ 체형은 긴 방추형이다. 입이 크고 아래턱이 위턱보다 약간 돌출되었다. 전새개골에 2개의 가시가 있고, 그 가장자리에는 톱니 모양의 거치가 있다. 등은 회청색으로 진하고, 배 쪽은 은빛 광택을 내는 흰색이다. 전장 약 1m.

생태⇒ 연안에서 유영 생활을 하는데, 여름철에는 기수와 담수에도 올라온다. 유어기 때는 동물성 플랑크톤을 먹다가, 좀더 자라면 갑각류와 망둑어를 비롯한 작은 물고기를 먹는다. 산란기는 11~12월이며, 강 하구의 바위 지역에서 산란한다.

분포⇒ 우리 나라 전 해역, 일본, 중국, 타이완
유사종⇒ 넙치농어(*Lateolabrax latus*)
일명 : ヒラスズキ

점농어

249. 점농어 <농어과>

| 학명⇒ *Lateolabrax* sp.
| 일명⇒ タイリクスズキ

형태⇒ 몸의 형태는 농어와 매우 비슷하지만, 농어에 비해 주둥이가 약간 짧고 몸의 무늬에 차이가 있다. 꼬리지느러미의 후연은 얕게 패어 있다. 몸 색깔은 농어와 비슷한데, 등과 체측에 동공 크기의 검은 점들이 흩어져 있는 점이 다르다. 전장 약 1m.
생태⇒ 농어와 비슷하다.
분포⇒ 우리 나라 서해와 남해 서부, 중국 대륙 연안
참고⇒ 이 종은 농어와 동일종으로 취급되어 왔으나(Katayama, 1960), Nakabo(1995)는 이것을 별종으로 구분하고 '대륙농어'라는 일본명(タイリクスズキ)을 붙인 적이 있다. 우리 나라에서도 체측에 반점이 있고 새파 수가 적은 점, 체고와 측선이 등 쪽으로 구부러진 특징때문에 국명을 '점농어'라고 하여 농어와 구분하고 있다.

> ❖ 농어와 점농어, 넙치농어의 구분
>
> 점농어는 체측 상반부에 검은 점들이 흩어져 있어서 점무늬가 없는 농어, 넙치농어와 구분된다. 또, 농어는 넙치농어에 비해 체고가 낮고 등지느러미의 연조 수가 12~14개인 반면에 넙치농어는 농어에 비하여 체고가 높고 등지느러미의 연조 수가 15~16개로 서로 구분된다.

반딧불게르치과
Acropomatidae (Temperate ocean basses)

몸은 좌우로 납작하고 긴 타원형이다. 등지느러미는 2개로 분리되었고, 극조 수는 7~10개, 뒷지느러미의 극조 수는 2~3개이다. 배지느러미는 가슴지느러미 바로 아래에 위치한다. 우리 나라에 5속 7종, 세계에 11속 40종이 알려져 있다.

반딧불게르치

250. 반딧불게르치 <반딧불게르치과>

학명⇒ *Acropoma japonicum* Günther
영명⇒ Lanternbelly
일명⇒ ホタルジャコ

형태⇒ 체형은 긴 타원형이다. 눈의 지름은 주둥이의 길이보다 길고, 아래턱이 위턱보다 길다. 항문이 뒷지느러미와 멀리 떨어져 배지느러미 가까이에 있는 것이 이 종의 특징이다. 항문 부근의 근육 안에 발광기가 있고, 그 안에 박테리아가 공생하고 있다. 등지느러미는 2개로 가깝게 인접해 있고, 제1등지느러미의 기조 수는 8극, 제2등지느러미는 1극 10연조이다. 비늘은 크고 측선 비늘은 43~45개이다. 몸은 연한 분홍색을 띠고, 가슴지느러미 아래에서 꼬리지느러미에 이르는 배 아래쪽은 밝은 은백색을 띤다. 전장 약 15cm.

생태⇒ 대륙붕 부근에 서식한다.

분포⇒ 우리 나라 동해 남부, 일본 남부, 서태평양, 인도양, 남아프리카

눈볼대

251. 눈볼대 <반딧불게르치과>

학명⇒ *Doederleinia berycoides* (Hilgendorf)
영명⇒ Blackthroat seaperch
일명⇒ アカムツ

형태⇒ 체형은 긴 난원형이다. 눈은 매우 크고, 눈의 지름은 주둥이의 길이보다 길다. 등지느러미의 가장 마지막 극조는 바로 앞엣것보다 길고, 이 부분에 깊은 홈을 이룬다. 등지느러미의 기조 수는 9극 10연조, 뒷지느러미는 3극 6~8연조이다. 꼬리지느러미의 후연은 안쪽으로 얕게 패어 있다. 측선은 등 쪽 외곽선 가까이에 위치한다. 몸과 지느러미 전체가 선홍색을 띠며, 배는 약간 밝은 색이다. 제1등지느러미와 꼬리지느러미의 후연에 매우 가늘고 검은 줄무늬가 있다. 전장 약 30cm.

생태⇒ 수심 100~200m의 저층부에 서식한다.

분포⇒ 우리 나라 제주도를 포함한 남해, 일본 중부 이남, 인도양 동부, 서태평양

❖ 서식처에 따른 어류의 구분

일반적으로 기수를 포함한 해수에 사는 물고기를 해수어 또는 해산어라고 하며, 잉어목 또는 메기목 어류와 같이 순수한 민물에서만 생활하면서 해수에 적응하지 못하는 물고기를 1차 담수어라고 한다. 또, 송사리와 같이 주로 민물에 살지만 해수에도 적응하는 물고기를 2차 담수어라고 하며, 빙어, 산천어, 열목어와 같이 원래 해수에 살던 물고기가 민물에 적응하여 민물에서만 서식하는 물고기를 육봉 담수어라고 한다.

눈퉁바리

52. 눈퉁바리 <반딧불게르치과>

학명⇒ *Malakichthys griseus* Döderlein
영명⇒ Silvergray seaperch
일명⇒ オオメハタ

생태⇒ 체형은 타원형으로 체고가 높으며, 몸 길이는 체고의 2.6~3.2배이다. 아래턱이 위 쪽 앞으로 돌출하여 입은 위를 향해 열린다. 등지느러미의 기조 수는 10극 9~10연조이 다. 뒷지느러미의 기저부는 짧고 연조의 길이 가 길어서 유사종과 구분된다. 뒷지느러미는 3극 7연조이다. 측선은 등 쪽 외곽선 가까이에 위치한다. 등은 연한 적갈색이고 배는 은백색을 띤다. 등지느러미 극조부의 가장자리는 검은색을 띤다. 전장 약 20cm.

생태⇒ 수심 약 100~400m의 모래·개펄 바닥 저층부에 서식하며, 육식성 어류이다.
분포⇒ 우리 나라 제주도를 포함한 남해, 일본 중부 이남
유사종⇒ 은눈퉁바리(*Malakichthys elegans*)
영명 : Slender seaperch
일명 : ナガオオメハタ
볼기우럭(*Malakichthys wakiyae*)

❖ 눈퉁바리와 은눈퉁바리, 볼기우럭의 구분

볼기우럭은 뒷지느러미 기저부의 길이가 뒷지느러미 앞쪽의 기조 길이보다 길어서, 뒷지느러미 기저부 길이와 뒷지느러미 기조 길이가 비슷한 눈퉁바리, 은눈퉁바리와 구분된다. 또, 눈퉁바리는 체고가 몸 길이의 $\frac{1}{3}$ 이상이고 측선 비늘이 41~47개인 반면, 은눈퉁바리는 체고가 몸 길이의 $\frac{1}{3}$ 이하이고 측선 비늘이 47~51개인 점으로 구분된다.

볼기우럭

253. 볼기우럭 <반딧불게르치과>

학명⇒ *Malakichthys wakiyae* Jordan et Hubbs
영명⇒ Silverbelly seaperch
일명⇒ ワキヤハタ

형태⇒ 체형은 눈퉁바리와 거의 비슷하지만, 뒷지느러미 기조의 길이가 길지 않아서 가장 긴 연조의 길이가 뒷지느러미 기저부의 길이보다 짧다. 체고는 약간 높고 몸 길이는 체고의 2.6~2.9배이다. 등지느러미의 기조 수는 9~10극 10연조, 뒷지느러미는 3극 8~9연조이다. 등은 연한 적갈색이고 배는 은백색을 띤다. 전장 약 30cm.

생태⇒ 수심 60~150m의 모래·개펄 바닥 저층부에 서식한다.

분포⇒ 우리 나라 남해(부산), 일본 중부 이남, 동중국해

❖ 볼기우럭과 눈퉁바리의 뒷지느러미

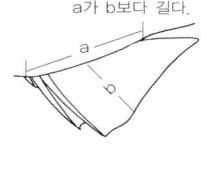
▲ 볼기우럭
a가 b보다 길다.

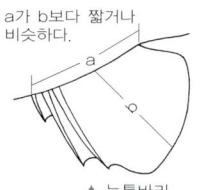
▲ 눈퉁바리
a가 b보다 짧거나 비슷하다.

돗돔

낚시에 잡힌 전장 1m의 돗돔('월간 낚시', 장창낙 기자 제공)

254. 돗돔 <반딧불게르치과>

학명⇒ *Stereolepis doederleini* Lindberg et Krasyukova
영명⇒ Striped jewfish, sea bass
일명⇒ オオクチイシナギ

형태⇒ 체고가 약간 높은 방추형이다. 전새개골의 가장자리에 톱니 모양의 작은 가시들이 있고, 새개골에도 2개의 강한 가시가 있다. 등지느러미의 기조 수는 11~12극 9~11연조, 뒷지느러미는 3극 7~10연조이다. 후두부와 아가미뚜껑에 작은 비늘이 있다. 몸은 어릴 때에는 흑갈색 바탕에 5개의 연한 녹갈색 세로줄 무늬가 있는데, 성장하면서 줄무늬가 불분명해진다. 1m 이상의 대형어는 몸 전체가 흑갈색을 띤다. 등지느러미의 연조부와 꼬리지느러미의 후연에 흰 테두리가 있다. 전장이 2m 가까이 되는 대형종이다.

생태⇒ 새끼는 수심 100m 미만의 얕은 곳에 서식하고, 성장하면서 깊은 곳으로 들어가 어미는 수심 400~600m의 바위 지역에 서식한다. 산란기는 5~6월이다.

분포⇒ 우리 나라 동해와 제주도를 포함한 남해, 일본 홋카이도 이남

바리과

Serranidae (Groupers, sea basses)

몸과 머리는 좌우로 납작하고 긴 타원형 또는 난형이다. 입이 크고, 주새개골에 3개의 편평한 가시가 있다. 대개 전새개골 가장자리에 톱니 모양의 거치가 있다. 등지느러미의 극조부와 연조부 사이에 홈이 있고, 막으로 연결되어 있다. 등지느러미의 극조는 7~13개, 뒷지느러미의 극조는 3개이다. 배지느러미는 1극 5연조이다. 우리 나라에 11속 26종, 세계에 62속 450여 종이 알려져 있다.

붉벤자리(위 : ♂, 아래 : ♀)

255. 붉벤자리 <바리과>

학명⇒ *Caprodon schlegelii* (Günther)
영명⇒ Schlegel's red bass
일명⇒ アカイサキ

형태⇒ 체형은 타원형이다. 아가미뚜껑의 후연에는 3개의 가시가 있다. 등지느러미의 극조부와 연조부 사이는 반듯하게 막으로 이어지고, 기조 수는 10극 19~21연조, 뒷지느러미는 3극 7~9연조이다. 수컷은 노란색 바탕에 등지느러미 극조부의 제7~10연조 사이에 검은 무늬가 있다. 암컷은 수컷보다 좀더 진한 적황색을 띠고, 등과 등지느러미에 3~4개의 암갈색 무늬가 있다. 수컷은 노란빛이 강하고, 살아 있을 때 등지느러미 극조부에 검은 반점이 있다. 배는 암수 모두 흰색에 가까운 밝은 색을 띤다. 전장 약 40cm.

생태⇒ 수심이 얕은 곳과 약간 깊은 곳의 바위 지역에 서식한다.

분포⇒ 우리 나라 제주도를 포함한 남해, 일본 남부, 하와이, 타이완, 오스트레일리아

각시돔

256. 각시돔 <바리과>

학명 ⇒ *Chelidoperca hirundinacea* (Valenciennes)
영명 ⇒ Princess small porgy
일명 ⇒ ヒメコダイ

형태 ⇒ 몸과 머리는 좌우로 납작하지만 약간 둥글고, 체고가 낮은 방추형이다. 몸 길이는 체고의 약 3.3배이다. 눈은 머리의 등 쪽에 위치하고, 두 눈 사이는 좁고 편평하며, 그 앞쪽에 비늘이 있다. 두장은 눈 지름의 3.2~4.1배이다. 입이 크고 주둥이 끝은 뾰족하며, 아래턱이 위턱보다 약간 길다. 양턱에는 융모상의 치열이 있다. 전새개골은 둥글며, 그 가장자리에 20~47개의 톱니 모양의 거치가 있고, 아가미뚜껑 위 가장자리에 2개의 가시가 있다. 등지느러미는 극조부의 후단부가 연조부의 앞부분보다 낮아서 낮은 홈을 이루고, 등지느러미의 기조 수는 10극 9~10연조, 뒷지느러미는 3극 6연조이다. 꼬리지느러미는 반달 모양으로 안쪽으로 둥글게 패어 있고, 가장 위쪽의 기조는 길게 연장되어 있다. 측선은 등 쪽에 위치하고 측선 비늘은 42~47개이다. 몸은 담적색 바탕에 노란색 가로줄 무늬가 여러 개 있다. 측선을 따라 검은 점들이 불연속적으로 나타난다. 전장 약 20cm.

생태 ⇒ 온대와 열대 수역의 수심 80~200m의 모래·개펄 지역에 서식하며, 잡식성 어류이다.

분포 ⇒ 우리 나라 제주도를 포함한 남해, 일본 남부, 동중국해

두줄벤자리

두줄벤자리(제주도 모슬포)

257. 두줄벤자리(가칭) <바리과>

학명⇒ *Diploprion bifasciatum* Cuvier (가칭)
영명⇒ Sea perch, two-banded perch
일명⇒ キハッソク

형태⇒ 체고가 높은 타원형이고 좌우로 납작하다. 등지느러미의 극조부와 연조부 사이는 깊게 패어 있고, 기조 수는 8극 13~16연조, 뒷지느러미는 2극 12~13연조이다. 몸과 지느러미는 노란색을 띠고, 눈과 몸의 중앙에 흑갈색 또는 흑청색 가로무늬가 있다. 몸 중앙의 가로무늬는 너비가 매우 넓다. 등지느러미의 극조부는 몸의 줄무늬가 이어져 흑갈색 또는 흑청색을 띤다. 전장 약 20cm.

생태⇒ 연안의 바위와 산호초 지역에 서식한다.

분포⇒ 우리 나라 제주도(대정), 일본 남부, 인도양, 서태평양

붉바리

주변 환경에 따라 몸 색깔이 잘 변하는 붉바리

258. 붉바리 <바리과>

학명⇒ *Epinephelus akaara* (Temminck et Schlegel)
영명⇒ Red-spotted grouper
일명⇒ キジハタ

형태⇒ 체형은 긴 타원형이다. 입술이 두껍고 아래턱이 위턱보다 약간 길다. 새개골에는 3개의 가시가 있다. 등지느러미의 기조 수는 11극 15~17연조, 뒷지느러미는 3극 8~9연조이다. 몸 색깔은 변화가 심하며, 보통 연한 갈색 바탕에 진한 자갈색 구름무늬가 있고, 몸 전체에 동공 크기의 등적색 반점들이 일정한 간격으로 흩어져 있다. 등지느러미 중앙의 아래쪽, 등의 외곽선 부근에 어두운 반점이 있다. 각 지느러미는 어두운 부분이 있으나 전반적으로 노란색을 띤다. 전장 약 40cm.

생태⇒ 얕은 바다의 바위 지역에 서식한다.
분포⇒ 우리 나라 제주도를 포함한 남해, 일본 아오모리 이남, 중국, 타이완

도도바리

259. 도도바리 <바리과>

학명⇒ *Epinephelus awoara* (Temminck et Schlegel)
영명⇒ Banded grouper, yellow grouper
일명⇒ アオハタ

형태⇒ 몸과 머리는 좌우로 납작하고 체형은 긴 타원형이다. 몸 길이는 두장의 2~2.6배, 두장은 눈 지름의 4.7~6.4배이다. 눈은 머리의 중앙보다 위쪽에 위치하고, 두 눈 사이는 볼록하다. 주둥이는 약간 뾰족하고 아래턱이 위턱보다 길며, 전새개골의 가장자리에 2~3개의 가시가 있다. 등지느러미의 극조부와 연조부 사이는 낮은 홈을 이루고, 등지느러미의 기조 수는 11극 15~16연조, 뒷지느러미는 3극 8~9연조이다. 꼬리지느러미의 후연은 둥글다. 측선은 몸의 중앙보다 위에 위치하고, 측선 비늘은 90~110개이다. 몸은 연한 회갈색 바탕에 후두부에서 미병부에 이르기까지 6개의 진한 갈색 가로줄 무늬가 있고, 몸 전체에 아주 작은 노란색 점들이 흩어져 있다. 포르말린 용액에 고정하면 노란색 점들은 사라진다. 등지느러미의 연조부와 꼬리지느러미의 가장자리에 노란색 테두리가 뚜렷하게 있어서 유사종인 능성어와 쉽게 구분된다. 전장 약 40cm.

생태⇒ 연안 얕은 곳의 바위 지역이나 모래·개펄 지역에 서식한다.

분포⇒ 우리 나라 제주도를 포함한 남해, 일본 중부, 남중국해

자바리

260. 자바리 <바리과>

학명⇒ *Epinephelus bruneus* Bloch
영명⇒ Kelp grouper
일명⇒ クエ

형태⇒ 몸과 머리는 좌우로 납작하고 체형은 긴 타원형이다. 몸 길이는 두장의 2.4~2.6배, 두장은 눈 지름의 5.2~7.3배이다. 전새개골의 가장자리는 약간 둥글고 가시가 없다. 눈은 머리의 등 쪽에 위치하고, 두 눈 사이는 볼록하다. 입이 크고, 아래턱이 위턱보다 길다. 등지느러미의 극조부와 연조부 사이는 낮은 홈을 이루고, 등지느러미의 기조 수는 11극 13~15연조, 뒷지느러미는 3극 8~9연조이다. 꼬리지느러미의 후연은 바깥쪽으로 둥글다. 몸은 다갈색 바탕에 머리에서 미병부까지 6~7개의 흑갈색 가로무늬가 약간 비스듬하게 나타난다. 노어·성어는 이 무늬가 불분명하고 어두운 갈색을 띤다. 전장 약 80cm.

생태⇒ 연안 얕은 곳과 약간 깊은 곳의 바위 지역에 서식한다. 3cm 미만의 어린 새끼는 조수 웅덩이에 출현하기도 하며, 전장 3cm 이상 자라면 몸에 어미와 같은 모양의 무늬가 나타난다.

분포⇒ 우리 나라 제주도를 포함한 남해, 일본 남부, 중국, 필리핀, 인도

점줄우럭

261. 점줄우럭 <바리과>

학명⇒ *Epinephelus epistictus* (Temminck et Schlegel)
영명⇒ Black-spotted grouper
일명⇒ コモンハタ

형태⇒ 몸과 머리는 좌우로 납작하고 체형은 긴 타원형이다. 몸 길이는 체고의 2.8~3.5배, 두장은 눈 지름의 5~6.1배이다. 눈은 머리의 중앙보다 위쪽에 위치하고, 두 눈 사이는 볼록하다. 주둥이는 길고 뾰족하며, 아래턱이 위턱보다 약간 길다. 등지느러미의 극조부와 연조부 사이의 홈은 매우 낮고, 등지느러미의 기조 수는 11극 13~15연조, 뒷지느러미는 3극 7~8연조이다. 꼬리지느러미의 후연은 둥글다. 측선은 몸 중앙보다 위쪽에 위치하고, 측선 비늘은 100~125개이다. 몸은 자갈색 바탕에 눈 위에서 꼬리지느러미 기부에 이르는 몸의 중앙에 동공보다 작고 둥근 검은색 점들이 세로열을 이룬다. 등지느러미와 뒷지느러미, 꼬리지느러미에도 같은 모양의 점들이 흩어져 있다. 어미는 점무늬가 뚜렷하지 않다. 전장 약 30cm.

생태⇒ 수심 50~100m의 바위 지역이나 모래·개펄 지역에 서식한다.

분포⇒ 우리 나라 남해, 일본 남부, 인도양, 서태평양

❖ **바리과 어류의 등지느러미**

등지느러미의 형태는 바리과 어류를 분류하는 중요한 형질이다. 다금바리와 연붉돔, 우각바리는 등지느러미의 극조부와 연조부 사이가 깊게 패어 있는 반면, 능성어, 홍바리, 자바리 등은 매우 얕게 패어 있고 막으로 연결되어 있다.

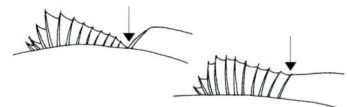

홍바리(제주도 물항)

홍바리(제주도 서귀포)

262. 홍바리 <바리과>

학명⇒ *Epinephelus fasciatus* (Forsskål)
영명⇒ Black-tipped rock-cod, banded reef-cod
일명⇒ アカハタ

형태⇒ 체형은 긴 타원형이다. 아래턱이 위턱보다 약간 길다. 새개골 뒤쪽에는 3~4개의 작은 가시가 있다. 등지느러미의 극조부와 연조부 사이의 홈은 매우 낮아 거의 반듯하게 이어지며, 기조 수는 11극 15~17연조, 뒷지느러미는 3극 7~8연조이다. 몸은 연한 등적색 바탕에 등지느러미의 극조부에서 미병부에 이르기까지 5개의 암적색 가로줄 무늬가 있고, 배는 연한 색이다. 등지느러미 극조부의 가장자리는 검은색이 뚜렷하다. 전장 약 30cm.

생태⇒ 연안의 바위 지역에 서식하며, 낚시에도 걸린다.

분포⇒ 우리 나라 제주도를 포함한 남해, 일본 남부, 남중국해, 인도양, 서태평양, 홍해

종대우럭

263. 종대우럭 <바리과>

학명⇒ *Epinephelus latifasciatus* (Temminck et Schlegel)
영명⇒ Laterally-banded grouper
일명⇒ オオスジハタ

형태⇒ 몸과 머리는 좌우로 납작하고 체형은 긴 타원형이다. 눈은 머리의 등 쪽에 위치하며, 두 눈 사이는 볼록하다. 입이 크고 아래턱이 위턱보다 길다. 등지느러미의 극조부와 연조부 사이는 얕게 패어 있고, 등지느러미의 기조 수는 11극 12~14연조, 뒷지느러미는 3극 7~8연조이다. 꼬리지느러미의 후연은 둥글다. 몸은 암녹색 바탕에 2개의 흰 세로줄 무늬가 있고, 흰 세로줄에 인접하여 가는 검은색 줄무늬가 있다. 위쪽 줄무늬는 주둥이 위에서 시작되어 눈 위를 지나 등지느러미 연조부의 후단 위쪽으로 이어지며, 아래 줄무늬는 아래턱에서 시작되어 꼬리지느러미 기부까지 이어진다. 등지느러미와 꼬리지느러미에도 검은 줄무늬가 있다. 그러나 40cm 이상 자라면 이러한 무늬는 거의 없어지고, 등지느러미와 꼬리지느러미에 검은 점무늬만 뚜렷하게 남는다. 이 종의 몸 길이는 약 30cm로 알려져 있었으나(정, 1977) 최근에는 약 1.4m에 이르는 대형종도 기록되고 있다(Okamura and Amaoka, 1997).

생태⇒ 연안의 얕은 곳 또는 약간 깊은 곳의 바위나 모래·개펄 지역에 서식한다.

분포⇒ 우리 나라 남해(부산), 일본 남부, 인도양, 서태평양

알락우럭

264. 알락우럭 <바리과>

학명⇒ *Epinephelus megachir* (Richardson)
영명⇒ Garrupa, long-finned grouper
일명⇒ モヨウハタ

형태⇒ 몸과 머리는 좌우로 납작하고 비대하며 타원형이다. 몸 길이는 두장의 2.3~2.4배, 두장은 눈 지름의 약 4.9배이다. 눈은 크고 머리의 등 쪽에 위치하며, 두 눈 사이는 약간 볼록하다. 아래턱이 위턱보다 약간 길고, 전새개골의 가장자리는 둥글다. 등지느러미의 극조부와 연조부 사이의 홈은 매우 얕고 기조 수는 11극 16~18연조, 뒷지느러미는 3극 8연조이다. 꼬리지느러미의 후연은 둥글다. 몸은 갈색 바탕에 원형 또는 다각형의 동공보다 큰 흑갈색 반점들이 밀집되어 있다. 전장 약 30cm.

생태⇒ 연안 얕은 곳의 모래와 바위 지역에 분포한다.

분포⇒ 우리 나라 남해(다도해), 일본 남부, 인도양 동부, 서태평양

참고⇒ 알락우럭(일본명 モヨウハタ)은 Jordan과 Richardson(1910)에 의해 일본에 분포한다고 기록된 적이 있으나 기재에 사용된 그림은 타이완산이고, 그 이후에도 이 종의 표본에 많은 문제가 제기되었다. 최근에는 *Epinephelus quoyanus*(Valenciennes)를 이 종의 학명으로 사용하고 있으며(Okamura and Amaoka, 1997), 우리 나라에서도 알락우럭의 표본과 학명을 면밀하게 검토할 필요가 있다.

능성어

능성어(제주도 서귀포)

265. 능성어 <바리과>

학명⇒ *Epinephelus septemfasciatus* (Thunberg)
영명⇒ Seven-banded grouper, seven-banded rock-cod
일명⇒ マハタ

형태⇒ 체고가 약간 높은 긴 타원형이다. 전새개골의 가장자리에 톱니 모양의 가시가 있으며, 그 아래쪽에 1~2개의 강한 가시가 있다. 등지느러미의 극조부와 연조부 사이의 홈은 매우 얕고, 기조 수는 11극 13~16연조, 뒷지느러미는 3극 9~10연조이다. 몸은 갈색 바탕에 등지느러미의 극조부 앞에서 미병부까지 7개의 진한 흑갈색 가로줄 무늬가 있고, 이 가운데 둘째 내지 다섯째 번 줄무늬는 등지느러미 위까지 이어진다. 약 50cm 이상 자라면 줄무늬는 희미해진다. 꼬리지느러미의 후연에는 흰 테두리가 있다. 전장 약 90cm.

생태⇒ 연안과 깊은 바다의 바위 지역에 서식하며, 낚시로도 잡힌다.

분포⇒ 우리 나라 제주도를 포함한 남해, 일본 홋카이도 이남, 남중국해, 인도양

다금바리

266. 다금바리 <바리과>

학명⇒ *Niphon spinosus* Cuvier
영명⇒ Saw-edged perch
일명⇒ アラ

형태⇒ 몸과 머리는 좌우로 납작하고 체형은 긴 타원형이다. 주둥이는 길고 끝이 뾰족하다. 입은 주둥이 끝에 열리고, 아래턱이 위턱보다 약간 길다. 눈은 작고 머리의 등 쪽에 위치한다. 전새개골에는 끝이 뒤를 향한 강한 가시가 있다. 등지느러미의 극조부와 연조부는 등의 외곽선까지 깊게 팬 홈에 의해 구분되고, 등지느러미의 기조 수는 13극 10~11연조, 뒷지느러미는 3극 6~8연조이다. 꼬리지느러미의 후연은 안쪽으로 약간 패어 있고, 어미의 꼬리지느러미 상엽과 하엽은 끝이 뭉툭하다. 뺨과 아가미뚜껑, 후두부에도 비늘이 있다. 측선은 몸의 등 쪽을 달리다가 미병부에서는 중앙에 위치하며, 측선 비늘은 84~93개이다. 등은 갈색 바탕에 진한 색의 세로줄 무늬가 있으나 성장하면서 희미해지고 배는 흰색이다. 등지느러미의 연조부와 꼬리지느러미의 끝은 흰색이고, 안쪽은 어두운 색을 띤다. 전장 약 1.2m.

생태⇒ 수심 100~140m의 바위 지역에 서식하며, 산란기는 여름철이다.

분포⇒ 우리 나라 제주도를 포함한 남해, 일본 남부, 필리핀

267. 연붉돔 <바리과>

학명⇒ *Plectranthias japonicus* (Steindachner)
영명⇒ Barred red bass
일명⇒ カスミサクラダイ

형태⇒ 체형은 타원형이다. 아래턱이 위턱보다 약간 길고, 위턱에 비늘이 있다. 전새개골의 가장자리에는 톱니 모양의 거치가 있다. 등지느러미의 극조부와 연조부 사이에는 깊은 홈이 있고, 등지느러미의 기조 수는 10극 14~16연조, 뒷지느러미는 3극 7연조이다. 꼬리지느러미의 후연은 약간 둥글거나 거의 직선형에 가깝다. 측선은 등 쪽 외곽선과 평행하게 위치하며, 측선 비늘은 30~35개이다. 몸은 황적색 바탕에 등 쪽에 홍적색의 불분명한 가로무늬가 6~7개 있다. 각 지느러미는 황적색이고 가장자리는 좀더 연한 노란색을 띤다. 전장 약 20cm.

생태⇒ 수심 100~300m의 모래와 바위 지역에 서식한다.

분포⇒ 우리 나라 제주도를 포함한 남해(진영), 일본 남부, 서태평양

연붉돔

268. 우각바리 <바리과>

학명⇒ *Plectranthias kelloggi azumanus* (Jordan et Richardson)
영명⇒ Yellowfin red bass, eastern flower porgy
일명⇒ アズマハナダイ

형태⇒ 몸과 머리는 좌우로 납작하고 체고가 높은 타원형이다. 전새개골의 가장자리에 톱니 모양의 거치가 있고, 아가미뚜껑 위 가장자리에 3개의 가시가 있다. 등지느러미의 극조부와 연조부 사이는 얕게 패어 있고, 등지느러미의 기조 수는 10극 14~16연조, 뒷지느러미는 3극 7~8연조이다. 연조부의 둘째 번 기조와 꼬리지느러미 가장 위쪽의 기조는 실 모양으로 길게 연장되어 있다. 몸 전체가 선홍색을 띠며, 너비가 넓고 진한 빨간색 가로줄 무늬가 3~4개 있다. 꼬리지느러미의 기부 위에는 동공보다 작고 붉은 반점이 있다. 전장 약 15cm.

생태⇒ 아열대성 어류로 수심이 약간 깊은 모래와 바위 지역의 바다 근처에 서식한다.

분포⇒ 우리 나라 동해 남부와 제주도, 일본 남부, 타이완

우각바리

69. 무늬바리 <바리과>

학명⇒ *Plectropomus leopardus* (Lacépède)
영명⇒ Blue-spotted grouper
일명⇒ スジアラ

형태⇒ 체형은 긴 타원형이다. 전새개골의 아래쪽 가장자리에 가시가 있다. 양턱 안쪽에는 눕히거나 세울 수 있는 이빨이 있고, 아래턱 양쪽에 강한 송곳니가 있다. 등지느러미의 기조 수는 8극 11연조, 뒷지느러미는 3극 8연조이다. 꼬리지느러미의 후연은 안쪽으로 얕고 둥글게 패어 있거나 직선형에 가깝다. 몸 색깔은 변화가 심하여 붉은색 또는 암녹색, 암적색을 띠고, 몸 전체에 깨알같이 작은 파란색 점들이 일정한 간격으로 흩어져 있다. 각 지느러미는 몸과 같은 색깔을 띠고, 등지느러미와 뒷지느러미, 꼬리지느러미에도 몸과 같은 작은 파란색 반점들이 있다. 전장 약 60cm.

생태⇒ 열대성 어류이며, 산호와 바위 주변에서 유영 생활을 한다.

분포⇒ 우리 나라 남해(부산), 일본 남부, 서태평양, 오스트레일리아 서부 해역

무늬바리

금강바리(♂, 제주도 서귀포)

금강바리(우, 제주도 서귀포)

270. 금강바리 <바리과>

학명⇒ *Pseudanthias squamipinnis* (Peters)
영명⇒ Orange seaperch, threadfin red bass
일명⇒ キンギョハナダイ

형태⇒ 체고가 약간 낮은 난형이다. 수컷의 등지느러미의 극조부 제3기조는 실처럼 길게 연장되어 있고, 극조부와 연조부는 거의 반듯하게 이어져 있다. 등지느러미의 기조 수는 10극 17연조, 뒷지느러미는 3극 7연조이다. 꼬리지느러미 상엽과 하엽의 끝은 매우 뾰족하고 길게 연장되어 있다. 수컷의 몸은 녹색을 띤 붉은색이고, 각 비늘에 노란색 점이 있다. 암컷은 복숭앗빛 바탕에 각 비늘에 노란색 점이 있다. 꼬리부를 제외한 몸 길이는 11cm에 달한다.

생태⇒ 암컷에서 수컷으로 성전환을 하며, 수심 10~30m의 바위와 산호 지역에서 단독 또는 집단으로 서식한다.

분포⇒ 우리 나라 제주도와 동해 남부, 일본 남부, 인도양, 서태평양

바리과 Serranidae(Groupers, sea basses)

금강바리(필리핀)

꽃돔

271. 꽃돔 <바리과>

학명⇒ *Sacura margaritacea* (Hilgendorf)
영명⇒ Cherry bass, cherry porgy
일명⇒ サクラダイ

형태⇒ 몸과 머리는 좌우로 납작하고 긴 난형이며, 체고는 두장보다 높다. 눈은 머리의 등 쪽에 위치하고, 눈의 지름은 주둥이 길이보다 약간 길다. 수컷의 등지느러미 제3극조는 실처럼 길게 연장되어 있고, 암컷과 수컷 모두 연조부의 앞부분에 길게 연장된 기조가 있다. 등지느러미의 기조 수는 10극 16~18연조, 뒷지느러미는 3극 7연조이다. 꼬리지느러미의 후연은 안쪽으로 깊이 패어 있고, 상엽과 하엽의 양 끝은 실처럼 길게 연장되어 있다. 측선은 몸의 등 쪽에 위치하고, 등지느러미 극조부의 기저와 측선 사이의 비늘열 수는 5~6기이다. 몸 색깔은 암컷과 수컷이 다른데, 수컷은 선홍색 바탕에 체측에 진주빛을 띠는 흰색 무늬와 반점이 세로로 배열되어 있다. 꼬리지느러미의 하엽은 몸의 선홍색이 그대로 이어지고 상엽은 노란색을 띤다. 암컷은 등적색 바탕에 등지느러미 극조부의 후반부에 크고 검은 반점이 뚜렷하게 나타나며, 꼬리지느러미는 노란색을 띤다. 전장은 수컷 15cm, 암컷 10cm.

생태⇒ 연안의 암초 지역에서 무리를 지어 유영 생활을 하고, 암컷에서 수컷으로 성전환을 한다.

분포⇒ 우리 나라의 남해(통영), 일본 남부, 타이완

독돔과
Banjosidae

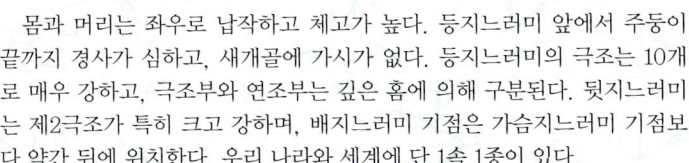

몸과 머리는 좌우로 납작하고 체고가 높다. 등지느러미 앞에서 주둥이 끝까지 경사가 심하고, 새개골에 가시가 없다. 등지느러미의 극조는 10개로 매우 강하고, 극조부와 연조부는 깊은 홈에 의해 구분된다. 뒷지느러미는 제2극조가 특히 크고 강하며, 배지느러미 기점은 가슴지느러미 기점보다 약간 뒤에 위치한다. 우리 나라와 세계에 단 1속 1종이 있다.

독돔

272. 독돔 <독돔과>

학명⇒ *Banjos banjos* (Richardson)
영명⇒ Banjofish
일명⇒ チョウセンバカマ

형태⇒ 체고가 높은 타원형으로, 등은 높게 솟아 있고 배 쪽은 거의 편평하다. 두 눈 사이는 편평하고, 중앙에 2개의 융기선이 있다. 등지느러미의 제3극조와 뒷지느러미의 제2극조는 특히 강하고 길다. 등지느러미의 극조부와 연조부는 깊은 홈에 의해 구분되고, 기조 수는 10극 11~12연조, 뒷지느러미는 3극 7연조이다. 몸은 회갈색 바탕에 머리와 극조부, 연조부의 후반부, 꼬리지느러미 앞에 너비가 넓고 윤곽이 뚜렷하지 않은 흑갈색 가로 무늬가 있다. 등지느러미 연조부의 앞쪽 끝에는 눈보다 큰 검은 반점이 있다. 전장 약 30cm.

생태⇒ 수심 30~200m의 모래·개펄 지역에 서식한다.

분포⇒ 우리 나라 제주도를 포함한 남해, 일본 남부, 동중국해, 오스트레일리아 서부 해역

뿔돔과

Priacanthidae (Big eyes)

몸은 좌우로 납작하고 체형은 난형 또는 난원형이다. 눈과 입이 매우 크고, 등지느러미의 연조부와 뒷지느러미의 연조부 기저부의 길이가 거의 비슷하다. 등지느러미는 1개로, 극조부와 연조부 사이는 홈이 없이 반듯하게 이어지거나 홈을 이루는 종도 있으며, 극조 수는 10개이다. 뒷지느러미에는 3개의 극조가 있다. 몸은 일반적으로 선홍색 또는 붉은색을 띤다. 우리 나라에 3속 4종, 세계에 4속 18종이 알려져 있다.

큰눈홍치(제주도 서귀포)

273. 큰눈홍치(가칭) <뿔돔과>

학명⇒ *Heteropriacanthus cruentatus* (Cuvier)
영명⇒ Big eye, dark-spotted big eye
일명⇒ ゴマヒレキントキ

형태⇒ 체형은 긴 난형이다. 눈이 크고, 아래턱이 위턱 앞으로 돌출하여 입은 위를 향해 열린다. 등지느러미의 기조 수는 10극 12~13연조, 뒷지느러미는 3극 14연조이다. 꼬리지느러미의 후연은 직선형에 가깝다. 몸은 은회색 바탕에 빨간색 가로무늬가 불규칙하게 섞여 있고, 등지느러미의 연조부와 뒷지느러미, 꼬리지느러미에 흑자색 점들이 흩어져 있다. 전장 약 23cm.

생태⇒ 수심 20m 정도의 산호초 지역에서 단독 또는 몇 마리가 무리를 지어 생활한다.

분포⇒ 우리 나라 제주도, 세계의 열대와 아열대 해역

뿔돔

274. 뿔돔 <뿔돔과>

학명⇒ *Cookeolus japonicus* (Cuvier)
영명⇒ Goggle eye, black-fin big eye, bulleye
일명⇒ チカメキントキ

형태⇒ 몸과 머리는 좌우로 매우 납작하고 체고가 높은 난원형이다. 머리는 크고, 등지느러미 앞에서 주둥이 끝에 이르는 외곽선은 거의 반듯하다. 눈은 크고, 주둥이 길이는 눈의 지름보다 짧다. 아래턱이 위턱 앞으로 돌출하여 입은 위를 향해 열린다. 등지느러미의 연조부가 극조부보다 훨씬 길고, 극조부의 각 기조 사이의 막은 깊게 패어 있다. 극조는 가장 앞엣것이 짧고 뒤로 갈수록 길며, 기조 수는 10극 12연조, 뒷지느러미는 3극 12연조이다. 꼬리지느러미의 후연은 둥글다. 배지느러미는 매우 크고 가슴지느러미 앞에 위치한다. 측선은 몸의 등 쪽에 있는데, 측선 비늘은 56~59개이다. 몸은 주홍색이고, 등지느러미의 극조부와 배지느러미의 막은 검은색을 띤다. 전장 약 60cm.

생태⇒ 수심 100m 정도의 약간 깊은 바다에 서식하며, 갑각류와 연체류를 주로 먹고 작은 어류도 먹는다.

분포⇒ 우리 나라 제주도를 포함한 남해, 동해 남부, 일본 남부, 서태평양, 남중국해, 인도양, 하와이

참고⇒ 이 종의 학명으로 *Cookeolus boops* (Schneider)를 사용하여 왔으나(김과 강, 1993), 이것은 *Cookeolus japonicus*(Cuvier)의 동종 이명으로 정리되었다(Starnes, 1988).

홍치

275. 홍치 <뿔돔과>

학명⇒ *Priacanthus macracanthus* Cuvier
영명⇒ Red bulleye, truncate-tailed big eye
일명⇒ キントキダイ

형태⇒ 몸과 머리는 좌우로 납작하고 긴 난형으로, 머리 뒷부분부터 미병부 앞까지 체고가 비슷하며, 미병부는 매우 가늘다. 눈은 커서 눈의 지름은 주둥이 길이보다 길고, 머리의 중앙보다 약간 위에 위치한다. 아래턱이 위턱 앞으로 돌출하였고, 입은 위를 향해 열려 있다. 전새개골 가장자리에 톱니 모양의 돌기가 있다. 등지느러미의 극조부와 연조부는 홈이 없이 거의 반듯하게 연결되어 있고, 기조 수는 10극 13~14연조, 뒷지느러미는 3극 14~15연조이다. 꼬리지느러미는 안쪽으로 약간 둥글게 패어 있다. 측선은 몸의 중앙보다 위를 지나다가 미병부에서 휘어져 내려와 몸의 중앙을 지난다. 측선 비늘은 66~83개이다. 몸은 선홍색으로 등 쪽이 배보다 진하다. 등지느러미의 기조막에 붉은 반점이 있고, 뒷지느러미는 황백색 바탕에 진하고 둥근 노란 점들이 있다. 전장 약 35cm.

생태⇒ 수심 80~120m, 수온 17~22℃, 염분 34.5‰ 전후의 해역에 많이 서식하고, 산란은 봄에 이루어진다. 부화 후 4년이 지나면 몸 길이가 20cm를 넘게 된다.

분포⇒ 우리 나라 제주도를 포함한 남해, 일본 남부, 남중국해, 인도네시아, 오스트레일리아 북부, 홍해

둥글돔

276. 둥글돔 <뿔돔과>

학명⇒ *Pristigenys niphonia* (Cuvier)
영명⇒ Big-eye porgy, Japanese big eye
일명⇒ クルマダイ

형태⇒ 몸과 머리는 좌우로 납작하고 체고가 높은 난형이다. 눈은 매우 크고 머리의 등 쪽에 위치하며, 눈의 지름은 주둥이 길이의 2배에 달한다. 아래턱이 위턱 앞으로 돌출하여 입은 위를 향해 열리고, 아가미뚜껑에 2개의 가시가 있다. 등지느러미와 뒷지느러미의 극조는 매우 크고 강하며, 각 극조 사이의 막은 깊게 패어 있다. 등지느러미의 극조부와 연조부 사이에 얕은 홈이 있으며, 등지느러미의 기조 수는 10극 10~11연조, 뒷지느러미는 3극 9~10연조이다. 꼬리지느러미의 후연은 약간 볼록하다. 몸은 선홍색이고, 등지느러미와 뒷지느러미의 연조부 가장자리와 배지느러미, 꼬리지느러미 후연에는 검은 테두리가 있다. 어릴 때에는 몸에 4~5개의 너비가 넓은 적갈색 가로줄 무늬가 나타나지만 어미가 되면 없어진다. 전장 약 30cm.
생태⇒ 수심이 약간 깊은 곳의 연근해에 서식하며, 바다낚시에도 잡힌다.
분포⇒ 우리 나라 남해(진해, 통영), 일본 남부, 인도양, 서태평양

동갈돔과

Apogonidae (Cardinal fishes)

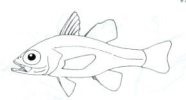

몸은 좌우로 납작하고 방추형이며 눈이 크다. 등지느러미는 2개로 분리되어 있고, 제1등지느러미에 6~8개, 제2등지느러미에 1개의 극조가 있다. 뒷지느러미의 극조는 2개이다. 수산업상 가치 있는 분류군은 아니며, 우리 나라에 2속 11종, 세계에 22속 207종이 알려져 있다.

먹테얼게비늘

277. 먹테얼게비늘 <동갈돔과>

학명⇒ *Apogon carinatus* Cuvier
영명⇒ Spottail cardinal fish
일명⇒ マトイシモチ

형태⇒ 체고가 낮은 타원형이다. 제2등지느러미는 제1등지느러미보다 높다. 제1등지느러미의 기조 수는 7극, 제2등지느러미는 1극 9연조, 뒷지느러미는 2극 8연조이다. 꼬리지느러미의 후연은 약간 둥글다. 비늘은 큰 빗비늘이며, 쉽게 탈락된다. 몸은 황갈색이고 각 비늘의 가장자리는 흑갈색을 띤다. 제1등지느러미는 암갈색이며, 제2등지느러미 후반부 아래쪽에는 검은 반점이 있다. 전장 약 15cm.

생태⇒ 수심 50m 정도의 모래·개펄 지역에 서식한다.

분포⇒ 우리 나라 제주도를 포함한 남해, 일본 중부 이남, 중국해

세줄얼게비늘

세줄얼게비늘(제주도 모슬포)

278. 세줄얼게비늘 <동갈돔과>

학명⇒ *Apogon doederleini* Jordan et Snyder
영명⇒ Fourstripe cardinal fish
일명⇒ オオスジイシモチ

형태⇒ 체형은 타원형이며, 미병부는 약간 길다. 제2등지느러미는 제1등지느러미보다 크고 높다. 제1등지느러미의 기조 수는 7극, 제2등지느러미는 1극 9연조, 뒷지느러미는 2극 8~9연조이다. 꼬리지느러미의 후연은 오목하게 패어 있고, 상엽과 하엽의 끝은 둥글다. 몸은 복숭앗빛 바탕에 체측에는 4개의 암갈색 세로줄이 있으며, 가장 아래의 줄무늬는 희미하고 뒷지느러미 앞에서 끝난다. 미병부 중앙의 뒤끝에 동공 크기의 검은 반점이 있다. 전장 약 12cm.
생태⇒ 내만이나 연안 얕은 곳의 바위 지역에 무리를 지어 생활한다.
분포⇒ 우리 나라 제주도를 포함한 남해, 일본 중부 이남, 타이완, 필리핀

279. 큰줄얼게비늘 <동갈돔과>

학명⇒ *Apogon kiensis* Jordan et Snyder
영명⇒ Rifle cardinal fish
일명⇒ テッポウイシモチ

형태⇒ 체고가 낮은 긴 타원형이다. 눈이 커서 눈의 지름은 주둥이 길이보다 길다. 등지느러미는 2개로 분리되어 있고, 제1등지느러미의 극조 수가 6개이어서 7개인 다른 유사종과 구분된다. 제2등지느러미의 기조 수는 1극 9연조, 뒷지느러미는 2극 8연조이다. 꼬리지느러미의 후연은 안쪽으로 오목하게 패어 있다. 측선은 몸의 전반부에서는 등 쪽에 위치하다가 미병부에서는 중앙에 위치하며, 측선구멍 비늘 수는 약 25개이다. 체측은 연한 복숭아색이고 배는 좀더 연한 색을 띤다. 너비가 넓은 암갈색 세로줄 무늬가 주둥이 끝에서 시작되어 눈을 지나 체측과 꼬리지느러미 중앙의 끝까지 이어진다. 등 쪽에도 좀더 가는 암갈색 줄무늬가 1개 있다. 전장 약 8cm.

생태⇒ 내만의 모래·개펄 지역에 서식한다.
분포⇒ 우리 나라 제주도를 포함한 남해, 일본 남부, 동중국해, 필리핀, 남아프리카 해역

큰줄얼게비늘

280. 먹얼게비늘 <동갈돔과>

학명⇒ *Apogon niger* Döderlein
영명⇒ Black cardinal fish
일명⇒ クロイシモチ

형태⇒ 체고가 약간 높은 타원형이다. 머리가 크고 주둥이 끝 둥글며, 눈의 지름은 주둥이 길이보다 짧거나 비슷하다. 제1등지느러미의 기조 수는 7극, 제2등지느러미는 1극 9연조, 뒷지느러미는 2극 8연조이다. 모든 지느러미의 끝과 꼬리지느러미의 후연은 둥글다. 몸은 전체적으로 암갈색을 띠며, 등지느러미와 배지느러미, 뒷지느러미는 어두운 색을 띤다. 전장 약 10cm.

생태⇒ 내만의 돌이 많은 모래·개펄 지역에 서식한다.
분포⇒ 우리 나라 동해 남부(포항)의 이남, 일본 남부, 타이완, 남중국해

먹얼게비늘

281. 점동갈돔 <동갈돔과>

학명⇒ *Apogon notatus* (Houttuyn)
영명⇒ Black-spotted cardinal fish
일명⇒ クロホシイシモチ

형태⇒ 체형은 긴 타원형이다. 눈이 크고, 눈의 지름은 주둥이 길이보다 길다. 제1등지느러미의 기조 수는 7극조, 제2등지느러미는 1극 9연조이며, 뒷지느러미는 2극 8연조이다. 꼬리지느러미의 후연은 약간 오목하다. 몸은 복숭앗빛을 띠며, 등 쪽은 진하고 배는 연한 색을 띤다. 미병부에 검은 반점이 있다. 눈 위 뒤쪽에 뚜렷한 검은 점이 있는 것이 이 종의 특징이다. 아래턱의 끝이 검고, 주둥이 끝에서 눈을 지나 전새개골을 잇는 검은 줄무늬가 있다. 전장 약 10cm.

생태⇒ 아열대성 어류이며, 수심 5~10m의 외해에 접한 연안의 바위 지역에서 무리를 지어 생활한다.

분포⇒ 우리 나라 제주도, 일본 중부 이남, 타이완, 필리핀

유사종⇒ 줄도화돔(*Apogon semilineatus*)

점동갈돔

줄도화돔

282. 줄도화돔 <동갈돔과>

학명⇒ *Apogon semilineatus* Temminck et Schlegel
영명⇒ Barface cardinal fish
일명⇒ ネンブツダイ

형태⇒ 체형은 긴 타원형이다. 보통 위턱이 아래턱보다 짧지만, 산란기에는 암수 모두 위턱의 주둥이 끝이 아래턱보다 길게 앞으로 돌출되어 있다. 제1등지느러미의 기조 수는 7극, 제2등지느러미의 기조 수는 1극 9연조, 뒷지느러미는 2극 8연조이다. 몸은 광택이 있는 분홍색 바탕에 주둥이 끝에서 눈을 지나 아가미뚜껑 후단에 이르는 흑갈색 세로줄이 있고, 그 위쪽에도 또 하나의 좀더 가는 줄무늬가 제2등지느러미까지 이어진다. 꼬리지느러미 미병부 중앙의 뒤끝에 검은 반점이 있고, 이 반점의 일부는 꼬리지느러미 기부 위까지 이어진다. 전장 약 12cm.

생태⇒ 수심 3~100m의 바위 지역에 무리를 지어 생활한다. 산란기가 되면 수컷이 알덩어리를 입 안에 품고 부화시킨다.

분포⇒ 우리 나라 제주도를 포함한 남해, 일본 중부 이남, 타이완, 필리핀

❖ 줄도화돔과 점동갈돔의 구분

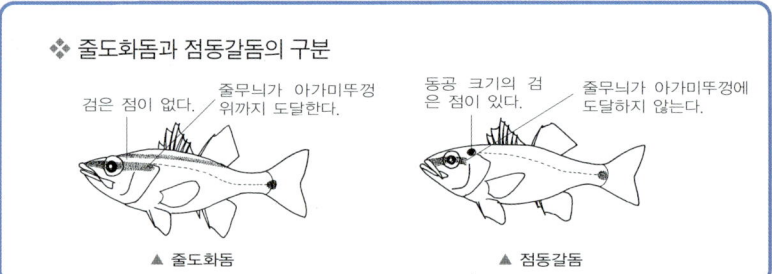

▲ 줄도화돔　　　　　　　　　▲ 점동갈돔

동갈돔과 Apogonidae(Cardinal fishes)

바위 지역에 무리를 지어 생활하는 줄도화돔(제주도 모슬포)

줄도화돔(제주도 모슬포)

보리멸과

Sillagnidae (Smelt whitings)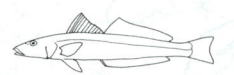

몸은 길고 좌우로 두꺼워 원통형에 가깝다. 입은 작고, 등지느러미는 2개로 서로 가깝게 인접되어 있다. 제1등지느러미에 10~13개의 극조가 있고 제2등지느러미에는 1개의 극조가 있다. 뒷지느러미의 극조는 2개이다. 우리 나라에 1속 3종, 세계에 3속 31종이 알려져 있다.

청보리멸

283. 청보리멸 <보리멸과>

학명⇒ *Sillago japonica* Temminck et Schlegel
영명⇒ Silver whiting
일명⇒ シロギス

형태⇒ 체형은 긴 원통형이다. 아가미뚜껑 뒤에 약한 가시가 1개 있다. 등지느러미는 2개로 분리되어 있고, 뒷지느러미는 제2등지느러미 아래에 거의 대칭으로 위치한다. 측선 상부의 비늘열이 3~4개로 유사종인 보리멸과 구분된다. 몸은 연한 갈색이고, 배 쪽은 흰색을 띤다. 전장 약 35cm.

생태⇒ 연안의 모랫바닥에 서식한다. 소리에 민감하여 위험을 느끼면 모래 속으로 숨는 습성이 있다. 산란기는 여름철이고, 갑각류와 지렁이류, 작은 조개류를 먹는다. 만 2년만에 전장 15cm까지 자라며, 해수욕장 등의 백사장에서 낚시로 잘 잡힌다.

분포⇒ 우리 나라 제주도를 포함한 남해와 서해, 일본 홋카이도 이남, 타이완, 필리핀
유사종⇒ 별보리멸(*Sillago aeolus*)
일명 : ホシギス
보리멸(*Sillago sihama*)
일명 : モトギス

옥돔과

Malacanthidae (Tilefishes)

몸은 좌우로 납작하고 체고가 낮으며 길다. 입술은 두껍고 육질로 되어 있다. 등지느러미는 1개로 기저부가 길고, 극조 수는 4~5개, 뒷지느러미의 극조는 1~2개이다. 우리 나라에 1속 4종, 세계에 5속 39종이 알려져 있다.

옥두어

284. 옥두어   <옥돔과>

학명⇒ *Branchiostegus albus* Dooley
영명⇒ White horsehead
일명⇒ シロアマダイ

형태⇒ 몸과 머리는 좌우로 납작하고 길며, 등의 외곽선은 거의 반듯하다. 주둥이는 둥글고 입은 주둥이 아래쪽에 위치하며, 머리에서 주둥이 끝에 이르는 외곽선은 경사가 심하다. 눈은 머리의 등 쪽에 위치한다. 양턱에 강한 이빨이 있으며, 전새개골의 아래 가장자리에 톱니 모양의 거치가 있다. 등지느러미는 1개로 극조부와 연조부 사이에 홈이 없이 반듯하게 이어진다. 등지느러미의 기조 수는 7극 15~16연조이고, 뒷지느러미는 2극 12연조이다. 꼬리지느러미 상엽과 하엽의 양 끝은 뾰족하며, 중앙 부분은 둥글게 솟아 있다. 측선은 몸의 중앙보다 위쪽에 위치하고 등의 외곽선과 평행을 이룬다. 측선 비늘은 48~51이다. 몸은 연한 담홍색이고, 꼬리지느러미 뒷부분에 2~3개의 노란색 가로줄이 파도 모양으로 나타난다. 전장 약 60cm.

생태⇒ 수심 30~100cm의 모래·개펄 바닥 주변에 서식하며, 낚시에도 걸린다.

분포⇒ 우리 나라 동해 중부 이남과 남해, 일본의 서해, 중국

옥돔

285. 옥돔 <옥돔과>

학명⇒ *Branchiostegus japonicus* (Houttuyn)
영명⇒ Horsehead, red horsehead
일명⇒ アカアマダイ

형태⇒ 몸은 길고, 머리 바로 뒤의 체고가 가장 높고 뒤로 갈수록 낮아진다. 눈 앞쪽 외곽선은 둥글게 굽어 내려온다. 등지느러미는 극조부와 연조부가 일직선으로 길게 연결되어 있고, 꼬리지느러미의 후연은 이중 만입형이다. 측선은 몸의 중앙보다 위쪽에 위치하고, 등의 외곽선과 평행을 이룬다. 몸은 황갈색 바탕에 희미한 홍갈색 가로줄이 있으며, 배쪽이 좀더 연한 색을 띤다. 꼬리지느러미는 담황색 바탕에 5~6개의 세로줄 무늬가 있다. 전장 약 45cm.

생태⇒ 모래와 개펄로 이루어진 수심 20~150m, 수온 16~20℃의 수역에 서식한다.

분포⇒ 우리 나라 제주도, 일본 중부 이남, 남중국해

유사종⇒ 옥두어(*Branchiostegus albus*), 등흑점옥두어(*Branchiostegus argentatus*)
일명 : スミツキアマダイ
황옥돔(*Branchiostegus auratus*)
영명 : Yellow horsehead
일명 : キアマダイ

❖ 한국산 옥돔과 어류의 구분

꼬리지느러미에 파도형 노란줄 무늬가 세로로 나타난다. 나머지 3종은 가로줄 무늬이다.

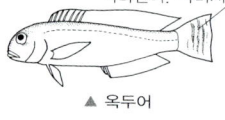

▲ 옥두어

▲ 옥돔 눈 뒤에 흰색 삼각형 무늬가 있다.

등지느러미에 일렬의 검은색 반점이 있다.

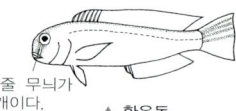

흰줄 무늬가 1개이다. ▲ 황옥돔

흰줄 무늬가 2개이다. ▲ 등흑점옥두어

게르치과

Pomatomidae (Bluefishes)

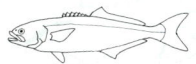

입이 크고, 아래턱이 위턱보다 돌출하였으며, 양턱에 일렬로 날카로운 이빨이 있다. 눈은 작다. 등지느러미는 2개로 분리되었는데, 제1등지느러미에 7~9개의 극조가 있으며, 제2등지느러미에도 1개의 극조가 있다. 뒷지느러미에는 2~3개의 극조가 있다. 우리 나라에 1속 1종, 세계에 2속 4종이 알려져 있다.

게르치

286. 게르치 <게르치과>

학명⇒ *Scombrops boops* (Houttuyn)
영명⇒ Japanese bluefish
일명⇒ ムツ

형태⇒ 체형은 방추형이다. 눈의 지름은 주둥이 길이의 2배에 가깝고, 양턱에는 송곳니처럼 뾰족한 일렬의 이빨이 있다. 등지느러미는 2개로 분리되어 있고, 제2등지느러미와 뒷지느러미의 막은 육질과 같이 두껍다. 어미의 몸 색깔은 갈색이고, 어릴수록 빨간색을 많이 띤다. 입 속은 청흑색인데, 새끼의 경우는 흰색이다. 전장 약 1m.

생태⇒ 새끼는 연안 얕은 곳에 무리를 지어 다니는데, 성장하면서 깊은 곳으로 이동한다. 어미는 수심 200~700m의 바위 지역에 서식한다. 작은 어류와 오징어류, 새우류를 주로 먹고, 부화 후 만 3년 만에 전장 40cm까지 자라서 어미가 된다.

분포⇒ 우리 나라 남해, 일본 홋카이도 이남, 동중국해

빨판상어과
Echeneidae (Remoras)

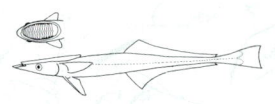

몸은 단단하고, 머리 위에 제1등지느러미가 빨래판 모양의 큰 흡반으로 변형되어 있다. 제2등지느러미와 뒷지느러미는 몸의 후반부에 거의 대칭으로 위치한다. 우리 나라에 3속 3종, 세계에 4속 8종이 알려져 있다.

빨판상어

등지느러미가 변형된 빨판상어의 흡반

287. 빨판상어 <빨판상어과>

학명⇒ *Echeneis naucrates* Linnaeus
영명⇒ Shark sucker
일명⇒ コバンザメ

형태⇒ 체형은 긴 원통형이다. 머리의 등 쪽에 등지느러미가 변형된 긴 달걀형의 흡반이 있다. 주둥이는 흡반 앞쪽으로 뾰족하게 나와 있고, 아래턱은 위턱보다 훨씬 앞쪽으로 돌출되어 있다. 흡반 안쪽의 판상체(板狀體)는 20~28매이며, 꼬리지느러미의 후연은 둥글다. 몸은 청갈색으로 몸의 옆면 중앙에 너비가 넓고 검은 세로줄 무늬가 있다. 등지느러미와 뒷지느러미, 꼬리지느러미는 흑갈색이고 꼬리지느러미의 위와 아래 가장자리는 흰색을 띤다. 전장 약 90cm.

생태⇒ 흡반을 이용하여 상어류 등 큰 물고기의 주둥이 아래쪽에 몸을 부착하여 생활하면서 먹다 남은 찌꺼기를 먹고 산다. 그물에 잡히면 숙주로부터 재빨리 떨어져 도망친다.

분포⇒ 우리 나라 동해와 제주도를 포함한 남해, 일부 해역을 제외한 전세계의 해역

대빨판이

288. 대빨판이 <빨판상어과>

학명⇒ *Remora remora* (Linnaeus)
영명⇒ Blue shark sucker
일명⇒ ナガコバン
형태⇒ 체형은 긴 원통형이고, 흡반도 비교적 커서 그 후단은 가슴지느러미의 중간이나 그보다 약간 뒤까지 도달한다. 흡반의 판상체는 17~19매이다. 아래턱이 위턱보다 돌출하였고 끝은 둥글다. 꼬리지느러미의 후연은 안쪽으로 깊게 패었다. 몸은 전체적으로 균일한 회백색 또는 암회색을 띤다. 전장 약 40cm.
생태⇒ 상어 등 대형 어류의 주둥이 아래에 붙어서 찌꺼기를 받아 먹으며 산다.
분포⇒ 우리 나라 동해, 세계의 온대와 열대 해역
유사종⇒ 흰빨판이(*Remorina albescens*)
영명 : White suckerfish
일명 : シロコバン

❖ **대빨판이와 흰빨판이의 구분**

대빨판이는 배지느러미가 가슴지느러미와 크기가 비슷하고, 빨래판 모양의 흡반의 판상체가 17~19매이다. 반면에 흰빨판이는 배지느러미가 가슴지느러미보다 훨씬 작고, 흡반의 판상체 수가 12~14매이다.

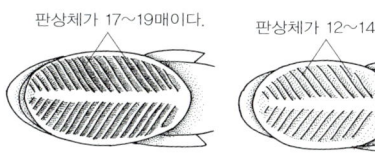

판상체가 17~19매이다.　　판상체가 12~14매이다.

▲ 대빨판이　　▲ 흰빨판이
등지느러미가 변형된 흡반

날쌔기과

Rachycentridae (Cobia)

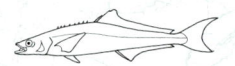

몸은 원통형에 가깝고 긴 방추형이다. 머리는 상하로 납작하고 편평하다. 등지느러미의 극조는 7~9개로 매우 작고 강하며, 각각 분리되어 있다. 뒷지느러미의 극조는 2~3개이다. 우리 나라와 세계에 단 1속 1종이 알려져 있다.

날쌔기

289. 날쌔기 <날쌔기과>

학명⇒ *Rachycentron canadum* (Linnaeus)
영명⇒ Cobia, black kingfish
일명⇒ スギ

형태⇒ 체형은 원통형으로 긴 방추형이며, 아래턱이 위턱보다 길다. 제1등지느러미는 막으로 연결되지 않은 채 7~9개의 아주 작은 가시로 이루어져 있다. 꼬리지느러미의 후연은 안쪽으로 둥글게 패어 있으나 새끼의 꼬리지느러미는 밖으로 볼록하다. 몸은 회갈색 또는 흑갈색 바탕에 머리에서 꼬리지느러미 앞까지 이어지는 2개의 흰 세로줄 무늬가 있다. 모든 지느러미는 흑갈색을 띤다. 전장이 약 1.5m에 달하는 대형종이다.

생태⇒ 따뜻한 바다의 중층 또는 표층에 서식한다.

분포⇒ 우리 나라 제주도를 포함한 남해, 동태평양을 제외한 세계의 열대와 아열대 해역

만새기과

Coryphaenidae (Dolphin fishes)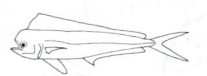

등지느러미는 머리 위에서 시작되어 미병부까지 길게 이어지는데, 각 지느러미에 극조가 없다. 비늘이 아주 작아서 측선 비늘 수는 150개 이상이다. 우리 나라와 세계에 1속 2종이 알려져 있다.

줄만새기

290. 줄만새기 〈만새기과〉

학명⇒ *Coryphaena equiselis* Linnaeus
영명⇒ Lesser dolphin fish, Little dolphin
일명⇒ エビシイラ
형태⇒ 몸은 길고 주둥이 앞에서 머리의 등 쪽 외곽선은 둥근 곡선을 이루며, 머리에서 미병부에 이르는 등 쪽 외곽선도 완만한 곡선을 이룬다. 체고는 가슴지느러미 후단이 가장 높고 뒤로 갈수록 낮아져 미병부는 아주 가늘다. 등지느러미의 기조 수는 48~59연조, 뒷지느러미는 23~29연조이다. 측선은 가슴지느러미 위에서 약간 솟아 있다. 등은 진한 파란색이고 배 쪽은 은색을 띤다. 체측에는 미세한 흑청색 점들이 흩어져 있다. 등지느러미와 꼬리지느러미, 배지느러미는 흑청색이다. 전장 약 90cm.
생태⇒ 외양의 표층성 어류이다.
분포⇒ 우리 나라 남해(부산), 일본 남부, 세계의 온대와 열대 해역

만새기

291. 만새기   <만새기과>

학명⇒ *Coryphaena hippurus* Linnaeus
영명⇒ Dolphin fish, common dolphin
일명⇒ シイラ

형태⇒ 몸은 길고, 배지느러미 앞부분이 가장 높으며, 뒤로 갈수록 낮아져 미병부는 아주 가늘다. 등은 진한 파란색이고 배 쪽은 연한 노란색 또는 은백색을 띤다. 등에는 진한 남색 점들이 흩어져 있으며, 모든 지느러미는 검은색을 띤다. 전장 약 2m 가까이 되는 대형종이다.

생태⇒ 바다의 표층이나 중층을 무리를 지어 유영하고, 난대성 어류로 여름철에는 난류를 따라 고위도까지 출현한다. 새끼 때부터 어류를 주로 먹으며, 산란기는 7~8월이다.

분포⇒ 우리 나라 동해와 제주도를 포함한 남해, 전세계의 온대와 열대 해역

❖ **만새기와 줄만새기의 구분**

만새기는 등지느러미 기저부의 외곽선이 직선에 가깝고, 등지느러미 전반부의 체고가 가장 높다. 반면에 줄만새기는 등지느러미 기저부의 외곽선이 만새기에 비해 둥글고, 등지느러미 중간 또는 뒷지느러미가 시작되는 곳의 체고가 가장 높다.

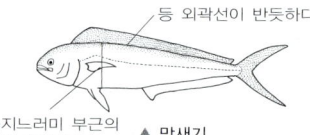

▲ 만새기 — 등 외곽선이 반듯하다. 가슴지느러미 부근의 체고가 가장 높다.
▲ 줄만새기 — 등 외곽선이 둥글다. 뒷지느러미 앞의 체고가 가장 높다.

전갱이과

Carangidae (Jacks)

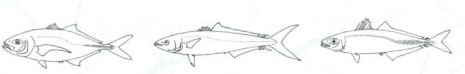

뒷지느러미 앞에 2개의 극조가 분리되어 있다. 미병부는 가늘고 꼬리지느러미의 상엽과 하엽이 깊게 갈라져 있다. 몸은 좌우로 납작하고, 체고가 높은 난형과 낮은 방추형이 있다. 앞엣것은 주로 연안의 바위 주변에 서식하고 뒤엣것은 회유성 어류가 많다. 측선 위의 비늘은 일부 또는 전부가 융기된 방패비늘로 변형되어 있다(일부 종은 방패비늘이 없다.). 우리 나라에 16속 28종, 세계에 32속 140종이 알려져 있다.

실전갱이(강원도 속초)

실전갱이(전남 여수 돌산도)

292. 실전갱이   <전갱이과>

학명⇒ *Alectis ciliaris* (Bloch)
영명⇒ Ciliated threadfish
일명⇒ イトヒキアジ

형태⇒ 유어(幼魚)는 체고가 높지만 성장하면서 체고가 낮고 몸이 길어진다. 어미는 눈 위의 머리가 약간 솟아 있고, 머리에서 주둥이 끝까지 경사가 심하다. 새끼의 제2등지느러미와 뒷지느러미의 앞쪽 몇 개의 기조는 실처럼 길게 연장되어 있다. 뒷지느러미의 가장 앞쪽 2개의 극조는 작고 막이 없이 분리되어 있다. 미병부 측선 위에 방패비늘이 발달되었다. 등은 파란색이고 배는 은백색 바탕에 4~5개의 가로줄 무늬가 있다. 전장 약 1m.

생태⇒ 유어기 때는 표층 부근에서 생활을 하지만, 어미가 되면 보통 수심 60m 이상의 지역에 서식한다. 육식성 어류이다.

분포⇒ 우리 나라 동해와 남해, 일본 남부, 서태평양, 남중국해, 인도양, 홍해, 하와이

노랑점무늬유전갱이

노랑점무늬유전갱이(울릉도)

293. 노랑점무늬유전갱이 <전갱이과>

학명⇒ *Carangoides orthogrammus* (Jordan et Gilbert)
영명⇒ Yellow-spotted crevalle
일명⇒ ナンヨウカイワリ

형태⇒ 체형은 난형이다. 주둥이 길이는 눈지름의 약 1.5배 이상이다. 제1등지느러미는 작고, 제2등지느러미와 뒷지느러미는 앞부분의 연조가 길어서 낫과 같은 모양이다. 뒷지느러미의 가장 앞쪽 2개의 극조는 작고, 지느러미로부터 분리되어 있다. 측선의 전반부는 완만한 곡선을 이루다가 후반부에서 미병부까지 직선을 이루며, 미병부의 측선 위에 방패비늘이 있다. 등은 회청색이고 배는 은백색이며, 체측의 측선 부근에 노란색 점무늬가 흩어져 있다. 전장 약 80cm.

생태⇒ 연안 얕은 곳에서 생활하며, 어미는 수심 150m의 좀더 깊은 해역에 서식한다. 모랫바닥에 사는 갑각류와 어류를 먹는다.

분포⇒ 우리 나라 울릉도와 제주도, 일본 남부, 인도양, 태평양

유사종⇒ 흑전갱이(*Carangoides ferdau*)
일명 : クロヒラアジ
유전갱이(*Carangoides uii*)
일명 : キイヒラアジ

줄전갱이

294. 줄전갱이 <전갱이과>

학명⇒ *Caranx sexfasciatus* Quoy et Gaimard
영명⇒ Banded cavalla, dusky jack, six-banded jack
일명⇒ ギンガメアジ

형태⇒ 몸과 머리는 좌우로 납작하고 유어는 긴 난형인데, 자랄수록 몸은 길어지고 체고는 낮아진다. 아래턱이 위턱보다 약간 길고, 눈은 머리의 중앙보다 위에 위치한다. 눈 위에는 지검(脂瞼)이 발달되어 있다. 등지느러미는 2개인데, 제1등지느러미의 기조 수는 8극조이고 제2등지느러미의 기조 수는 1극 19~22연조이다. 제2등지느러미와 뒷지느러미의 앞쪽 기조는 길어서 낫과 같은 모양이다. 뒷지느러미는 3극 14~17연조이고 가장 앞쪽 2개의 극조는 지느러미와 분리되어 있다. 꼬리지느러미의 후연은 안쪽으로 깊게 패어 있다. 측선은 둥글게 곡선을 이루다가 가슴지느러미 끝 부근에서 휘어져 내려와 미병부까지 직선을 이룬다. 측선의 직선부 전체에 방패비늘이 있는데, 그 수는 27~36개이다. 유어는 금색 바탕에 너비가 넓은 검은 줄무늬가 6개 나타나지만, 어미의 등 쪽은 어두운 청록색을 띠고 배는 은백색이다. 아가미뚜껑의 위 끝에 동공보다 작고 검은 점이 1개 있다. 전장 약 90cm.

생태⇒ 어미는 연안의 산호나 암초 주변에서 단독으로 생활하거나 무리를 지어 생활하며, 유어는 주로 내만에서 생활한다.

분포⇒ 우리 나라 제주도를 포함한 남해(통영), 일본 남부, 인도양, 서태평양

유사종⇒ 술전갱이(*Caranx bucculentus*)
일명 : ニセロニンアジ

풀가라지

295. 풀가라지 <전갱이과>

학명⇒ *Decapterus macarellus* (Cuvier)
영명⇒ Blue mackerel scad
일명⇒ クサヤモロ

형태⇒ 몸이 길며, 체고가 낮고 긴 방추형이다. 눈 위에는 지검이 발달되어 있다. 가슴지느러미는 짧고, 그 후단은 제1등지느러미 중간 부분 아래에 머문다. 등지느러미는 2개로 분리되었으며, 제1등지느러미의 기조 수는 8극조, 제2등지느러미는 1극 30~36연조이다. 뒷지느러미는 3극 27~30연조인데, 가장 앞쪽 극조 2개는 매우 작고 뒷지느러미로부터 분리되어 있다. 등지느러미와 뒷지느러미 뒤의 미병부에는 각각 1개씩의 작은 분리 기조가 있다. 꼬리지느러미의 후연은 안쪽으로 깊게 패어 있다. 측선의 전반부는 등의 외곽선과 평행을 이루다가 제2등지느러미의 전반부에서 휘어져 내려와 미병부까지 직선을 이룬다. 측선의 직선부 약 $\frac{1}{2}$ 은 방패비늘로 덮여 있는데, 방패비늘의 수는 25~35개이다. 등은 암청색이고 배는 은백색을 띤다. 꼬리지느러미는 어둡고 가장자리는 노란색을 띤다. 전장 약 40cm.

생태⇒ 수심 200m의 중·저층에서 유영 생활을 한다.

분포⇒ 우리 나라 제주도, 일본 중부 이남, 남중국해, 인도양, 서태평양

유사종⇒ 붉은가라지(*Decapterus akaadsi*), 긴가라지(*Decapterus macrosoma*), 가라지(*Decapterus maruadsi*), 갈고등어(*Decapterus muroadsi*), 홍기가라지(*Decapterus tabl*)

참치방어

296. 참치방어 <전갱이과>

학명⇒ *Elagatis bipinnulata* (Quoy et Gaimard)
영명⇒ Rainbow runner, blue-striped runner
일명⇒ ツムブリ

형태⇒ 몸과 머리는 좌우로 납작하며, 전형적인 방추형이다. 미병부는 가늘다. 눈은 작고 머리의 중앙에 위치하며, 주둥이는 길고 뾰족하다. 2개의 등지느러미는 가까이 인접하여 있고, 제1등지느러미의 기조 수는 5~6극, 제2등지느러미는 1극 23~28연조이다. 뒷지느러미의 가장 앞쪽 극조 1개는 매우 작고, 뒷지느러미의 기조 수는 2극 15~20연조이다. 미병부의 위아래 대칭으로 등지느러미와 뒷지느러미로부터 분리된 1개씩의 작은 분리 기조가 있고, 이 지느러미에는 2개의 연조가 있다. 꼬리지느러미의 후연은 제비꼬리처럼 매우 깊이 패어 있고, 상엽과 하엽의 끝은 뾰족하고 길다. 등은 암녹색이고 배는 노란색이 나는 흰색이며, 체측에 2개의 파란색 세로줄 무늬가 있다. 몸 중앙에 너비가 넓은 노란색 선이 주둥이에서 꼬리지느러미 앞까지 나타나지만, 이 선은 죽으면 없어진다. 등지느러미와 뒷지느러미는 황록색이며, 배지느러미는 연한 파란색을 띤다. 전장 약 1m.

생태⇒ 주로 연안이나 외해의 표층에서 무리를 지어 유영 생활을 하지만, 수심 100m의 바위 지역에서도 발견된다.

분포⇒ 우리 나라 제주도를 포함한 남해, 세계의 온대와 열대 해역

갈전갱이

297. 갈전갱이 <전갱이과>

학명⇒ *Kaiwarinus equula* (Temminck et Schlegel)
영명⇒ Whitefin crevalle
일명⇒ カイワリ

형태⇒ 몸과 머리는 좌우로 납작하며, 체고가 높고 길이가 짧은 난원형이다. 눈은 머리의 중앙보다 약간 위에 있다. 주둥이는 짧지만 뾰족하고, 위턱과 아래턱의 길이는 비슷하다. 등지느러미는 2개로 제1등지느러미의 기조 수는 8극조, 제2등지느러미는 1극 23~25연조이다. 뒷지느러미는 3극 21~23연조이며, 앞쪽의 극조 2개는 매우 작고 지느러미로부터 분리되어 있다. 꼬리지느러미의 후연은 깊이 패어 있다. 측선은 몸 앞부분에서 둥글게 곡선을 이루고, 몸 후반부에서 휘어져 내려와 미병부에서는 중앙에 직선으로 위치한다. 측선의 직선부 전체에 방패비늘이 있으며, 방패비늘의 수는 22~32개이다. 몸은 담회색이고, 등 쪽은 진한 녹청색을 띤다. 제2등지느러미와 뒷지느러미의 가장자리는 흑갈색을 띤다. 전장 약 30cm.

생태⇒ 수심 200m 정도의 모래·개펄 바닥의 저층부에 서식하며, 갑각류와 어류를 먹는다. 산란기는 9~11월로 구형(球形)의 분리부성란을 낳는다.

분포⇒ 우리 나라 동해 남부와 남해, 일본 남부, 인도양, 서태평양

동갈방어

298. 동갈방어 <전갱이과>

학명⇒ *Naucrates ductor* (Linnaeus)
영명⇒ Pilot fish
일명⇒ ブリモドキ

형태⇒ 몸은 좌우로 납작하고, 체고가 약간 높은 방추형이며 미병부는 가늘다. 주둥이 끝은 약간 둥글고, 눈은 머리의 앞쪽 중앙에 위치한다. 눈의 지름은 주둥이의 길이보다 약간 짧다. 제1등지느러미의 극조는 매우 작고, 기조는 막이 없이 각각 분리되어 있다. 제1등지느러미의 기조 수는 5~6극조, 제2등지느러미는 1극 25~29연조이다. 뒷지느러미는 3극 15~17연조이며, 가장 앞의 극조 2개는 매우 작고 지느러미로부터 분리되어 있다. 꼬리지느러미의 후연은 깊이 패어 상·하엽이 갈라져 있다. 미병부의 체측 양쪽에 융기선이 있고, 측선 위에 방패비늘은 없다. 몸은 은회색 바탕에 6~7개의 뚜렷한 흑갈색 가로줄 무늬가 있다. 꼬리지느러미는 암갈색이고, 상엽과 하엽의 끝 부분은 흰색을 띤다. 제2등지느러미와 뒷지느러미 앞쪽 연조의 끝 부분도 흰색을 띤다. 전장 약 50cm.
생태⇒ 주로 외양의 표층에서 생활한다. 이 종은 상어나 그 밖에 대형 어류와 함께 유영하면서, 마치 이들을 이끌고 다니는 듯한 모습을 보이기 때문에 'Pilot fish'라는 영명이 붙었다.
분포⇒ 우리 나라 제주도를 포함한 남해, 세계의 온대와 열대 해역

새가라지

299. 새가라지 <전갱이과>

학명⇒ *Selar crumenophthalmus* (Bloch)
영명⇒ Big-eyed scad, Purse-eyed scad
일명⇒ メアジ

형태⇒ 몸과 머리는 좌우로 납작하고 체고가 약간 높으며, 미병부가 매우 가는 방추형이다. 눈은 크고, 눈의 지름은 주둥이 길이와 비슷하다. 주둥이 끝은 뾰족하고 아래턱이 위턱보다 약간 길다. 등지느러미는 2개인데, 제1등지느러미와 제2등지느러미 앞부분의 높이는 비슷하며, 제1등지느러미의 기조 수는 8극조, 제2등지느러미는 1극 23~28연조이다. 뒷지느러미는 3극 20~23연조이며, 가장 앞쪽의 극조 2개는 지느러미와 분리되어 있다. 꼬리지느러미의 후연은 깊이 패어 상엽과 하엽이 갈라져 있다. 측선은 가슴지느러미 위에 위치하다가 제2등지느러미 전반부에서 아래로 휘어져 내려와 몸의 중앙부터 직선을 이루며, 측선의 직선부 전체에 29~42개의 큰 방패비늘이 있다. 등은 청록색이고, 체측에 노란 세로줄 무늬가 있으나 죽으면 없어진다. 배는 은백색을 띤다. 꼬리지느러미는 약간 검고 나머지 지느러미는 투명하다. 전장 약 30cm.

생태⇒ 수심 170m 정도인 바다의 중층과 저층에서 유영 생활을 하며, 부유성 갑각류를 먹는다.

분포⇒ 우리 나라 제주도를 포함한 남해, 일본 남부, 남중국해, 인도양, 서태평양, 홍해

참고⇒ 우리 나라에서 눈전갱이로 기록되어 있는 *Selar torvus*(정, 1977; 김과 김, 1997)는 세계적으로 새가라지(*Selar crumenophthalmus*)의 동종 이명으로 정리되었다(Smith-Vaniz et al., 1990). 이에 따르면, 우리 나라의 새가라지와 눈전갱이는 동일종이고, 지금까지 사용해 온 눈전갱이는 기록에서 삭제하는 것이 타당하다.

잿방어

00. 잿방어 <전갱이과>

학명 ⇒ *Seriola dumerili* (Risso)
영명 ⇒ Amberjack, allied kingfish
일명 ⇒ カンパチ

형태 ⇒ 방어와 부시리에 비해 체고가 약간 높은 긴 타원형이다. 주둥이는 뾰족하고, 아래 턱과 위턱의 길이는 비슷하다. 등지느러미는 2개로 제1등지느러미는 6~7극조, 제2등지느러미는 1극 29~35연조이다. 뒷지느러미는 2극 18~22연조이며, 앞쪽의 극조 2개는 매우 작고 지느러미로부터 분리되어 있다. 측선 위에 방패비늘은 없다. 등은 황갈색이고 배쪽은 은백색이다. 체측에 노란색 세로줄 무늬가 주둥이에서 꼬리지느러미 앞까지 이어지고, 눈 위에서 머리의 등 쪽으로 너비가 넓은 검은색 줄무늬가 이어진다. 이 줄무늬는 어린 것일수록 뚜렷하고, 죽으면 희미해지거나 없어진다. 전장 약 1.9m.

생태 ⇒ 연안의 수심 20~70m 부근에서 단독으로 혹은 무리를 이루어 생활하며, 어류나 갑각류를 먹는다. 산란기는 5~8월이다.

분포 ⇒ 우리 나라 동해와 제주도를 포함한 남해, 태평양 동부를 제외한 세계의 온대와 열대 해역

유사종 ⇒ 낫잿방어(*Seriola rivoliana*)

❖ 잿방어와 낫잿방어의 구분

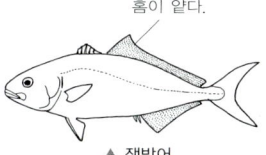

홈이 얕다.

▲ 잿방어

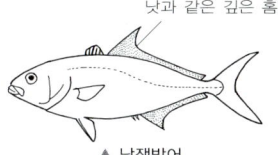

낫과 같은 깊은 홈이 있다.

▲ 낫잿방어

부시리

301. 부시리 <전갱이과>

학명⇒ *Seriola lalandi* Valenciennes
영명⇒ Giant yellow tail
일명⇒ ヒラマサ

형태⇒ 미병부가 매우 가는 방추형이다. 뒷지느러미의 앞쪽 극조 2개는 매우 작고, 지느러미로부터 분리되어 있다. 가슴지느러미는 배지느러미보다 작고, 꼬리지느러미의 후연은 안쪽으로 깊이 패어 있다. 등은 청록색이고 배는 은백색이다. 체측에는 눈을 지나 미병부까지 이어지는 노란색 줄무늬가 있다. 전장 약 1.9m.

생태⇒ 연안 바위 지역의 중저층에 주로 서식하는 회유성 어류이다. 산란기는 4~6월이고, 방어보다 성장이 빠른 편이다.

분포⇒ 우리 나라 동해, 제주도를 포함한 남해와 서해 남부, 세계의 온대와 아열대 해역.

유사종⇒ 방어(*Seriola quinqueradiata*)

❖ 부시리와 방어의 구분

부시리는 위턱의 각을 이루는 모서리 부분이 약간 둥글고, 가슴지느러미가 배지느러미보다 작은 반면에, 방어는 위턱이 각을 이루고 가슴지느러미와 배지느러미의 크기가 비슷하다.

부시리(좌)와 방어(우)의 위턱 모양

방어

무리를 지어 다니는 방어류(제주도 형제섬)

302. 방어 <전갱이과>

학명⇒ *Seriola quinqueradiata* Temminck et Schlegel
영명⇒ Japanese amberjack
일명⇒ ブリ

형태⇒ 미병부가 매우 가는 방추형이다. 뒷지느러미의 앞쪽 극조 2개는 매우 작고 지느러미로부터 분리되어 있다. 등은 청록색이고 배는 은백색이다. 체측에는 주둥이 끝에서 시작되어 눈을 지나 꼬리지느러미 앞까지 이어지는 노란색 세로줄 무늬가 있다. 등지느러미와 뒷지느러미는 연한 녹색을 띠고, 꼬리지느러미는 노란색을 띤다. 전장 약 1.2m.

생태⇒ 연안의 중층과 저층에서 유영 생활을 하고 계절적으로 회유하는데, 일반적으로 가을~겨울철에 남하하고, 봄~여름철에 북상한다. 3~6월에 지름 1.2~1.4mm의 분리 부성란을 낳는다. 부화 후 1년에 30cm, 4년이면 80cm 가까이 자란다.

분포⇒ 우리 나라 동해와 제주도를 포함한 남해, 서해 남부, 북태평양의 서부 해역

303. 낫잿방어 <전갱이과>

학명⇒ *Seriola rivoliana* Valenciennes
영명⇒ Almaco jack, longfin amberjack
일명⇒ ヒレナガカンパチ

형태⇒ 미병부가 매우 가는 방추형이다. 잿방어와 형태가 비슷하지만 제2등지느러미 앞쪽의 기조의 길이가 잿방어에 비해 길고, 안쪽이 만입되어 있다. 등지느러미는 2개로 제1등지느러미는 7극조, 제2등지느러미는 1극 26~33연조이다. 뒷지느러미는 3극 18~22연조이며, 앞쪽의 극조 2개는 매우 작고 지느러미로부터 분리되어 있다. 측선 위에 패비늘은 없다. 등은 청흑색이고 배 쪽은 은백색이다. 체측에 희미한 노란색 세로줄 무늬가 주둥이에서 꼬리지느러미 앞까지 이어지고, 꼬리지느러미 하엽의 끝은 흰색을 띤다. 전장 약 1.1m.

생태⇒ 연안의 중층과 저층에서 유영 생활을 한다.

분포⇒ 우리 나라 제주도, 세계의 온대와 열대 해역

낫잿방어

304. 매지방어 <전갱이과>

학명⇒ *Seriolina nigrofasciata* (Rüppell)
영명⇒ Blackbanded trevally
일명⇒ アイブリ

형태⇒ 체형은 긴 난형이다. 제1등지느러미는 매우 낮다. 뒷지느러미의 가장 앞쪽 극조 1개는 분리되어 있는데, 흔적만 남아 있다. 몸은 연한 파란색 바탕에 6개의 너비가 넓고 검은 줄무늬가 사선으로 나타난다. 제1등지느러미와 배지느러미는 검은색을 띤다. 전장 약 70cm.

생태⇒ 수심 20~150m의 바위 주변에 서식한다.

분포⇒ 우리 나라 동해 남부(영덕)와 제주도, 일본 남부, 남중국해, 인도양, 서태평양, 오스트레일리아

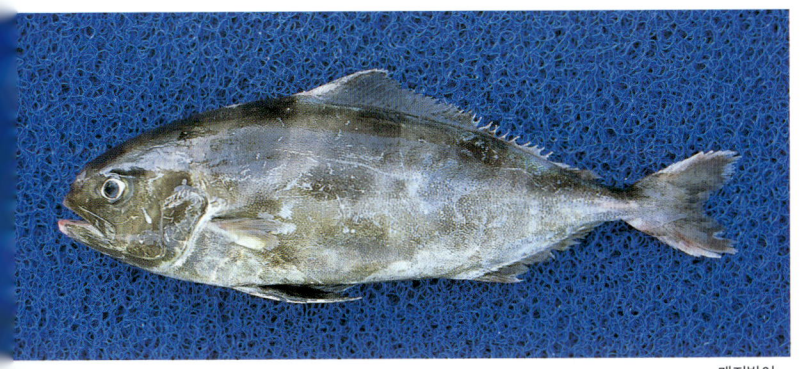

매지방어

305. 빨판매가리 <전갱이과>

학명⇒ *Trachinotus baillonii* (Lacépède)
영명⇒ Smallspot pompano
일명⇒ コバンアジ

형태⇒ 몸과 머리는 좌우로 납작하고 난형이다. 제1등지느러미는 막이 없이 5~6개의 분리된 작은 가시로 되어 있다. 제2등지느러미와 뒷지느러미는 몸의 중앙에서 대칭으로 시작되어 미병부까지 이어지는데, 앞쪽의 기조가 길게 연장되어 낫과 같은 형태이다. 제2등지느러미의 기조 수는 1극 21~25연조, 뒷지느러미는 3극 20~24연조이며, 가장 앞의 2개의 극조는 매우 작고 지느러미로부터 분리되어 있다. 꼬리지느러미의 상엽과 하엽의 끝은 뾰족하고 안쪽은 깊이 패어 제비 꼬리 형태이다. 몸은 은색을 띠고, 등지느러미와 뒷지느러미, 꼬리지느러미는 청흑색을 띤다. 측선 위에 동공보다 작은 1~5개의 둥근 점이 있으며, 대개 몸 중앙의 2개는 윤곽이 뚜렷하다. 전장 약 50cm.

생태⇒ 연안의 모래 지역 저층부에서 생활하며, 어류와 저서성 갑각류를 먹는다.

분포⇒ 우리 나라 남해(부산), 일본 남부, 인도양·태평양의 온대와 열대 해역

빨판매가리

전갱이

306. 전갱이 <전갱이과>

학명⇒ *Trachurus japonicus* (Temminck et Schlegel)
영명⇒ Horse mackerel
일명⇒ マアジ

형태⇒ 몸과 머리는 좌우로 납작하고, 체고가 낮은 방추형이다. 눈은 머리 중앙보다 약간 위쪽에 위치한다. 주둥이는 뾰족하고 눈의 지름보다 약간 길다. 등지느러미는 2개로 제1등지느러미는 8극조, 제2등지느러미는 1극 30~35연조이다. 뒷지느러미는 3극 26~30연조이며, 앞쪽의 극조 2개는 작고 지느러미로부터 분리되어 있다. 꼬리지느러미의 후연은 깊이 패어 상엽과 하엽이 갈라져 있다. 측선 전체를 덮고 있는 방패비늘은 아가미 뒤에서 시작되어 가슴지느러미 뒤에서 아래로 휘어져 내려와 꼬리지느러미까지 이어진다. 방패비늘 수는 69~73개이다. 등은 암청색 또는 황갈색을 띠고 배는 은백색이다. 체측에 여러 개의 암색 가로줄 무늬가 나타나는 것도 있다. 꼬리지느러미는 약간 검고 나머지 지느러미는 투명하다. 전장 약 40cm.

생태⇒ 연안의 중층과 저층에서 유영 생활을 하며, 육식성으로 어릴 때에는 동물성 플랑크톤을, 어미는 주로 어류를 먹는다. 산란기는 4~7월이며, 알의 지름은 0.8~0.9mm로 구형의 분리 부성란이다. 부화 직후 자어의 전장은 약 2.5mm이다. 부화 후 1년이면 전장 15cm 이상 자라고, 3년이면 30cm에 달한다.

분포⇒ 우리 나라 전 해역, 전세계의 온대 해역

민전갱이

307. 민전갱이 <전갱이과>

학명⇒ *Uraspis helvola* (Forster)
영명⇒ White-tongue crevalle
일명⇒ オキアジ

형태⇒ 몸은 좌우로 납작하고 체형은 난형이다. 등지느러미 앞에서 주둥이 끝에 이르는 외곽선은 둥글고, 미병부가 매우 가늘다. 눈은 머리의 중앙보다 약간 위쪽에 위치하고, 아래턱이 위턱보다 길다. 등지느러미는 2개이며, 제1등지느러미는 매우 작고 낮다. 제1등지느러미의 기조 수는 8극조, 제2등지느러미는 1극 25~30연조이다. 뒷지느러미는 3극 19~22연조이며, 앞쪽 2개의 극조는 퇴화되어 있다. 꼬리지느러미의 후연은 얕게 패어 있다. 측선은 가슴지느러미 위에서 둥글게 휘어져 내려와 몸 후반부에서 직선으로 미병부까지 이어지며, 측선의 직선부 전체에 강한 방패비늘이 있다. 방패비늘의 수는 23~40개이다. 몸은 흑갈색으로 은빛 광택이 있다. 모든 지느러미는 어둡고 꼬리지느러미의 후연은 흰색을 띤다. 전장 약 50cm.

생태⇒ 연안이나 약간 깊은 곳의 저층부에 서식한다.

분포⇒ 우리 나라 제주도를 포함한 남해, 일본 남부, 남중국해, 인도양, 서태평양, 남대서양

배불뚝과

Menidae (Moonfishes)

몸은 좌우로 납작하고 원반형이다. 등지느러미는 1개이고 등지느러미 앞의 많은 극조는 퇴화되어 있다. 몸에 비늘이 없고, 배 쪽은 좌우로 더욱 납작해져서 칼날 같은 외곽선을 형성한다. 우리 나라와 세계에 단 1속 1종이 알려져 있다.

배불뚝치

308. 배불뚝치 <배불뚝과>

학명⇒ *Mene maculata* (Bloch et Schneider)
영명⇒ Moonfish, Razor trevally
일명⇒ ギンカガミ

형태⇒ 몸과 머리는 좌우로 납작하고, 배의 앞부분이 팽창되어 거의 역삼각형에 가까운 반원형을 이룬다. 입이 작으며, 양턱을 자유로이 돌출시킬 수 있다. 등지느러미는 1개이고, 극조는 거의 퇴화되어 있으며 성장과 함께 없어진다. 꼬리지느러미의 후연은 깊이 패어 있다. 배지느러미의 처음 2개의 연조는 붙어서 길게 연장되어 있다. 몸에 비늘이 없고, 측선은 등의 외곽선과 평행을 이루며 미병부 앞에서 끝난다. 등은 파란색 바탕에 동공 크기의 진한 파란색 점들이 2~3개의 열을 이루고 배는 은백색을 띤다. 전장 약 30cm.
생태⇒ 내만과 연안의 얕은 곳에 서식한다.
분포⇒ 우리 나라의 남해(통영), 일본 남부, 남중국해, 인도양, 서태평양, 하와이

주둥치과
Leiognathidae (Ponyfishes)

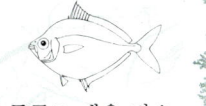

몸은 일반적으로 난형이고 좌우로 납작하다. 비늘은 둥글고 매우 작으며, 몸에 점액질이 있다. 입은 전방으로 돌출시킬 수 있다. 등지느러미의 극조부와 연조부는 막으로 이어져 있다. 우리 나라에 1속 4종, 세계에 3속 24종이 알려져 있다.

왜주둥치

309. 왜주둥치 <주둥치과>

학명⇒ *Leiognathus elongatus* (Günther)
영명⇒ Elongated slimy, slender ponyfish
일명⇒ ヒメヒイラギ

형태⇒ 체형은 긴 난형이고, 몸 길이는 체고의 3.8~4.2배이다. 눈의 지름은 주둥이의 길이와 비슷하거나 좀더 길다. 눈 앞 위쪽 가장자리에 1개의 가시가 있다. 등지느러미는 1개로 극조부는 연조부보다 높고 기조 수는 8극 16연조, 뒷지느러미는 3극 14연조이다. 몸은 은백색 바탕에 등 쪽에 부정형의 어두운 무늬가 있다. 전장 약 12cm.

생태⇒ 연안의 얕은 곳에 서식한다.
분포⇒ 우리 나라 제주도, 일본 남부, 남중국해, 인도양, 서태평양

줄무늬주둥치

310. 줄무늬주둥치 <주둥치과>

학명⇒ *Leiognathus fasciatus* (Lacépède)
영명⇒ Banded ponyfish
일명⇒ シマヒイラギ

형태⇒ 몸과 머리는 좌우로 납작하고 체고가 높은 난형이며, 몸 길이는 체고의 1.8~2.2배이다. 등지느러미 기점의 체고가 가장 높다. 눈은 머리의 중앙보다 약간 위에 위치하고, 눈의 지름은 주둥이의 길이와 비슷하다. 눈 앞의 위쪽 가장자리에 2개의 가시가 있다. 등지느러미는 1개로 극조는 약하고, 제2극조는 길게 연장되어 있다. 등지느러미의 기조 수는 8극 16연조, 뒷지느러미는 3극 14연조이다. 꼬리지느러미의 후연은 안쪽으로 깊이 패어 있다. 머리와 가슴을 제외한 몸 전체에 작은 비늘이 있다. 몸은 은백색 바탕에 등 쪽에 너비가 좁고 검은 가로줄 무늬가 10~15개 있고, 체측에 크고 작은 노란색 반점들이 흩어져 있다. 죽으면 이러한 무늬는 희미해지거나 없어진다. 전장 약 20cm.
생태⇒ 내만이나 기수역에 서식한다.
분포⇒ 우리 나라 남해, 일본 남부, 남중국해, 인도양, 서태평양, 홍해

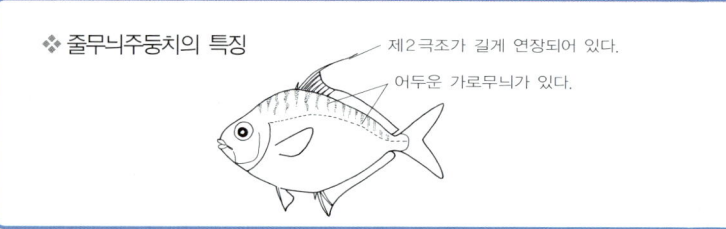

❖ 줄무늬주둥치의 특징
— 제2극조가 길게 연장되어 있다.
— 어두운 가로무늬가 있다.

주둥치

311. 주둥치 <주둥치과>

학명⇒ *Leiognathus nuchalis* (Temminck et Schlegel)
영명⇒ Spotnape ponyfish
일명⇒ ヒイラギ

형태⇒ 몸과 머리는 좌우로 납작하고 난원형이며, 몸 길이는 체고의 2.2~2.5배이다. 눈은 크고 머리의 중앙보다 약간 위에 위치하며, 눈 앞의 위쪽 가장자리에 2개의 가시가 있다. 주둥이는 눈의 지름보다 짧지만 뾰족하고 입은 매우 작다. 등지느러미의 극조는 비교적 강하고 날카로우며 기조 수는 8극 16연조이다. 뒷지느러미는 가슴지느러미 끝의 아래에서 시작되어 미병부까지 이어지고, 기조 수는 3극 14연조이다. 꼬리지느러미의 후연은 깊게 패어 있다. 등은 회청색이고 배 쪽은 은백색이다. 머리의 뒤 등 쪽에 크고 불규칙한 검은 무늬가 있고, 등지느러미의 극조부에도 크고 검은 반점이 있다. 전장 약 15cm.
생태⇒ 수심이 얕은 연안이나 기수역에 무리를 이루어 유영 생활을 하며, 산란기는 6월 무렵이다. 맛이 좋은 물고기임에도 불구하고 우리 나라에서는 대개 버려지거나 잡어로 취급된다. 그러나 소금물에 씻어 몸의 점액질을 제거하고 튀김으로 해 먹으면 매우 맛있는 물고기이다.
분포⇒ 우리 나라 서해와 남해, 일본 중남부, 타이완, 중국

점주둥치

312. 점주둥치 <주둥치과>

학명⇒ *Leiognathus rivulatus* (Temminck et Schlegel)
영명⇒ Offshore ponyfish
일명⇒ オキヒイラギ

형태⇒ 체형은 긴 난형이며, 몸 길이는 체고의 2.6~2.8배이다. 눈의 지름은 주둥이의 길이와 비슷하다. 등지느러미는 1개로 극조부는 연조부보다 높고, 기조 수는 8극 16연조, 뒷지느러미는 3극 14연조이다. 머리를 제외한 몸 전체가 작은 비늘로 덮여 있다. 등은 은청색이고 배는 은백색이며, 등 쪽에 벌레 모양의 검은 무늬들이 있다. 전장 약 8cm.
생태⇒ 연안에서 무리를 지어 생활한다.
분포⇒ 우리 나라 남해, 일본 남부
유사종⇒ 왜주둥치(*Leiognathus elongatus*)

❖ 점주둥치와 왜주둥치의 구분

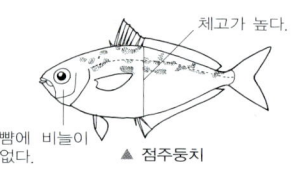

체고가 높다.
뺨에 비늘이 없다.
▲ 점주둥치

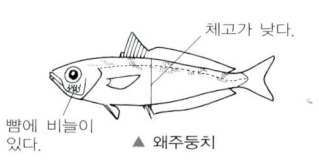

체고가 낮다.
뺨에 비늘이 있다.
▲ 왜주둥치

새다래과

Bramidae (Pomfrets)

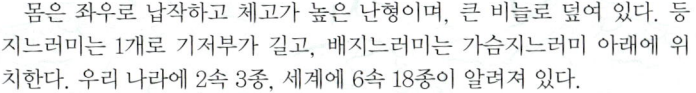

몸은 좌우로 납작하고 체고가 높은 난형이며, 큰 비늘로 덮여 있다. 등지느러미는 1개로 기저부가 길고, 배지느러미는 가슴지느러미 아래에 위치한다. 우리 나라에 2속 3종, 세계에 6속 18종이 알려져 있다.

새다래

313. 새다래 <새다래과>

학명⇒ *Brama japonica* Hilgendorf
영명⇒ Pomfret, angelfish, black sea bream
일명⇒ シマガツオ

형태⇒ 몸과 머리는 좌우로 납작하고, 체고가 높은 난형으로 미병부는 매우 가늘다. 등지느러미의 기조 수는 33~36연조, 뒷지느러미는 27~30연조이다. 측선은 등의 외곽선과 평행을 이룬다. 등지느러미와 뒷지느러미 위에 작은 비늘이 있다. 살아 있을 때에는 몸은 금속성의 은백색을 띠지만 죽으면 검은색으로 변한다. 전장 약 60cm.

생태⇒ 표층에서 400m에 이르는 외해의 중층에 서식하며, 작은 어류와 갑각류를 먹는다. 야간에는 수면 가까이 올라온다.

분포⇒ 우리 나라 동해 남부와 서해, 제주도를 포함한 남해, 일본, 북태평양의 아열대 해역

타락치

314. 타락치 <새다래과>

학명⇒ *Taractes asper* Lowe
영명⇒ Rough pomfret
일명⇒ マンザイウオ

형태⇒ 몸과 머리는 좌우로 납작하고, 체형은 난형이다. 두 눈 사이는 편평하고, 아래턱이 위턱 앞으로 돌출되어 있다. 주둥이는 짧지만 끝이 뾰족하다. 눈이 크고, 눈의 지름은 주둥이의 길이보다 길다. 등지느러미와 뒷지느러미는 모양이 비슷하고, 앞쪽의 기조가 길어서 낫과 같은 형태이다. 등지느러미의 기조 수는 31~34연조, 뒷지느러미는 23~26연조이다. 꼬리지느러미의 후연은 안쪽으로 깊이 패었으며, 상엽의 끝은 하엽보다 길어서 상하엽이 비대칭이다. 비늘은 크고 거칠며 융기선과 가시가 있는데, 등지느러미와 뒷지느러미 위에도 작은 비늘이 있다. 몸과 지느러미는 암갈색이고 꼬리지느러미 중심부의 후연은 황백색을 띤다. 전장 약 40cm.

생태⇒ 깊은 바다의 중·저층에 서식한다.
분포⇒ 우리 나라 남해(통영), 일본, 북태평양, 북대서양, 남아프리카

❖ 어류의 몸 색깔

어류는 서식하는 곳의 환경과 생태에 따라 적응 현상을 나타낸다. 예를 들면 바다의 표층을 헤엄치는 고등어, 멸치, 정어리 등은 등이 푸르고 배는 은백색을 띤다. 등 쪽이 푸른색이면 위에서 볼 때 잘 보이지 않기 때문에 새의 공격으로부터 몸을 보호할 수 있고, 반대로 배가 흰색을 띠면 빛을 역방향으로 바라보는 아래쪽에서는 눈에 잘 띄지 않는다. 따라서 상어 등의 강한 적으로부터 몸을 보호할 수 있다. 바닥에 사는 노래미류, 가자미류 등은 주위 배경에 따라 색깔을 다양하게 바꾸기도 한다.

선홍치과
Emmelichthyidae (Rovers)

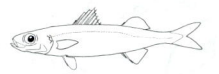

몸은 긴 방추형으로 몸통은 둥글다. 등지느러미는 1~2개이고, 꼬리지느러미의 후연은 깊이 패어 있다. 위턱의 후단은 너비가 넓다. 우리 나라에 2속 2종, 세계에 3속 14종이 알려져 있다.

선홍치

315. 선홍치 <선홍치과>

학명⇒ *Erythrocles schlegelii* (Richardson)
영명⇒ Bonnetmouth
일명⇒ ハチビキ

형태⇒ 몸통부는 약간 둥글고 긴 방추형이다. 몸 길이는 체고의 3.8~4.3배이다. 양턱에는 작은 이빨이 있다. 전장 20cm 이상의 것들은 미병부 양쪽에 뚜렷한 융기선이 있다. 제1등지느러미의 기조 수는 10~11극, 제2등지느러미는 1극 10~12연조, 뒷지느러미는 3극 9~10연조이다. 비늘은 크고, 입술을 제외한 몸과 머리 전체에 빗비늘이 있다. 등은 암적색이고 배는 담색이며, 체측과 배에 은백색 광택이 있다. 유어는 등에 4~6개의 가로무늬가 나타난다. 전장 약 40cm.

생태⇒ 수심 100~400m의 바위 주변에 서식한다.

분포⇒ 우리 나라 동해 남부와 제주도를 포함한 남해, 일본 남부, 남아프리카

유사종⇒ 양초선홍치(*Emmelichthys struhsakeri*)
영명 : Redbait
일명 : ロウソクチビキ

통돔과

Lutjanidae (Snappers)

몸은 대개 방추형이고, 척추골 수는 24개이다. 입이 크고 양턱에 이빨이 있으며, 꼬리지느러미의 후연은 안쪽으로 오목하다. 등지느러미는 1개이고, 뒷지느러미의 극조는 3개이다. 등지느러미의 극조부와 연조부 사이는 꼬리돔(*Etelis carbunculus*) 1종을 제외하고 홈이 없이 반듯하게 이어진다. 배지느러미는 가슴지느러미의 바로 아래 혹은 약간 뒤에서 시작된다. 뺨에 작은 비늘이 있으나 눈 앞과 입 주변에는 비늘이 없다. 우리 나라에 5속 8종, 세계에 21속 125종이 알려져 있다.

물통돔

316. 물통돔 <통돔과>

학명⇒ *Lutjanus rivulatus* (Cuvier)
영명⇒ Blue-spotted snapper
일명⇒ ナミフエダイ

형태⇒ 체형은 타원형이며, 등 외곽선이 반달 모양으로 둥글다. 입은 크고, 양턱의 길이는 비슷하다. 등지느러미는 1개로 기조 수는 10극 15~16연조, 뒷지느러미는 3극 8~9연조이다. 몸은 어두운 녹갈색을 띠고, 머리와 주둥이, 아가미뚜껑에 너비가 좁은 파란색의 파도 줄무늬들이 밀집되어 있다. 어린 개체는 등지느러미 연조부 아래의 측선 위에 희미한 흰색 반점이 있다. 전장 약 70cm.

생태⇒ 연근해의 바위 지역에 서식하고, 바위가 많은 섬 주변에서 낚시에 걸려 나오기도 한다.

분포⇒ 우리 나라 남해(통영), 일본 남부, 인도양, 태평양 중부 해역

점퉁돔

점퉁돔(제주도 모슬포)

317. 점퉁돔　　　　　　　　　　　<퉁돔과>

학명⇒ *Lutjanus russellii* (Bleeker)
영명⇒ Russell's snapper, Fingermark bream
일명⇒ クロホシフエダイ

형태⇒ 체형은 타원형이며, 등 쪽 외곽선이 배 쪽의 외곽선보다 좀더 둥글다. 입은 크고 위턱과 아래턱의 길이는 비슷하며, 양턱의 이빨은 바깥쪽의 것일수록 크다. 전새개골의 후연은 안쪽으로 오목하게 패어 있다. 등지느러미는 1개로 기조 수는 10극 14~15연조, 뒷지느러미는 3극 8연조이다. 몸은 연한 적갈색이고 배는 담색이다. 등지느러미의 연조부 아래, 측선 위에는 눈보다 큰 검은 반점이 있고, 유어는 몸에 4개의 암갈색 세로줄이 나타난다. 등지느러미와 꼬리지느러미는 암회색 바탕에 빨간빛을 띠고, 그 밖의 지느러미는 노란색을 띤다. 전장 약 55cm.

생태⇒ 연안의 바위와 모래 지역에 서식하고 육식성 어류이다.

분포⇒ 우리 나라 남해, 일본 남부, 인도양, 서태평양

동갈통돔

318. 동갈통돔 <통돔과>

학명⇒ *Lutjanus vitta* (Quoy et Gaimard)
영명⇒ Brownstriped snapper
일명⇒ タテフエダイ

형태⇒ 체형은 긴 타원형이다. 주둥이는 끝이 뾰족하고, 위턱과 아래턱의 길이가 비슷하다. 등지느러미는 극조부와 연조부 사이에 홈이 없이 막으로 이어져 있고, 기조 수는 10극 12~13연조이다. 뒷지느러미의 기조 수는 3극 7~8연조이다. 몸은 황갈색 바탕에 등 쪽 여러 개의 파도 모양의 줄무늬가 사선을 이루고, 검은 세로줄 무늬가 주둥이에서 시작되어 눈을 지나 미병부까지 이어진다. 모든 지느러미는 노란색을 띤다. 전장 약 45cm.
생태⇒ 연안의 바위와 산호초 주변에 서식한다.
분포⇒ 우리 나라 제주도를 포함한 남해, 일본 남부, 인도양, 서태평양
유사종⇒ 점통돔(*Lutjanus russellii*)

❖ 점통돔과 동갈통돔의 구분

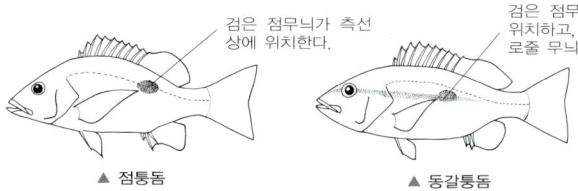

검은 점무늬가 측선 상에 위치한다.

검은 점무늬가 측선 아래쪽에 위치하고, 몸 중앙에 검은 세로줄 무늬가 1개 있다.

▲ 점통돔   ▲ 동갈통돔

황등어

319. 황등어 <통돔과>

학명⇒ *Paracaesio xanthura* (Bleeker)
영명⇒ Yellow round-head snapper
일명⇒ ウメイロ
형태⇒ 체형은 긴 난형이다. 등지느러미는 1개로 극조부와 연조부 사이에 홈이 없이 반듯하게 이어지며, 기조 수는 10극 9~10연조, 뒷지느러미는 3극 8연조이다. 몸은 파란색 바탕에 등지느러미 극조부 뒤쪽의 몸 상반부는 노란색을 띠며, 이 색깔은 꼬리지느러미 전체에 이어진다. 전장 약 50cm.
생태⇒ 수심 200m의 대륙붕 주변에 서식하고, 육식성 어류로 입에 들어갈 수 있는 동물은 무엇이든 먹는다.
분포⇒ 우리 나라 남해(부산), 일본 남부, 인도양, 서태평양

❖ **지느러미의 역할**

어류의 특징 가운데 하나가 지느러미를 가지고 있다는 것이다. 그렇다면 지느러미는 어떤 역할을 하는 것일까? 등지느러미와 뒷지느러미는 몸이 좌우로 회전하는 것을 막아 몸을 수직으로 지탱하는 역할을 한다. 가슴지느러미와 배지느러미는 각각 동물의 앞발과 뒷발에 해당하는 것으로, 헤엄칠 때 몸이 상하로 흔들리는 것을 방지하고 몸의 균형을 잡거나 정지할 때, 방향을 전환할 때 이용한다. 한편, 꼬리지느러미는 몸을 전진시키는 추진력을 제공하고 방향을 바꾸는 역할을 한다.

자붉돔

320. 자붉돔 <퉁돔과>

학명⇒ *Pristipomoides sieboldii* (Bleeker)
영명⇒ Crimson snapper
일명⇒ ヒメダイ

형태⇒ 몸과 머리는 좌우로 납작하고 체형은 방추형이다. 등과 배의 외곽선은 대칭으로 완만한 곡선을 이룬다. 양턱의 길이는 거의 비슷하고, 입은 작으며 주둥이 끝에 위치한다. 눈은 크고, 눈의 지름과 주둥이의 길이는 비슷하다. 등지느러미의 극조부와 연조부 사이는 홈이 없이 반듯하게 이어지며, 등지느러미의 기조 수는 10극 11연조, 뒷지느러미는 3극 8연조이다. 꼬리지느러미의 후연은 깊이 패었고, 상엽과 하엽의 끝은 뾰족하다. 측선은 등의 외곽선과 평행을 이루며, 측선 비늘은 70~74개이다. 몸은 전체적으로 담적색이고 배는 흰색이다. 꼬리지느러미는 어두운 적갈색을 띤다. 전장 약 65cm.

생태⇒ 주로 수심 100m 이상의 대륙붕 주변에 서식한다.

분포⇒ 우리 나라 남해(부산), 일본 남부, 인도양, 태평양 중부

❖ 자붉돔의 세밀화

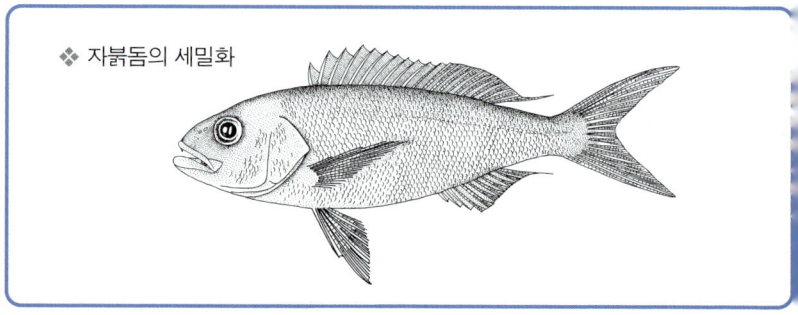

백미돔과

Lobotidae (Triple tails)

몸은 좌우로 납작하고 체고가 높다. 전새개골 가장자리에 뚜렷한 거치가 있고, 주새개골에 2개의 가시가 있다. 눈 위의 등 쪽 외곽선은 약간 오목하다. 등지느러미는 1개로 극조 수는 12개, 뒷지느러미의 극조 수는 3개이다. 꼬리지느러미의 후연은 둥글다. 우리 나라에 1속 1종, 세계에 2속 4종이 알려져 있다.

백미돔

321. 백미돔 <백미돔과>

학명⇒ *Lobotes surinamensis* (Bloch)
영명⇒ Triple tail, lumpfish
일명⇒ マツダイ

형태⇒ 몸과 머리는 좌우로 납작하고 체고가 높은 난형이다. 전새개골의 후연에 톱니 모양의 거치가 있다. 등지느러미는 1개이고 기조 수는 12극 15~16연조, 뒷지느러미는 3극 11~12연조이다. 등지느러미의 연조부와 뒷지느러미의 기저부는 작은 비늘로 덮여 있다. 이 종은 등지느러미와 뒷지느러미의 후단이 꼬리지느러미의 위아래로 길게 이어져 꼬리지느러미가 3개인 것처럼 보이므로 'Triple tail'이라는 영명이 붙었다. 몸은 녹색과 다갈색이 섞여 있고, 꼬리지느러미의 후연은 흰색이다. 전장 약 1m.

생태⇒ 유어는 표층에서 낙엽과 같은 모습으로 의태를 하고, 어미는 연안이나 외양의 표류물 주변에 많이 서식한다.

분포⇒ 우리 나라 남해, 태평양, 인도양, 대서양의 온대와 열대 해역

게레치과

Gerreidae (Mojarras)

몸은 좌우로 납작하다. 입은 주둥이 앞에 위치하고 약간 뾰족하게 돌출되었으며, 주둥이 아래쪽은 약간 오목하다. 배지느러미는 가슴지느러미 아래에 위치하고, 그 위에 겨드랑이 돌기가 있다. 꼬리지느러미의 후연은 깊이 패어 있다. 몸은 크고 둥근비늘로 덮여 있으며, 머리에도 비늘이 있다. 우리 나라에 1속 2종, 세계에 8속 40종이 알려져 있다.

게레치

322. 게레치 <게레치과>

학명⇒ *Gerres oyena* (Forsskål)
영명⇒ Black-tipped silver biddy
일명⇒ クロサギ

형태⇒ 체형은 긴 타원형으로 몸 길이는 체고의 2.5~3배이다. 주둥이 아래의 배 쪽 외곽선은 약간 오목하다. 등지느러미는 1개로 극조부의 앞부분은 높고 서서히 낮아지며, 극조부와 연조부 사이는 낮은 홈을 이룬다. 기조수는 9극 10연조, 뒷지느러미는 3극 7연조이다. 꼬리지느러미의 후연은 안쪽으로 깊이 패어 있다. 등은 회청색이고 배는 은백색이다. 등지느러미 극조부 위의 가장자리는 어두운 색을 띤다. 전장 약 30cm.

생태⇒ 연안의 모래·개펄 지역에 서식하고, 잡식성으로 플랑크톤이나 해조류를 먹는다.
분포⇒ 우리 나라 남해(부산), 일본 남부, 인도양, 서태평양
유사종⇒ 비늘게레치(*Gerres japonicus*)
영명 : Japanese mojarra
일명 : ダイミョウサギ

하스돔과

Haemulidae (Grunts)

몸은 좌우로 납작하고 타원형이며, 방추형에 가까운 무리도 있다. 양턱에 원추형의 작은 이빨이 있으며, 일반적으로 입술이 두껍다. 등지느러미와 뒷지느러미 연조부는 작은 비늘로 덮여 있다. 우리 나라에 4속 8종, 세계에 17속 150여 종이 알려져 있다.

눈퉁군펭선

323. 눈퉁군펭선　　　　<하스돔과>

학명⇒ *Hapalogenys kishinouyei* Smith et Pope
영명⇒ Fourstripe grunt
일명⇒ シマセトダイ

형태⇒ 몸은 좌우로 납작하고 체고가 높으며, 등 쪽이 배 쪽보다 높고 둥글게 솟아 있다. 등지느러미의 극조부 앞에서 주둥이 끝까지 반듯한 경사를 이루며, 주둥이는 원추형으로 뾰족하다. 아래턱의 아래에는 4개의 작은 구멍이 있고, 전새개골의 아래 가장자리에 톱니 모양의 거치가 있다. 등지느러미는 1개로 극조부와 연조부 사이에 깊은 홈이 있고, 기조 수는 11극 13~14연조, 뒷지느러미는 9연조이다. 몸은 은회색 바탕에 너비가 넓은 세로줄 무늬가 4개 있다. 등지느러미의 극조부와 배지느러미, 뒷지느러미는 흑갈색이다. 전장 약 35cm.

생태⇒ 대륙붕 부근의 모래·개펄 지역에 서식한다.

분포⇒ 우리 나라 동해 남부와 남해, 일본 남부, 남중국해, 필리핀, 오스트레일리아

군평선이

324. 군평선이 <하스돔과>

학명⇒ *Hapalogenys mucronatus* (Eydoux et Souleyet)
영명⇒ Belted beared grunt
일명⇒ セトダイ

형태⇒ 몸과 머리는 좌우로 납작하며, 체고가 높고 길이가 짧다. 배의 외곽선은 거의 수평이지만 등 쪽은 등지느러미의 극조부 전반부가 둥글게 솟아 있다. 머리는 삼각형이고 눈은 머리의 중앙보다 위에 위치한다. 주둥이는 짧지만 뽀족하고, 위턱과 아래턱의 길이는 비슷하다. 주새개골의 가장자리에 2개의 가시가 있다. 등지느러미의 극조부와 연조부 사이는 깊은 홈을 이루고, 극조부의 제3가시가 가장 강하고 길며, 기조 수는 11극 15연조이다. 뒷지느러미는 3극 9연조로 제2극조가 가장 강하고 길다. 꼬리지느러미의 후연은 삼각형을 이룬다. 측선은 등의 외곽선과 평행을 이루다가 미병부에 휘어져 내려오고, 측선 비늘은 48~

저인망에 잡힌 군평선이(전남 진도)

49개이다. 몸은 황갈색 바탕에 너비가 넓은 6개의 암갈색 가로줄 무늬가 있으며, 가장 앞의 줄무늬는 눈을 가로지르고 가장 뒤의 줄무늬는 미병부 뒷부분에 위치한다. 전장 약 45cm.

생태⇒ 대륙붕의 모래나 개펄 지역에 서식한다.

분포⇒ 우리 나라 서해와 남해, 일본 남부, 동중국해, 타이완

동갈돗돔

325. 동갈돗돔 <하스돔과>

학명⇒ *Hapalogenys nitens* Richardson
영명⇒ Skewband grunt
일명⇒ ヒゲソリダイ

형태⇒ 몸과 머리는 좌우로 납작하며, 체고가 높고 길이가 짧다. 배의 외곽선은 수평에 가깝지만 등 쪽은 등지느러미의 극조부 전반부가 높게 솟아 있다. 머리는 삼각형을 이루고, 눈은 머리의 중앙보다 위에 위치한다. 양턱의 길이는 거의 비슷하고, 아래턱의 밑에는 4쌍의 작은 구멍이 있다. 등지느러미는 극조부와 연조부 사이의 기조가 짧아서 깊은 홈을 이루며, 막으로 연결되어 있다. 등지느러미의 기조 수는 10~11극 15~16연조이며, 뒷지느러미는 3극 9연조이다. 꼬리지느러미의 후연은 둥글다. 측선은 등의 외곽선과 평행을 이루다가 미병부에서 휘어져 내려오고, 측선 비늘은 44~47개이다. 몸은 흑갈색이고 너비가 넓은 2개의 진한 흑갈색 줄무늬가 각각 제1극조 앞과 뒤에서 시작하여 아래로 휘어져 내려오다가 위의 줄무늬는 미병부로 이어지고 아래의 줄무늬는 뒷지느러미의 끝 부분까지 세로로 이어진다. 꼬리지느러미는 연한 황갈색이다. 전장 약 45cm.

생태⇒ 대륙붕의 모래·개펄 지역이나 바위 주변에 서식한다.

분포⇒ 우리 나라 서해와 남해, 일본 남부, 동중국해

벤자리(산 것)

벤자리(죽은 것)

326. 벤자리 <하스돔과>

학명⇒ *Parapristipoma trilineatum* (Thunberg)
영명⇒ Threeline grunt
일명⇒ イサキ

형태⇒ 체고가 낮고 긴 방추형이다. 양턱에는 원추형의 작은 이빨이 있고, 입술은 두껍다. 등지느러미의 기조 수는 13~14극 16~19연조, 뒷지느러미는 3극 7~9연조이다. 몸은 연한 녹갈색 바탕에 등은 배 쪽보다 진한 색을 띤다. 몸에 3개의 연한 황갈색 세로줄이 머리부터 꼬리지느러미 앞까지 이어진다. 전장 약 45cm.

생태⇒ 얕은 바다의 해조가 많은 바위 지역에 무리를 지어 생활하고, 어릴 때에는 동물성 플랑크톤을 먹으며, 어미가 되면 갑각류와 작은 어류를 먹는다. 산란기는 5~6월이다. 알의 지름은 0.8~0.9mm이며, 1개의 유구(油球)를 가진 분리 부성란이다. 부화 자어의 전장은 1.6~2mm이며, 1년에 12cm, 4년이면 약 30cm 가까이 자란다.

분포⇒ 우리 나라 제주도를 포함한 남해, 일본 중부 이남, 남중국해

어름돔

327. 어름돔 <하스돔과>

학명 ⇒ *Plectorhinchus cinctus* (Temminck et Schlegel)
영명 ⇒ Three-banded sweetlip
일명 ⇒ コショウダイ

형태 ⇒ 몸과 머리는 좌우로 매우 납작하고, 체고가 높은 난형이다. 입술은 두껍고 양턱에 작은 이빨이 있다. 등지느러미는 극조부와 연조부 사이에 완만한 홈을 이루고, 등지느러미의 기조 수는 12극 15~17연조, 뒷지느러미는 3극 7~8연조이다. 꼬리지느러미의 후연은 약간 둥글다. 측선은 등의 외곽선과 평행을 이루다가 미병부에서 휘어져 내려오고, 측선 비늘은 52~61개이다. 몸은 회청색 바탕에 너비가 넓은 3개의 흑갈색 줄무늬가 있으며, 가장 앞의 것은 등지느러미 극조부 앞에서 시작하여 가슴지느러미를 지나고, 둘째 번 줄무늬는 극조부 중간 부분에서 시작되어 아래로 휘어져 내려온 후 꼬리지느러미 앞까지 이어진다. 그리고 셋째 번 줄무늬는 등지느러미 연조부의 바로 아래에 작게 나타난다. 둘째 번과 셋째 번 줄무늬에는 검은 점들이 흩어져 있다. 등지느러미와 꼬리지느러미에도 검은 점들이 있다. 전장 약 55cm.

생태 ⇒ 유어는 해조가 많은 연안의 바위 지역에 서식하고, 어미가 되면 좀더 깊은 곳으로 이동하며, 갑각류를 주로 먹는다. 산란기는 초여름이고, 수정란의 지름은 약 0.79mm이다. 부화 후 4년 만에 전장 40cm 가까이 자란다.

분포 ⇒ 우리 나라 서해와 남해, 일본 남부, 남중국해, 아라비아 해

청황돔

전장 10cm 정도인 청황돔의 유어(제주도 서귀포)

328. 청황돔 <하스돔과>

학명⇒ *Plectorhinchus pictus* (Valenciennes)
영명⇒ Painted sweetlip, painted grunt
일명⇒ アジアコショウダイ

형태⇒ 체형은 긴 난원형이며, 등의 외곽선은 배 쪽에 비해 좀더 둥글다. 등지느러미는 1개로 극조부와 연조부 사이에 홈이 없이 반듯하게 이어지며, 기조 수는 9~10극 22~23연조, 뒷지느러미는 3극 7~8연조이다. 꼬리지느러미의 후연은 어릴 때는 바깥쪽으로 볼록하지만, 어미가 되면 안쪽으로 얕게 함입된다. 어미는 몸과 머리, 지느러미 전체가 청회색을 띠고 동공보다 작은 황갈색 점들이 밀집되어 있다. 유어는 등지느러미 연조부와 등에 황백색 세로줄 무늬가 있고, 배 쪽은 연한 황백색을 띤다. 전장 약 60cm.

생태⇒ 연안의 바위, 모래 지역에 서식한다.

분포⇒ 우리 나라 제주도, 일본 남부, 인도양, 서태평양

하스돔

329. 하스돔 <하스돔과>

학명 ⇒ *Pomadasys argenteus* (Forsskål)
영명 ⇒ Silver grunt
일명 ⇒ ホシミゾイサキ

형태 ⇒ 몸과 머리는 좌우로 납작하고 체형은 긴 난형이다. 배의 외곽선은 완만한 곡선을 이루고, 등 쪽은 배에 비해 약간 높다. 입은 작고, 위턱과 아래턱의 길이가 비슷하다. 아래턱의 아랫면에 1쌍의 작은 구멍이 있고, 양턱에는 작은 치열이 있다. 등지느러미는 1개로 극조부와 연조부 사이에 얕은 홈이 있으며, 기조 수는 12극 13~14연조, 뒷지느러미는 3극 7연조이다. 꼬리지느러미의 후연은 반듯하거나 안쪽으로 얕게 패었다. 체측 상반부에 작고 검은 점이 있고, 이 점들이 연결되어 세로줄 무늬를 형성하기도 한다. 등지느러미에는 약간 불규칙한 검은 점들이 3줄로 배열되어 있다. 전장 약 35cm.

생태 ⇒ 연안이나 대륙붕 근처의 모래·개펄 지역에 서식한다.

분포 ⇒ 우리 나라 남해(부산), 일본 남부, 인도양, 서태평양

참고 ⇒ 등지느러미에 검은 점이 있고, 체측에 4~6줄의 세로 점열이 있는 것을 *Pomadasys hasta*(Bloch)라고 하고, 등지느러미에 검은 점이 없고 몸 색깔이 균일한 것을 *Pomadasys argenteus*(Forsskål)라고 구분했으나(松原, 1955), *P. hasta*는 *P. argenteus*의 동종 이명으로 정리되었다(Gloerfelt-Tarp and Kailola, 1984).

도미과

Sparidae (Sea breams, porgies)

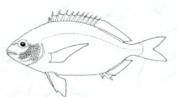

몸과 머리는 좌우로 납작하고 체고가 높다. 눈 아래와 위턱 사이의 안하(眼下) 폭이 넓다. 등지느러미의 극조는 11~12개, 뒷지느러미의 극조는 3개이다. 뺨과 머리 윗부분에 비늘이 있고, 주새개골에 가시가 없다. 우리 나라에 6속 8종, 세계에 29속 100여 종이 알려져 있다.

새눈치

330. 새눈치 <도미과>

학명⇒ *Acanthopagrus latus* (Houttuyn)
영명⇒ Yellowfin bream
일명⇒ キチヌ

형태⇒ 체고가 높은 타원형이다. 등지느러미의 극조부 앞은 약간 솟아 있고, 눈 위도 융기되어 있다. 등지느러미의 기조 수는 11극 11연조, 뒷지느러미는 3극 8연조이다. 측선 상부 비늘열은 4.5개이다. 몸은 연한 회색이고, 비늘열과 나란히 어두운 세로줄이 있다. 배지느러미와 뒷지느러미, 꼬리지느러미는 노란색이고, 꼬리지느러미의 후연은 어두운 색을 띤다. 전장 약 55cm.

생태⇒ 연안의 바위 지역에 서식하며, 육식성 어류로 극피류와 조개류, 갯지렁이류 및 갑각류를 먹는다. 어릴 때는 암수 한몸으로 수컷의 기능이 있고, 어미가 되면 거의 암컷으로 성전환을 한다.

분포⇒ 우리 나라 동해와 남해, 일본 남부, 동남 아시아, 오스트레일리아, 인도양, 아프리카 동부

유사종⇒ 감성돔(*Acanthopagrus schlegeli*)

감성돔

331. 감성돔 <도미과>

학명⇒ *Acanthopagrus schlegeli* (Bleeker)
영명⇒ Black porgy, black sea bream
일명⇒ クロダイ

형태⇒ 체고가 높은 타원형이다. 등지느러미의 극조부와 연조부 사이에 깊은 홈이 없이 막으로 연결되어 있고, 기조 수는 11~12극 11연조, 뒷지느러미는 3극 8연조이다. 측선 상부 비늘열은 5.5~6.5개이다. 몸은 금속성의 은청색 바탕에 윤곽이 뚜렷하지 않은 암회색 가로줄 무늬가 머리부터 미병부까지 여러 개 나타난다. 전장 약 60cm.

생태⇒ 치어는 내만이나 연안의 바위 지역에 서식하고 강 하구에도 올라오며, 요각류나 갑각류의 유생을 먹는다. 성어는 갑각류와 기타 동물을 다양하게 먹으며, 해조류도 먹는 잡식성 어류이다. 산란기는 4~5월이며, 암수 한몸인 시기를 거쳐서 수컷에서 암컷으로 성전환을 한다. 알의 지름은 0.8~0.95mm이고, 1개의 유구(油球)를 가진 분리 부성란이다. 부화 자어의 전장은 2mm 정도이고, 40cm까지 자라는 데 약 9년이 걸린다.

분포⇒ 우리 나라 전 해역, 일본 홋카이도 이남, 타이완

❖ 새눈치와 감성돔의 구분

새눈치와 감성돔은 측선 상부 비늘열의 수로 가장 쉽게 구분할 수 있다. 새눈치는 측선과 등지느러미 극조부 사이의 비늘열 수가 4.5개이고 감성돔은 5.5~6.5개이다. 즉, 새눈치가 감성돔에 비해 비늘이 큰 반면에 그 수는 적다.

황돔

332. 황돔 <도미과>

학명⇒ *Dentex tumifrons* (Temminck et Schlegel)
영명⇒ Yellow porgy, golden tai
일명⇒ キダイ

형태⇒ 체고가 높은 난형이다. 배의 외곽선에 비해 등 쪽은 약간 높게 솟아 있고, 양턱에 일렬의 강한 원추형 이빨이 있다. 뺨에 5~6줄, 전새개부에 3~4줄의 비늘열이 있다. 등지느러미의 극조부와 연조부 사이에 깊은 홈이 없이 막으로 연결되어 있고, 기조 수는 12극 10연조, 뒷지느러미는 3극 8연조이다. 몸은 홍적색 바탕에 등 쪽에 윤곽이 불분명한 3개의 노란색 구름무늬가 있으며, 주둥이는 노란색을 띤다. 전장 약 40cm.

생태⇒ 연안에 서식하고, 갑각류나 작은 동물을 먹는다. 암수 한몸의 시기를 거치며, 수컷에서 암컷으로 성전환을 한다.

분포⇒ 우리 나라 제주도를 포함한 남해, 일본 남부, 동중국해, 타이완

❖ 배지느러미의 위치

배지느러미의 위치는 어류의 종류에 따라 차이가 있다. 즉, 청어류는 배 쪽에 있고 농어류는 가슴에 있는데, 일반적으로 진화된 어류일수록 앞쪽에 위치하는 경향이 있다. 또, 망둑어과 어류를 비롯한 저서어류는 몸을 바닥에 부착시킬 수 있도록 양쪽의 배지느러미가 유합되어 둥근 모양의 흡반을 이루기도 한다.

붉돔

33. 붉돔 <도미과>

학명⇒ *Evynnis japonica* Tanaka
영명⇒ Crimson sea bream
일명⇒ チダイ

형태⇒ 체고가 높은 난형이다. 양턱의 옆에는 강한 어금니가 있다. 등지느러미는 1개로 극조부와 연조부 사이에 홈이 없이 연결되고, 제3, 4극조는 매우 길어서 그 길이가 두장과 비슷하다. 등지느러미의 기조 수는 12극 10연조, 뒷지느러미는 3극 9연조이다. 몸은 황적색을 띠고, 몸 상반부에 금속성 광택을 내는 파란색 반점들이 불규칙하게 흩어져 있다. 등지느러미 시작 부위의 극조와 지느러미막, 그리고 아가미막은 선홍색을 띤다. 전장 약 45cm.

생태⇒ 약간 깊은 바다의 바위 지역에 서식하며, 산란기는 가을철이다.
분포⇒ 우리 나라 동해와 남해, 일본 홋카이도 이남, 동중국해
유사종⇒ 참돔(*Pagrus major*)

❖ 붉돔과 참돔의 구분

- 제3극조가 제2극조에 비해 현저히 길다.
- 꼬리지느러미의 후연이 검지 않다.
▲ 붉돔
- 제3극조가 제2극조에 비해 크게 길지는 않다.
- 꼬리지느러미의 후연이 검은색을 띤다.
▲ 참돔

참돔

참돔(경북 영해)

334. 참돔 <도미과>

학명⇒ *Pagrus major* (Temminck et Schlegel)
영명⇒ Genuine porgy, Red Sea bream
일명⇒ マダイ

형태⇒ 체고가 높은 난형이다. 등지느러미의 극조부와 연조부는 홈이 없이 막으로 연결되어 있고, 기조 수는 12극 10연조, 뒷지느러미는 3극 8연조이다. 몸은 적갈색 바탕에 배는 은백색을 띤다. 살아 있을 때에는 눈 위와 몸 상반부에 금속성 광택을 내는 파란색 반점들이 불규칙하게 나타난다. 꼬리지느러미의 후연은 검은색을 띤다. 전장 약 1m.

생태⇒ 유어기에는 연안 얕은 곳의 해조류오 바위 지역에서 생활하다가 2~3년 자란 후우 수심 30~200m의 깊은 곳으로 이동한다 산란기인 5~6월에 다시 얕은 곳으로 이동한다. 알의 지름은 0.8~1.2mm로 1개의 유구를 가진 분리 부성란이다. 부화 후 1년 만어 10cm 이상 자라고, 40cm 이상 자라는 데는 약 8년이 걸린다. 먹이 섭취 활동은 주로 오전에 이루어지며, 갑각류와 조개류, 오징어류, 작은 어류 등을 먹는다.

분포⇒ 우리 나라 전 해역, 일본 홋카이도 이남, 타이완, 남중국해

갈돔과

Lethrinidae (Emperors, emperor breams)

등지느러미는 1개로 극조부와 연조부가 막으로 이어져 있고, 등지느러미의 극조 수는 10개, 뒷지느러미의 극조 수는 3개이다. 입술은 두꺼운 육질로 되어 있고 주둥이와 전새개골, 머리 윗부분에 비늘이 없으며, 전새개골에 거치가 없다. 양턱에는 일렬의 큰 이빨이 있고, 그 안쪽으로 작은 이빨열이 있다. 우리 나라에 2속 4종, 세계에 5속 39종이 알려져 있다.

까치돔

335. 까치돔 <갈돔과>

학명⇒ *Gymnocranius griseus* (Temminck et Schlegel)
영명⇒ Naked-headed sea bream, ginkofish
일명⇒ メイチダイ

형태⇒ 체고가 높은 타원형이며, 몸 길이는 체고의 2.3배 이하이다. 양턱의 앞쪽에 2~4개의 뾰족한 이빨이 있다. 등지느러미의 극조부와 연조부 사이에 홈이 없이 반듯하게 이어지고 기조 수는 10극 10연조, 뒷지느러미는 3극 10연조이다. 주둥이와 눈 주변, 전새개골 아래에 비늘이 없다. 측선 상부의 비늘열은 6개이다. 몸은 은회색 바탕에 눈을 가로지르는 흑갈색 가로줄 무늬가 있고, 체측에도 여러 개의 구름무늬가 있다. 꼬리지느러미의 후연은 담적색을 띤다. 전장 약 45cm.

생태⇒ 산란기는 여름~가을이고, 알의 지름은 0.8mm로 1개의 유구가 있는 분리 부성란이다.

분포⇒ 우리 나라 제주도, 일본 남부, 동중국해, 남중국해, 인도양, 서태평양

줄갈돔

336. 줄갈돔 <갈돔과>

학명⇒ *Lethrinus genivittatus* Valenciennes
영명⇒ Threadfin emperor
일명⇒ イトフエフキ

형태⇒ 몸과 머리는 좌우로 납작하고, 체형은 타원형으로 두장과 체고가 거의 비슷하다. 양 턱에는 원추형의 매우 작은 이빨이 있다. 등지느러미의 극조부와 연조부 사이는 뚜렷한 홈이 없이 이어지며, 등지느러미의 제2극조가 특히 길어서 갈돔과의 다른 종들과 구분된다. 갈돔과의 다른 종들은 셋째 내지 다섯째번 극조의 길이가 가장 길다. 등지느러미의 기조 수는 10극 9연조, 뒷지느러미는 3극 8연조이다. 꼬리지느러미 뒤 가장자리는 약간 깊게 패였고, 상엽과 하엽의 끝은 뽀족하다. 등지느러미 극조부와 측선 사이의 비늘열은 5열(드물게 6열)이고, 측선 비늘은 46~47개이다. 몸은 초록색을 띤 자갈색이고, 배는 연한 색을 띠며, 체측에 너비가 좁은 여러 개의 노란색 세로줄 무늬가 있다. 아가미구멍 두쪽에 눈 크기의 검은 반점이 1개 있다. 전장 약 25cm.

생태⇒ 연안 얕은 곳의 해조가 많은 모래·바위 지역에 서식한다.

분포⇒ 우리 나라 동해 남부와 제주도를 포함한 남해, 일본 남부, 오스트레일리아, 서태평양

참고⇒ 줄갈돔의 학명은 최근까지 국내외적으로 *Lethrinus nematacanthus* Bleeker가 사용되어 왔으나(정, 1977; Masuda et al., 1988), 이것은 *Lethrinus genivittatus* Valenciennes의 동종 이명으로 간주되고 있다(Carpenter and Allen, 1989).

구갈돔

337. 구갈돔 <갈돔과>

학명⇒ *Lethrinus haematopterus* Temminck et Schlegel

영명⇒ Red collared emperor

일명⇒ フエフキダイ

형태⇒ 몸과 머리는 좌우로 납작하고, 체고가 두장보다 훨씬 높은 타원형이다. 등의 외곽선이 배의 외곽선보다 좀더 높게 솟아 있다. 머리 위에서 주둥이 끝에 이르는 외곽선은 직선에 가깝고, 눈 앞의 안전골(眼前骨)의 너비가 매우 넓어 눈 지름의 2배 이상이며, 주둥이는 뾰족하다. 양턱의 옆쪽에는 끝이 뾰족한 2개의 원추형 송곳니가 있다. 등지느러미의 극조부와 연조부 사이는 홈이 없이 거의 반듯하게 이어지고, 제3~4극조가 가장 길다. 등지느러미의 기조 수는 10극 9연조, 뒷지느러미는 3극 8연조이다. 꼬리지느러미의 후연은 안쪽으로 패어 있고, 상엽과 하엽의 끝은 뾰족하다. 머리에 비늘이 없고, 등지느러미 극조부와 측선 사이의 비늘열은 5개, 측선 비늘은 47~48개이다. 몸은 빨간색을 띤 연한 녹갈색이고, 눈 앞쪽에 연한 파란색 줄무늬가 여러 개 있다. 일부 개체는 아가미구멍 주변이 붉은색을 띠는 것도 있다. 등지느러미와 뒷지느러미의 가장자리는 연한 적홍색을 띠고 입 안은 붉은색이다. 구갈돔은 등의 외곽선이 배의 외곽선보다 높이 솟아 있고 측선 상부의 비늘 수가 5개이어서 등과 배의 외곽선이 비슷하게 솟아 있고, 측선 상부 비늘 수가 6개인 갈돔과 구분된다. 전장 약 80cm.

생태⇒ 연근해의 바위 지역에 서식한다.

분포⇒ 우리 나라 동해 남부와 제주도를 포함한 남해, 일본 남부, 남중국해, 서태평양

유사종⇒ 갈돔(*Lethrinus nebulosus*)

점갈돔

338. 점갈돔 (가칭) <갈돔과>

학명⇒ *Lethrinus harak* (Forsskål) (가칭)
영명⇒ Blackspot emperor
일명⇒ マトフエフキ

형태⇒ 체형은 타원형이다. 등지느러미의 기조 수는 10극 9연조, 뒷지느러미는 3극 8연조이다. 몸은 연한 녹갈색을 띠고, 체측 중앙의 측선 아래에 타원형의 크고 검은 반점이 있는 것이 특징이다. 꼬리지느러미 가장자리는 붉은색을 띤다. 전장 약 60cm.

생태⇒ 연안의 해조류와 산호초, 바위 지역에 서식한다.

분포⇒ 우리 나라 제주도, 일본 남부, 인도양, 서태평양

❖ 어류의 줄무늬

어류의 몸에 나타나는 줄무늬는 몸에 수직을 이룰 때 가로줄 무늬, 수평을 이룰 때 세로줄 무늬라고 한다.

가로줄 무늬(transverse bands)

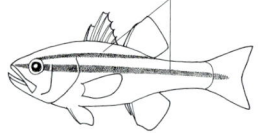
세로줄 무늬(longitudinal stripes)

갈돔

갈돔과 어류(제주도 모슬포)

339. 갈돔   <갈돔과>

학명⇒ *Lethrinus nebulosus* (Forsskål)
영명⇒ Blue emperor, green snapper, spangled emperor
일명⇒ ハマフエフキ

형태⇒ 체형은 타원형이고 두장은 체고보다 짧다. 눈 아래의 안전골은 너비가 넓어서 눈지름의 3배 이상이다. 등지느러미의 기조 수는 10극 9연조, 뒷지느러미는 3극 8연조이다. 측선 상부 비늘열은 6개이다. 몸은 녹갈색이고, 체측의 각 비늘에는 청백색 반점이 있다. 눈 아래쪽으로 2~3개의 청백색 줄무늬가 방사상으로 나타난다. 전장 약 90cm.

생태⇒ 연안의 바위와 산호초 주변에서 유영 생활을 한다. 암컷에서 수컷으로 성전환을 하는 것으로 알려져 있으며, 수명은 20년 이상이다(Okamura and Amaoka, 1997). 갯지렁이류와 조개류, 갑각류 등 작은 저서 동물을 주로 먹는다.

분포⇒ 우리 나라 제주도를 비롯한 남해, 일본 중부 이남, 인도양, 서태평양

실꼬리돔과
Nemipteridae (Threadfin breams)

등지느러미는 1개로 극조부와 연조부가 막으로 이어져 있고, 극조 수는 10개, 뒷지느러미의 극조 수는 3개이다. 꼬리지느러미의 상엽 끝 부분의 기조가 길게 연장된 종들이 많다. 우리 나라에 3속 6종, 세계에 5속 62종이 알려져 있다.

긴실꼬리돔

340. 긴실꼬리돔 <실꼬리돔과>

학명⇒ *Nemipterus bathybius* Snyder
영명⇒ Yellowbelly threadfin bream
일명⇒ ソコイトヨリ

형태⇒ 체형은 약간 긴 방추형이다. 등지느러미는 1개로 극조부와 연조부가 반듯하게 이어지고, 기조 수는 10극 9연조, 뒷지느러미는 3극 7연조이다. 배지느러미의 제1연조는 길어서 그 끝은 항문을 지난다. 꼬리지느러미 상엽의 위쪽 기조는 길게 연장되어 있다. 등은 황적색이고 배는 광택이 있는 흰색이다. 주둥이 아래에서 배의 외곽선을 따라 꼬리지느러미 앞까지 너비가 넓은 노란 세로줄 무늬가 1개 있고, 체측에도 2개의 노란 세로줄 무늬가 있다. 꼬리지느러미와 등지느러미는 담홍색이고, 꼬리지느러미 상엽의 위쪽은 노란색을 띤다. 전장 약 30cm.
생태⇒ 수심 35~300m의 모래·개펄 지역에 서식한다.
분포⇒ 우리 나라 제주도, 일본 남부, 동중국해, 남중국해, 인도양

실꼬리돔

341. 실꼬리돔 <실꼬리돔과>

학명⇒ *Nemipterus virgatus* (Houttuyn)
영명⇒ Golden thread
일명⇒ イトヨリダイ

형태⇒ 몸과 머리는 좌우로 납작하나 두껍고, 체형은 긴 방추형이다. 눈은 머리의 등 쪽에 위치하고, 주둥이의 길이는 눈의 지름과 비슷하다. 등지느러미는 1개로 아가미구멍 위에서 시작되어 몸의 후반부까지 길게 이어지고, 기조 수는 10극 9연조, 뒷지느러미는 3극 8연조이다. 꼬리지느러미의 후연은 안쪽으로 패어 있으며, 가장 위쪽의 기조 1개가 실 모양으로 길게 연장되어 있다. 측선은 아가미구멍 뒤에서 시작되어 등의 외곽선과 평행을 이루며, 측선 비늘은 45~48개이다. 몸은 선홍색 바탕에 노란 세로줄이 있으며, 측선 바로 아래의 줄무늬가 가장 선명하다. 등지느러미는 연한 주홍색을 띠고, 가장자리는 진한 노란색을 띤다. 뒷지느러미의 기저부에 노란색 줄무늬가 있고, 가장자리도 노란색을 띤다. 전장 약 35cm.

생태⇒ 수심 40~250m인 따뜻한 바다의 모래·개펄 지역에 서식하며, 동물성 플랑크톤을 먹는다. 산란기는 5~6월이다.

분포⇒ 우리 나라 동해 남부와 제주도, 일본 남부, 타이완, 오스트레일리아 북부

네동가리

342. 네동가리 <실꼬리돔과>

학명⇒ *Parascolopsis inermis* (Temminck et Schlegel)
영명⇒ Redbelt monocle bream
일명⇒ タマガシラ

형태⇒ 몸과 머리는 좌우로 납작하고, 체형은 긴 타원형이다. 눈은 크고 머리의 등 쪽에 위치하며, 눈의 지름과 주둥이의 길이는 비슷하다. 입은 작고 양턱의 앞쪽에 송곳니가 있다. 안하골(眼下骨) 가장자리 뒤쪽에 톱니 모양의 거치가 4~5개 있고, 전새개골에도 거치가 있다. 전새개골에는 비늘이 없고, 머리의 비늘은 눈 중앙의 위에서부터 나타난다. 등지느러미는 1개로 연조부 앞은 약간 낮지만 극조부와 연조부가 거의 반듯하게 이어지고, 기조 수는 10극 9연조, 뒷지느러미는 3극 7연조이다. 꼬리지느러미의 후연은 안쪽으로 얕게 패어 있다. 측선은 등 쪽 외곽선과 평행을 이루고, 측선 비늘은 34~35개이다. 몸은 연한 붉은색 바탕에 체측에 너비가 넓은 4개의 적갈색 가로무늬가 있다. 이 무늬는 극조부의 앞과 후반부에 1개씩 있고, 연조부의 후반부와 미병부에 각각 1개씩 나타난다. 각 지느러미는 노란색을 띤다. 전장 약 35cm.

생태⇒ 수심 10~200m의 조가비가 많은 모래·개펄 지역이나 바위 지역에 서식한다.

분포⇒ 우리 나라 제주도를 포함한 남해(부산), 일본 중부 이남, 인도양, 서태평양

민어과
Sciaenidae (Croakers, drums)

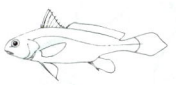

등지느러미는 등의 외곽선까지 깊게 팬 홈에 의해 2개로 구분되고 기저부가 길다. 제1등지느러미의 기조 수는 6~13극조이고, 제2등지느러미에 1개의 극조가 있다. 뒷지느러미의 극조 수는 1~3개이다. 측선은 꼬리지느러미의 뒤끝까지 이어지고, 꼬리지느러미 후연은 뾰족한 삼각형을 이룬다. 우리 나라에 9속 12종, 세계에 70속 270여 종이 알려져 있다.

보구치

343. 보구치 <민어과>

학명⇒ *Argyrosomus argentatus* (Houttuyn)
영명⇒ White croaker, silver jewfish
일명⇒ シログチ

형태⇒ 체고가 약간 높은 방추형이다. 주둥이 끝은 약간 둥글고, 위턱과 아래턱의 길이는 비슷하다. 등지느러미의 기조 수는 10~11극 25~28연조, 뒷지느러미는 2극 7~8연조이다. 등은 회갈색이고 배는 은백색이며, 아가미뚜껑에 크고 검은 반점이 1개 있다. 전장 약 50cm.

생태⇒ 수심 20~140m의 모래·개펄 지역의 저층부에 서식하며, 5~8월에 우리 나라 서해안에서 산란한다.

분포⇒ 우리 나라 동해 남부와 서해, 제주도를 포함한 남해, 일본 남부, 동중국해

황강달이

344. 황강달이 <민어과>

학명⇒ *Collichthys lucidus* (Richardson)
영명⇒ Croaker
일명⇒ カンダリ

형태⇒ 머리가 크고 미병부는 매우 가늘다. 후두부에 왕관 모양의 골질 돌기가 있고, 돌기 가장자리에 1~3개의 작은 가시가 있다. 주둥이 앞의 외곽선은 반달 모양으로 둥글며, 아래턱이 위턱보다 약간 길다. 등지느러미의 기조 수는 9극 24~29연조, 뒷지느러미는 2극 11~13연조이다. 몸 전체가 노란색을 띠며, 꼬리지느러미의 후연은 검은색을 띤다. 전장 약 20cm.
생태⇒ 큰 강의 하구와 내만, 또는 수심 90m 미만의 연안에 서식하고, 5~6월에 산란한다.
분포⇒ 우리 나라 서해와 남해, 황해에서 남중국해에 이르는 해역
유사종⇒ 눈강달이(*Collichthys niveatus*)
일명 : メブトカンダリ

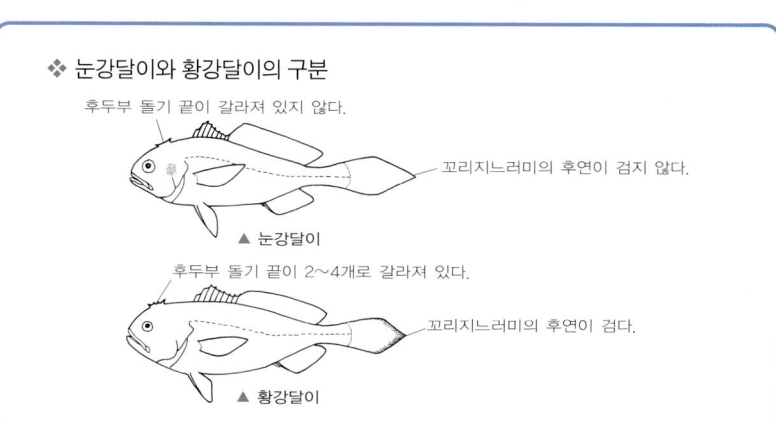

❖ 눈강달이와 황강달이의 구분

후두부 돌기 끝이 갈라져 있지 않다.
꼬리지느러미의 후연이 검지 않다.
▲ 눈강달이

후두부 돌기 끝이 2~4개로 갈라져 있다.
꼬리지느러미의 후연이 검다.
▲ 황강달이

민태

345. 민태 <민어과>

학명⇒ *Johnius belengerii* (Cuvier)
영명⇒ Belenger's jewfish
일명⇒ コニベ

형태⇒ 민어과 어류 가운데 몸 길이가 비교적 짧은 방추형이다. 주둥이 끝은 둥글고, 주둥이의 길이는 눈의 지름보다 길며, 위턱의 후단은 눈 중앙의 아래에 도달한다. 아래턱이 위턱보다 짧아서 입은 주둥이의 약간 아래쪽에 열린다. 등지느러미의 기조 수는 10~11극 24~29연조, 뒷지느러미는 2극 7~9연조이다. 등은 회갈색이고 배는 황백색이다. 등지느러미의 극조부 가장자리는 검은색을 띤다. 전장 약 20cm.

생태⇒ 수심 25~100m 정도의 모래·개펄 지역에 서식하고, 4~7월에 중국 연안에서 산란한다.

분포⇒ 우리 나라 서해와 남해, 황해에서 남중국해에 이르는 해역

유사종⇒ 보구치(*Argyrosomus argentatus*)

❖ 보구치와 민태의 구분

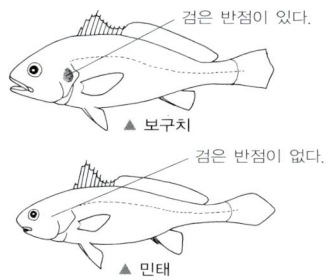

민어과 Sciaenidae(Croakers, drums)

민어

346. 민어 <민어과>

학명⇒ *Miichthys miiuy* (Basilewsky)
영명⇒ Brown croaker
일명⇒ ホンニベ

형태⇒ 몸과 머리는 좌우로 납작하고 체형은 긴 방추형이다. 눈은 머리의 앞 등 쪽에 위치하며, 눈의 지름은 주둥이의 길이보다 약간 짧다. 주둥이 끝은 둥글고, 위턱과 아래턱의 길이는 비슷하다. 등지느러미와 뒷지느러미 연조부의 기저부 약 $\frac{1}{3} \sim \frac{1}{2}$ 은 작은 비늘로 덮여 있다. 극조부와 연조부 사이는 깊은 홈을 이루면서 막으로 연결되고, 등지느러미의 기조 수는 9~10극 28~31연조이다. 뒷지느러미의 기조 수는 2극 7~8연조이고, 제2극조의 길이는 눈의 지름보다 길다. 꼬리지느러미의 후연은 바깥쪽으로 삼각형을 이룬다. 측선은 몸 중앙보다 위에 위치하고, 측선 비늘은 50~57개이다. 등은 어두운 갈색이고 배는 광택이 있는 흰색이다. 등지느러미와 가슴지느러미 후반부, 꼬리지느러미의 가장자리는 검은색을 띤다. 전장 약 70cm.

생태⇒ 수심 15~100m의 바닥이 개펄 지역인 저층부에 서식하며, 산란기는 9~10월이다.

분포⇒ 우리 나라 서해와 남해, 일본 서남부, 남중국해

수조기

347. 수조기 <민어과>

학명⇒ *Nibea albiflora* (Richardson)
영명⇒ Yellow drum
일명⇒ コイチ

형태⇒ 몸과 머리는 좌우로 납작하고 체형은 긴 방추형이다. 눈은 머리의 앞 등 쪽에 위치하며, 눈의 지름은 주둥이의 길이보다 약간 짧다. 주둥이 끝은 둥글고, 위턱이 아래턱보다 약간 길다. 위턱의 뒤끝은 눈의 후단 아래에 도달하며, 아래턱의 아랫면에 5개의 구멍이 있다. 양턱에 2열의 이빨이 있고, 위턱 바깥쪽 열의 이빨은 크고 강하다. 전새개골 가장자리에 강한 거치가 있다. 등지느러미와 뒷지느러미 연조부의 기저부는 비늘로 덮여 있지 않다. 등지느러미 극조부의 후반부는 깊은 홈이 있고, 기조 수는 11~12극 27~31연조이다. 뒷지느러미는 2극 7~8연조이고, 꼬리지느러미의 후연은 바깥쪽으로 삼각형을 이룬다. 측선은 등의 외곽선과 평행을 이루고, 측선 비늘은 47~55개이다. 몸은 연한 황갈색이고 배 쪽은 노란색이 진하다. 비늘열을 따라 검은 줄무늬가 사선으로 나타나며, 측선 위쪽의 점무늬가 불규칙하게 흩어져 있어서 아래쪽의 줄무늬가 연결되지 않는다. 수조기와 형태가 매우 비슷한 동갈민어는 측선 위의 점들이 규칙적으로 열을 이루어 측선 아래의 점열과 이어지므로 수조기와 구분된다. 가슴지느러미와 배지느러미, 뒷지느러미는 등황색이고, 등지느러미 극조부의 가장자리는 검은색을 띤다. 전장 약 45cm.

생태⇒ 수심 20~80m의 개펄 또는 모래 지역의 저층부에 서식하며, 산란기는 4~7월이다.

분포⇒ 우리 나라 서해와 남해, 일본 남부, 남중국해

부세

348. 부세 <민어과>

학명⇒ *Pseudosciaena crocea* (Richardson)
영명⇒ Large yellow croaker
일명⇒ フウセイ

형태⇒ 체형은 긴 방추형이며, 몸 전반부의 체고가 높고 뒤쪽이 낮다. 등지느러미의 연조부와 뒷지느러미는 작은 비늘로 덮여 있다. 등지느러미의 기조 수는 8~9극 30~34연조이다. 뒷지느러미는 2극 7~9연조이고, 둘째 번 극조의 길이는 눈의 지름보다 길다. 등은 회황색이고 배는 황백색이다. 각 지느러미는 노란색을 띤다. 전장 50cm 이상 자라지만 보통 어획되는 것은 전장 30~40cm이다.
생태⇒ 수심 120m의 모래·개펄 지역에 서식한다.
분포⇒ 우리 나라 서해와 남해 서부, 중국해
유사종⇒ 참조기(*Pseudosciaena polyactis*)

❖ **부세와 참조기의 구분**

부세와 참조기는 형태가 매우 비슷해서 구분이 쉽지 않다. 부세는 뒷지느러미의 연조 수가 보통 8개이고 뒷지느러미의 제2극조의 길이가 눈의 지름보다 길지만, 참조기는 뒷지느러미의 연조 수가 보통 9개이고 뒷지느러미의 제2극조의 길이가 눈의 지름보다 짧은 점으로 두 종의 구분이 가능하다.

참조기

민어과 Sciaenidae (Croakers, drums)

49. 참조기   <민어과>

학명⇒ *Pseudosciaena polyactis* Bleeker
영명⇒ Yellow croaker
일명⇒ キグチ

형태⇒ 몸과 머리는 좌우로 납작하며, 몸 전부의 체고가 높고 뒤쪽이 낮다. 눈은 머리 등 쪽에 위치하고, 눈의 지름은 주둥이 길이보다 약간 짧다. 주둥이 앞쪽은 둥글고 아래턱이 위턱보다 약간 길다. 아래턱에는 일렬의 이빨이 있다. 등지느러미의 연조부와 뒷지느러미의 기저부는 작은 비늘로 덮여 있다. 등지느러미의 극조부와 연조부는 홈을 이루고 막으로 연결되어 있으며, 기조 수는 9~11극 31~36연조이다. 뒷지느러미의 기조 수는 극 9~10연조이고, 둘째 번 극조는 눈의 지름보다 짧다. 꼬리지느러미의 후연은 바깥쪽으로 삼각형을 이룬다. 측선은 몸 중앙보다 위에 위치하고 측선 비늘은 53~59개이다. 몸은 황갈색 바탕에 배는 진한 노란색을 띠며, 모든 지느러미는 연한 노란색을 띤다. 전장 40cm 이상 자라지만 20~30cm의 것이 가장 흔하다.

생태⇒ 수심 120m 미만인 모래·개펄 지역의 저층부에 서식하고, 플랑크톤을 주로 먹는다. 산란기는 3~6월이다. 민어과 어류 가운데 가장 맛이 좋아 매우 귀하게 여기는 물고기로, 말려서 구이나 찜으로 이용된다. 흔히 조기매운탕은 값비싼 참조기 대신 보구치나 부세, 수조기 등이 많이 이용되며, 심지어 황강달이를 이용하는 경우도 있다.

분포⇒ 우리 나라 동해 남부와 서해, 남해, 일본 서부, 동중국해

촉수과

Mullidae (Goatfishes)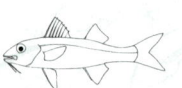

몸은 길고 아래턱 끝에 한 쌍의 긴 수염이 있으며, 수염에 감각 세포가 있어서 모래 속에 있는 먹이를 찾아 내어 먹는다. 등지느러미는 2개로 분리되어 있고, 극조 수는 6~9개이다. 뒷지느러미에는 1~2개의 작은 극조가 있다. 우리 나라에 2속 10종, 세계에 6속 55종이 알려져 있다.

금줄촉수

350. 금줄촉수 <촉수과>

학명 ⇒ *Parupeneus ciliatus* (Lacépède)
영명 ⇒ Diamond-scaled goatfish
일명 ⇒ ホウライヒメジ

형태 ⇒ 몸은 길고 단면은 반원형이다. 아래턱에 육질의 수염이 1쌍 있다. 제1등지느러미의 기조 수는 8극조, 제2등지느러미는 1극 9연조, 뒷지느러미는 1극 7연조이다. 뒷지느러미는 높아서 앞쪽 기조의 길이가 기저부 길이와 비슷하거나 기저부보다 길다. 색깔의 변화가 심하고, 등에는 녹갈색 바탕에 눈 앞에서 등지느러미 연조부까지 2개의 연한 황백색 세로줄 무늬가 있다. 미병부의 암갈색 반점은 측선의 약간 아래까지 이어지고, 수염은 노란색을 띤다. 전장 약 40cm.

생태 ⇒ 연안 얕은 곳의 산호초와 해조류가 많은 곳에 서식한다.

분포 ⇒ 우리 나라 제주도, 일본 남부, 인도양

참고 ⇒ *Parupeneus fraterculus*(Valenciennes) 가 이 종의 학명으로 사용되어 왔으나, 최근에는 *Parupeneus ciliatus* (Lacépède) 가 사용되고 있다(Nakabo, 2000). 한편, 우리 나라의 남촉수 *Upeneoides pleurotaenia*(Playfair)는 금줄촉수의 동종 이명으로 간주되고 있어 (Myers, 1999), 어류 목록에서 삭제함이 타당한 것으로 사료된다.

점촉수

모래 지역에 서식하는 점촉수(제주도 서귀포)

351. 점촉수 <촉수과>

학명⇒ *Parupeneus heptacanthus* (Lacépède)
영명⇒ Barface goatfish
일명⇒ タカサゴヒメジ

형태⇒ 몸은 길고 단면은 반원형이다. 입술은 두껍고 아래턱에 육질의 수염이 1쌍 있으며, 그 끝은 전새개골의 후단에 도달하거나 후단을 약간 지난다. 제1등지느러미의 기조 수는 8극조, 제2등지느러미는 1극 9연조, 뒷지느러미는 1극 7연조이다. 수컷의 제2~3극조의 길이는 길다. 등은 황적색이고 배는 담색이며, 등지느러미 극조부의 후단 아래에 눈 크기의 암적색 반점이 있다. 전장 약 35cm.

생태⇒ 수심 60m 미만의 해조류가 많은 곳이나 모래 지역에 서식하며, 단독으로 생활하거나 10마리 미만이 무리를 지어서 생활한다.

분포⇒ 우리 나라 제주도, 일본 남부, 인도양, 태평양

인디안촉수

인디안촉수(제주도 모슬포)

352. 인디안촉수(가칭) <촉수과>

학명⇒ *Parupeneus indicus* (Shaw)
영명⇒ Goatfish, Indian goatfish
일명⇒ コバンヒメジ

형태⇒ 몸은 길고 단면은 반원형이다. 아래턱에 육질의 수염이 1쌍 있고, 수염의 후단은 전새개골 후단에 도달하거나 이를 지난다. 제1등지느러미의 기조 수는 8극조, 제2등지느러미는 1극 9연조, 뒷지느러미는 1극 7연조이다. 몸은 황갈색 또는 적갈색을 띠며, 체측 중앙의 등 쪽에 타원형의 노란색 반점이 있다. 미병부에는 크고 검은 반점이 1개 있다. 전장 약 40cm.

생태⇒ 수심 20m 미만의 바위와 산호 지역에서 단독 또는 몇 마리씩 무리를 지어 생활한다.

분포⇒ 우리 나라 제주도, 일본 남부, 인도양, 서태평양

오점촉수

오점촉수(필리핀)

353. 오점촉수 <촉수과>

학명⇒ *Parupeneus multifasciatus* (Quoy et Gaimard)
영명⇒ Banded goatfish, five-barred goatfish
일명⇒ オジサン

형태⇒ 몸은 길고 단면은 반원형이다. 입술은 두껍고 아래턱에 육질의 긴 수염이 1쌍 있으며, 그 끝은 아가미구멍의 바로 앞에 도달한다. 제1등지느러미의 기조 수는 8극조, 제2등지느러미는 1극 9연조, 뒷지느러미는 1극 7연조이다. 몸 색깔은 변화가 많은데, 붉은색 또는 연한 갈색을 띠며, 체측에 너비가 넓은 암갈색 또는 흑갈색 가로무늬가 5개 있다. 앞쪽 3개의 무늬는 희미하지만, 등지느러미의 연조부와 미병부에 나타나는 2개의 무늬는 뚜렷하다. 수염은 흰색 또는 노란색이다. 전장 약 30cm.

생태⇒ 수심 140m 미만의 산호초 지역과 모래·바위 지역에 서식한다.

분포⇒ 우리 나라 제주도 해역, 일본 남부, 인도양, 서태평양

큰점촉수

354. 큰점촉수 <촉수과>

학명⇒ *Parupeneus pleurostigma* (Bennett)
영명⇒ Round-spot goatfish, blackspot goatfish
일명⇒ リュウキュウヒメジ

형태⇒ 몸은 길고 단면은 반원형이다. 입술은 두껍고 양턱에 일렬의 이빨이 있다. 아래턱에 육질의 수염이 1쌍 있고, 그 끝은 전새개골의 후단을 지난다. 제1등지느러미의 기조 수는 8극조, 제2등지느러미는 1극 8연조, 뒷지느러미는 1극 8연조이다. 몸은 황적색이고, 등지느러미의 극조부와 연조부 사이의 아래쪽 측선 부위에 검은 반점이 있다. 제2등지느러미의 기저부는 흑갈색을 띤다. 전장 약 35cm.
생태⇒ 산호초와 해조류가 많은 모래와 바위 지역에서 생활하고, 수염을 이용하여 저서성 소형 동물을 찾아 먹는다.
분포⇒ 우리 나라 제주도, 일본 남부, 인도양, 서태평양

❖ 부레의 기능

경골어류의 내장에는 대부분 부레라고 하는 기관이 있다. 부레는 어떤 기능을 할까?
첫째, 부력 조절 기능으로 공기의 양을 통해 몸의 비중을 조절한다.
둘째, 호흡 기능으로 가스 교환의 역할을 한다.
셋째, 소리와 압력을 감지하는 감각 기능이 있다.
넷째, 일부 어류는 부레를 이용하여 소리를 내는 기능이 있다.
그러나 빠르게 헤엄치는 일부 원양 어류나 바닥에 사는 저서어류는 부레가 없는 종도 있다.

두줄촉수

355. 두줄촉수 <촉수과>

학명⇒ *Parupeneus spilurus* (Bleeker)
영명⇒ Japanese goatfish
일명⇒ オキナヒメジ

형태⇒ 몸은 길고 단면은 반원형이다. 입술은 두껍고 아래턱에 육질의 수염이 1쌍 있다. 제1등지느러미의 기조 수는 8극조, 제2등지느러미는 1극 9연조, 뒷지느러미는 1극 7연조이다. 몸은 황적색이고, 주둥이에서 체측 중앙부까지 3개의 암색 세로줄 무늬가 있으며, 미병부 위에 눈보다 크고 검은 반점이 1개 있다. 각 지느러미는 몸과 같은 색을 띤다. 전장 약 50cm.

생태⇒ 연안 얕은 곳의 바위 지역에 서식한다.

분포⇒ 우리 나라 제주도, 일본 남부, 필리핀
유사종⇒ 금줄촉수(*Parupeneus ciliatus*)

❖ 금줄촉수와 두줄촉수의 구분

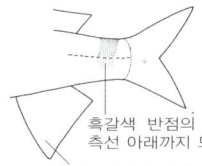

흑갈색 반점의 색이 연하고 측선 아래까지 도달한다.

뒷지느러미가 기저부 길이보다 높다.

▲ 금줄촉수

흑갈색 반점의 색이 진하고 측선 아래까지 도달하지 않는다.

뒷지느러미의 기저부가 높이보다 길다.

▲ 두줄촉수

356. 노랑촉수 <촉수과>

학명⇒ *Upeneus japonicus* (Houttuyn)
영명⇒ Yellowfin goatfish
일명⇒ ヒメジ

형태⇒ 몸은 길고 단면은 반원형이다. 주둥이 아래에 한 쌍의 노란 촉수가 있다. 양턱에는 2~3열의 이빨이 있다. 제1등지느러미의 기조 수는 7극조, 제2등지느러미는 1극 9연조, 뒷지느러미의 기조 수는 1극 7~9연조이다. 몸은 선홍색으로 아름답고, 모든 지느러미는 투명하지만 등지느러미와 꼬리지느러미 상엽에는 암적색 줄무늬가 있다. 전장 약 15cm.
생태⇒ 주로 연안의 모랫바닥에 서식하며, 새우류 등의 작은 갑각류를 먹는다.
분포⇒ 우리 나라 서해 남부와 제주도를 포함한 남해, 일본, 남중국해, 인도양, 서태평양
참고⇒ 지금까지 국내외에서 *Upeneus bensasi*(Temminck et Schlegel)를 학명으로 사용하여 왔으나(정, 1977; Masuda et al.), 이것은 *Upeneus japonicus*(Houttuyn)의 동종 이명으로 간주되고 있다(Randall, 1993).

노랑촉수

357. 노랑줄촉수 <촉수과>

학명⇒ *Upeneus moluccensis* (Bleeker)
영명⇒ Golden banded goatfish
일명⇒ キスジヒメジ

형태⇒ 몸은 길고 단면은 반원형이다. 양턱에는 2~3열의 원추형 이빨이 있고, 아래턱 끝에 1쌍의 수염이 있다. 제1등지느러미의 기조 수는 7극조, 제2등지느러미는 1극 7연조, 뒷지느러미는 1극 7연조이다. 등지느러미와 꼬리지느러미 상엽에는 암적색 줄무늬가 여러 개 있다. 전장 약 25cm.
생태⇒ 연안의 모래·개펄 지역에 서식한다.
분포⇒ 우리 나라 제주도, 일본 남부, 남중국해, 인도양

노랑줄촉수

358. 먹줄촉수 <촉수과>

학명⇒ *Upeneus sulphureus* Cuvier
영명⇒ Sunrise goatfish
일명⇒ コハクヒメジ

형태⇒ 몸은 길고 단면은 반원형이다. 양턱에는 2~3열의 원추형 이빨이 있고, 아래턱 끝에 1쌍의 수염이 있다. 제1등지느러미의 기조수는 7극조, 제2등지느러미는 1극 9연조, 뒷지느러미는 1극 7연조이다. 제1, 2등지느러미에는 암갈색 줄무늬가 있으나 꼬리지느러미에는 줄무늬가 없다. 전장 약 20cm.
생태⇒ 연안의 모래·개펄 지역에 서식한다.
분포⇒ 우리 나라 제주도, 일본 남부, 남중국해, 인도양, 서태평양

먹줄촉수

주걱치과
Pempheridae (Sweepers)

몸은 좌우로 납작하다. 턱의 후단은 눈의 중간에 도달하지 못하고, 양턱에 작은 이빨이 있다. 눈이 크고, 등지느러미는 1개로 몸의 중앙에 위치하며 기저부가 짧다. 뒷지느러미는 낮고 기저부가 길다. 등지느러미의 극조 수는 4~7개, 뒷지느러미의 극조 수는 2~3개이다. 우리 나라에 2속 2종, 세계에 2속 25종이 알려져 있다.

주걱치

359. 주걱치 <주걱치과>

학명⇒ *Pempheris japonica* Döderlein
영명⇒ Blackfin sweeper
일명⇒ ツマグロハタンポ

형태⇒ 몸과 머리는 좌우로 납작하고, 등지느러미 앞의 체고가 가장 높다. 뒷지느러미 기저부의 외곽선은 미병부까지 급한 경사를 이루며, 미병부는 매우 가늘다. 눈의 지름은 주둥이 길이의 2배 이상이다. 등지느러미는 1개로 몸 중앙보다 약간 앞에 위치하고, 기조 수는 6~7극 10~12연조이다. 뒷지느러미는 몸 중앙에서 시작하여 미병부까지 이어지고, 기조 수는 3극 35~38연조이다. 몸은 흑갈색을 띠며, 등지느러미와 꼬리지느러미, 뒷지느러미는 검은색을 띤다. 가슴지느러미와 배지느러미는 주홍색을 띤다. 전장 약 15cm.

생태⇒ 연안의 바위 지역에 서식하고, 야행성으로 낮에는 바위틈에 머문다.

분포⇒ 우리 나라 제주도를 포함한 남해, 일본 남부, 필리핀

나비고기과

Chaetodontidae (Butterfly fishes)

몸은 좌우로 매우 납작하고 체형은 난원형(卵圓形)이다. 주둥이는 뾰족하고 입은 그 끝에 작게 열린다. 턱에 작고 가는 이빨이 있는데, 과명인 Chaetodon은 이러한 이빨의 모양을 뜻한다. 등지느러미는 1개로 극조부와 연조부 사이는 홈이 없이 반듯하게 이어지거나 낮은 홈을 이룬다. 대부분의 종은 매우 화려하고 아름다운 색을 띠며, 눈을 가로지르는 검은 줄무늬가 있다. 관상어로서의 가치가 매우 높은 분류군이다. 우리 나라에 2속 10종, 세계에 10속 114종이 알려져 있다.

가시나비고기

360. 가시나비고기 <나비고기과>

학명⇒ *Chaetodon auriga* Forsskål
영명⇒ Flamented coralfish, spined butterfly fish
일명⇒ トゲチョウチョウウオ

형태⇒ 몸과 머리는 좌우로 납작하고 체고가 높은 난원형이다. 등지느러미 연조부의 제5~6연조가 실처럼 길게 연장된 것이 특징이다. 몸 전반부의 등 쪽에 너비가 넓은 5~6개의 흰 줄무늬가 우측 상단에서 좌측 하단으로 사선으로 이어지고, 배 쪽은 등의 사선과 반대 방향으로 8~10개의 흰 사선이 이어진다. 눈을 지나는 너비가 넓은 흑갈색 줄무늬가 있고, 등지느러미 연조부에 타원형의 크고 검은 점이 1개 있다. 전장 약 23cm.
생태⇒ 연안의 바위와 산호초 지역에서 생활하며, 조개류 등의 작은 무척추동물을 먹는다.
분포⇒ 우리 나라 제주도, 일본 남부, 인도양, 태평양

세동가리돔

361. 세동가리돔 <나비고기과>

학명⇒ *Chaetodon modestus* Temminck et Schlegel
영명⇒ Brown-banded butterfly fish
일명⇒ ゲンロクダイ

형태⇒ 몸과 머리는 좌우로 납작하고 체고와 몸 길이가 거의 비슷한 마름모꼴이다. 머리는 작고, 주둥이는 좁고 길며, 입은 아주 작다. 측선은 등 쪽으로 둥글게 굽어 있다. 등지느러미의 기조 수는 11~12극 21~25연조이며, 뒷지느러미는 3극 18~21연조이고, 꼬리지느러미의 끝은 약간 둥글다. 몸은 연한 회색 바탕에 3개의 노란색 가로줄 무늬가 있고, 가장 앞의 것은 가늘고 눈을 지나며 나머지 두 개는 너비가 넓다. 주둥이 끝은 노란색을 띤다. 배지느러미의 안쪽은 검고, 등지느러미 연조부의 전반부에 눈의 지름보다 큰 검은 반점이 있다. 전장 약 17cm.

생태⇒ 연안의 바위 지역에 서식한다.

분포⇒ 우리 나라 제주도를 포함한 남해(전남 여수), 일본 남부, 타이완, 필리핀, 하와이

> ❖ 측선(lateral line)
>
> 경골어류의 체측에는 대부분 머리 뒤에서 꼬리지느러미 앞까지 긴 선이 이어진 것을 볼 수 있는데, 자세히 보면 각 비늘마다 구멍이 뚫려 있는 것을 알 수 있다. 이처럼 비늘이 있는 물고기는 각 비늘마다 한 개씩의 구멍이 뚫려 있으며, 이 구멍 안쪽은 점액으로 차 있고, 몸 안쪽으로 연결되어 있다. 이를 측선 또는 옆줄이라고 하는데, 측선은 물의 흐름, 수압, 진동 등 외부의 자극을 감지하는 역할을 한다.

꼬리줄나비고기(제주도 모슬포)

362. 꼬리줄나비고기 <나비고기과>

학명⇒ *Chaetodon wiebeli* Kaup
영명⇒ Seabeauty butterfly fish
일명⇒ ツキチョウチョウウオ

형태⇒ 몸과 머리는 좌우로 납작하고 체고가 높은 난원형이다. 몸의 비늘은 크고, 머리와 등지느러미, 뒷지느러미는 작은 비늘로 덮여 있다. 몸은 노란색 바탕에 우측 상단에서 좌측 하단으로 갈색 점들이 이어져 45° 각도의 줄무늬를 이룬다. 꼬리지느러미는 황백색이고, 중간에 동공보다 너비가 넓고 검은 가로줄 무늬가 1개 있다. 전장 약 18cm.

생태⇒ 수심 25m 미만인 연안의 바위 지역에 서식한다.

분포⇒ 우리 나라 제주도, 일본 중부 이남, 타이완, 필리핀

유사종⇒ 나비고기(*Chaetodon auripes*), 부전나비고기(*Chaetodon adiergastos*), 룰나비고기(*Chaetodon lunula*)

두동가리돔

363. 두동가리돔 <나비고기과>

학명⇒ *Heniochus acuminatus* (Linnaeus)
영명⇒ Angelfish, coachman, pennant coral fish
일명⇒ ハタタテダイ

형태⇒ 몸과 머리는 좌우로 납작하고, 체고와 몸 길이가 비슷한 마름모꼴이다. 등지느러미 극조부의 넷째 번 기조가 매우 길게 연장되어 있다. 측선이 꼬리지느러미의 기저부까지 이어지는 점으로 나비고기과의 다른 종들과 구분된다. 몸은 노란색 바탕에 3개의 검은 가로줄 무늬가 있으며, 가장 앞의 것은 너비가 좁고 등에서 눈까지 이어진다. 전장 약 20cm.

생태⇒ 연안의 바위 지역에서 부착 조류를 먹고, 모래·개펄 지역에서는 작은 무척추동물을 먹는다. 대개 수십 마리가 무리를 이루어 생활한다.

분포⇒ 우리 나라 제주도를 포함한 남해, 일본 남부, 남중국해, 인도양, 홍해

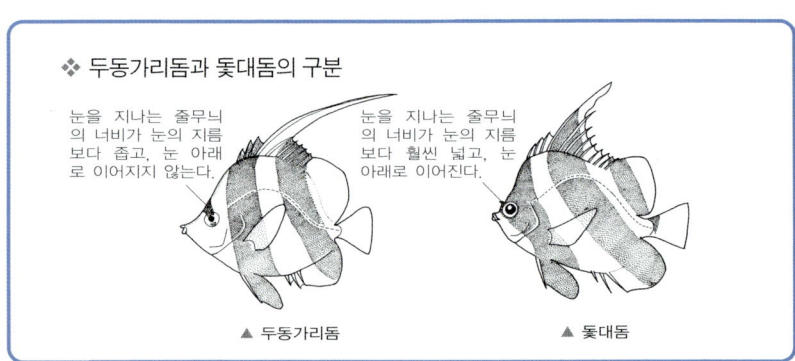

❖ 두동가리돔과 돛대돔의 구분

눈을 지나는 줄무늬의 너비가 눈의 지름보다 좁고, 눈 아래로 이어지지 않는다.

눈을 지나는 줄무늬의 너비가 눈의 지름보다 훨씬 넓고, 눈 아래로 이어진다.

▲ 두동가리돔   ▲ 돛대돔

돛대돔

364. 돛대돔   <나비고기과>

학명⇒ *Heniochus chrysostomus* Cuvier
영명⇒ Threeband angelfish, threeband pennant coral fish
일명⇒ ミナミハタタテダイ

형태⇒ 몸과 머리는 좌우로 매우 납작하고, 체고와 몸 길이가 비슷한 마름모꼴이다. 눈 위의 머리 외곽선은 오목하고, 배의 외곽선보다 등 쪽이 더 높게 솟아 있다. 머리는 작고 주둥이는 뾰족하다. 등지느러미 극조부의 넷째 번 기조가 매우 길게 연장되어 있고, 극조부 후반부의 기조 길이보다 연조부 전반부 기조의 길이가 길다. 등지느러미의 기조 수는 12극 21~22연조, 뒷지느러미는 3극 17~19연조이다. 꼬리지느러미의 후연은 직선형이다. 측선은 몸의 중앙보다 위쪽에 둥글게 굽어 있고, 측선 비늘은 57~61개이다. 몸은 흰색 바탕에 너비가 넓은 3개의 줄무늬가 좌측 상단에서 우측 하단으로 사선을 이룬다. 첫째 번 줄무늬는 눈과 등지느러미 앞에서 폭 넓게 시작되어, 가슴지느러미를 지나 배지느러미에 이어지므로 배지느러미 전체가 검은색을 띤다. 둘째 번 줄무늬는 몸 중앙에 위치하며, 위쪽으로는 등지느러미의 극조부 끝까지 이어지고, 아래쪽으로는 뒷지느러미의 후반부 끝까지 이어진다. 셋째 번 줄무늬는 등지느러미 연조부의 기저부와 꼬리지느러미 기부 위쪽에 걸쳐서 나타난다. 주둥이 끝은 노란색을 띠는데, 학명 *chrysostomus*는 '노란색의 입'을 의미하는 것으로, 주둥이의 색깔에서 유래된 것이다. 전장 약 15cm.

생태⇒ 수심 20m 미만의 산호나 바위 지역에 서식한다.

분포⇒ 우리 나라 제주도, 일본 남부, 인도양, 서태평양

청줄돔과

Pomacanthidae (Angelfishes)

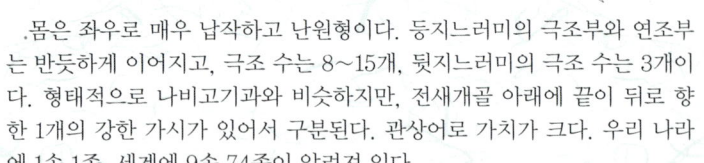

몸은 좌우로 매우 납작하고 난원형이다. 등지느러미의 극조부와 연조부는 반듯하게 이어지고, 극조 수는 8~15개, 뒷지느러미의 극조 수는 3개이다. 형태적으로 나비고기과와 비슷하지만, 전새개골 아래에 끝이 뒤로 향한 1개의 강한 가시가 있어서 구분된다. 관상어로 가치가 크다. 우리 나라에 1속 1종, 세계에 9속 74종이 알려져 있다.

청줄돔(제주도 모슬포)

365. 청줄돔 <청줄돔과>

학명⇒ *Chaetodontoplus septentrionalis* (Temminck et Schlegel)
영명⇒ Blue-lined angelfish
일명⇒ キンチャクダイ

형태⇒ 몸은 좌우로 납작하고 난원형이다. 전새개골의 아래 가장자리에 끝이 후방을 향한 강한 가시가 1개 있다. 유어는 몸이 검은색이고, 눈 뒤의 머리에서 배까지 이어지는, 너비가 넓은 1개의 노란 가로줄 무늬가 있다. 등지느러미, 뒷지느러미의 가장자리와 꼬리지느러미는 노란색을 띤다. 어미의 몸에는 황갈색 바탕에 가늘고 긴 파란색 세로줄 무늬가 8~10개 있다. 전장 약 22cm.

생태⇒ 연안 얕은 곳의 바위 지역에 서식한다.

분포⇒ 우리 나라 제주도를 포함한 남해, 일본 남부, 타이완, 중국해

청줄돔과 Pomacanthidae(Angelfishes)

청줄돔 유어(제주도 모슬포)

청줄돔(제주도 모슬포)

황줄돔과
Pentacerotidae (Armorheads)

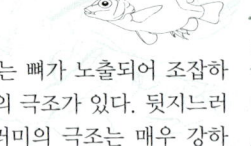

몸은 좌우로 납작하고 체고가 매우 높다. 머리는 뼈가 노출되어 조잡하고 딱딱하다. 등지느러미는 1개로 크고, 4~15개의 극조가 있다. 뒷지느러미의 극조는 2~5개이다. 등지느러미와 뒷지느러미의 극조는 매우 강하다. 피부는 작고 강한 빗비늘로 덮여 있다. 우리 나라에 3속 3종, 세계에 7속 11종이 알려져 있다.

육동가리돔

366. 육동가리돔 <황줄돔과>

학명⇒ *Evistias acutirostris* (Temminck et Schlegel)
영명⇒ Banded boarhead
일명⇒ テングダイ

형태⇒ 머리와 몸은 좌우로 납작하고 체고가 매우 높으며, 배 쪽에 비해 등 쪽이 높게 솟아 있어 체형은 거의 삼각형을 이룬다. 등지느러미는 4극 26~29연조이며, 극조가 매우 짧아서 제4극조의 길이는 바로 뒤에 인접한 연조 길이의 $\frac{1}{4} \sim \frac{1}{3}$ 정도이다. 뒷지느러미는 3극 13연조이고, 가장 긴 제2극조의 길이가 첫째 번 연조 길이의 $\frac{1}{2}$ 미만이다. 몸은 연한 황갈색을 띠고, 체측에 5~6개의 너비가 넓은 가로줄 무늬가 있다. 전장 약 50cm.

생태⇒ 수심 40~250m의 바위와 모래 지역에 서식한다.

분포⇒ 우리 나라 제주도를 포함한 남해, 일본 남부, 하와이, 뉴질랜드 해역

황줄돔

367. 황줄돔 <황줄돔과>

학명⇒ *Histiopterus typus* Temminck et Schlegel
영명⇒ Sailfin boarhead
일명⇒ カワビシャ

형태⇒ 체형은 육동가리돔과 비슷하다. 등지느러미의 기조 수는 4극 27~28연조이고, 제3, 4극조의 길이는 바로 뒤에 인접한 연조의 길이와 비슷하다. 뒷지느러미는 3극 10연조이며, 제2극조는 강하고 그 길이는 첫째 번 연조의 길이와 비슷하다. 육동가리돔과 형태가 비슷하지만, 육동가리돔은 황줄돔에 비해 등지느러미 제3, 4극조와 뒷지느러미 2극조의 길이가 상대적으로 짧아서 두 종이 구분된다. 몸은 연한 회갈색이고, 체측 전반부에 너비가 각각 다른 4개의 가로줄 무늬가 있다. 전장 약 40cm.

생태⇒ 수심 40~400m 정도의 바위 지역에 서식한다.

분포⇒ 우리 나라 서해와 제주도를 포함한 남해, 일본 남부, 남중국해, 홍해, 남아프리카

유사종⇒ 육동가리돔(*Evistias acutirostris*)

❖ 황줄돔과 육동가리돔의 구분

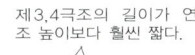

제3,4극조의 길이가 연조 높이와 비슷하다.

제3,4극조의 길이가 연조 높이보다 훨씬 짧다.

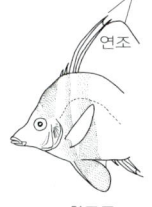
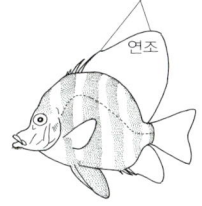

▲ 황줄돔   ▲ 육동가리돔

사자구

368. 사자구 <황줄돔과>

학명⇒ *Pentaceros japonicus* Döderlein
영명⇒ Boarfish, spearfin boarhead
일명⇒ ツボダイ

형태⇒ 몸과 머리는 좌우로 납작하고, 육동가리돔이나 황줄돔과 형태가 비슷하지만 체고가 비교적 낮아서 몸 길이의 약 $\frac{1}{2}$ 미만이다. 육동가리돔과 황줄돔은 체고가 몸 길이의 $\frac{1}{2}$ 이상이다. 등 쪽 외곽선은 배 쪽 외곽선에 비해 높게 솟아 있다. 주둥이는 뾰족하고 입은 작으며, 위턱의 후단은 눈 앞부분의 아래에 도달한다. 등지느러미 앞에서 주둥이 끝에 이르는 등 쪽 외곽선은 경사가 완만하고 눈 위의 머리 외곽선은 약간 융기되어 있다. 눈은 크고 머리의 등 쪽에 위치한다. 주둥이는 뾰족하고, 그 길이는 눈의 지름과 비슷하거나 그보다 약간 길다. 등지느러미의 제3극조 길이가 가장 길고 강하며, 뒷지느러미는 제2극시가 가장 길고 강하다. 등지느러미의 기조수는 11극 13~15연조, 뒷지느러미는 4~5극 8~10연조이다. 꼬리지느러미의 후연은 직선형에 가깝다. 등은 붉은빛이 있는 회갈색이고 배는 은백색 광택을 띤다. 배지느러미의 막은 검은색이다. 어린 개체는 몸에 구름무늬가 나타나지만 전장 10cm를 넘으면 사라진다. 전장 약 30cm.

생태⇒ 수심 100~400m의 연근해에 서식한다.

분포⇒ 우리 나라 남해(봉암도), 일본 남부

황줄깜정이과

Kyphosidae (Sea chubs)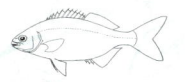

몸은 좌우로 납작하고 체형은 난형이다. 턱 앞쪽에 뾰족한 이빨이 있다. 등지느러미는 1개로 극조부와 연조부 사이에 홈이 없다. 등지느러미의 극조 수는 9~16개, 뒷지느러미의 극조 수는 3개이다. 우리 나라에 4속 8종, 세계에 15속 42종이 알려져 있다.

긴꼬리벵에돔

369. 긴꼬리벵에돔 <황줄깜정이과>

학명⇒ *Girella melanichthys* (Richardson)
영명⇒ Smallscale blackfish
일명⇒ クロメジナ

형태⇒ 체고가 약간 높은 난형이다. 미병부와 꼬리지느러미가 길고, 새개골의 하반부에는 비늘이 없다. 등지느러미의 기조 수는 14극 14연조, 뒷지느러미는 3극 13연조이다. 등은 녹갈색이고 배는 은백색이며, 벵에돔과 달리 각 비늘에 검은 점이 없다. 아가미뚜껑 후연과 가슴지느러미의 기부는 검은색을 띤다. 전장 약 70cm.

생태⇒ 유어는 내만에서 주로 서식하지만 자라면서 외해 쪽으로 이동한다. 산란기는 11~12월이다.

분포⇒ 우리 나라 제주도를 포함한 남해, 일본 남부, 동중국해

유사종⇒ 벵에돔(*Girella punctata*)

양뱅에돔

370. 양뱅에돔 <황줄감정이과>

학명⇒ *Girella mezina* Jordan et Starks
영명⇒ Yellowstriped blackfish
일명⇒ オキナメジナ

형태⇒ 체형은 긴꼬리뱅에돔과 비슷하다. 새개골 전체에 비늘이 있고 윗입술이 두꺼우며, 눈 앞에서 주둥이에 이르는 외곽선이 거의 수직을 이루는 점으로 다른 종과 구분된다. 등지느러미의 기조 수는 14극 14연조, 뒷지느러미는 3극 11연조이다. 몸은 녹갈색이고, 체측 중앙에 너비가 넓은 노란색 가로줄 무늬가 있으며, 이 줄무늬는 성장하면서 희미해진다. 전장 약 45cm.

생태⇒ 연안의 바위와 산호초 지역에서 단독으로 생활하며, 조류를 주로 먹는다.

분포⇒ 우리 나라 동해 남부, 일본 중부 이남, 중국해

❖ 뱅에돔과 긴꼬리뱅에돔의 구분

검은 무늬가 불분명하다.
꼬리 부분이 짧다.

▲ 뱅에돔

검은 무늬가 뚜렷하다.
꼬리 부분이 길다.

▲ 긴꼬리뱅에돔

벵에돔

벵에돔(울릉도)

371. 벵에돔   <황줄깜정이과>

학명⇒ *Girella punctata* Gray
영명⇒ Largescale blackfish
일명⇒ メジナ

형태⇒ 체고가 약간 높은 난형이다. 새개골의 하반부에는 비늘이 없다. 등지느러미의 기조 수는 14~15극 13~14연조, 뒷지느러미는 3극 12연조이다. 등은 녹갈색이고 배는 은백색이며, 각 비늘에 검은 점이 있어서 몸 전체가 검게 보인다. 전장 약 60cm.

생태⇒ 연안의 바위 지역에 서식하고, 어린 것들은 조수 웅덩이에서 무리를 지어 생활하며, 주로 작은 동물이나 해조류를 먹는다. 산란기는 2~6월이다.

분포⇒ 우리 나라 동해와 제주도를 포함한 남해, 일본 홋카이도 이남, 타이완, 동중국해

무늬갈돔

372. 무늬갈돔 <황줄깜정이과>

학명⇒ *Kyphosus cinerascens* (Forsskål)
영명⇒ Blue chub
일명⇒ テンジクイサキ

형태⇒ 체형은 난형이다. 등지느러미 극조부의 길이가 연조부보다 짧은 것이 특징이다. 등지느러미의 기조 수는 11극 12연조, 뒷지느러미는 3극 11연조이다. 몸은 흑갈색이고 각 비늘에 푸른빛이 있다. 전장 약 50cm.
생태⇒ 여름~가을에는 주로 동물류를 먹고 겨울에는 조류를 먹는다.
분포⇒ 우리 나라 제주도를 포함한 남해(거문도), 일본 중부 이남, 인도양, 서태평양
유사종⇒ 무늬깜정이(*Kyphosus bigibbus*)
영명 : Grey chub
일명 : ミナミイスズミ
황줄깜정이(*Kyphosus vaigiensis*)

❖ 무늬갈돔과 무늬깜정이, 황줄깜정이의 구분

연조부가 극조부보다 높다.

▲ 무늬갈돔

연조부 높이가 극조부와 비슷하거나 낮다.

▲ 무늬깜정이, 황줄깜정이

황줄깜정이

373. 황줄깜정이 <황줄깜정이과>

학명⇒ *Kyphosus vaigiensis* (Quoy et Gaimard)
영명⇒ Bluefish, largetail drummer, brassy drummer
일명⇒ イスズミ

형태⇒ 몸과 머리는 좌우로 납작하고 체형은 긴 난형이다. 주둥이가 약간 짧고, 입도 작은 편이다. 주둥이의 길이는 눈 지름의 1.5배 미만이다. 등지느러미 연조부의 앞쪽 기조는 가장 긴 극조의 길이보다 짧다. 등지느러미의 기조 수는 10~11극조 13~15연조이고, 뒷지느러미는 3극 12~13연조이다. 꼬리지느러미의 후연은 안쪽으로 패어 있다. 몸은 회색 바탕에 체측에 여러 개의 연한 황록색 세로줄 무늬가 있다. 전장 약 70cm.

생태⇒ 유어는 해조류가 많은 곳에서 생활하고, 어미는 연안의 바위가 많은 지역에 서식한다. 여름~가을철에는 주로 동물류를 먹고, 겨울에는 조류를 먹는다.

분포⇒ 우리 나라 남해(부산), 일본 중부 이남, 인도양, 서태평양

참고⇒ 이 종의 학명으로는 국내외에서 *Kyphosus lembus*(Cuvier)가 사용되어 왔으나 (김과 김, 1997; Masuda et al., 1988), 이것은 *Kyphosus vaigiensis*(Quoy et Gaimard)의 동종 이명으로 정리되었다(Sakai and Nakabo, 1995).

❖ 황줄깜정이와 무늬깜정이의 구분

황줄깜정이와 무늬깜정이는 등지느러미와 뒷지느러미의 연조 수에 따라 구분이 가능하다. 황줄깜정이는 등지느러미의 연조 수가 대개 14개, 뒷지느러미의 연조 수가 13개인 반면에 무늬깜정이는 등지느러미의 연조 수가 12개, 뒷지느러미의 연조 수가 11개로 차이가 있다.

범돔(강원도 강릉)

범돔(제주도 모슬포)

374. 범돔 <황줄감정이과>

학명⇒ *Microcanthus strigatus* (Cuvier)
영명⇒ Stripey, footballer
일명⇒ カゴカキダイ

형태⇒ 체고가 높고 몸 길이가 짧은 마름모꼴이다. 등지느러미의 기조 수는 11극 16~18연조, 뒷지느러미는 3극 13~14연조이다. 몸 전체에 너비가 비슷한 노란색과 검은색 줄무늬가 교대로 나타나고, 등지느러미의 연조부 앞부분에 검은 반점이 있다. 전장 약 20cm.
생태⇒ 연안 얕은 곳에서 수심 100m에 이르는 바위 지역까지 단독 또는 무리를 지어 생활한다.
분포⇒ 우리 나라 동해와 제주도를 포함한 남해, 일본 중부 이남, 하와이, 타이완, 오스트레일리아

살벤자리과
Teraponidae (Grunters)

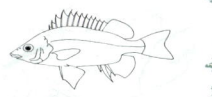

몸은 좌우로 납작하고 긴 타원형이다. 새개골에 1~2개의 가시가 있는데, 아래쪽의 것이 길다. 양턱에 작은 이빨이 있다. 몸에 여러 개의 흑갈색 세로줄 무늬가 있다. 등지느러미는 1개로 극조부와 연조부 사이에 홈이 있다. 우리 나라에 2속 3종, 세계에 16속 45종이 알려져 있다.

줄벤자리

375. 줄벤자리 <살벤자리과>

학명⇒ *Rhyncopelates oxyrhynchus* (Temminck et Schlegel)
영명⇒ Sharpnose tigerfish, fourstriped grunter
일명⇒ シマイサキ

형태⇒ 체형은 긴 타원형이다. 아가미뚜껑 뒤쪽에 2개의 가시가 있다. 등지느러미의 기조수는 12극 9~11연조, 뒷지느러미는 3극 7~9연조이다. 유어의 몸 색깔은 연한 황갈색 바탕에 4개의 흑갈색 세로줄 무늬가 있고, 성장하면서 줄무늬 사이에 3개의 가는 줄무늬가 더 나타난다. 등지느러미 극조부의 가장자리는 갈색을 띠고, 어미의 꼬리지느러미에는 10개의 가늘고 검은 세로줄 무늬가 있다. 전장 약 30cm.

생태⇒ 강 하구와 연안에 서식한다. 소형 저서 동물을 먹고, 다른 어류의 비늘을 먹는 습성이 있다. 봄에서 여름 사이에 산란하며, 위험해지면 부레를 수축시켜 소리를 낸다.

분포⇒ 우리 나라 동해 남부와 제주도를 포함한 남해, 일본 남부, 타이완, 필리핀

살벤자리

376. 살벤자리 <살벤자리과>

학명⇒ *Terapon jarbua* (Forsskål)
영명⇒ Threestripe tigerfish, crescent perch
일명⇒ コトヒキ

형태⇒ 몸과 머리는 좌우로 납작하고 체형은 긴 타원형이다. 주둥이는 짧지만 뾰족하고 양턱의 길이는 비슷하다. 아가미뚜껑 뒤쪽 가장자리에 2개의 가시가 있고, 아래쪽 가시는 아가미구멍의 뒤쪽까지 길게 뻗어 있다. 등지느러미는 1개로 극조부와 연조부 사이가 깊이 패어 있고, 기조 수는 10~12극 9~11연조이다. 뒷지느러미의 기조 수는 3극 7~9연조로 극조가 매우 강하다. 꼬리지느러미의 후연은 안쪽으로 오목하게 패어 있다. 측선은 몸의 중앙보다 약간 등 쪽에 위치하고, 측선 비늘은 75~100개이다. 몸은 은회색 바탕에 아래쪽으로 활처럼 휘어진 3개의 검은 세로줄 무늬가 있다. 가장 위쪽의 것은 등지느러미 기부에 나타나고, 가장 아래쪽의 것은 머리의 등 쪽에서 시작되어 아가미를 따라 휘어져 내려온 후 거의 일직선으로 미병부를 지나 꼬리지느러미 끝까지 이어진다. 꼬리지느러미 중앙에 일직선의 세로줄 무늬가 있고, 위아래 쪽으로 2개의 줄무늬가 대칭을 이룬다. 등지느러미의 극조부와 연조부에 검은 무늬가 있다. 전장 약 25cm.

생태⇒ 수심이 낮은 연안이나 강 하구에서 저서성 소형 동물을 먹고 생활하며, 담수에도 적응하여 기수역에도 출현한다. 어획되었을 때에는 부레에서 소리를 내기도 한다. 산란기는 여름철이다.

분포⇒ 우리 나라 제주도를 포함한 남해, 서해 남부 연안(전남 우이도), 일본 남부, 남중국해, 인도양, 서태평양, 홍해

네줄벤자리

377. 네줄벤자리 <살벤자리과>

학명⇒ *Terapon theraps* Cuvier
영명⇒ Northern grunter, banded grunter
일명⇒ ヒメコトヒキ

형태⇒ 몸과 머리는 좌우로 납작하고 체형은 타원형이다. 아가미뚜껑의 뒤 가장자리에 2개의 가시가 있다. 등지느러미는 1개로 극조부와 연조부 사이에 깊은 홈이 있고, 마지막 극조는 바로 앞에 위치한 극조의 길이보다 길다. 등지느러미의 기조 수는 12극 10연조이다. 뒷지느러미의 극조는 3개로 매우 강하고, 연조 수는 8~9개이다. 꼬리지느러미의 후연은 얕게 패어 있다. 측선 비늘은 46~56개이다. 몸은 은회색 바탕에 체측에 3~4개의 반듯하고 검은 세로줄 무늬가 있다. 제1줄은 머리에서 시작되어 등을 지나고, 제2줄은 눈 앞에서 시작되어 미병부의 상반부를 지나며, 제3줄은 눈 아래에서 시작되어 미병부의 하부를, 제4줄은 가슴지느러미에서 시작되어 그 뒤쪽으로 이어진다. 제4줄은 어미가 되면 없어진다. 등지느러미의 극조부에 크고 검은 무늬가 있고, 연조부에도 2개의 갈색 반점이 있다. 꼬리지느러미의 중심부에 직선형의 흑갈색 줄무늬가 있으며, 그 위쪽과 아래쪽에 2개씩의 흑갈색 줄무늬가 대칭으로 있다. 전장 약 25cm.

생태⇒ 내만이나 연안 얕은 곳에 서식한다.
분포⇒ 우리 나라 남해(부산), 일본 남부, 남중국해, 남태평양, 인도양, 홍해

돌돔과

Oplegnathidae (Knifejaws)

몸은 좌우로 납작하고 체고가 높은 난원형이다. 어미의 이빨은 앵무새의 부리 모양으로 융합되어 있다. 등지느러미는 1개로 극조부는 연조부보다 낮다. 등지느러미의 극조는 11~12개, 뒷지느러미의 극조는 3개이다. 우리 나라에 1속 2종, 세계에 1속 6종이 알려져 있다.

돌돔

378. 돌돔 <돌돔과>

학명⇒ *Oplegnathus fasciatus* (Temminck et Schlegel)
영명⇒ Rock bream, striped beakperch
일명⇒ イシダイ

형태⇒ 몸과 머리는 좌우로 납작하고 체고가 높은 난원형이다. 양턱에는 부리 모양의 이빨이 있다. 등지느러미 연조부의 앞부분은 극조부보다 기조가 길어서 훨씬 높다. 기조 수는 11~12극 17~18연조이고, 뒷지느러미는 3극 12~13연조이다. 몸은 밝은 회흑색 바탕에 6~7개의 선명한 검은 가로줄 무늬가 있다. 완전히 자란 어미는 줄무늬가 희미해지고 전체적으로 회흑색을 띠며, 주둥이가 검게 변한다. 전장 약 80cm.

생태⇒ 연안의 바위 지역에 서식하고, 전장 3cm 미만의 유어는 부유성 갑각류를 먹으며, 15cm 이상 자라면 조개류와 성게 등의 극피동물을 주로 먹는다.

분포⇒ 우리 나라 전 해역, 일본, 타이완, 하와이

전장 45cm의 돌돔 노성어

돌돔과 Oplegnathidae(Knifejaws)

돌돔(울릉도)

강담돔

강담돔(울릉도)

379. 강담돔 <돌돔과>

학명⇒ *Oplegnathus punctatus* (Temminck et Schlegel)
영명⇒ Rock porgy
일명⇒ イシガキダイ

형태⇒ 체형과 이빨 모양이 돌돔과 비슷하다. 등지느러미 연조부의 앞부분은 극조부보다 기조가 길어서 훨씬 높다. 등지느러미의 기조 수는 12극 15~16연조이며, 뒷지느러미는 3극 13연조이다. 몸은 연한 황백색 바탕에 돌담을 쌓은 듯한 검은 무늬가 짜 맞추어져 있다. 자라면서 이러한 무늬는 없어지고, 돌돔과 반대로 주둥이 색깔이 흰색으로 변한다. 전장 약 90cm.

생태⇒ 연안의 암초성 어류이며, 생활 습성은 돌돔과 비슷하다.

분포⇒ 우리 나라 동해 남부와 제주도를 포함한 남해, 일본 중부 이남, 남중국해, 괌, 하와이

가시돔과

Cirrhitidae (Hawkfishes)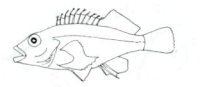

체형은 타원형이다. 등지느러미는 1개이고, 극조부의 각 기조 끝에는 촉수 모양의 피판이 있다. 주새개골에 편평한 2개의 가시가 있다. 우리 나라에 1속 2종, 세계에 9속 32종이 알려져 있다.

무늬가시돔(필리핀)

380. 무늬가시돔 <가시돔과>

학명 ⇒ *Cirrhitichthys aprinus* (Cuvier)
영명 ⇒ Boar hawkfish
일명 ⇒ ミナミゴンベ

형태 ⇒ 체고가 약간 높은 타원형이다. 전새개골의 가장자리에는 톱니 모양의 작은 거치들이 있다. 등지느러미 극조부의 각 기조 끝의 지느러미막이 촉수처럼 갈라져 피판을 형성한다. 등지느러미의 기조 수는 10극 12연조, 뒷지느러미는 3극 6연조이다. 몸에는 전체적으로 담색 바탕에 적갈색 구름무늬가 불규칙하게 흩어져 있다. 아가미뚜껑 뒤쪽에 눈 크기의 암갈색 반점이 있고, 주둥이와 눈 아래에 적갈색 줄무늬가 있다. 등지느러미에도 몸의 구름무늬가 이어진다. 전장 약 15cm.

생태 ⇒ 수심 20m 미만에 서식하며, 바위 측면과 바위에 붙어 있는 해면 동물 위에서 주로 생활한다.

분포 ⇒ 우리 나라 제주도, 일본 남부, 인도양, 서태평양

다동가리과

Cheilodactylidae (Morwongs)

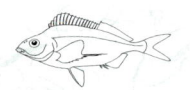

등지느러미의 앞이 높게 솟아 체형은 긴 삼각형이다. 눈은 머리의 등쪽 외곽선 가까이에 위치하고, 입술이 두껍다. 아가미뚜껑에 가시가 없다. 가슴지느러미 하부의 기조 4~7개는 매우 길고 갈라지지 않은 모양이다. 등지느러미의 극조부와 연조부 사이에 홈이 있고, 꼬리지느러미의 후연은 안쪽으로 깊이 패어 있다. 우리 나라에 1속 2종, 세계에 5속 18종이 알려져 있다.

여덟동가리

381. 여덟동가리 <다동가리과>

학명⇒ *Goniistius quadricornis* (Günther)
영명⇒ Blackbarred morwong
일명⇒ ユウダチタカノハ

형태⇒ 몸 전반부의 체고가 높고 뒤로 갈수록 완만한 경사를 이루며 낮아진다. 양턱의 길이는 비슷하고 입술이 두껍다. 등지느러미의 극조부와 연조부 사이는 얕은 홈을 이루며, 막으로 연결되어 있다. 몸은 연한 회갈색 바탕에 8개의 흑갈색 가로줄 무늬가 있다. 꼬리지느러미의 하엽은 검은색을 띤다. 전장 약 40cm.

생태⇒ 연안 얕은 곳의 바위 지역에 서식하고, 새우류와 소형 저서 동물을 먹는다.

분포⇒ 우리 나라 제주도를 포함한 남해, 일본 중부 이남

유사종⇒ 아홉동가리(*Goniistius zonatus*)

아홉동가리

아홉동가리(제주도 모슬포)

382. 아홉동가리 <다동가리과>

학명⇒ *Goniistius zonatus* (Cuvier)
영명⇒ Whitespot-tail morwong
일명⇒ タカノハダイ

형태⇒ 몸 전반부의 체고가 높고 뒤로 갈수록 완만한 경사를 이루며 낮아진다. 주둥이와 입은 아래쪽으로 치우쳐 있고 입술이 두껍다. 등지느러미의 극조부와 연조부 사이는 얕은 홈을 이루며, 막으로 연결되어 있다. 몸은 회청색 바탕에 주둥이에서 미병부에 이르기까지 너비가 넓고 경사진 검은색 가로줄 무늬가 9개 있다. 꼬리지느러미의 하엽은 진한 황갈색이며, 상엽에는 둥글고 흰 반점들이 눈송이처럼 흩어져 있다. 전장 약 45cm.
생태⇒ 연안의 얕고 바위가 많은 곳에서 생활하며, 새우류와 저서 동물을 주로 먹는다.
분포⇒ 우리 나라 울릉도, 제주도를 포함한 남해, 서해 중부 이남, 일본 중부 이남, 타이완

홍갈치과
Cepolidae (Bandfishes)

몸은 길게 연장되어 있고, 측선은 등지느러미의 외곽선 근처에 있다. 입은 머리의 앞에 위치하고 위를 향해 열린다. 등지느러미는 1개이고, 등지느러미와 뒷지느러미의 기저부가 길다. 등지느러미의 극조 수는 0~4개, 뒷지느러미는 0~2개이다. 우리 나라에 2속 3종, 세계에 4속 19종이 알려져 있다.

점줄홍갈치

383. 점줄홍갈치   <홍갈치과>

학명⇒ *Acanthocepola krusensternii* (Temminck et Schlegel)
영명⇒ Yellowspotted bandfish
일명⇒ アカタチ
형태⇒ 몸이 뱀장어처럼 길게 연장되어 있고, 좌우로 납작하다. 주둥이는 뭉툭하고, 눈의 지름보다 짧으며, 전새개골 가장자리에 5개의 뭉툭한 가시가 있다. 등지느러미와 뒷지느러미는 꼬리지느러미와 연결되고, 등지느러미의 기조 수는 78~82연조, 뒷지느러미는 76~82연조이다. 꼬리지느러미의 끝은 뾰족하다. 몸과 지느러미 전체가 적홍색을 띠고, 체측에 담황색의 둥근 반점이 열을 이룬다.
생태⇒ 수심 250m 전후의 모래·개펄 지역에 서식한다.
분포⇒ 우리 나라 남해(목포), 일본 중부 이남, 중국해
유사종⇒ 먹점홍갈치(*Acanthocepola limbata*), 홍갈치(*Cepola schlegeli*)

먹점홍갈치

384. 먹점홍갈치 <홍갈치과>

학명⇒ *Acanthocepola limbata* (Valenciennes)
영명⇒ Blackspot bandfish
일명⇒ イッテンアカタチ

형태⇒ 몸이 뱀장어처럼 길게 연장되어 있고, 좌우로 납작하다. 주둥이는 뭉툭하고 그 외곽은 둥글다. 눈은 비교적 크고, 눈의 지름은 주둥이 길이보다 길다. 입과 턱이 크며, 위턱의 뒤끝은 눈 후단의 아래에 도달한다. 전새개골에 거치 모양의 작은 가시가 있고, 양턱에는 송곳니 모양의 이빨이 일렬로 배열되어 있다. 등지느러미는 머리 뒤에서 시작되고 뒷지느러미는 배지느러미 뒤에서 시작되어 꼬리지느러미와 연결된다. 등지느러미의 기조 수는 96개 이상, 뒷지느러미는 100개 이상이며, 꼬리지느러미의 후연은 뾰족하다. 점줄홍갈치와 비슷하지만 몸이 길어서 등지느러미와 뒷지느러미의 기조 수가 많고, 등지느러미에 검은 점이 있어서 쉽게 구분된다. 몸은 적홍색이고, 등지느러미의 제8~11연조 사이에 큰 검은 반점이 1개 있다. 뒷지느러미의 가장자리는 흑갈색을 띤다. 전장 약 60cm.

생태⇒ 수심 80~200m의 모래·개펄 지역에 서식한다.

분포⇒ 우리 나라 남해, 일본 중부 이남, 타이완

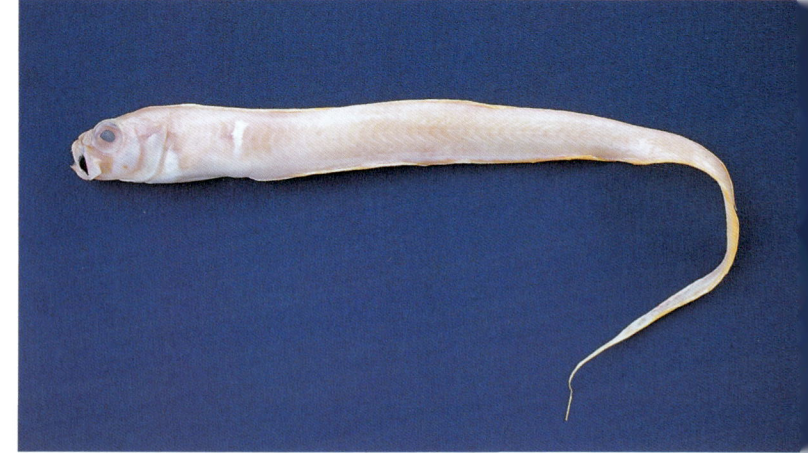

홍갈치

385. 홍갈치   <홍갈치과>

학명⇒ *Cepola schlegeli* (Bleeker)
영명⇒ Bandfish
일명⇒ スミツキアカタチ

형태⇒ 몸은 뱀장어처럼 길게 연장되어 있고 좌우로 납작하다. 등지느러미와 뒷지느러미가 꼬리지느러미와 연결되어 있고, 기타 특징도 점줄홍갈치, 먹점홍갈치와 비슷하지만 전새개골 가장자리에 거치 모양의 가시가 없다. 등지느러미의 기조 수는 68~70개, 뒷지느러미는 60~64개이다. 몸과 지느러미 전체에 적홍색을 띤다. 위턱과 뺨의 경계면에 검은 반점이 있고, 가슴지느러미 뒤쪽의 체측 중앙에 은색 가로무늬가 있는 것이 특징이다. 전장 약 50cm.

생태⇒ 수심 100m 정도의 모래·개펄 바닥에 서식하며, 바닥에 몸의 아랫부분을 묻은 채 몸을 위로 세우고 있는 경우가 많다.

분포⇒ 우리 나라 울릉도, 남해(목포), 일본 중부 이남, 타이완

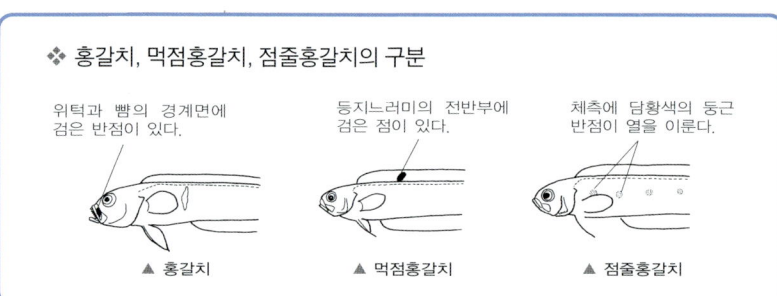

❖ 홍갈치, 먹점홍갈치, 점줄홍갈치의 구분

위턱과 뺨의 경계면에 검은 반점이 있다. ▲ 홍갈치

등지느러미의 전반부에 검은 점이 있다. ▲ 먹점홍갈치

체측에 담황색의 둥근 반점이 열을 이룬다. ▲ 점줄홍갈치

망상어과

Embiotocidae (Surfperches)

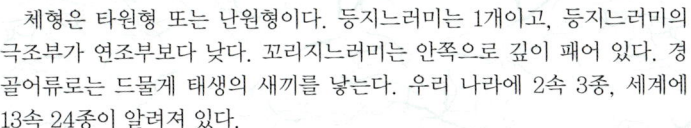

체형은 타원형 또는 난원형이다. 등지느러미는 1개이고, 등지느러미의 극조부가 연조부보다 낮다. 꼬리지느러미는 안쪽으로 깊이 패어 있다. 경골어류로는 드물게 태생의 새끼를 낳는다. 우리 나라에 2속 3종, 세계에 13속 24종이 알려져 있다.

망상어

386. 망상어 <망상어과>

학명⇒ *Ditrema temmincki* Bleeker
영명⇒ Temminck's surfperch
일명⇒ ウミタナゴ, マタナゴ

형태⇒ 체고가 높은 난원형이다. 양턱에는 일렬의 이빨이 있다. 등지느러미는 극조부의 기조가 연조부의 기조보다 짧아서 극조부가 연조부보다 낮다. 등지느러미의 기조 수는 9~11극 19~22연조, 뒷지느러미는 3극 25~28연조이다. 꼬리지느러미의 상엽과 하엽의 끝은 뾰족하지 않다. 몸은 황갈색 바탕에 등 쪽은 진하고 배 쪽은 연한 색을 띤다. 눈에서 위턱의 후단부 쪽으로 2개의 흑갈색 줄무늬가 있고, 배지느러미 기저부에 검은 점이 있거나 전체적으로 검은색을 띠는 것이 특징이다. 전장 약 30cm.

생태⇒ 모래와 바위 지역에 서식하고, 태생어로 한 번에 약 13마리의 새끼를 낳는다.

분포⇒ 우리 나라 동해와 남해, 일본 홋카이도 이남의 해역

유사종⇒ 청록망상어(*Ditrema viride*)
일명: アオタナゴ

인상어

새끼를 낳고 있는 인상어

387. 인상어 <망상어과>

학명⇒ *Neoditrema ransonneti* Steindachner
영명⇒ Ransonnet's surfperch
일명⇒ オキタナゴ

형태⇒ 망상어에 비해 체고가 낮은 타원형이다. 입은 작고, 위턱의 후단은 눈의 앞부분 아래에 도달하지 못한다. 꼬리지느러미의 상엽과 하엽의 끝이 매우 뾰족한 것이 특징이다. 등지느러미의 극조부는 연조부보다 낮고 기조 수는 6~7극 20~22연조, 뒷지느러미는 3극 26~27연조이다. 몸은 황갈색이고, 가슴지느러미 기부에 암갈색 줄무늬가 있다. 전장 약 25cm.

생태⇒ 연안 얕은 곳의 해조류와 바위 지역에 서식하고, 유어는 수심 1m 정도의 표층에 수백 마리가 무리를 지어 다니기도 한다. 태생으로 9~20마리의 새끼를 낳는다.

분포⇒ 우리 나라 동해와 남해, 홋카이도 이남의 일본 해역

자리돔과

Pomacentridae (Damselfishes)

몸은 난형이고 입이 작다. 측선은 불완전하고 몸의 후반부에서 중단된다. 1쌍의 콧구멍이 있다. 등지느러미는 1개로 극조부와 연조부 사이에 홈이 없이 반듯하거나 연조부가 높고, 뒷지느러미의 극조 수는 2개이다. 우리 나라에 6속 13종, 세계에 28속 315종이 알려져 있다.

흑줄돔

388. 흑줄돔 <자리돔과>

학명⇒ *Abudefduf bengalensis* (Bloch)
영명⇒ Bengal damselfish
일명⇒ テンジクスズメダイ

형태⇒ 체형은 난원형이다. 주둥이는 짧지만 뾰족하고, 그 길이는 눈의 지름과 비슷하거나 약간 짧다. 등지느러미의 연조부 뒤 가장자리는 뾰족하다. 등지느러미의 기조 수는 13극 13~15연조, 뒷지느러미는 2극 13~15연조이다. 꼬리지느러미의 후연은 안쪽으로 깊이 패어 있고, 상엽과 하엽의 끝은 둥글다. 몸은 회갈색이고 7개의 검은 가로줄 무늬가 있다. 각 지느러미는 어두운 색을 띤다. 측선은 등지느러미 연조부의 전반부 아래에서 중단된다. 전장 약 15cm.

생태⇒ 수심 15m 미만의 바위 지역에 서식하며 잡식성이다.

분포⇒ 우리 나라 서해 남부(전남 우이도), 일본 남부, 인도양 북부, 서태평양

389. 줄자돔 <자리돔과>

학명⇒ *Abudefduf sordidus* (Forsskål)
영명⇒ Spot damselfish
일명⇒ シマスズメダイ

형태⇒ 체고가 높은 난원형이다. 등지느러미의 기조 수는 13극 14~16연조, 뒷지느러미는 2극 14~16연조이다. 꼬리지느러미의 후연은 안쪽으로 깊이 패어 있고, 상엽과 하엽의 끝은 둥글다. 측선은 등지느러미 연조부의 전반부 아래에서 중단된다. 몸은 연한 청회색이고 6개의 암색 가로줄 무늬가 있다. 미병부의 등 쪽에 눈 크기의 검은 반점이 있다. 전장 약 18cm.
생태⇒ 수심 3m 정도의 바위 지역에 주로 서식한다.
분포⇒ 우리 나라 동해 남부와 제주도를 포함한 남해, 일본 중부 이남, 인도양, 태평양

줄자돔

390. 검은줄꼬리돔(가칭) <자리돔과>

학명⇒ *Abudefduf sexfasciatus* (Lacepède) (가칭)
영명⇒ Stripetail damsel
일명⇒ ロクセンスズメダイ

형태⇒ 체고가 높은 난원형이다. 등지느러미의 기조 수는 13극 12~14연조, 뒷지느러미는 2극 11~13연조이다. 꼬리지느러미의 후연은 안쪽으로 깊이 패어 있고, 상엽과 하엽의 끝은 뾰족하다. 측선은 등의 외곽선과 평행을 이룬다. 몸은 회청색 바탕에 5~6개의 진한 청흑색 가로줄 무늬가 있고, 꼬리지느러미 상하엽에 검은 무늬가 뚜렷하다. 전장 약 17cm.
생태⇒ 수심 10m 미만의 바위 지역에 서식한다.
분포⇒ 우리 나라 제주도(대정), 일본 중부 이남, 인도양, 서태평양
유사종⇒ 해포리고기(*Abudefduf vaigiensis*)
영명 : Five-banded damselfish
일명 : オヤビッチヤ

자리돔과 Pomacentridae (Damselfishes)

검은줄꼬리돔

검은줄꼬리돔(제주도 서귀포)

해포리고기(제주도 모슬포)

해포리고기

말미잘과 공생하는 흰동가리(필리핀)　　　흰동가리(제주도 서귀포)

391. 흰동가리　　　<자리돔과>

학명⇒ *Amphiprion clarkii* (Bennett)
영명⇒ Twoband anemonefish
일명⇒ クマノミ

형태⇒ 체형은 난형이다. 등지느러미의 기조 수는 10~11극 13~17연조, 뒷지느러미는 2극 11~15연조이다. 측선은 연조부의 전반부에서 중단된다. 몸은 황갈색 바탕에 3개의 흰 가로줄 무늬가 있고, 흰 줄무늬 주변에 가는 흑갈색 테두리가 있다. 전장 약 15cm.

생태⇒ 연안 얕은 곳의 산호초와 바위가 많은 지역에 서식하며, 말미잘의 촉수 안에 들어가서 공생을 한다. 저서 조류나 동물성 플랑크톤을 주로 먹는다.

분포⇒ 우리 나라 제주도, 일본 중부 이남, 인도양, 태평양

참고⇒ 흰동가리의 학명에 대해서 정(1977)은 *Amphiprion xanthurus*, 유 등(1995)은 *A. clarkii*, 김과 김(1997), 김 등(2000)은 *A. polymnus*로 기록하는 등 각각 다른 학명을 사용하고 있다. *A. clarkii*는 *A. polymnus*의 아종으로 사용되기도 하였으나(Schmidt, 1930), 현재 *A. clarkii*와 *A. polymnus*는 각각 별종으로 취급되고 있다(Schroeder, 1980; 심, 1993; Nakabo, 2000). 한편, 정(1977)의 흰동가리는 기재와 사진의 형태로 볼 때 *A. clarkii*로 판단되고, *A. xanthrus*는 *A. polymnus*의 동종 이명이므로(Okada et Ikeda, 1939; 심, 1993) 흰동가리의 학명은 *A. clarkii*가 타당한 것으로 생각된다.

노랑자리돔(제주도 서귀포)

혼자 유영하는 습성이 있는 노랑자리돔(제주도 서귀포)

392. 노랑자리돔 <자리돔과>

학명⇒ *Chromis analis* (Cuvier)
영명⇒ Brown puller, yellowbelly reeffish
일명⇒ コガネスズメダイ

형태⇒ 체고가 높은 난원형이다. 주둥이는 짧고, 눈의 지름은 주둥이 길이의 1.5배 이상이다. 등지느러미의 기조 수는 13극 11~13연조, 뒷지느러미는 2극 11~13연조이다. 측선은 연조부의 전반부 아래에서 중단된다. 몸은 전체적으로 노란색을 띠고, 각 지느러미도 몸과 같은 빛을 띤다. 살아 있을 때 꼬리지느러미에 연한 분홍색이 나타나기도 한다. 전장 약 17cm.

생태⇒ 수심 20~30m인 바위 지역의 저층부에서 생활하며, 단독으로 유영하고 무리를 지어 다니는 경우는 드물다.

분포⇒ 우리 나라 제주도, 일본 남부, 서태평양

연무자리돔(제주도 서귀포)

연무자리돔(제주도 서귀포)

393. 연무자리돔 <자리돔과>

학명⇒ *Chromis fumea* (Tanaka)
영명⇒ Smoky damselfish
일명⇒ マツバスズメダイ

형태⇒ 체형은 난형이다. 전새개골 가장자리는 매우 작은 톱니 모양의 거치상으로 되어 있다. 등지느러미의 기조 수는 13~14극 10~12연조, 뒷지느러미는 2극 9~10연조이다. 측선은 등지느러미 연조부의 전반부 아래에서 중단된다. 몸은 담갈색이고 등 쪽은 약간 어둡다. 전체적으로 자리돔과 비슷한 색을 띠지만, 등지느러미와 뒷지느러미, 꼬리지느러미 상엽의 위쪽과 하엽의 아래쪽은 진한 흑청색을 띤다. 전장 약 12cm.

생태⇒ 수심 10~20m인 바위 지역의 중저층에 서식한다.

분포⇒ 우리 나라 제주도, 일본 남부, 동남 아시아, 오스트레일리아 서부 해역

자리돔(제주도 모슬포)

자리돔(제주도 모슬포)

394. 자리돔 <자리돔과>

학명⇒ *Chromis notatus* (Temminck et Schlegel)
영명⇒ Coral fish, white saddled reeffish
일명⇒ スズメダイ
형태⇒ 체형은 난형이다. 등지느러미의 기조 수는 13~14극 12~14연조, 뒷지느러미는 2극 10~12연조이다. 측선은 연조부의 전반부 아래에서 중단된다. 몸은 담갈색, 황토색, 암갈색 등 변화가 심하고, 가슴지느러미 기부에 진한 청흑색 반점이 있다. 미병부 등 쪽의 흰 반점은 수중에서는 뚜렷하지만 밖에 나와 죽으면 없어진다. 전장 약 14cm.
생태⇒ 수심 2~30m의 산호와 바위가 많은 지역에서 무리를 지어 생활하고, 동물성 플랑크톤을 주로 먹는다. 산란기는 6~7월이다. 수컷이 암컷으로 하여금 바위 위에 산란을 하도록 유도하고, 부화할 때까지 알을 지킨다. 자리돔과의 어류 가운데서는 저온에 가장 잘 적응하는 종으로 8℃ 정도의 수역에서도 서식한다.
분포⇒ 우리 나라 동해와 제주도를 비롯한 남해, 일본 중부 이남, 동중국해

샛별돔(필리핀)

말미잘과 공생하는 샛별돔(필리핀)

395. 샛별돔   <자리돔과>

학명⇒ *Dascyllus trimaculatus* (Rüppell)
영명⇒ Domino, threespot humbug
일명⇒ ミツボシクロスズメダイ

형태⇒ 체고가 높은 난원형으로 거의 원형에 가깝다. 등지느러미의 기조 수는 11~12극 14~16연조, 뒷지느러미는 2극 13~15연조이다. 꼬리지느러미 상엽과 하엽의 끝은 둥글다. 측선은 등지느러미 연조부의 전단부 아래에서 중단된다. 몸 전체가 회흑색을 띠고, 머리와 등지느러미 중간의 아래쪽에 눈 크기만한 흰 점이 있다. 그러나 이 점은 성장하면서 희미해지고 10cm 정도 자라면 주둥이가 노란색으로 변한다. 전장 약 15cm.

생태⇒ 큰 말미잘 주변에 모여 생활하며, 말미잘과 공생하지만 말미잘에 대한 의존 정도는 크지 않은 편이다. 잡식성으로 동물성 플랑크톤과 부착 조류를 주로 먹는다.

분포⇒ 우리 나라 제주도 남부, 일본 남부, 태평양 서부 해역

파랑돔(울릉도)

파랑돔 무리(울릉도)

396. 파랑돔 <자리돔과>

학명⇒ *Pomacentrus coelestis* Jordan et Starks
영명⇒ Heavenly damselfish
일명⇒ ソラスズメダイ

형태⇒ 체고가 낮은 난형이다. 양턱의 길이는 비슷하고, 주둥이는 매우 짧아서 눈 지름의 약 $\frac{1}{2}$ 정도이다. 안하골에는 비늘이 없다. 등지느러미의 극조부와 연조부 사이에는 홈이 없이 반듯하게 이어지고 기조 수는 13극 13~15연조, 뒷지느러미는 2극 14~15연조이다. 측선은 등지느러미 연조부 중간의 아래에서 끝난다. 몸은 파란색이고 배와 뒷지느러미, 꼬리지느러미는 노란색을 띤다. 전장 약 8cm.

생태⇒ 암초성 연안 어류이며, 온대 수역에 적응한 종으로 동물성 플랑크톤을 주로 먹는다. 산란기는 5~9월이며, 수컷이 돌 아래쪽에 산란장을 만들고 암컷이 산란하면 부화할 때까지 수컷이 알을 보호한다.

분포⇒ 우리 나라 울릉도와 제주도, 일본 중부 이남, 서태평양

놀래기과
Labridae (Wrasses)

몸은 긴 방추형 또는 타원형이며, 크고 둥근 비늘로 덮여 있다. 입은 앞으로 돌출시킬 수 있고, 양턱의 이빨은 분리되어 있다. 등지느러미는 1개로 기저부가 길고, 극조부와 연조부 사이에 홈이 없이 반듯하게 이어진다. 우리 나라에 14속 20종, 세계에 약 60속 500여 종이 알려져 있다.

사랑놀래기

397. 사랑놀래기   <놀래기과>

학명⇒ *Bodianus oxycephalus* (Bleeker)
영명⇒ Black-spot pigfish, rainbow fish
일명⇒ キツネダイ

형태⇒ 체형은 긴 타원형이고, 등지느러미의 극조부와 연조부 사이에 홈이 없이 반듯하게 이어진다. 꼬리지느러미의 후연은 직선형이거나 안쪽으로 약간 오목하다. 측선은 몸의 중앙보다 약간 위에 있다. 등은 적황색이고 체측에 진한 암적색 반점들이 몇 개 있으며 배는 담황색이다. 눈 뒤에 2개의 붉은 줄무늬가 짧게 이어진다. 등지느러미의 극조부 중간에 크고 검은 반점이 있다. 전장 약 40cm.
생태⇒ 약간 깊은 바다의 바위 지역에 서식한다.
분포⇒ 우리 나라 제주도, 일본 중부 이남, 중부 태평양

호박돔

호박돔(제주도 모슬포)

398. 호박돔 <놀래기과>

학명⇒ *Choerodon azurio* (Jordan et Snyder)
영명⇒ Scarbreast tuskfish
일명⇒ イラ

형태⇒ 체형은 약간 긴 난원형이다. 주둥이에 이르는 등 쪽 외곽선은 경사가 심하고, 어미가 되면 이 부분이 둥글게 솟아오른다. 양턱에는 각각 4개씩의 큰 송곳니가 있다. 몸은 황적색 바탕에 등지느러미의 극조부 중앙에서 시작하여 가슴지느러미 기부까지 좌측으로 경사를 이루는 폭넓은 검은 줄무늬가 있다. 배는 흰색이다. 등지느러미 극조부의 앞과 꼬리지느러미는 검고, 나머지 지느러미는 노란색 바탕에 가장자리는 연한 파란빛을 띤다. 전장 약 45cm.

생태⇒ 따뜻한 바다의 바위가 많은 지역에 서식하며, 육식성 어류로 저서 동물을 주로 먹는다. 산란기는 6월 무렵이다.

분포⇒ 우리 나라 울릉도와 제주도를 포함한 남해, 일본 남부, 타이완

용치놀래기(위 : ♂, 아래 : ♀)

399. 용치놀래기 <놀래기과>

학명⇒ *Halichoeres poecilopterus* (Temminck et Schlegel)
영명⇒ Multicolorfin rainbowfish
일명⇒ キュウセン

형태⇒ 체고가 낮은 방추형이다. 주둥이는 길고 뾰족하며, 양턱의 길이는 비슷하다. 양턱에 일렬의 이빨이 있으며, 앞쪽에는 각각 4개씩의 송곳니가 발달되어 있다. 측선은 등의 외곽선과 평행을 이루다가 등지느러미의 연조부 중간에서 아래쪽으로 급격히 휘어져 내려와 미병부에서는 몸의 중앙에 위치한다. 수컷은 등 쪽이 청록색이고 배는 황록색을 띤다. 가슴지느러미 기부에서 꼬리지느러미 앞까지 이어지는 진한 암청색 세로줄 무늬가 있고, 각 비늘에는 황록색 점들이 있어서 줄 무늬처럼 보이지만 암컷만큼 뚜렷하지는 않다. 암컷은 몸 전체가 밝은 황록색을 띠고, 암청색 세로줄 무늬가 주둥이 끝에서 시작되어 눈을 가로질러 꼬리지느러미 앞까지 이어진다. 전장 약 35cm.

생태⇒ 연안의 바위 지역에 서식한다.
분포⇒ 우리 나라 동해와 제주도를 포함한 남해, 일본 홋카이도 이남, 중국

놀래기과 Labridae (Wrasses)

용치놀래기(경북 영해)

용치놀래기(♂, 울릉도)

용치놀래기(우, 울릉도)

놀래기(위 : ♂, 아래 : ♀)

놀래기(제주도 가파도)

400. 놀래기 <놀래기과>

학명⇒ *Halichoeres tenuispinnis* Günther
영명⇒ Motleystripe rainbowfish
일명⇒ ホンベラ

형태⇒ 몸은 길며 체고가 낮은 방추형이다. 측선은 아가미구멍 뒤에서 시작되어 등의 외곽선과 평행을 이루다가 등지느러미의 후반부에서 급한 경사를 이루며 휘어져 내려와 미병부에서는 몸의 중앙부에 위치한다. 몸의 앞부분은 황적색, 뒷부분은 청록색을 띠고, 가슴지느러미 위쪽에 2개의 진한 황적색 줄무늬가 있다. 머리에도 눈을 중심으로 위아래에 청록색 줄무늬가 있다. 수컷의 등지느러미 제1~5극조에는 검은 반점이 뚜렷하다. 전장 약 20cm.

생태⇒ 연안의 해조류와 바위가 많은 지역에 서식한다.

분포⇒ 우리 나라 제주도를 포함한 남해와 울릉도, 일본 남부, 중국, 필리핀

청줄청소놀래기

큰 어류의 입 속을 청소해 주는 청줄청소놀래기(필리핀)

401. 청줄청소놀래기 <놀래기과>

학명⇒ *Labroides dimidiatus* (Valenciennes)
영명⇒ Blueback black wrasse, Blue streak
일명⇒ ホンソメワケベラ

형태⇒ 체고가 낮고 긴 방추형이며, 꼬리지느러미가 크다. 입술이 두껍고, 위턱 앞쪽에 2개의 이빨이 앞으로 나와 있다. 측선은 아가미구멍 위에서 시작되어 등의 외곽선과 평행을 이루다가 등지느러미 연조부 후반부에서 급격히 휘어져 내려와 미병부에서는 몸의 중앙에 위치한다. 유어는 몸 전체가 검은색을 띠고, 주둥이에서 시작되어 등을 따라 꼬리지느러미 뒤까지 이어지는 파란 줄무늬가 있다. 어미의 몸 전반부는 황백색이고 뒤는 청백색이다. 주둥이 끝에서 꼬리지느러미까지 검은 줄무늬가 있으며, 처음에는 너비가 좁으나 뒤로 갈수록 너비가 넓어져서 꼬리지느러미 후반부는 거의 전체가 검은색으로 덮인다. 전장 약 12cm.

생태⇒ 바위 지역에 서식하며, 다른 어류의 기생충을 먹는 습성이 있다. 큰 어류에게 잡아먹히지 않고 아가미나 입 속을 청소해 주는 어류로 알려져 있다.

분포⇒ 우리 나라 제주도, 일본 남부, 태평양 중부

황놀래기(위 : ♀, 아래 : ♂)

402. 황놀래기 <놀래기과>

학명⇒ *Pseudolabrus japonicus* (Houttuyn)
영명⇒ Bambooleaf wrasse
일명⇒ ササノハベラ

형태⇒ 체형은 긴 난형이다. 측선은 수컷의 경우 몸 뒤쪽은 불분명하고 암컷은 등의 외곽선과 평행을 이루다가 등지느러미 후반부에서 급한 경사를 이루면서 아래쪽으로 휘어져 내려온다. 몸 색깔은 수컷은 진한 녹갈색이고 암컷은 황갈색을 띤다. 몸에 흰 반점이 2열로 나타나며, 수컷이 더욱 뚜렷하다. 눈 아래에 적갈색 무늬가 있다. 전장 약 25cm.
생태⇒ 따뜻하고 얕은 바다의 해조류와 바위가 많은 곳에 서식한다.
분포⇒ 우리 나라 제주도, 일본 남부, 타이완

❖ **어류의 성전환**

어류는 수컷에 정소, 암컷에 난소가 있으며, 일반적으로 자웅 이체이지만 암컷과 수컷의 생식소가 같은 개체에 있는 자웅 동체도 있다. 자웅 동체인 어류는 암컷에서 수컷으로 또는 수컷에서 암컷으로 성전환을 하게 되는데, 앞엣것의 예로는 용치놀래기, 뒤엣것의 예로는 까지양태가 있다.

놀래기과 Labridae(Wrasses)

황놀래기(우, 제주도 모슬포)

황놀래기(♂, 제주도 서귀포)

어렝놀래기(♂, 제주도 모슬포)

어렝놀래기(우, 제주도 모슬포)

403. 어렝놀래기 <놀래기과>

학명⇒ *Pteragogus flagellifer* (Valenciennes)
영명⇒ Cocktail wrasse
일명⇒ オハグロベラ

형태⇒ 체고가 약간 높은 타원형이며, 몸 길이는 체고의 약 2.5배이다. 주둥이는 짧은 편이지만 뽀족하며, 위턱과 아래턱의 길이는 비슷하다. 수컷의 등지느러미 극조부 가장 앞의 기조 2개는 길게 연장되어 있다. 몸 색깔은 수컷은 흑자색으로 비늘 가장자리에 황록색의 물결무늬가 있다. 암컷은 적갈색(어미) 또는 황록색(유어)을 띠며, 아가미뚜껑 위에 암적색 반점이 있다. 전장 약 20cm.

생태⇒ 온대 수역에 적응한 종으로, 얕은 바다의 해조와 바위가 많은 곳에서 단독으로 생활한다.

분포⇒ 우리 나라 제주도를 포함한 남해, 일본 중부 이남, 인도양, 서태평양

혹돔

혹돔의 유어(경북 영해)

혹처럼 솟아 나온 머리

404. 혹돔　　　　<놀래기과>

학명⇒ *Semicossyphus reticulatus* (Valenciennes)
영명⇒ Bulgyhead wrasse
일명⇒ コブダイ

형태⇒ 체고가 약간 높은 긴 타원형이다. 머리는 크고, 눈 위쪽 머리의 외곽선은 성장할수록 혹처럼 솟아 나온다. 꼬리지느러미의 후연은 어릴 때는 바깥쪽으로 약간 둥글지만 어미가 되면 직선형이거나 안쪽으로 약간 오목해진다. 몸은 전체적으로 진한 적갈색을 띠고, 어릴 때는 연한 황백색 세로줄 무늬가 눈에서 꼬리지느러미 앞까지 선명하게 이어지며 어미가 되면 없어진다. 모든 지느러미도 몸과 같은 색깔이지만 등지느러미의 연조부와 뒷지느러미, 꼬리지느러미의 후단은 약간 어두운 색을 띤다. 전장 1m 이상 자라며, 놀래기과 어류 가운데 대형종에 속한다.

생태⇒ 따뜻한 바다의 바위 지역에 서식하고 육식성이다.

분포⇒ 우리 나라 제주도를 포함한 남해와 울릉도, 동해 중부 이남, 일본 남부, 남중국해

고생놀래기

405. 고생놀래기 <놀래기과>

학명⇒ *Thalassoma cupido* (Temminck et Schlegel)
영명⇒ Cupid wrasse
일명⇒ ニシキベラ

형태⇒ 몸은 길고 체고가 낮으며, 미병부가 높아서 체고의 $\frac{1}{2}$ 이상이다. 주둥이 끝은 둥글고 양턱의 길이는 비슷하다. 등지느러미는 아가미뚜껑 위에서 시작되어 미병부까지 길게 이어지고, 연조부에서 약간 솟아오른다. 등지느러미의 기조 수는 8극 13연조이다. 뒷지느러미는 몸의 중앙 아래에서 시작되어 미병부까지 이어지고 기조 수는 3극 11연조이다. 꼬리지느러미의 후연은 바깥쪽으로 둥글다. 측선은 아가미구멍 위에서 시작되어 등의 외곽선과 평행을 이루다가 등지느러미 후반부에서 휘어져 내려오며, 측선 비늘은 25~28개이다. 체측은 녹색이고 배는 파란색을 띤다. 체측의 등과 배 쪽에 각각 암적색 세로줄이 1개씩 있고, 중앙에 윤곽이 불분명한 어두운 세로무늬가 길게 나타나지만 살아 있을 때와 죽었을 때의 색깔의 변화가 심하다. 머리에는 주둥이 위에서 눈을 지나 아가미뚜껑 후단부에 이르는 암적색 세로줄이 1개 있으며, 그 위와 아래쪽에도 같은 빛을 띠는 부정형의 물결무늬가 있다. 가슴지느러미의 기저부에는 짧은 빨간색 줄무늬가 있다. 꼬리지느러미의 중앙부에는 너비가 넓은 암적색 부분이 있으며, 가장자리는 파란색을 띤다. 전장 약 20cm.

생태⇒ 온대와 열대 수역에 적응한 종이며, 연안의 바위 지역에 서식한다.

분포⇒ 우리 나라 제주도를 포함한 남해, 일본 중부 이남, 타이완

녹색물결놀래기

녹색물결놀래기(제주도 서귀포)

406. 녹색물결놀래기 <놀래기과>

학명⇒ *Thalassoma lunare* (Linnaeus)
영명⇒ Crescenttail wrasse
일명⇒ オトメベラ

형태⇒ 몸은 방추형이고 미병고가 높다. 꼬리지느러미의 후연은 거의 직선형이지만, 수컷은 상엽과 하엽의 끝이 뾰족하게 돌출되어 있다. 측선은 연조부 후반부에서 아래로 급격히 휘어져 내려온다. 몸 색깔은 변화가 심한데, 일반적으로 녹색 또는 파란색을 띤다. 유어는 등지느러미의 중간과 미병부에 눈보다 큰 검은 점이 있다. 수컷의 경우 가슴지느러미는 파란색을 띠고, 그 안쪽에 적자색의 타원형 반점이 있다. 전장 약 20cm.
생태⇒ 연안 얕은 곳의 산호초 지역에 서식하고 육식성이다.
분포⇒ 우리 나라 제주도 해역, 일본 중부 이남, 인도양, 태평양 중부

등가시치과
Zoarcidae (Eelpouts)

몸이 길고, 입은 주둥이 끝의 약간 아래쪽에 열린다. 비늘은 없거나, 있다 하더라도 매우 작아서 피부에 묻혀 있으며, 피부는 부드럽다. 등지느러미와 뒷지느러미는 기저부가 길고 꼬리지느러미와 연결되어 있다. 우리 나라에 6속 8종, 세계에 약 46속 220여 종이 알려져 있다.

청자갈치

407. 청자갈치 <등가시치과>

학명⇒ *Allolepis hollandi* Jordan et Hubbs
영명⇒ Porous-head eelpout
일명⇒ ノロゲンゲ

형태⇒ 몸은 길고 좌우로 납작하며, 머리는 상하로 약간 납작하다. 몸은 부드럽고 연한 한천질의 막으로 싸여 있다. 위턱은 아래턱을 덮고 있으며, 입은 주둥이 아래에 위치한다. 등지느러미와 뒷지느러미는 꼬리지느러미와 연결되어 있고, 꼬리지느러미의 후연은 뾰족하다. 배지느러미는 없다. 측선은 등지느러미 아래쪽과 몸의 중앙에 2개가 있다. 몸은 회청색이고 등지느러미와 뒷지느러미 가장자리는 어두운 색을 띤다. 전장 약 35cm.
생태⇒ 수심 200~1800m 정도의 깊은 바다에 서식한다.
분포⇒ 우리 나라 동해 중부 이북, 일본 북부, 오호츠크 해

벌레문치(전장 40cm)

벌레문치(전장 45cm)

408. 벌레문치 <등가시치과>

학명⇒ *Lycodes tanakai* Jordan et Thompson
영명⇒ Tanaka's eelpout
일명⇒ タナカゲンゲ

형태⇒ 몸은 길게 연장되었고 머리는 상하로 약간 납작하다. 주둥이 끝에서 뒷지느러미 기점까지의 거리는 전장의 약 $\frac{1}{2}$ 이다. 수컷은 암컷에 비해 머리의 너비가 넓고 입이 크며 눈이 작다. 등지느러미와 뒷지느러미는 꼬리지느러미와 연결되어 있다. 배지느러미는 작고 꼬리지느러미의 후연은 약간 뾰족하다. 몸은 연한 갈색 바탕에 체측 상반부와 등지느러미에 벌레 모양의 가로줄 무늬가 13~15개 있고, 줄무늬 주변에 밝은 색 테두리가 있다. 어릴수록 줄무늬가 규칙적이고 뚜렷하며, 몸의 후단부에 있는 줄무늬는 뒷지느러미까지 이어진다. 전장 약 1m.

생태⇒ 수심 300~500m에 서식하는 저서성 어류이다.

분포⇒ 우리 나라 동해 중부 이북, 일본 북부, 오호츠크 해

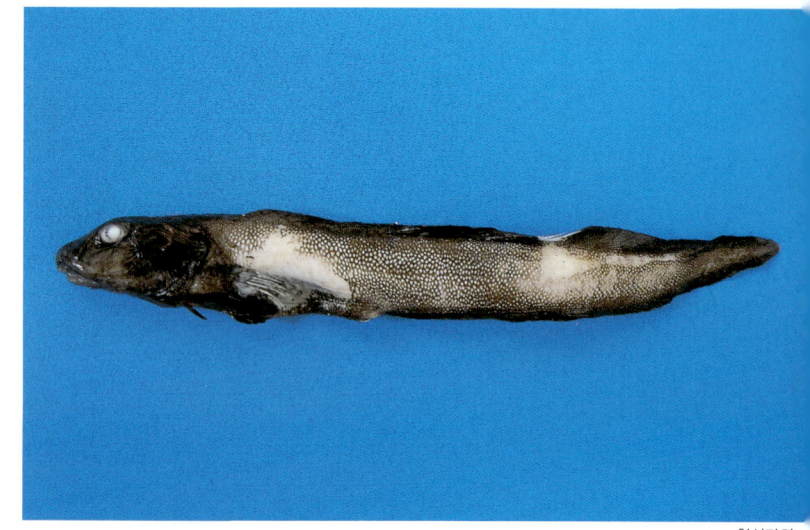

칠성갈치

409. 칠성갈치 <등가시치과>

학명⇒ *Petroschmidtia toyamensis* Katayama
영명⇒ Blackedged-fin eelpout
일명⇒ アゴゲンゲ

형태⇒ 몸은 길고 좌우로 납작하며, 머리 앞은 상하로 약간 납작하다. 아래턱의 아랫면에 융기선이 있다. 등지느러미와 뒷지느러미는 꼬리지느러미와 연결되었고, 꼬리지느러미의 후연은 뾰족하다. 배지느러미는 작고, 1극 2연조이다. 머리와 지느러미를 제외한 몸 전체에 작은 비늘이 있다. 먹갈치와 형태가 유사하지만 가슴지느러미의 후연이 안쪽으로 패어 있지 않아서 먹갈치와 구분된다. 몸은 흑갈색으로 어두운 색을 띠고, 각 비늘에 흰 점이 있으며, 배 쪽은 다소 밝은 색을 띤다. 전장 약 50cm.
생태⇒ 수심 200~800m 정도의 깊은 바다에 사는 저서성 어류이다.
분포⇒ 우리 나라 동해, 일본 북부, 오호츠크해

❖ **어류의 연령 형질**

연령 형질(character of age)이란 나이를 나타내는 특징을 말한다. 어류의 연령 형질로는 비늘과 이석, 척추골, 지느러미 줄기 등이 있는데, 경골어류의 경우 비늘이, 연골어류의 경우 척추골이 주로 연령을 알아 내는 데 이용된다. 비늘과 척추골에 동심원 모양으로 나타나는 미세한 융기선인 성장선은 마치 나무의 나이테와 같이 주기성을 가지고 형성되며, 성장선의 수는 어종에 따라 대개 일정하여 어류의 연령 측정에 이용된다.

등가시치

위에서 본 등가시치(전북 군산)

410. 등가시치 <등가시치과>

학명⇒ *Zoarces gilli* Jordan et Starks
영명⇒ Blotched eelpout
일명⇒ コウライガジ

형태⇒ 몸은 길고 전반부는 원통형이며, 뒤로 갈수록 작아지고 좌우로 납작해진다. 머리는 상하로 납작하다. 등지느러미와 뒷지느러미는 꼬리지느러미와 연결되고, 꼬리지느러미의 후연은 약간 뾰족하다. 등지느러미의 중앙에 극조부가 있으며, 기조 수는 90~94연조-17~20극-16~25연조이다. 몸의 등 쪽은 어두운 갈색이고 배 쪽은 밝은 갈색을 띠며, 체측 중앙을 따라 10여 개의 윤곽이 뚜렷하지 않은 흑갈색 구름무늬가 있다. 등지느러미 앞쪽에 검은 반점이 1개 있다. 전장 약 50cm.

생태⇒ 연안의 모래·개펄 지역에 서식한다.
분포⇒ 우리 나라 전 연안, 일본 중부 이남

장갱이과
Stichaeidae (Pricklebacks)

몸이 길고 체고가 낮다. 등지느러미와 뒷지느러미는 꼬리지느러미 앞까지 길게 이어지고, 배지느러미는 매우 작거나 없다. 주둥이 끝에서 뒷지느러미 기점까지의 거리는 뒷지느러미 기점부터 꼬리지느러미 기부까지의 거리보다 짧거나 비슷하다. 우리 나라에 13속 18종, 세계에 약 36속 65종이 알려져 있다.

벼슬베도라치

411. 벼슬베도라치 <장갱이과>

학명⇒ *Alectrias benjamini* Jordan et Snyder
영명⇒ Green cockscomb
일명⇒ ムシャギンポ

형태⇒ 몸과 머리는 좌우로 납작하고 길게 연장되었다. 머리의 등 쪽 중앙에 닭볏 모양의 피질 돌기가 있으며, 피질 돌기의 후단과 등지느러미가 시작되는 곳의 거리는 눈의 지름보다 길다. 비늘은 뒷지느러미 기점의 뒤에서부터 나타난다. 배지느러미는 없고, 등지느러미와 뒷지느러미는 꼬리지느러미와 연결되어 있다. 등지느러미의 기조 수는 55~59극조, 뒷지느러미는 1극 39~41연조이다. 꼬리지느러미의 후연은 둥글다. 몸은 진한 흑갈색이고, 주둥이 아래와 배는 약간 밝은 색을 띤다. 살아 있을 때 등지느러미의 전단부에 작은 노란색 반점이 나타난다. 전장 약 10cm.
생태⇒ 조간대의 바위 지역이나 해조류 사이에 서식한다.
분포⇒ 우리 나라 동해 중부 이북, 일본 북부

얼룩괴도라치

한대성 어류인 얼룩괴도라치(강원도 주문진)

412. 얼룩괴도라치 <장갱이과>

학명⇒ *Ascoldia variegata knipowitschi* Soldatov
영명⇒ Mud prickleback
일명⇒ ドロギンポ

형태⇒ 몸은 길고 좌우로 납작하며 머리의 앞쪽은 상하로 약간 납작하다. 배지느러미는 퇴화되어 흔적만 남아 있고, 꼬리지느러미의 후연은 둥글다. 몸에는 작은 비늘이 있으며 측선은 없다. 몸은 진한 황갈색을 띠고 흑갈색 구름무늬가 있다. 눈 아래쪽에 갈색 줄무늬가 주둥이 아래로 이어지고, 등지느러미에 윤곽이 불분명한 어두운 반점들이 있다. 전장 약 45cm.

생태⇒ 수심 100m 정도의 개펄 바닥에 주로 서식한다.

분포⇒ 우리 나라의 동해 중부 이북, 일본 북부, 오호츠크 해

413. 괴도라치 <장갱이과>

학명⇒ *Chirolophis japonicus* Herzenstein
영명⇒ Fringed blenny
일명⇒ フサギンポ

형태⇒ 몸은 길고 두꺼우며, 후반부는 좌우로 납작하다. 눈 위쪽에 2개의 촉모가 있으며, 뺨과 아래턱 주변, 등지느러미 앞쪽, 측선의 앞부분, 등지느러미 1~6극조의 끝에도 꽃송이와 같은 작은 촉모가 있다. 측선은 가슴지느러미 위에서 시작되어 몸의 앞에만 나타난다. 몸은 진한 노란색 바탕에 갈색의 구름무늬가 얽혀 있으며, 등지느러미와 뒷지느러미에 여러 개의 어두운 줄무늬가 일정한 간격으로 배열되어 있다. 전장 약 50cm.
생태⇒ 보통 수심 30m 미만의 바위 지역에 서식하고, 산란기에는 더 얕은 곳으로 이동한다. 산란은 주로 겨울에 이루어지고, 산란수는 개체에 따라 차이가 있으나 30cm인 개체의 경우 약 1만 개 정도의 알을 낳는다. 알은 덩어리의 점착란이다.
분포⇒ 우리 나라 동해 중부 이북, 일본, 중국
유사종⇒ 왜도라치(*Chirolophis wui*), 꽃송이괴도라치(*Chirolophis snyderi*)

괴도라치

414. 꽃송이괴도라치 <장갱이과>

학명⇒ *Chirolophis snyderi* (Taranetz)
일명⇒ ハナブサギンポ

형태⇒ 몸은 길고 좌우로 납작하다. 괴도라치와 형태는 비슷하지만, 뺨과 등지느러미 앞에 비늘이 없는 점으로 구분된다. 전장 약 25cm.
생태⇒ 수심 20m 정도의 바위 지역에 서식한다.
분포⇒ 우리 나라 동해 중부 이북, 일본 홋카이도 이북, 오호츠크 해

꽃송이괴도라치

415. 왜도라치 <장갱이과>

학명⇒ *Chirolophis wui* (Wang et Wang)
형태⇒ 몸은 긴 형인데, 전반부는 두껍고 후반부는 좌우로 납작하다. 눈의 위쪽과 뺨, 등지느러미의 제1~6극조, 측선의 앞부분에 촉모가 있다. 등지느러미와 뒷지느러미의 모양은 괴도라치와 비슷하다. 몸은 노란색 바탕에 너비가 넓은 그물 모양의 갈색 가로줄 무늬가 7~8개 나타난다. 등지느러미와 뒷지느러미에 7개 정도의 경사진 검은 줄무늬가 있고, 꼬리지느러미 중앙에도 2~3개의 검은 수직 줄무늬가 있다. 전장 약 40cm.
생태⇒ 연안의 바위 지역에 서식한다.
분포⇒ 우리 나라 서해와 남해, 중국

왜도라치

416. 그물베도라치 <장갱이과>

학명⇒ *Dictyosoma burgeri* Van der Hoeven
영명⇒ Ribbed gunnel
일명⇒ ダイナンギンポ

형태⇒ 몸과 머리는 좌우로 납작하고 길다. 배지느러미는 흔적만 남아 있다. 비늘은 몸 속에 묻혀 있고, 측선은 사다리 모양으로 복잡하게 얽혀 있다. 몸은 진한 암갈색이고, 가슴지느러미 기부에 2개의 검은 점이 있다. 전장 약 30cm.
생태⇒ 조간대의 바위 지역에 서식하며, 육식성 어류이다. 산란은 겨울에서 봄 사이에 이루어지고, 수컷이 알을 보호한다. 부화 후 2년이면 17cm까지 자라 어미가 된다.
분포⇒ 우리 나라 전 연안, 일본

그물베도라치

417. 황점베도라치 <장갱이과>

학명⇒ *Dictyosoma rubrimaculatum* Yatsu, Yasuda et Taki
영명⇒ Rouged gunnel
일명⇒ ベニツケギンポ

형태⇒ 체형은 그물베도라치와 같다. 살아 있을 때 아가미뚜껑 위쪽에 주홍색 반점이 있고, 뒷지느러미 앞의 배 쪽에 위치한 측선이 지속적으로 연결되어 있어서, 이 부분의 측선이 불분명한 그물베도라치와 구분된다. 몸은 황갈색 또는 회갈색을 띠며, 아가미뚜껑 위에 주홍색 반점이 있다. 전장 약 15cm.
생태⇒ 조하대의 해조류 사이와 바위 지역에 연중 서식한다. 산란은 그물베도라치와 마찬가지로 겨울에서 봄 사이에 이루어진다.
분포⇒ 우리 나라 서해와 남해, 일본의 홋카이도 남부에서 규슈에 이르는 해역

황점베도라치

418. 세줄베도라치 <장갱이과>

학명⇒ *Ernogrammus hexagrammus* (Temminck et Schlegel)
영명⇒ Sixline prickleback
일명⇒ ムスジガジ

형태⇒ 몸은 길고 좌우로 납작하며, 머리는 상하로 납작하다. 등지느러미는 극조로만 이루어졌는데, 기조 수는 39~43극조이다. 배지느러미는 1극 4연조이다. 측선은 4개가 있으며, 체측 하부의 2개는 배의 앞과 뒤에서 1개로 연결되어 있다. 몸은 진한 갈색이고 배는 밝은 색을 띤다. 눈 뒤에 3개의 경사진 흑갈색 줄무늬가 있다. 가슴지느러미는 노란색 바탕에 5~6개의 흑갈색 줄무늬가 흐릿하게 있다. 전장 약 14cm.
생태⇒ 수심 5m 미만의 해조류와 바위가 많은 지역에 서식한다.
분포⇒ 우리 나라의 전 연안, 일본 북부에서 규슈에 이르는 해역

세줄베도라치

419. 가시베도라치 <장갱이과>

학명⇒ *Lumpenella longirostris* (Evermann et Goldsborough)
영명⇒ Black snakeblenny
일명⇒ ネズミギンポ

형태⇒ 몸은 길고 좌우로 납작하며, 머리 앞쪽은 상하로 납작하다. 등지느러미와 뒷지느러미의 극조는 날카롭고, 등지느러미의 기조 수는 66~68극조, 뒷지느러미는 2~3극 36~43연조, 배지느러미는 1극 2연조이다. 측선은 없다. 몸은 어두운 회갈색이고 모든 지느러미는 몸보다 진한 색을 띠며, 꼬리지느러미는 검은색을 띤다. 전장 약 40cm.

생태⇒ 심해성 어류로 수심 100~850m의 대륙붕과 대륙 사면에 서식한다.

분포⇒ 우리 나라 동해 중부 이북, 일본 북부, 북태평양

가시베도라치

420. 장어베도라치 <장갱이과>

학명⇒ *Lumpenus sagitta* Wilimovsky
영명⇒ Snake prickleback
일명⇒ ウナギガジ

형태⇒ 몸은 긴 장어형으로 머리는 상하로 약간 납작하고, 몸 후반부는 좌우로 납작하다. 몸은 연한 황갈색을 띠고, 체측 중앙에는 가슴지느러미 뒤에서 미병부까지 12~13개의 진한 갈색 반점이 열을 이루며, 그 위쪽에도 작은 갈색 반점들이 불규칙하게 흩어져 있다. 꼬리지느러미에는 암갈색 점들이 이어져 여러 개의 가로줄 무늬를 이루고, 입 안은 흰색이다. 전장 약 55cm.

생태⇒ 수심 100m 미만의 모래 지역에 서식한다.

분포⇒ 우리 나라 동해(영덕), 일본 중부 이북, 북태평양

장어베도라치

421. 참윤점날개 <장갱이과>

학명⇒ *Opisthocentrus ocellatus* (Tilesius)
영명⇒ Redspotted gunnel, ocellated blenny
일명⇒ ガジ

형태⇒ 몸은 길고 좌우로 납작하다. 입이 작고 배지느러미가 없다. 수컷은 2차 성징이 나타나며, 이 때는 등지느러미의 극조가 길어진다. 몸은 황갈색 바탕에 눈의 지름보다 크고, 밝은 색의 둥근 반점들이 있다. 눈 아래에는 위턱까지 이어지는 흑갈색 줄무늬가 있고, 등지느러미에 5개의 검고 둥근 반점이 있다. 수컷은 혼인색이 나타나는데, 이 때는 몸이 담갈색 또는 빨간색으로 변한다. 전장 약 23cm.
생태⇒ 연안의 해조류 군락에 서식한다. 산란기는 겨울철이고, 알은 덩어리의 점착란으로 지름은 2mm이다. 몸 길이가 16cm인 어미는 약 3000개의 알을 낳는다. 수명은 대개 2년이다. 육식성으로 새우류 등을 먹는다.
분포⇒ 우리 나라 동해 중부 이북, 일본 북부, 캄차카 반도
유사종⇒ 둥근점육점날개(*Opisthocentrus tenuis*), 육점날개(*Opisthocentrus zonope*)

참윤점날개

둥근점육점날개

둥근점육점날개(강원도 양양)

422. 둥근점육점날개 <장갱이과>

학명⇒ *Opisthocentrus tenuis* Bean et Bean
일명⇒ ハナジロガジ

형태⇒ 몸은 길고 좌우로 납작하다. 육점날개, 참육점날개와 비슷한 형태이지만, 등지느러미의 둥근 반점이 6~7개로 수가 많고, 두 눈 사이에 흰 반점이 있어서 구분된다. 전장 약 20cm.

생태⇒ 수심 10m 미만의 바위와 모래, 해조가 많은 연안에서 정착 생활을 하고, 겨울에 산란한다. 육식성으로 해조 사이의 갑각류를 먹는다.

분포⇒ 우리 나라 동해(양양), 일본 중부 이북

육점날개

423. 육점날개 <장갱이과>

학명⇒ *Opisthocentrus zonope* Jordan et Snyder
영명⇒ Striped finned blenny, seaweed gunnel
일명⇒ オキカズナギ

형태⇒ 몸은 길고 좌우로 납작하다. 입이 작고 양턱의 길이는 비슷하며, 위턱의 후단은 눈의 앞부분 아래에 도달하지 못한다. 몸은 밝은 올리브색이며, 체측에 그물 모양의 희미한 암색 줄무늬가 있다. 머리에는 눈을 중심으로 너비가 좁은 X자형 줄무늬가 있고, 등지느러미 전단부에서 가슴지느러미 기부로 길게 이어져 내려오는 검은 줄무늬가 있다. 등지느러미에는 보통 4개의 검고 둥근 반점이 있다. 전장 약 13cm.
생태⇒ 연안 얕은 곳의 해조류 사이에 서식한다.
분포⇒ 우리 나라 동해, 일본 북부 해역

큰줄베도라치

424. 큰줄베도라치 <장갱이과>

학명⇒ *Stichaeopsis epallax* (Jordan et Snyder)
영명⇒ Forkline stickleback
일명⇒ アメガジ

형태⇒ 몸은 길고 좌우로 납작하다. 눈 앞쪽에 있는 콧구멍이 긴 관을 이루는 것이 특징이다. 등지느러미는 모두 46~49개의 극조로 이루어져 있다. 뒷지느러미의 기조 수는 2극 31~33연조, 배지느러미는 1극 2~3연조이다. 측선은 4개가 있다. 몸은 전체가 암갈색을 띠고, 가슴지느러미에 희미한 수직 줄무늬가 있다. 전장 약 30cm.
생태⇒ 수심이 약간 깊고 해조류와 바위가 많은 지역에 서식한다.
분포⇒ 우리 나라 동해 중부 이북, 일본 중부 이북, 오호츠크 해

장갱이

위에서 본 장갱이(강원도 속초)

425. 장갱이 <장갱이과>

학명⇒ *Stichaeus grigorjewi* Herzenstein
영명⇒ Long shanny
일명⇒ ナガヅカ

형태⇒ 몸은 길고 원통형이지만 뒤로 갈수록 좌우로 납작해진다. 입이 크고 위턱의 후단은 눈 뒤까지 도달한다. 등지느러미는 극조로만 이루어져 있으며, 기조 수는 52~57극, 뒷지느러미는 1극 41~45연조, 배지느러미는 1극 3연조이다. 측선은 등지느러미 아래쪽에 등의 외곽선과 평행을 이룬다. 몸은 연한 갈색 바탕에 그물 모양의 진한 갈색 무늬가 얽혀 있으며, 배 쪽은 연한 노란색을 띤다. 등지느러미의 가장자리에 검은 줄무늬가 길게 나타난다. 전장 약 60cm.

생태⇒ 수심 300m 미만의 모래와 개펄 지역에 서식한다.

분포⇒ 우리 나라 동해, 일본 북부, 오호츠크해

황줄베도라치과
Pholididae (Gunnels)

 등지느러미의 기조 수는 뒷지느러미의 2배 정도이다. 배지느러미는 매우 작거나 없다. 주둥이 끝에서 뒷지느러미 기점까지의 거리는 뒷지느러미 기점에서 꼬리지느러미 기부까지의 거리보다 길다. 측선은 불완전하거나 없다. 우리 나라에 2속 5종, 세계에 4속 14종이 알려져 있다.

점베도라치

426. 점베도라치 <황줄베도라치과>

학명⇒ *Pholis crassispina* (Temminck et Schlegel)
영명⇒ Mottled gunnel
일명⇒ タケギンポ

형태⇒ 몸과 머리는 좌우로 납작하고 길다. 배지느러미는 매우 작고 1극 1연조이며, 꼬리지느러미의 후연은 둥글다. 머리는 작은 비늘로 덮여 있다. 몸은 적갈색 바탕에 점으로 이루어진 20여 개의 가로줄 무늬가 등지느러미까지 이어진다. 등지느러미 기저부에 어두운 반점이 열을 이루고, 꼬리지느러미는 균일하게 노란색 또는 등황색을 띤다. 전장 약 25cm.
생태⇒ 조간대에서 수심 5m에 이르는 바위 틈이나 해조류 사이에 서식한다.
분포⇒ 우리 나라 동해와 남해, 일본
유사종⇒ 베도라치(*Pholis nebulosa*)

❖ 점베도라치와 베도라치의 구분

눈 아래에 검은 줄무늬가 없다.

꼬리지느러미의 후연에 흰색 또는 투명한 테두리가 있다.

▲ 베도라치

눈 아래에 검은 줄무늬가 있다.

꼬리지느러미의 후연에 흰색 테두리가 없다.

▲ 점베도라치

흰베도라치

427. 흰베도라치 <황줄베도라치과>

학명⇒ *Pholis fangi* (Wang et Wang)
영명⇒ White gunnel

형태⇒ 몸과 머리는 좌우로 매우 납작하고, 체고가 낮으며 길다. 눈은 작고, 머리의 앞 등쪽에 위치하며, 주둥이는 짧다. 등지느러미는 아가미구멍 위에서 시작되어 꼬리지느러미 기부까지 길게 이어지고, 뒷지느러미는 몸의 중앙 부분에서 시작되어 역시 꼬리지느러미 기부까지 이어진다. 등지느러미와 뒷지느러미가 꼬리지느러미와 연결되는 부분은 홈을 이룬다. 등지느러미의 기조 수는 78~81극조, 뒷지느러미는 2극 42~45연조이다. 배지느러미는 매우 작고 1극 1연조이며, 꼬리지느러미의 후연은 직선형이다. 비늘은 피부 아래에 묻혀 있으며, 피부는 미끄럽다. 몸은 매우 연한 황갈색 바탕에 체측에 윤곽이 뚜렷하지 않은 15개 정도의 어두운 가로무늬가 나타난다. 등지느러미에는 검은 가로무늬가 쌍을 이루어 배열되고, 뒷지느러미와 꼬리지느러미에는 무늬가 없다. 전장 약 20cm.

생태⇒ 연안의 모래와 개펄 바닥에 서식한다. 우리 나라 서해안의 대표적인 동계 산란 어종으로, 매년 1월에서 4월 사이에 전장 3~5cm의 치어들이 다량 출현하고, 기타 어종의 먹이사슬에 중요한 역할을 하는 것으로 보인다. 전장 20cm의 어미는 여름철에 낭장망 등의 그물에 잡힌다.

분포⇒ 우리 나라 서해와 남해, 중국

베도라치

베도라치(강원도 양양)

428. 베도라치 <황줄베도라치과>

학명⇒ *Pholis nebulosa* (Temminck et Schlegel)
영명⇒ Tidepool gunnel
일명⇒ ギンポ

형태⇒ 몸과 머리는 좌우로 납작하고 길다. 배지느러미는 매우 작고 꼬리지느러미의 후연은 둥글다. 비늘은 몸 속에 묻혀 있다. 몸은 노란색을 띠고, 윤곽이 뚜렷하지 않은 15개 정도의 가로무늬가 있다. 머리에는 눈을 중심으로 위아래로 이어지는 너비가 좁은 줄무늬가 있으나 뚜렷하지 않고, 줄무늬가 없는 개체도 있다. 등지느러미에는 15~19개의 줄무늬가 있고, 뒷지느러미에도 등지느러미의 줄무늬보다 너비가 약간 넓은 줄무늬가 12개 정도 있다. 꼬리지느러미의 후연에 흰색 테두리가 있다. 전장 약 30cm.

생태⇒ 조간대 또는 수심 20m 미만의 바위와 돌 아래에 주로 서식한다.

분포⇒ 우리 나라 동해와 남해, 일본 홋카이도 이남, 중국

황줄베도라치

429. 황줄베도라치 <황줄베도라치과>

학명⇒ *Rhodymenichthys dolichogaster* (Pallas)
영명⇒ Stippled gunnel, barcheek gunnel
일명⇒ ハコダテギンポ

형태⇒ 몸과 머리는 좌우로 납작하고 길다. 배지느러미는 작고 기조 수는 1극 1연조이며 꼬리지느러미의 후연은 둥글다. 두 눈 사이에 1개의 감각구멍이 있는 점으로 황줄베도라치과의 다른 종들과 구분된다. 몸 색깔이 다양하며, 암갈색, 황갈색, 녹색을 띠는 세 가지 유형이 있다. 눈 아래에서 가슴지느러미 기부에 걸쳐 1개의 은색 줄무늬가 나타난다. 전장 약 20cm.

생태⇒ 조간대 부근의 해조류와 돌이 많은 곳에 서식한다.

분포⇒ 우리 나라 동해 중부 이북, 일본 북부, 캄차카 반도

❖ 혼인색(nuptial color)

물고기는 생식기가 되면 아름다운 혼인색을 띠게 된다. 혼인색은 주로 담수어류에서 볼 수 있는데, 수컷에 강하게 나타나지만 암컷에 나타나는 경우도 있다. 납자루 무리와 황어 등은 수컷에서 붉은 혼인색을 쉽게 볼 수 있는 반면에 살망둑은 암컷이 각 지느러미에 검은 혼인색을 띤다.

줄납자루의 혼인색

도루묵과
Trichodontidae (Sandfishes)

몸은 좌우로 납작하고 비늘이 없으며, 측선은 불분명하다. 입은 위를 향해 거의 수직으로 열린다. 등지느러미는 2개로 분리되었고, 등지느러미와 배지느러미, 가슴지느러미의 각 기조는 갈라져 있지 않다. 등지느러미의 극조는 10~15개이다. 우리 나라에 1속 1종, 세계에 2속 2종이 알려져 있다.

도루묵

430. 도루묵 <도루묵과>

학명 ⇒ *Arctoscopus japonicus* (Steindachner)
영명 ⇒ Sailfin sandfish, Japanese sandfish
일명 ⇒ ハタハタ

형태 ⇒ 몸과 머리는 좌우로 납작하고, 제1등지느러미 앞의 체고가 가장 높으며, 뒤로 갈수록 낮아진다. 뒷지느러미는 가슴지느러미 아래에서 시작되어 미병부까지 길게 이어진다. 몸에 비늘과 측선이 없다. 등은 황갈색으로 모양이 일정하지 않은 흑갈색 물결 무늬가 있고, 배는 은백색을 띤다. 전장 약 30cm.

생태 ⇒ 수심 100~400m 되는 대륙붕의 모래·개펄 지역에 서식한다. 산란기는 11~12월이며, 수온이 13~14℃에 이를 무렵 수심 2~3m 정도의 해조류가 많은 곳에서 알을 낳은 후 바다로 나간다. 해조류에 알을 덩어리로 부착시키는데, 부화 직후 자어의 전장은 7~11mm이다. 부화한 지 1년이면 전장 10cm, 4년이면 약 20cm 이상 자라며, 암수 모두 부화한 지 2년 후에 15cm 정도 자라서 어미가 된다. 주요 먹이는 새우류와 작은 어류이다.

분포 ⇒ 우리 나라 동해, 일본 중부 이북, 캄차카 반도, 알래스카 해역

양동미리과
Pinguipedidae (Sandperches)

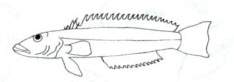

몸은 원통형으로 길고, 등지느러미와 뒷지느러미의 기저부가 길다. 배지느러미는 가슴지느러미의 바로 아래 또는 약간 앞쪽에 위치한다. 등지느러미의 극조는 4~7개, 뒷지느러미의 극조는 1~2개이다. 측선은 완전하다. 우리 나라에 1속 6종, 세계에 4속 50여 종이 알려져 있다.

열쌍동가리

431. 열쌍동가리 <양동미리과>

학명⇒ *Parapercis multifasciata* Döderlein
영명⇒ Bicolor-barred weever
일명⇒ オキトラギス

형태⇒ 몸과 머리는 원통형이고 뒤로 갈수록 좌우로 납작해진다. 꼬리지느러미의 후연은 둥글다. 등은 적갈색이고 배 쪽은 흰색을 띤다. 몸에 8~10개의 가로줄 무늬가 있으며, 줄무늬 상반부는 진한 적갈색이지만 하반부는 노란색으로 이어진다. 눈 뒤쪽에 2개의 노란 줄무늬가 비스듬히 나타나고, 꼬리지느러미에는 7~8개의 노란 가로줄 무늬가 선명하게 나타나며, 기부에는 어두운 반점이 있다. 전장 약 17cm.
생태⇒ 연안의 모래·개펄 지역에 서식한다.
분포⇒ 우리 나라 제주도를 포함한 남해, 일본의 중부 이남, 타이완
유사종⇒ 황쌍동가리(*Parapercis aurantica*), 노랑열동가리(*Parapercis decemfasciata*), 눈동미리(*Parapercis pulchella*), 쌍동가리(*Parapercis sexfasciata*), 동미리(*Parapercis snyderi*)

쌍동가리

432. 쌍동가리 <양동미리과>

학명⇒ *Parapercis sexfasciata* (Temminck et Schlegel)
영명⇒ Saddled weever
일명⇒ クラカケトラギス

형태⇒ 몸과 머리는 원통형이고 뒤로 갈수록 좌우로 납작해진다. 눈은 머리의 등 쪽에 위치하고, 눈의 지름은 주둥이의 길이와 비슷하다. 눈 앞쪽 외곽선은 경사가 심하며, 입은 주둥이 아래쪽에 위치한다. 등지느러미는 가슴지느러미의 상반부 위쪽에서 시작되어 미병부까지 길게 이어지고, 뒷지느러미는 가슴지느러미 후단의 아래에서 시작되어 역시 미병부까지 이어진다. 등지느러미의 기조 수는 5~6극 22~23연조, 뒷지느러미는 1극 19~20연조이다. 측선은 아가미구멍 뒤에서 시작되어 등의 외곽선과 평행을 이루고, 측선 비늘은 60~64개이다. 등은 적갈색 바탕에 V자형 검은색 가로줄 무늬가 5개 있고, 눈 아래에 진한 줄무늬가 1개 있다. 등지느러미는 약간 검고 뒷지느러미는 흰색을 띠며, 꼬리지느러미의 기부 위쪽에 검은 점이 1개 있다. 양동미리과의 다른 종에 비해 가로줄 무늬의 너비가 넓다. 전장 약 20cm.

생태⇒ 따뜻한 바다의 모래·개펄 바닥에 서식하며, 갑각류와 작은 조개류, 망둑어 등의 작은 어류를 먹는다.

분포⇒ 우리 나라 제주도를 포함한 남해, 일본 중부 이남, 타이완

❖ **어류의 기름지느러미와 토막지느러미**

연어과 어류와 일부 어류의 등지느러미 뒤에는 기조가 없이 불완전한 지느러미가 있는데, 이것을 기름지느러미(adipose fin)라고 한다. 또, 다랑어류와 꽁치, 삼치 등의 어류는 등지느러미와 뒷지느러미로부터 분리된 토막지느러미(finlets)가 있다.

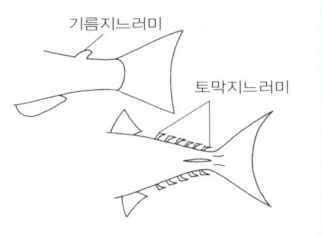

꼬리점눈퉁이과

Percophidae (Duckbills, flatheads)

머리는 상하로 납작하고 눈이 크다. 등지느러미는 극조부와 연조부가 분리되었고, 연조부와 뒷지느러미의 기저부는 길다. 우리 나라에 2속 3종, 세계에 13속 40종이 알려져 있다.

줄굽은눈퉁이

433. 줄굽은눈퉁이 <꼬리점눈퉁이과>

학명⇒ *Bembrops curvatura* Okada et Suzuki
영명⇒ Brown-spotted flathead
일명⇒ ナミアイトラギス

형태⇒ 몸은 길고 머리는 상하로 매우 납작하며, 미병부는 좌우로 납작하다. 측선이 가슴지느러미 위에서 급격히 휘어져 내려온다. 꼬리지느러미의 후연은 거의 직선을 이루지만 상단이 하단보다 약간 길다. 몸은 녹갈색 바탕에 노란 점들이 흩어져 있고, 수컷은 눈 앞에 노란 줄무늬가 있다. 등지느러미 극조부의 제1~2극조 사이의 지느러미막은 검고, 암수 모두 꼬리지느러미 기부 위쪽에 동공 크기의 검은 점이 있다. 전장 약 20cm.

생태⇒ 수심 150m 전후의 모래·개펄 지역에 서식한다.

분포⇒ 우리 나라 남해(거제도), 일본 남부, 타이완, 남중국해, 오스트레일리아 동부 해역

참고⇒ '한국 어명집'(이 등, 2000)과 '한국 해산 어류 도감'(김 등, 2001)에는 '갈색무늬동미리'로 기록되어 있다.

유사종⇒ 꼬리점눈퉁이(*Bembrops caudimacula*)

영명 : spottail flathead
일명 : アイトラギス

까나리과
Ammodytidae (Sand lances)

몸이 길고 주둥이는 뾰족하며, 아래턱이 위턱보다 돌출되었다. 등지느러미와 뒷지느러미에 극조가 없고, 꼬리지느러미의 후연은 깊이 패어 있다. 측선은 등의 외곽선 가까이에 위치한다. 우리 나라에 1속 1종, 세계에 5속 18종이 알려져 있다.

까나리

434. 까나리 <까나리과>

| 학명⇒ *Ammodytes personatus* Girard
| 영명⇒ Sand lance
| 일명⇒ イカナゴ

형태⇒ 몸이 길고 단면은 원통형이다. 주둥이는 매우 길고 뾰족하며, 아래턱이 위턱보다 길다. 눈은 머리 옆 중앙에 위치한다. 몸에는 아가미구멍 위에서 미병부까지 주름과 같은 피습(皮褶)이 있는데, 그 수는 160~180개이다. 등은 황갈색이고 배 쪽은 은백색이다. 꼬리지느러미는 진한 갈색을 띠고, 나머지 지느러미는 투명하다. 전장 약 25cm.

생태⇒ 연안에서 서식하며 동물성 플랑크톤

그물에 잡힌 까나리(강원도 주문진)

을 먹는다. 봄에 수온 10℃ 전후에서 산란하지만, 해역에 따라 차이가 있어서 남쪽은 산란 수온이 높고 북쪽은 산란 수온이 낮다. 여름철에 수온이 높아지면 모래 속으로 들어가 하면(夏眠)을 한다.

분포⇒ 우리 나라 전 해역, 일본

통구멍과
Uranoscopidae (Stargazers)

머리가 크고, 몸에 많은 주름이 있다. 입은 거의 위를 향해 수직으로 열리고, 배지느러미는 목 아래에 위치한다. 대부분 등지느러미와 뒷지느러미에 가시가 없다. 우리 나라에 3속 6종, 세계에 8속 50여 종이 알려져 있다.

큰무늬통구멍

435. 큰무늬통구멍 <통구멍과>

학명⇒ *Ichthyscopus lebeck sannio* Whitley
영명⇒ Stargazer
일명⇒ サツオミシマ

형태⇒ 머리와 몸통이 매우 크고 원통형에 가까우며, 미병부는 좌우로 납작하다. 눈은 작고 머리의 등 쪽으로 치우쳐 있으며, 두 눈 사이의 간격은 넓다. 주둥이는 매우 짧고 뭉툭하며, 입은 위를 향해 수직으로 열린다. 가슴지느러미의 기부 위쪽에 큰 피판이 있다. 등지느러미는 1개로 몸의 중앙부에서 시작되어 미병부까지 이어지고, 기조 수는 2극 18연조이다. 뒷지느러미는 등지느러미보다 뒤에서 시작되어 미병부까지 이어지고, 기조 수는 16~17연조이다. 꼬리지느러미의 후연은 약간 둥글다. 등은 적갈색 바탕에 눈송이와 같은 흰색 반점들이 있고, 이 반점은 등지느러미까지 이어진다. 배는 흰색이다. 푸렁통구멍과 함께 제1등지느러미가 없어서 통구멍과의 다른 종들과 구분된다. 또, 큰무늬통구멍은 몸이 굵고 체측 상반부에 흰 반점들이 있는 점으로 몸이 비교적 길고 체측 상반부에 흰 반점이 없는 푸렁통구멍과 구분된다. 전장 약 50cm.

생태⇒ 약간 깊은 바다의 모랫바닥에 서식한다.

분포⇒ 우리 나라의 제주도, 일본 남부, 타이완, 동중국해, 오스트레일리아

참고⇒ 이 종의 국명이 '익살통구멍'으로 기록되기도 하였으나(이 등, 2000), '한국 어류학회지'에 '큰무늬통구멍'으로 보고되었다.

통구멩이

436. 통구멩이   <통구멍과>

학명⇒ *Uranoscopus bicinctus* Temminck et Schlegel
영명⇒ Black-banded stargazer
일명⇒ メガネウオ

형태⇒ 몸과 머리의 크고 원통형에 가까우며, 미병부는 좌우로 납작하다. 눈은 작고 머리의 등 쪽으로 치우쳐 있으며, 두 눈 사이의 간격은 넓다. 주둥이는 매우 짧고 뭉툭하며, 입은 크고 아래턱이 위턱 위로 돌출되어 있어서 입은 위를 향해 수직으로 열린다. 전새개골의 아랫부분에 4개의 작은 가시가 있다. 아가미 구멍 위쪽에는 강하고 날카로운 가시가 뒤쪽을 향해 돌출되어 그 끝이 등지느러미 앞에 도달한다. 등지느러미는 2개로 극조부와 연조부가 완전히 분리되어 있고, 기조 수는 4~5극 12~14연조이다. 뒷지느러미의 기조 수는 13연조이고, 꼬리지느러미의 후연은 약간 둥글다. 몸은 연한 황갈색 바탕에 머리와 등지느러미의 극조부와 연조부, 꼬리지느러미에 너비가 넓은 흑갈색 가로무늬가 있다. 등지느러미의 극조부에 검은 반점이 있고, 연조부는 어두운 색을 띤다. 전장 약 33cm.
생태⇒ 수심 100m 미만의 모래와 바위 지역에 서식하며, 모랫바닥에 몸을 묻고 눈만 내놓고 있다가 가까이 다가온 먹이를 잡아먹는다.
분포⇒ 우리 나라 남해, 일본 남부, 동인도 제도

민통구멍

437. 민통구멍 <통구멍과>

학명⇒ *Uranoscopus chinensis* Guichenot
일명⇒ キビレミシマ

형태⇒ 몸과 머리가 크고 원통형에 가까우며 미병부는 좌우로 납작하다. 눈은 작고 머리의 등 쪽으로 치우쳐 있으며, 두 눈 사이의 간격이 넓다. 주둥이는 매우 짧고 뭉툭하다. 입은 크고 아래턱이 위턱 앞으로 돌출하여 위를 향해 수직으로 열린다. 아가미구멍 위쪽에는 강하고 날카로운 가시가 뒤쪽을 향해 돌출하여 그 끝이 등지느러미의 앞부분에 달하고, 전새개골의 아랫부분에 4개의 작은 가시가 있다. 등지느러미는 2개로 극조부와 연조부가 완전히 분리되었고, 기조 수는 5극 12~14연조이다. 뒷지느러미의 기조 수는 13~14연조이고, 꼬리지느러미의 후연은 바깥쪽으로 약간 둥글다. 등은 적갈색 바탕에 등 쪽에는 흰색 반점들이 그물 모양의 무늬를 이루고, 머리와 아가미뚜껑에는 그물무늬가 없다. 배는 흰색을 띤다. 등지느러미의 극조부에는 크고 검은 점이 있고, 꼬리지느러미는 연한 황갈색을 띤다. 전장 약 33cm.

생태⇒ 수심 30~120m의 모랫바닥에 서식한다.

분포⇒ 우리 나라 서해안(군산), 일본 남부, 남중국해

❖ 어류의 수명

송사리, 은어 및 대부분의 망둑어류는 부화한 지 1년 만에 산란하고 죽기 때문에 수명은 1년이다. 그러나 장수하는 어종으로 알려진 잉어는 자연 상태에서 50년 가까이 살며, 양식한 경우 100년 이상 산 기록도 있다. 또, 전장 1m 정도 자란 참돔의 경우는 수명이 약 30년이다. 그렇다면 바닷물고기의 평균 수명은 얼마나 될까? 대부분 바닷물고기의 수명은 10년 미만인데, 일반적으로 큰 물고기일수록 수명이 길고 작은 물고기일수록 수명이 짧다.

얼룩통구멍

438. 얼룩통구멍 <통구멍과>

학명⇒ *Uranoscopus japonicus* Houttuyn
영명⇒ Japanese stargazer
일명⇒ ミシマオコゼ

형태⇒ 몸과 머리는 크고 원통형에 가까우며, 미병부는 좌우로 납작하다. 눈은 작고, 두 눈 사이의 간격이 넓다. 주둥이는 뭉툭하고, 아래턱이 위턱 앞으로 돌출하여 입은 위를 향해 수직으로 열린다. 아가미구멍 위쪽에는 강하고 날카로운 가시가 뒤쪽을 향해 돌출되어 그 끝이 등지느러미 앞부분에 달한다. 전새개골의 아래 가장자리에 3개의 작은 가시가 있다. 등지느러미는 2개로 극조부와 연조부가 분리되어 있다. 몸은 황갈색 바탕에 등 쪽에 진한 갈색 그물무늬가 있고, 배 쪽은 흰색을 띤다. 등지느러미의 극조부에는 크고 검은 반점이 있으며, 뒷지느러미는 어두운 색을 띤다. 전장 약 33cm.

생태⇒ 수심 30~250m의 바닥에 서식한다.
분포⇒ 우리 나라 서해와 남해, 일본, 남중국해

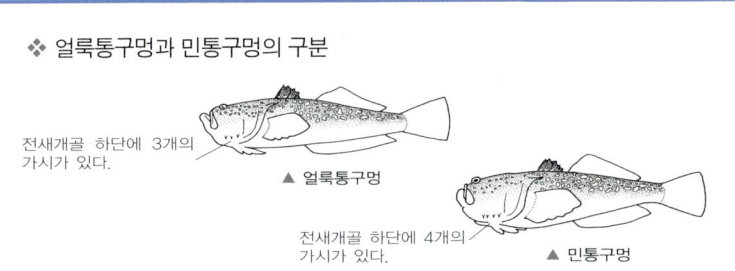

❖ 얼룩통구멍과 민통구멍의 구분

전새개골 하단에 3개의 가시가 있다. ▲ 얼룩통구멍

전새개골 하단에 4개의 가시가 있다. ▲ 민통구멍

비늘통구멍

439. 비늘통구멍 <통구멍과>

학명⇒ *Uranoscopus tosae* (Jordan et Hubbs)
영명⇒ Tosa stargazer
일명⇒ ヤギミシマ

형태⇒ 몸과 머리는 크고 원통형에 가까우며, 미병부는 좌우로 납작하다. 눈은 작고, 두 눈 사이의 간격이 넓다. 아래턱이 위턱 앞으로 돌출되어 입은 위를 향해 수직으로 열린다. 아가미구멍 위쪽에는 강하고 날카로운 가시가 후방을 향해 돌출되어 그 끝이 등지느러미 앞부분에 도달한다. 전새개골의 아래 가장자리에 4개의 작은 가시가 있다. 등지느러미는 2개로 극조부와 연조부가 분리되어 있다. 몸에 특징적인 무늬는 없으며, 등은 갈색이고 배는 흰색을 띤다. 등지느러미의 극조부에 검은 반점이 있고, 꼬리지느러미는 연한 황갈색을 띤다. 전장 약 30cm.

생태⇒ 수심 55~420m의 모랫바닥에 서식한다.

분포⇒ 우리 나라 서해(전북 군산)와 남해, 일본 남부, 동중국해

❖ 비늘통구멍과 통구멩이의 구분

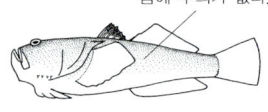

몸에 무늬가 없다.

▲ 비늘통구멍

몸에 3개, 꼬리지느러미에 1개의 폭넓은 가로무늬가 있다.

▲ 통구멩이

푸렁통구멍

440. 푸렁통구멍 <통구멍과>

학명⇒ *Xenocephalus elongatus* (Temminck et Schlegel)
영명⇒ Bluespotted stargazer
일명⇒ アオミシマ

형태⇒ 몸은 크고 원통형에 가까우며, 미병부는 좌우로 납작하다. 눈은 작고, 두 눈 사이의 간격이 넓다. 주둥이는 뭉툭하고, 입은 위를 향해 수직으로 열린다. 비늘은 피부에 묻혀 있어 피부가 매끈하다. 몸은 적갈색 바탕에 작은 흑갈색 점들이 흩어져 있고, 배는 흰색을 띤다. 각 지느러미의 일부는 붉은색을 띠고 꼬리지느러미 기부는 검다. 전장 약 50cm.

생태⇒ 수심 30~400m의 바닥에 서식한다. 모래 속에 몸을 묻고 눈만 내놓고 있다가, 가까이 다가온 어류를 잡아먹는다.

분포⇒ 우리 나라 서해와 남해, 일본, 동중국해

참고⇒ 이 종의 학명은 *Gnathagnus elongatus*(Temminck et Schlegel)가 사용되어 왔다(김과 김, 1997; Masuda et al., 1988). 그러나 *Gnathagnus* Gill은 *Xenocephalus* Kaup의 동속 이명으로 확인된 바 있고(Springer and Bauchot, 1994), 최근에는 *Xenocephalus elongatus*(Temminck et Schlegel)가 이 종의 학명으로 사용되고 있다(Okamura and Amaoka, 1997; Nakabo, 2000).

먹도라치과
Tripterygiidae (Triplefins)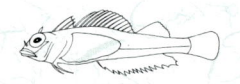

머리가 크고 뒤로 갈수록 가늘어진다. 몸은 비늘로 덮여 있다. 등지느러미는 3개로 분리되었고, 제1, 2등지느러미는 극조로 이루어져 있다. 꼬리지느러미의 후연은 직선형이거나 바깥쪽으로 둥글다. 우리 나라에 3속 4종, 세계에 20속 115종이 알려져 있다.

가막베도라치(♂, 울릉도)　　　　가막베도라치(우, 울릉도)

441. 가막베도라치 <먹도라치과>

학명⇒ *Enneapterygius etheostomus* (Jordan et Seale)
영명⇒ Snake triplefin
일명⇒ ヘビギンポ

형태⇒ 머리는 상하로 납작하지만 몸 뒤로 갈수록 좌우로 납작해진다. 등지느러미는 3개로 구분되며, 제1, 2등지느러미는 극조로만 되어 있고, 제3등지느러미는 갈라지지 않은 연조로 이루어져 있다. 몸은 큰 빗비늘로 덮여 있고, 측선은 두 부분으로 구분된다. 암컷은 노란색 바탕에 6개의 수직을 이루는 암갈색 줄무늬가 있고, 수컷은 검은색 바탕에 연한 갈색 줄무늬가 몸 뒤쪽에 선명하게 나타난다. 전장 약 6cm.

생태⇒ 조간대에서 수심 10m에 이르는 바닷가의 바위 위에 붙어서 생활하며, 조류나 작은 동물을 먹는다.

분포⇒ 우리 나라 제주도와 울릉도, 일본 홋카이도에서 규슈 남부에 이르는 해역

청베도라치과
Blenniidae (Combtooth blennies)

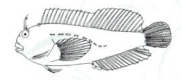

 몸은 길고 머리 앞쪽은 뭉툭하다. 등지느러미와 뒷지느러미는 기저부가 길고 꼬리지느러미의 기부 앞까지 이어지며, 등지느러미의 극조 수는 연조 수보다 적다. 소수의 종을 제외하고는 몸에 비늘이 없다. 우리 나라에 7속 9종, 세계에 약 53속 345종이 알려져 있다.

저울베도라치(제주도 서귀포)

442. 저울베도라치 <청베도라치과>

학명⇒ *Entomacrodus stellifer stellifer* (Jordan et Snyder)
영명⇒ Spotted blenny
일명⇒ ホシギンポ

형태⇒ 몸과 머리는 좌우로 납작하고 길다. 윗입술의 중간에 톱니 모양의 피질 돌기가 발달되어 있다. 콧구멍과 눈 위쪽, 목덜미 부근에 끝이 갈라지지 않은 한 쌍의 피판이 있다. 등지느러미의 극조부와 연조부 사이에 깊이 팬 홈이 있다. 아가미구멍 뒤쪽 상단에서 시작되어 가슴지느러미 부근에서 휘어져 내려오는 측선은 불완전하다. 몸은 암녹색 바탕에 흰 반점이 흩어져 있으며, 5~6개의 암청색 가로무늬가 있다. 전장 약 12cm.
생태⇒ 바위가 많은 해안에 서식한다.
분포⇒ 우리 나라 동해안, 제주도를 비롯한 남해안, 일본, 중국, 타이완

443. 대강베도라치 <청베도라치과>

학명⇒ *Istiblennius enosimae* (Jordan et Snyder)
영명⇒ Frogfish
일명⇒ カエルウオ

형태⇒ 몸과 머리는 좌우로 납작하고 길다. 머리의 등 쪽에 반달 모양의 돌기가 닭의 볏처럼 돋아 있고, 바로 앞에 작은 피판이 있다. 등지느러미의 극조부와 연조부 사이에 깊이 팬 홈이 있다. 등지느러미의 마지막 기조는 막에 의해 꼬리지느러미와 연결되지만, 뒷지느러미는 막으로 연결되지 않고 분리되어 있다. 측선은 불완전하다. 살아 있을 때에는 암녹색을 띠고, 죽으면 전체적으로 검은색을 띤다. 전장 약 12cm.
생태⇒ 바위가 많은 해안의 웅덩이에 서식하고, 부착 조류와 작은 갑각류를 먹는 잡식성 어류이다.
분포⇒ 우리 나라 제주도, 일본 남부, 타이완, 중국

대강베도라치(제주도 모슬포)

444. 앞동갈베도라치 <청베도라치과>

학명⇒ *Omobranchus elegans* (Steindachner)
영명⇒ Elegant blenny
일명⇒ ナベカ

형태⇒ 몸은 길고 뒤로 갈수록 좌우로 납작해진다. 등지느러미는 아가미구멍 위에서 시작되어 꼬리지느러미 기부까지 길게 이어지고, 극조부와 연조부 사이에는 홈이 없이 거의 수평으로 이어진다. 몸의 앞쪽은 갈색이고 뒤쪽은 노란색을 띤다. 머리와 몸 앞쪽에 너비가 넓은 흑갈색 가로줄 무늬가 있고, 몸 뒤쪽은 매우 작은 흑갈색 점들이 흩어져 있다. 모든 지느러미는 노란색을 띤다. 전장 약 8cm.
생태⇒ 바위가 많은 해안의 해조 군락이나 조간대에 서식한다.
분포⇒ 우리 나라 전 연안, 일본, 중국

앞동갈베도라치(충남 만리포)

445. 골베도라치 <청베도라치과>

학명⇒ *Omobranchus punctatus* (Valenciennes)
영명⇒ Muzzled blenny
일명⇒ イダテンギンポ

형태⇒ 몸과 지느러미의 형태는 앞동갈베도라치와 비슷하며, 머리에 피판이 없다. 등지느러미의 극조부와 연조부에 홈이 없이 반듯하게 이어진다. 꼬리지느러미의 후연은 둥글다. 몸은 암갈색을 띠고 여러 개의 어두운 세로줄 무늬가 있다. 전장 약 10cm.
생태⇒ 바위가 많은 해안에 서식한다.
분포⇒ 우리 나라 서해 남부(우이도)와 제주도를 포함한 남해안, 일본 중부 이남, 중국, 타이완

골베도라치(충남 연포)

청베도라치

446. 청베도라치 <청베도라치과>

학명⇒ *Parablennius yatabei* (Jordan et Snyder)
영명⇒ Yatabe blenny
일명⇒ イソギンポ

형태⇒ 몸과 머리는 좌우로 납작하고, 가슴지느러미 기부 부근의 체고가 가장 높으며 뒤로 갈수록 낮아진다. 눈은 크고 머리의 등 쪽에 위치하며, 주둥이는 매우 짧다. 눈 위에 깃털 모양의 피판이 1쌍 있다. 아래턱에 작은 이빨이 있고, 턱의 양 끝에 송곳 모양의 이빨이 있다. 양쪽의 아가미막은 협부에서 연결된다. 등지느러미는 머리 뒤에서 시작되어 꼬리지느러미 기부까지 길게 이어지고, 극조부와 연조부는 작은 홈을 이루며 막으로 연결되어 있다. 등지느러미의 기조 수는 12극 16~17연조, 뒷지느러미는 2극 18~19연조이다. 배지느러미의 기조 수는 1극 3연조이며, 꼬리지느러미의 후연은 둥글다. 측선은 불완전하며, 가슴지느러미 후단부에서 아래쪽으로 휘어져 내려오고, 그 뒤쪽의 측선은 분리된 구멍으로 나타난다. 몸은 녹갈색 바탕에 작고 어두운 반점들이 흩어져 있고, 등지느러미 극조부의 앞쪽에 윤곽이 뚜렷하지 않은 검은 반점이 있다. 전장 약 8cm.

생태⇒ 해안이나 조간대의 바위 지역에 서식한다.

분포⇒ 우리 나라 동해 남부와 울릉도, 서해의 중부 이남(보령), 제주도를 포함한 남해, 일본, 중국, 타이완

두줄베도라치

소라 껍데기 속에 숨은 두줄베도라치(제주도 모슬포)

447. 두줄베도라치 <청베도라치과>

학명⇒ *Petroscirtes breviceps* (Valenciennes)
영명⇒ Dandy blenny, black-banded blenny
일명⇒ ニジギンポ

형태⇒ 몸과 머리는 좌우로 납작하고 길다. 두 눈 사이는 볼록하며, 머리에 피판이 없다. 양턱의 뒤쪽에 송곳니가 있고, 아래턱의 감각 구멍에는 작은 피질 돌기가 있다. 아가미구멍은 가슴지느러미 기저부 위쪽에 아주 작게 열린다. 등지느러미는 극조부와 연조부 사이에 홈이 없이 수평으로 이어진다. 몸은 연한 황백색을 띠고, 체측에 검은색의 뚜렷한 세로줄 무늬가 2개 있다. 전장 약 11cm.

생태⇒ 바위와 해조류가 많은 해안에 서식하고, 위험을 느끼면 소라 껍데기 등의 구멍 속에 숨어서 머리만 내놓고 밖을 주시한다.

분포⇒ 우리 나라 울릉도와 제주도를 비롯한 남해, 일본 홋카이도 이남, 중국, 서태평양의 온대와 열대 해역

개베도라치(제주도 모슬포)

개베도라치(제주도 모슬포)

448. 개베도라치   <청베도라치과>

학명⇒ *Petroscirtes variabilis* Cantor
일명⇒ イヌギンポ

형태⇒ 몸의 형태는 두줄베도라치와 비슷하다. 두 눈 사이는 볼록하며, 눈 위쪽에 작은 피판이 있다. 등지느러미의 극조부와 연조부 사이에 홈이 없이 수평으로 이어진다. 몸은 연한 황갈색 바탕에 체측 전체에 암갈색의 구름무늬가 있으며, 이 무늬는 등지느러미와 뒷지느러미까지 이어진다. 전장 약 10cm.
생태⇒ 연안 얕은 곳의 해조류가 많은 바위 지역에 서식하며, 해조류 줄기나 그 밖에 버려진 밧줄 위에 정지한 상태로 있을 때가 많다.
분포⇒ 우리 나라 제주도 해역, 일본 남부, 서태평양의 열대 해역

돛양태과

Callionymidae (Dragonets)

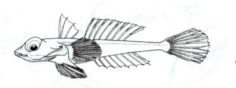

아가미구멍은 머리의 위쪽에 작게 열린다. 전새개골에 강한 가시가 있고 측선은 완전하다. 등지느러미는 극조부와 연조부가 분리되어 있고, 극조 수는 3~4개이다. 대부분의 종은 배지느러미와 꼬리지느러미가 크게 발달되어 있다. 우리 나라에 6속 16종, 세계에 18속 84종이 알려져 있다.

꽁지양태

449. 꽁지양태 <돛양태과>

학명⇒ *Calliurichthys japonicus* (Houttuyn)
영명⇒ Japanese dragonet
일명⇒ ヨメゴチ

형태⇒ 몸은 길고 단면은 원통형에 가까우며, 뒤로 갈수록 가늘어진다. 후두부에는 1쌍의 골질 돌기가 있고, 전새개골에 1개의 긴 가시가 있다. 꼬리지느러미가 매우 길다. 등에는 연한 갈색 바탕에 진한 갈색 점들이 흩어져 있고, 배 쪽은 흰색을 띤다. 등지느러미 극조부의 제3~4기조 사이에 검은 반점이 있고, 뒷지느러미와 꼬리지느러미의 아래쪽은 검은색을 띤다. 전장은 수컷 43cm, 암컷 32cm까지 자라며, 흔히 볼 수 있는 것은 20~25cm이다.

생태⇒ 수심 20~200m인 모래·개펄 지역에 서식하며, 얕은 곳에서 살다가 성장하면서 깊은 곳으로 이동한다. 갯지렁이류와 부족류, 그 밖에 동물성 플랑크톤을 먹는다.

분포⇒ 우리 나라 제주도를 포함한 남해, 일본 중부 연안에서 서태평양에 이르는 열대 해역

민양태

450. 민양태   <돛양태과>

학명⇒ *Eleutherochir mirabilis* (Snyder)
일명⇒ バケヌメリ

형태⇒ 몸의 형태는 다른 돛양태과 어류와 비슷하지만, 등지느러미의 극조부가 없고 연조부만 있어서 다른 종과 쉽게 구분된다. 등은 연한 갈색 바탕에 흑갈색의 작은 반점들이 불규칙하게 흩어져 있고, 배는 흰색을 띤다. 전장 약 8cm.

생태⇒ 외양에 접한 연안의 모래 지역에 서식한다.

분포⇒ 우리 나라 전북 연안(정, 1977), 일본 중북부 해역

도화양태

451. 도화양태   <돛양태과>

학명⇒ *Foetorepus altivelis* (Temminck et Schlegel)
영명⇒ Red dragonet
일명⇒ ベニテグリ

형태⇒ 몸의 앞쪽은 상하로 납작하고 뒤로 갈수록 좌우로 납작해진다. 입은 주둥이 끝의 아래쪽으로 열린다. 전새개골에 끝이 갈고리처럼 휘어진 2개의 돌기가 있다. 등지느러미 극조부의 가장 앞쪽 기조는 실처럼 길게 연장되어 있다. 제2등지느러미는 전체가 크고 기조가 길다. 몸은 황적색을 띠고, 배 쪽은 연한 노란색을 띤다. 등지느러미와 꼬리지느러미 위쪽은 노란색을 띠지만 아래쪽은 몸과 같이 황적색을 띤다. 전장 약 23cm.

생태⇒ 수심 200m 정도인 대륙붕의 모래·개펄 지역에 서식한다.

분포⇒ 우리 나라 제주도, 일본 남부, 중국해

날돛양태

날돛양태(제주도 서귀포)

452. 날돛양태 <돛양태과>

학명⇒ *Repomucenus beniteguri* (Jordan et Snyder)
영명⇒ Jordan's dragonet
일명⇒ トビヌメリ

형태⇒ 머리는 상하로 납작하고 미병부는 좌우로 약간 납작하다. 제1등지느러미의 첫째 번과 둘째 번 극조 2개가 길게 연장되어 있다. 등은 연한 갈색 바탕에 암갈색 점들이 불규칙하게 흩어져 있고, 체측 중앙에 5~6개의 불분명한 흑갈색 반점이 세로로 배열되어 있다. 체측 아래에 원형의 흰 반점들이 세로로 이어진다. 꼬리지느러미에는 타원형의 흑갈색 점들이 흩어져 있고, 하반부는 검은색을 띤다. 암컷의 극조부 후반부에는 검은 반점이 있다. 전장 약 22cm.

생태⇒ 외해에 접한 연안의 모랫바닥에 서식하고, 봄과 가을에 2회에 걸쳐 산란한다.

분포⇒ 우리 나라 동해 남부, 일본 홋카이도 이남의 해역

유사종⇒ 춤양태(*Repomucenus huguenini*), 참돛양태(*R. koreannus*), 흰점양태(*R. leucopoecilus*), 돛양태(*R. lunatus*), 강주걱양태(*R. olidus*), 꽃돛양태(*R. ornatipinnis*), 동갈양태(*R. curvicornis*), 참주걱양태(*R. sagitta*), 실양태(*R. valenciennei*)

453. 동갈양태 <돛양태과>

학명⇒ *Repomucenus curvicornis* (Valenciennes)
영명⇒ Richardson's dragonet
일명⇒ ネズミゴチ

형태⇒ 머리는 상하로 납작하고 뒤로 갈수록 좌우로 납작해진다. 전새개골의 가시는 길고 위로 휘어져 있다. 등지느러미의 기조 수는 4극 8~10연조이다. 몸은 다갈색 바탕에 진한 갈색 반점이 흩어져 있으며, 몸의 중앙부를 따라 사각형 무늬가 세로로 배열되어 있다. 수컷은 제1등지느러미와 뒷지느러미 가장자리가 검은색을 띠지만 암컷은 밝은 색을 띠고, 등지느러미 극조부 뒷부분에 검은 반점이 1개 있다. 전장 약 23cm.
생태⇒ 내만의 얕은 모랫바닥에 서식하며, 봄과 가을에 두 차례 산란한다. 알은 부성란(浮性卵)으로 포란 수는 1500~4000개이다.
분포⇒ 우리 나라 동해 남부와 제주도를 포함한 남해 동부, 일본, 남중국해
참고⇒ 국내외적으로 이 종의 학명은 *Repomucenus richardsonii*(Bleeker)가 사용되어 왔으나(김과 김, 1997; Masuda et al., 1988), 이것은 *Callionymus curvicornis* Valenciennes의 동종 이명으로 정리되었으며(Fricke, 1982; 1983), 최근에 Nakabo(2000)는 이를 근거로 *Repomucenus curvicornis*(Valenciennes)를 사용하고 있다.

동갈양태

454. 강주걱양태 <돛양태과>

학명⇒ *Repomucenus olidus* (Günther)

형태⇒ 머리는 상하로 납작하고 뒤로 갈수록 좌우로 납작해진다. 전새개골에 3~5개의 작은 가시가 위쪽으로 휘어져 있다. 제1등지느러미의 극조 수가 3개인 것이 이 종의 특징이다. 등은 갈색 바탕에 흰 점들이 흩어져 있고, 배 쪽은 흰색을 띤다. 등지느러미의 극조부는 전체가 검은색을 띠고, 가슴지느러미와 꼬리지느러미에는 작은 흑갈색 점들이 흩어져 있다. 전장 약 10cm.
생태⇒ 기수역의 모랫바닥에 서식한다.
분포⇒ 우리 나라 전라 북도 연안(군산), 중국 남부

강주걱양태

455. 꽃돛양태 <돛양태과>

학명⇒ *Repomucenus ornatipinnis* (Regan)
일명⇒ セトヌメリ

형태⇒ 머리는 상하로 납작하고 미병부는 좌우로 납작하다. 수컷의 등지느러미 극조부의 기조 길이는 암컷에 비해 매우 길게 연장되어 있다. 기조 수는 4극 9~10연조이다. 몸은 연한 다갈색 바탕에 작은 갈색 반점들이 흩어져 있고, 배 쪽은 흰색을 띤다. 등지느러미와 꼬리지느러미에는 작은 흑갈색 점들이 흩어져 있고, 수컷과 달리 암컷의 등지느러미 극조부 3~4기조에는 검은 반점이 있다. 전장 약 20cm.

생태⇒ 연안의 모래·개펄 바닥에 서식한다.

분포⇒ 우리 나라 서해, 홋카이도 남부 이남의 일본 해역, 동중국해

꽃돛양태

실양태(♂)

실양태(우)

456. 실양태 <돛양태과>

학명⇒ *Repomucenus valenciennei* (Temminck et Schlegel)
영명⇒ Whipfin dragonet
일명⇒ ハタタテヌメリ

형태⇒ 머리는 상하로 납작하고 미병부는 좌우로 납작하다. 등지느러미의 기조 수는 4극 9연조이다. 등은 연한 갈색 바탕에 작은 암갈색 점들이 흩어져 있고, 체측 측선을 따라 윤곽이 뚜렷하지 않은 암갈색 반점이 여러 개 있다. 수컷의 뒷지느러미 후연은 어두운 색을 띠고, 암수 모두 꼬리지느러미에 타원형의 검은 반점들이 흩어져 있다. 수컷의 등지느러미 극조에는 검은 반점이 없으나 암컷은 제3~4극조의 지느러미막에 검은 반점이 있다. 전장 약 15cm.

생태⇒ 수심 40m 정도의 모래·개펄 바닥에 서식한다.

분포⇒ 우리 나라 남해(부산), 홋카이도 이남의 일본 해역

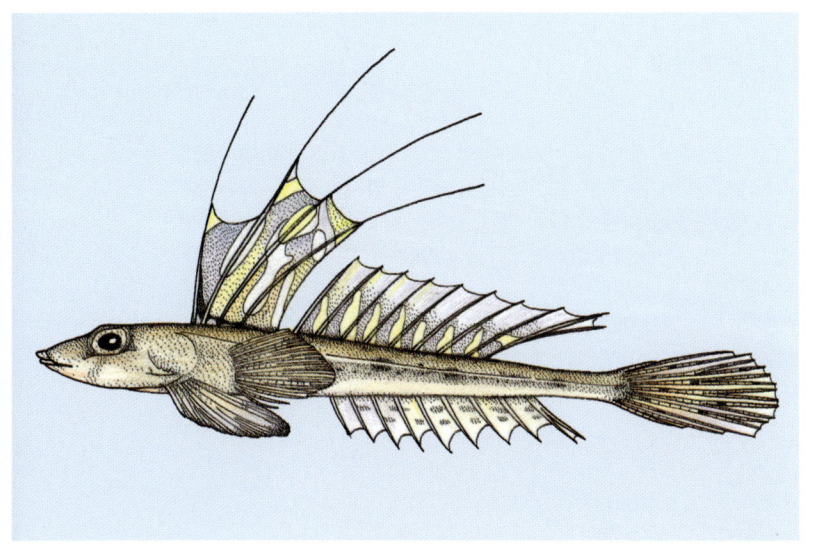

망토돛양태

457. 망토돛양태 <돛양태과>

학명⇒ *Repomucenus virgis* (Jordan et Fowler)
영명⇒ Hooded dragonet
일명⇒ ホロヌメリ

형태⇒ 머리는 크고 상하로 납작하며, 미병부는 좌우로 납작하다. 눈은 머리의 등 쪽에 치우쳐 있고, 두 눈 사이는 아주 좁다. 주둥이는 매우 짧고, 입은 주둥이 끝의 약간 아래쪽에 작게 열린다. 등지느러미의 극조부와 연조부가 분리되어 있으며, 기조 수는 4극 9연조, 뒷지느러미는 9연조이다. 수컷의 제1등지느러미는 매우 크고, 4개의 기조가 모두 길게 연장되어 있다. 꼬리지느러미의 후연은 둥글다. 등은 연한 갈색 바탕에 다갈색 가로무늬가 4~5개 있고, 체측 중앙의 측선을 따라 3~5개의 암갈색 반점이 있다. 배는 흰색이다. 암수 모두 꼬리지느러미 하단에 어두운 세로줄 무늬가 1개 있고, 수컷의 등지느러미 극조부는 노란색 바탕에 벌레 모양의 연한 청백색 무늬가 있다. 제2등지느러미의 하반부에도 같은 형태의 동일한 무늬들이 여러 개 있다. 그러나 암컷의 제2등지느러미에는 무늬가 없다. 전장 약 10cm.

생태⇒ 수심 30~200m의 모래·개펄 지역에 서식한다.

분포⇒ 우리 나라 서해(소흑산도), 일본 남부, 동중국해

참고⇒ 이 종의 국명을 넝마양태로 기록한 적이 있으나(이 등, 2000), '한국어류학회지' 7권 1호에는 망토돛양태로 보고되었다.

망둑어과
Gobiidae (Gobies)

좌우의 배지느러미가 맞붙어 둥근 흡반으로 변형되어 있다. 등지느러미는 1개 또는 2개이며, 제1등지느러미 가시는 2~8개로 비교적 유연하다. 일부 종은 턱에 수염이 있다. 우리 나라에 27속 48종(1차 담수어 제외)이 있고, 세계에 약 212속 1875종이 알려져 있다.

왜풀망둑

458. 왜풀망둑 <망둑어과>

학명⇒ *Acanthogobius elongata* (Ni et Wu)
형태⇒ 몸은 가늘고 길며, 후반부는 좌우로 납작하다. 눈은 작고, 등지느러미와 가슴지느러미, 배지느러미는 몸의 앞부분에 위치한다. 등지느러미는 2개로 제1등지느러미와 제2등지느러미가 인접되어 있다. 꼬리지느러미는 크고 후연은 둥글다. 후두부와 아가미뚜껑에 비늘이 없으며, 종렬비늘 수는 32~40개이다. 살아 있을 때는 반투명한 회갈색이지만 포르말린에 고정하면 연한 황갈색을 띠고, 지느러미는 투명하다. 전장 약 10cm.
생태⇒ 조간대의 갯벌에 서식한다.
분포⇒ 우리 나라 서해 중부 이남의 연안, 중국

문절망둑

459. 문절망둑   <망둑어과>

학명⇒ *Acanthogobius flavimanus* (Temminck et Schlegel)
영명⇒ Genuine goby, common blackish goby
일명⇒ マハゼ

형태⇒ 몸의 전반부는 크고 원통형이지만 미병부는 작고 좌우로 납작하다. 제1등지느러미의 기조 수는 8극조, 제2등지느러미는 1극 12~15연조이다. 배지느러미는 흡반으로 변형되었고, 꼬리지느러미의 후연은 둥글게 타원형을 이룬다. 종렬비늘 수는 45~61개이다. 몸은 담갈색으로 등 쪽은 진하고 배 쪽은 연한 색을 띤다. 몸 중앙에는 어두운 반점이 세로로 배열되고, 꼬리지느러미 위쪽에 톱니 모양의 반점이 있다. 등지느러미에도 검은 점이 경사를 이루며 배열되어 있다. 전장 약 25cm.

생태⇒ 연안과 기수역의 바다에 서식하며, 작은 저서 동물을 먹는다. 산란기는 3~5월이다.

분포⇒ 우리 나라 서해 남부와 남해안, 홋카이도 남부 이남의 일본, 중국, 오스트레일리아 북부 해역(시드니)

유사종⇒ 풀망둑(*Synechogobius hasta*)

❖ **문절망둑과 풀망둑의 구분**

문절망둑과 비슷한 종으로 풀망둑이 있다(481쪽 참조). 문절망둑은 제2등지느러미의 연조 수가 12~15개인 반면에 풀망둑은 17~21개인 점으로 두 종을 구분할 수 있다.

460. 흰발망둑 <망둑어과>

학명⇒ *Acanthogobius lactipes* (Hilgendorf)
영명⇒ Whitelimbed goby, white-ventral goby
일명⇒ アシシロハゼ

형태⇒ 몸은 긴 원통형으로 앞이 크고 뒤로 갈수록 작으며 좌우로 납작해진다. 협부와 아가미뚜껑, 후두부에 비늘이 없다. 수컷은 제1등지느러미 끝이 실처럼 길게 연장되었으며 뒷지느러미가 길다. 제1등지느러미의 기조 수는 8~9극, 제2등지느러미는 1극 9~11연조이다. 종렬비늘 수는 34~38개이다. 몸은 황갈색으로 체측 중앙에 10여 개의 윤곽이 뚜렷하지 않은 갈색 반점이 있고, 살아 있을 때에는 너비가 좁은 희미하고 흰 가로줄 무늬가 일정한 간격으로 배열되어 있다. 전장 약 10cm.

생태⇒ 강 하구와 연안의 모래 또는 자갈 바닥에 서식하며, 산란기는 5~7월이다.

분포⇒ 우리 나라 전 연안, 일본, 중국

흰발망둑(충남 무창포)

461. 줄망둑 <망둑어과>

학명⇒ *Acentrogobius pflaumi* (Bleeker)
영명⇒ Stripe goby
일명⇒ スジハゼ

형태⇒ 머리는 상하로 납작하고 몸은 원통형이며 미병부는 좌우로 납작하다. 제1등지느러미의 기조 수는 6극조, 제2등지느러미는 1극 9~10연조이다. 배지느러미는 흡반으로 변형되었다. 종렬비늘 수는 26~28개이고 등지느러미 앞 비늘은 2~4개이다. 몸은 회갈색 바탕에 가슴지느러미 기부에서 꼬리지느러미 앞까지 약 6개의 직사각형 반점이 세로로 나타나고, 배는 연한 색을 띤다. 눈 아래에서 주둥이 쪽으로 검은 줄무늬가 있고, 등지느러미와 뒷지느러미, 꼬리지느러미에는 검은 점들이 사선으로 배열되어 있다. 전장 약 7cm.

생태⇒ 내만의 모래와 개펄, 또는 바위 지역에 서식한다.

분포⇒ 우리 나라 서해와 제주도(협재)를 포함한 남해, 일본, 필리핀, 중국

줄망둑(전북 부안)

462. 짱뚱어 <망둑어과>

- 학명⇒ *Boleophthalmus pectinirostris* (Linnaeus)
- 영명⇒ Blue-spotted mud hopper
- 일명⇒ ムツゴロウ

형태⇒ 몸은 길고 앞부분은 원통형이지만 뒤로 갈수록 좌우로 납작해진다. 머리의 너비는 몸통보다 넓고 상하로 납작하다. 눈은 머리의 등 쪽에 볼록하게 솟아 있고, 두 눈 사이의 간격은 매우 좁다. 제1등지느러미의 기조 수는 5극조, 제2등지느러미는 1극 25~26연조이다. 꼬리지느러미의 후연은 뾰족하다. 종렬비늘 수는 약 100개이다. 몸은 회청색으로 배는 다소 연한 색이며, 몸 전체에 흰 반점이 불규칙하게 흩어져 있다. 등지느러미와 꼬리지느러미에도 흰 반점이 흩어져 있다. 전장·약 20cm.

생태⇒ 물이 괴어 있는 조간대의 갯벌에 구멍을 파고 살며, 잘 발달된 육질의 가슴지느러미를 이용하여 바닥을 기어다닌다. 규조류와 동물성 플랑크톤을 주로 먹으며, 산란기는 6~8월이다.

분포⇒ 우리 나라 서해와 남해의 서부 연안(최근 서식 범위가 크게 감소됨.), 일본, 중국, 타이완

짱뚱어(전남 벌교)

463. 날망둑 <망둑어과>

학명⇒ *Chaenogobius castaneus* (O'shaughnessy)
영명⇒ Chestnut goby
일명⇒ ビリンゴ

형태⇒ 머리는 상하로 납작하고 몸 뒤로 갈수록 가늘고 좌우로 납작해진다. 턱의 양 끝은 눈 전단부 아래에 도달한다. 제1등지느러미의 기조 수는 7극조, 제2등지느러미는 1극 9~10연조이다. 종렬비늘 수는 약 68개이고, 등지느러미 앞 비늘은 7개이다. 꼬리지느러미의 후연은 둥글다. 몸은 회갈색을 띠고 체측에 어두운 무늬가 있다. 산란기에는 등지느러미와 배지느러미, 뒷지느러미가 검은색으로 변한다. 전장 약 8cm.
생태⇒ 작은 하천의 하구에 서식하며, 담수와 바다를 왕래한다.
분포⇒ 우리 나라 동해 남부의 기수역, 일본, 중국

날망둑

464. 얼룩망둑 <망둑어과>

학명⇒ *Chaenogobius mororanus* (Jordan et Snyder)
영명⇒ Snakehead goby
일명⇒ ヘビハゼ

형태⇒ 몸은 가늘고 길며, 머리는 상하로 납작하고 몸 뒤로 갈수록 좌우로 납작해진다. 입은 크고 아래턱이 위턱보다 돌출하였으며 턱의 후단은 눈 뒤를 훨씬 지난다. 제1등지느러미의 기조 수는 7극조, 제2등지느러미와 뒷지느러미는 각각 1극 12~13연조이다. 종렬비늘 수는 약 85~100개이고, 등지느러미 앞에 비늘이 없다. 몸은 올리브색을 띠고 등쪽에 그물 모양의 암갈색 무늬가 있다. 살아있을 때에는 반투명한 색을 띤다. 전장 약 7cm.
생태⇒ 조간대와 기수역의 얕은 곳 또는 웅덩이에 서식한다.
분포⇒ 우리 나라의 서해(전북 군산, 전남 신안군 장산도 등), 동해 북부 서호진(정, 1977), 홋카이도 남부를 포함한 일본, 중국

얼룩망둑

465. 도화망둑   <망둑어과>

학명⇒ *Chaeturichthys hexanema* Bleeker
영명⇒ Pinkgray goby
일명⇒ アカハゼ

형태⇒ 몸은 길고 원통형에 가까우며, 머리 앞쪽은 상하로 납작하다. 아래턱에 3쌍의 수염이 있으며, 뺨과 아가미뚜껑은 작은 비늘로 덮여 있다. 제1등지느러미의 기조 수는 8극조, 제2등지느러미는 1극 15~16연조이다. 꼬리지느러미의 후연은 바깥쪽으로 뾰족하다. 종렬비늘 수는 35~39개이고, 등지느러미 앞에 16~21개의 비늘이 있다. 몸은 담갈색을 띠고, 체측에 윤곽이 뚜렷하지 않은 암갈색 무늬가 있다. 제1등지느러미 제3~6기조의 윗부분은 어두운 색을 띤다. 전장 약 20cm.

생태⇒ 개펄로 이루어진 연안의 바닥에 서식한다.
분포⇒ 우리 나라 서해, 일본 홋카이도 남부에서 규슈에 이르는 해역, 중국
참고⇒ 외국에서는 *Amblychaeturichthys hexanema*(Bleeker)를 학명으로 사용하고 있는 학자들도 있다(Masuda et al., 1988; Nakabo, 2000).

도화망둑

466. 쉬쉬망둑 <망둑어과>

학명 ⇒ *Chaeturichthys stigmatias* Richardson
영명 ⇒ Finespot goby
일명 ⇒ ヤキインハゼ

형태 ⇒ 머리는 상하로 납작하고 몸은 원통형이며 미병부는 좌우로 납작하다. 아래턱에 3쌍의 수염이 있고, 가슴의 안쪽에 3개의 육질로 된 유두 돌기가 있다. 제1등지느러미의 기조 수는 8극조, 제2등지느러미는 1극 20연조이다. 배지느러미는 흡반으로 변형되었으며, 꼬리지느러미의 후연은 중앙이 길어서 붓처럼 뾰족하다. 종렬비늘 수는 51~53개, 등지느러미 앞 비늘은 23~27개이다. 몸은 담갈색으로 몸 위쪽에 어두운 갈색 점들이 흩어져 있고, 배는 밝은 색을 띤다. 제1등지느러미의 제6기조 뒤에 크고 검은 반점이 있다. 전장 약 30cm.

생태 ⇒ 갯벌로 이루어진 연안에 서식한다.
분포 ⇒ 우리 나라 서해와 남해, 일본의 아오모리 이남의 서해

쉬쉬망둑

467. 점망둑 <망둑어과>

학명 ⇒ *Chasmichthys dolichognathus* (Hilgendorf)
영명 ⇒ Longchin goby
일명 ⇒ アゴハゼ

형태 ⇒ 머리는 상하로 납작하고 몸의 후반부는 좌우로 납작하다. 입은 크고, 위턱이 아래턱보다 약간 길며, 턱의 후단은 눈의 후반부를 지난다. 제1등지느러미의 기조 수는 6극조, 제2등지느러미는 1극 10연조이다. 비늘은 작고, 종렬비늘 수는 약 70개이다. 체측에 흑갈색의 불규칙한 구름무늬가 있으며, 작고 검은 점들이 흩어져 있다. 등지느러미와 꼬리지느러미에 검은 반점들이 열을 이룬다. 전장 약 7cm.

생태 ⇒ 바위와 암벽으로 이루어진 조간대의 돌 틈에 서식한다.
분포 ⇒ 우리 나라 전 연안, 홋카이도 남부를 포함한 일본 해역

점망둑(충남 태안)

468. 별망둑 <망둑어과>

학명⇒ *Chasmichthys gulosus* (Guichenot)
영명⇒ Gluttonous goby
일명⇒ ドロメ

형태⇒ 머리는 상하로 납작하고 몸은 원통형이며 미병부는 좌우로 납작하다. 제1등지느러미의 기조 수는 6극조, 제2등지느러미는 1극 11연조이다. 배지느러미는 흡반으로 변형되어 있다. 종렬비늘 수는 약 85개, 등지느러미 앞 비늘은 25~30개이다. 몸은 진한 흑갈색으로 검게 보이며, 흰 반점들이 흩어져 있다. 꼬리지느러미의 기부에 검은 점이 있고, 가장자리는 밝은 색을 띤다. 전장 약 12cm.
생태⇒ 해안의 바위와 돌 사이에 서식한다.
분포⇒ 우리 나라 전 연안, 일본의 홋카이도에서 규슈에 이르는 해역

별망둑(경북 감포)

469. 실망둑 <망둑어과>

학명⇒ *Cryptocentrus filifer* (Valenciennes)
영명⇒ Gafftopsail goby
일명⇒ イトヒキハゼ

형태⇒ 몸은 길고 좌우로 납작하며, 눈 앞의 등 쪽 외곽선은 경사가 심하다. 제1등지느러미는 기조 끝이 실처럼 길게 연장되어 있다. 제1등지느러미의 기조 수는 6극조, 제2등지느러미는 1극 10연조이다. 종렬비늘 수는 65~80개, 등지느러미 앞 비늘은 1개 또는 없다. 몸은 회청색을 띠고, 윤곽이 뚜렷하지 않은 다갈색 가로무늬가 5~6개 있다. 아가미 뚜껑에는 금속성의 코발트색 반점들이 흩어져 있다. 제1등지느러미의 1극조 아래에 검은 점이 있고, 제2등지느러미와 꼬리지느러미 상반부에 노란색 점들이 열을 이룬다. 뒷지느러미는 흑청색을 띤다. 전장 약 15cm.
생태⇒ 연안의 저층부에 주로 서식하고, 표층에서 유영 생활을 하기도 한다.
분포⇒ 우리 나라 동해 남부와 남해, 서해, 일본 중부 이남, 중국, 타이완, 인도양

실망둑(전남 여수)

470. 빨갱이 <망둑어과>

학명⇒ *Ctenotrypauchen microcephalus* (Bleeker)
영명⇒ Redeel goby
일명⇒ アカウオ

형태⇒ 몸은 좌우로 납작하고 길다. 눈은 매우 작고 머리의 등 쪽에 치우쳐 있다. 등지느러미는 1개이고, 등지느러미와 뒷지느러미의 기저부가 길어서 꼬리지느러미까지 이어진다. 꼬리지느러미의 후연은 뾰족하다. 등지느러미의 기조 수는 6극 45~50연조, 뒷지느러미는 42~48연조이다. 종렬비늘 수는 약 65개이다. 몸의 대부분은 붉은색을 띠고 뺨과 체측 일부는 회백색을 띤다. 지느러미는 투명하다. 전장 약 17cm.
생태⇒ 조하대의 개펄 바닥에 서식한다.
분포⇒ 우리 나라 서해와 제주도, 일본, 중국, 말레이시아

빨갱이

471. 댕기망둑 <망둑어과>

학명⇒ *Eutaeniichthys gilli* Jordan et Snyder
영명⇒ Ribbon goby
일명⇒ ヒモハゼ

형태⇒ 몸은 가늘고 길며 머리는 상하로 납작하고, 후반부는 좌우로 납작하다. 주둥이는 짧고 위턱이 아래턱보다 길다. 뒷지느러미는 제2등지느러미보다 기저부가 짧고, 좀더 뒤에서 시작된다. 제1등지느러미의 기조 수는 3극조, 제2등지느러미는 1극 16~18연조이다. 비늘은 피부에 묻혀 있다. 몸은 연한 황백색 바탕에 등 쪽은 진하고, 체측 중앙에 흑갈색 세로줄이 있으며, 이 줄무늬는 꼬리지느러미 위까지 이어진다. 전장이 5cm 미만인 소형 어류이다.

생태⇒ 바닷가 연안에 서식하는데, 연안의 실뱀장어잡이 그물에 잡힌다(충남 아산만).
분포⇒ 우리 나라 서해와 남해, 일본 중부 해역

댕기망둑

472. 두건망둑 <망둑어과>

학명⇒ *Eviota epiphanes* Jenkins
영명⇒ Green sleeper
일명⇒ ミドリハゼ

형태⇒ 몸이 아주 작고 좌우로 납작하다. 주둥이는 짧고 눈은 머리의 등 쪽에 위치한다. 양턱의 길이는 비슷하고, 턱의 후단은 눈의 전반부 아래에 도달한다. 제1등지느러미의 기조 수는 6극조, 제2등지느러미는 1극 8~9연조이다. 꼬리지느러미의 후연은 직선형에 가깝고, 종렬비늘 수는 23~24개이다. 몸은 연한 황갈색 바탕에 각 비늘의 가장자리는 붉은색을 띤다. 머리의 등 쪽에 여러 개의 붉은색 가로줄 무늬가 있다. 전장이 3cm 정도인 소형 어류이다.

생태⇒ 바위로 이루어진 연안 얕은 곳의 돌 위에 정지 상태로 있을 때가 많다.

분포⇒ 우리 나라 제주도, 중부 태평양

두건망둑(제주도 모슬포)

473. 날개망둑 <망둑어과>

학명⇒ *Favonigobius gymnauchen* (Bleeker)
영명⇒ Naked-headed goby
일명⇒ ヒメハゼ

형태⇒ 머리는 상하로 납작하고 몸의 단면은 원통형이며 뒤로 갈수록 좌우로 납작해진다. 제1등지느러미의 기조 수는 6극조, 제2등지느러미는 1극 9연조이다. 꼬리지느러미의 후연은 둥글고, 종렬비늘 수는 25~28개이다. 등지느러미 앞에 비늘이 없다. 몸은 연한 담색으로 체측 중앙에 4쌍의 암갈색 반점이 세로로 배열되어 있고, 등 쪽에는 자갈색 반점들이 흩어져 있다. 꼬리지느러미에 5~7열의 자갈색 줄무늬가 있다. 제1, 2등지느러미의 위쪽에 노란 세로줄 무늬가 길게 이어진다. 전장 약 10cm.

생태⇒ 기수역이나 연안 얕은 곳의 모랫바닥에 서식하고, 6~7월경 죽은 조개 껍데기에 산란한다.

분포⇒ 우리 나라 서해와 남해, 홋카이도 이남의 일본, 중국, 서태평양

날개망둑(충남 무창포)

474. 사자코망둑 <망둑어과>

학명⇒ *Istigobius campbelli* (Jordan et Snyder)
영명⇒ Pugnose goby
일명⇒ クツワハゼ

형태⇒ 몸은 길고 머리는 상하로 납작하며 몸의 후반부는 좌우로 납작하다. 제1등지느러미의 기조 수는 6극조, 제2등지느러미는 1극 10연조, 뒷지느러미는 1극 9연조이다. 꼬리지느러미의 후연은 타원형을 이루고, 종렬비늘 수는 약 28개, 등지느러미 앞의 비늘은 7개이다. 몸은 다갈색 바탕에 체측 중앙에 암색 반점이 세로로 나타나고, 진한 자갈색 반점들이 불규칙하게 흩어져 있다. 눈 후방에 어두운 세로줄 무늬가 있다. 전장 약 8cm.
생태⇒ 바위와 모래가 많은 연안 얕은 곳의 바닥에 서식한다.
분포⇒ 우리 나라의 제주도(서귀포), 일본

사자코망둑(제주도 서귀포)

475. 비단망둑 <망둑어과>

학명⇒ *Istigobius hoshinonis* (Tanaka)
영명⇒ Hoshino's goby
일명⇒ ホシノハゼ

형태⇒ 머리는 상하로 납작하고 몸의 후반부로 갈수록 좌우로 납작해진다. 눈은 크고 머리의 등 쪽 외곽선에 위치한다. 눈 앞에서 주둥이에 이르는 등 쪽 외곽선은 둥글고, 입은 주둥이의 약간 아래쪽에 위치한다. 등지느러미는 2개로 분리되어 있다. 꼬리지느러미 뒤 가장자리는 부챗살 모양으로 둥글다. 몸은 황갈색 바탕에 체측 중앙에 암갈색 반점이 세로줄을 이룬다. 수컷의 제1등지느러미 후반부에는 작은 암갈색 반점이 있다. 각 지느러미는 반투명하고, 등지느러미와 꼬리지느러미에는 노란색 점들이 줄무늬를 이룬다. 전장 약 12cm.

생태⇒ 바위와 모래로 이루어진 연안의 바닥에 서식한다.

분포⇒ 제주도, 일본

비단망둑(제주도 성산)

476. 사백어 <망둑어과>

학명⇒ *Leucopsarion petersii* Hilgendorf
영명⇒ Ice goby, Whitefish
일명⇒ シロウオ

형태⇒ 몸은 아주 작고 긴 원통형에 가깝다. 눈은 머리의 중앙보다 약간 위에 위치하고, 아래턱이 위턱보다 길다. 등지느러미는 1개로 몸 중앙보다 뒤쪽에 위치한다. 등지느러미의 기조 수는 13연조, 뒷지느러미는 18연조이고, 꼬리지느러미의 후연은 안쪽으로 약간 오목하다. 몸에 비늘이 없다. 살아 있을 때에는 투명하여 내장이 보이지만, 죽으면 흰색으로 변한다. 배 쪽에 자흑색 점들이 열을 이룬다. 전장 약 5cm.

생태⇒ 연안에 서식하며, 산란기에는 하천의 하류에 올라와 산란한다.

분포⇒ 우리 나라 남해, 일본 홋카이도 남부에서 규슈에 이르는 해역, 중국

사백어(경남 사천)

477. 미끈망둑 <망둑어과>

학명⇒ *Luciogobius guttatus* Gill
영명⇒ Flathead goby
일명⇒ ミミズハゼ

형태⇒ 몸이 미꾸라지 모양의 원통형이며 가늘고 길다. 머리는 상하로 납작하다. 주둥이는 둥글고, 아래턱이 위턱 앞으로 나와 있어 입은 45° 각도로 위를 향해 열린다. 눈은 머리 위쪽에 위치한다. 등지느러미는 1개로 몸의 후반부에 있는데, 기조 수는 1극 10~12연조이고, 뒷지느러미는 1극 11~13연조이다. 가슴지느러미의 가장 위쪽 1개의 연조가 분리되어 있고, 하단에는 분리 연조가 없다. 꼬리지느러미의 후연은 둥글고, 피부는 비늘이 없이 매끈하다. 등은 흑갈색이고, 배 쪽은 연한 갈색을 띤다. 전장 약 6cm.
생태⇒ 강 하구의 기수역과 연안의 돌이나 자갈 아래에 서식한다.
분포⇒ 우리 나라 전 연안, 홋카이도 이남의 일본, 중국
유사종⇒ 큰미끈망둑(*Luciogobius grandis*), 꼬마망둑(*Luciogobius koma*), 왜미끈망둑(*Luciogobius saikaiensis*)

미끈망둑

478. 모치망둑 <망둑어과>

학명⇒ *Mugilogobius abei* (Jordan et Snyder)
영명⇒ Estuarine goby
일명⇒ アベハゼ

형태⇒ 몸의 전반부는 원통형이고 뒤로 갈수록 좌우로 납작해진다. 눈은 머리의 등 쪽에 위치하고, 눈 앞쪽 외곽선은 경사가 심하다. 제1등지느러미 2극조는 실처럼 길게 신장되어 있다. 제1등지느러미의 기조 수는 6극조, 제2등지느러미는 1극 8연조, 뒷지느러미는 1극 8연조이다. 꼬리지느러미의 후연은 둥글다. 종렬비늘 수는 37~40개이다. 몸은 녹갈색으로 몸 후반부에 2개의 검은 세로줄 무늬가 꼬리지느러미 앞까지 이어진다. 산란기에는 등지느러미의 가장자리에 노란색을 띤다. 전장이 5cm 미만인 소형 어류이다.
생태⇒ 기수역과 연안의 개펄이나 모래 지역에 서식한다.
분포⇒ 우리 나라 서해안, 일본, 중국
유사종⇒ 제주모치망둑(*Mugilogobius fontinalis*)
일명: イズミハゼ

모치망둑(전북 부안)

479. 큰볏말뚝망둥어 <망둑어과>

학명⇒ *Periophthalmus magnuspinnatus* Lee, Choi et Ryu

형태⇒ 몸의 형태는 말뚝망둥어와 비슷하며, 제1등지느러미의 기조 수는 10~16극조, 제2등지느러미는 1극 10~12연조이다. 종렬비늘 수는 72~85개이다. 말뚝망둥어는 제1등지느러미의 가장자리가 둥글고 등지느러미의 줄무늬가 선명한 반면, 이 종은 제1등지느러미가 사다리꼴 모양이고 등지느러미의 검은 줄무늬가 불분명하다.
생태⇒ 내만이나 강 하구 기수역의 개펄 바닥에 서식한다. 간조시에는 가슴지느러미를 이용하여 조간대의 바닥을 뛰어다니며 작은 갑각류나 곤충을 잡아먹는다.
분포⇒ 우리 나라 서해와 남해안의 조간대 갯벌

큰볏말뚝망둥어

480. 말뚝망둥어 <망둑어과>

학명⇒ *Periophthalmus modestus* Cantor
영명⇒ Dusky mud hopper
일명⇒ トビハゼ

형태⇒ 머리는 크고 몸 뒤로 갈수록 가늘어진다. 눈은 머리의 등 쪽에 볼록하게 솟아 있고 두 눈 사이의 간격은 매우 좁다. 가슴지느러미의 기부에는 육질이 발달되어 있고, 제1등지느러미의 기조 수는 10~14극조, 제2등지느러미는 1극 12~13연조이다. 꼬리지느러미의 후연은 둥글지만 아래쪽이 약간 짧아서 상하가 비대칭이다. 종렬비늘 수는 86~90개이다. 몸은 흑갈색이고, 제1등지느러미의 가장자리와 제2등지느러미의 중앙에 검은 줄무늬가 있다. 전장 약 10cm.

생태⇒ 내만이나 강 하구 기수역의 개펄 바닥에 서식한다. 간조시에는 가슴지느러미를 이용하여 조간대의 바닥을 뛰어다니며 작은 갑각류나 곤충을 잡아먹는다.

분포⇒ 우리 나라의 서해와 남해안의 조간대, 일본, 중국, 오스트레일리아, 인도, 홍해

말뚝망둥어

일곱동갈망둑(경북 영해)

481. 일곱동갈망둑 <망둑어과>

학명⇒ *Pterogobius elapoides* (Günther)
영명⇒ Serpentine goby
일명⇒ キヌバリ

형태⇒ 몸은 길고 머리는 상하로 납작하며 몸 뒤로 갈수록 좌우로 납작해진다. 양턱의 길이는 거의 비슷하고, 턱의 후단은 눈의 전단부 아래에 도달한다. 제1등지느러미의 기조 수는 8극조, 제2등지느러미는 1극 19~21연조이다. 비늘은 작고, 종렬비늘 수는 80~90개이다. 몸은 연한 다갈색 바탕에 7개의 진한 흑갈색 가로줄 무늬가 있고, 줄무늬 주변에는 연한 노란색 테두리가 있다. 전장 약 15cm.

생태⇒ 바위와 해조류가 많은 연안의 저층부에서 유영 생활을 한다.

분포⇒ 우리 나라 제주도를 포함한 남해와 동해 남부(경북 영덕), 홋카이도 이남의 일본 해역

❖ 일곱동갈망둑의 세밀화

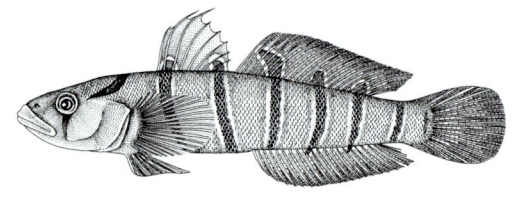

금줄망둑

482. 금줄망둑 <망둑어과>

학명⇒ *Pterogobius virgo* (Temminck et Schlegel)
영명⇒ Maiden goby
일명⇒ ニシキハゼ

형태⇒ 몸은 길고 머리는 상하로 납작하며, 몸 후반부는 좌우로 납작하다. 제2등지느러미와 뒷지느러미는 기저부가 길다. 제1등지느러미의 기조 수는 8극조, 제2등지느러미와 뒷지느러미는 각각 1극 27연조이다. 꼬리지느러미의 후연은 새끼일 때에는 직선형에 가깝지만 어미는 타원형을 이룬다. 비늘은 아주 작고 종렬비늘 수는 130~140개이다. 몸은 자갈색 바탕에 등 쪽에 너비가 넓은 적갈색 세로줄이 있으며, 세로줄 위아래에 인접하여 너비가 좁은 파란색 줄무늬가 있다. 등지느러미 기저부에 황적색 줄무늬가 있고, 가장자리에 파란색과 노란색 줄무늬가 나타난다. 뺨과 아가미뚜껑에는 황적색 바탕에 2개의 파란색 세로줄 무늬가 있다. 전장 약 20cm.
생태⇒ 연안의 바위 지역에 서식한다.
분포⇒ 우리 나라 남해, 일본

❖ **망둑어과 어류의 배지느러미**

망둑어과에 속하는 대부분의 어류는 좌우의 배지느러미가 융합되어 둥근 흡반을 형성한다. 이러한 흡반은 바닥에서 생활하는 망둑어류가 바위 등에 몸을 부착하여 조류에 떠내려가지 않고 몸을 지탱하는 역할을 한다.

▲ 개소겡의 흡반

다섯동갈망둑

다섯동갈망둑(전북 어청도)

483. 다섯동갈망둑   \<망둑어과\>

학명⇒ *Pterogobius zacalles* Jordan et Snyder
영명⇒ Beauty goby
일명⇒ リュウグウハゼ

형태⇒ 머리는 상하로 납작하고 몸 후반부는 좌우로 납작하다. 눈은 크고, 머리의 등 쪽에 위치하며, 눈 앞에서 주둥이로 이어지는 외곽선은 완만하다. 제1등지느러미의 기조 수는 8극조, 제2등지느러미는 1극 24~25연조이다. 꼬리지느러미의 후연은 둥글다. 비늘은 매우 작고, 종렬비늘 수는 100~117개이다. 몸은 흰색 바탕에 5개의 흑갈색 가로줄 무늬가 있다.

생태⇒ 수심 20~40m의 바위 지역에 서식한다.

분포⇒ 우리 나라 서해와 남해, 홋카이도 이남의 일본 해역

흰줄망둑(울릉도)

484. 흰줄망둑 <망둑어과>

학명⇒ *Pterogobius zonoleucus* Jordan et Snyder
영명⇒ Whitegirdled goby
일명⇒ チャガラ

형태⇒ 몸은 좌우로 납작하고 머리는 상하로 약간 납작하다. 눈은 커서 주둥이 길이와 비슷하고, 머리의 중앙보다 약간 위쪽에 위치한다. 제1등지느러미 중간의 기조는 길고, 제1등지느러미의 기조 수는 8극조, 제2등지느러미는 1극 20연조, 뒷지느러미는 1극 18~20연조이다. 꼬리지느러미의 후연은 약간 둥글다. 종렬비늘 수는 79~80개, 등지느러미 기점 앞의 비늘은 27~32개이다. 몸은 연한 붉은색 바탕에 6~8개의 너비가 좁고 연한 가로줄 무늬가 있다. 제2등지느러미와 뒷지느러미에 노란색과 흰색, 갈색의 세로줄 무늬들이 아름답게 나타난다. 전장 약 9cm.

생태⇒ 조간대 또는 수심 20m 미만의 바위와 돌 아래에 주로 서식한다.

분포⇒ 우리 나라 동해와 남해, 일본 홋카이도 이남, 중국

485. 바닥문절 <망둑어과>

학명⇒ *Sagamia geneionema* (Hilgendorf)
영명⇒ Hairychin goby
일명⇒ サビハゼ

형태⇒ 머리는 상하로 납작하고 몸의 후반부는 좌우로 납작하다. 턱 아래에는 짧은 수염이 많이 나 있다. 제1등지느러미의 기조 수는 8극조, 제2등지느러미는 1극 14연조이다. 종렬비늘 수는 약 60개이다. 몸은 연한 갈색이며, 체측 중앙에 7~9개의 윤곽이 뚜렷하지 않은 진한 갈색 반점이 있고, 등 쪽에 갈색의 작은 반점들이 흩어져 있다. 제1등지느러미의 1, 2극조와 7, 8극조에 검은 반점이 있다. 꼬리지느러미 기부에 흑갈색 점이 있고, 뒷지느러미의 가장자리는 흑갈색을 띤다. 전장 약 10cm.
생태⇒ 연안 얕은 곳의 모랫바닥에 서식한다.
분포⇒ 우리 나라 제주도를 포함한 남해, 일본 아오모리에서 규슈에 이르는 해역

바닥문절(제주도 서귀포)

486. 남방짱뚱어 <망둑어과>

학명⇒ *Scartelaos* sp.

형태⇒ 몸은 길고, 전반부는 원통형에 가까우나 뒤로 갈수록 좌우로 납작해진다. 눈은 머리의 등 쪽에 치우쳐 있고, 두 눈 사이의 간격은 매우 좁다. 제1등지느러미의 기조 수는 5극조, 제2등지느러미는 1극 24~25연조이다. 꼬리지느러미의 후연은 뾰족하다. 몸은 회청색으로 몸 전체에 깨알같이 작고 검은 점들이 흩어져 있고, 뺨과 아가미, 가슴지느러미 기저부에 흰 가로줄 무늬가 있다. 제1등지느러미의 가장자리는 검다. 전장 약 20cm.
생태⇒ 조간대 하부의 개펄 바닥에 서식하며, 짱뚱어와 같은 서식처를 가지고 있다. 그러나 서식 밀도는 짱뚱어보다 훨씬 낮다.
분포⇒ 우리 나라 서해(전남 무안)와 남해 서부(전남 벌교)의 조간대, 중국

남방짱뚱어

487. 풀망둑 <망둑어과>

학명⇒ *Synechogobius hasta* (Temminck et Schlegel)
영명⇒ Javelin goby
일명⇒ ハゼクチ

형태⇒ 몸은 원통형이고 미병부는 좌우로 납작하다. 제1등지느러미의 기조 수는 8~9극조, 제2등지느러미는 1극 17~21연조이다. 꼬리지느러미의 후연은 바깥쪽으로 둥글게 타원형을 이루고, 종렬비늘 수는 56~69개이다. 몸은 황갈색으로 9~12개의 윤곽이 불분명한 어두운 반점이 세로로 배열되어 있다. 이 반점은 어린 개체일수록 뚜렷하고 어미가 되면 희미해진다. 산란기의 암컷은 주둥이와 가슴지느러미, 꼬리지느러미에 노란색을 띤다. 전장은 수컷 50cm, 암컷 40cm.

생태⇒ 연안과 강 하구의 바닥에 서식하며 갑각류, 어류 등 작은 동물을 먹는다. 산란기는 4~5월이며, 수명은 대개 2년이다. 흔히 '망둑어 낚시'는 이 종을 잡는 것을 말한다.

분포⇒ 우리 나라 서해와 남해 서부, 일본, 중국, 타이완

풀망둑

488. 개소갱 <망둑어과>

학명⇒ *Taenioides rubicundus* (Hamilton)
영명⇒ Green eel goby
일명⇒ ワラスボ

형태⇒ 몸이 뱀장어처럼 길고 전반부는 원통형이지만 뒤로 갈수록 좌우로 납작해진다. 눈은 작고 머리의 등 쪽에 치우쳐 있다. 주둥이는 짧고, 아래턱에는 1쌍의 큰 송곳니가 있다. 등지느러미와 뒷지느러미는 꼬리지느러미 앞까지 길게 연장되어 있고, 꼬리지느러미는 길고 후연은 뾰족하다. 등지느러미의 기조 수는 6극 42연조, 뒷지느러미는 41연조이다. 비늘은 퇴화되어 피부에 묻혀 있다. 몸은 청회색이고 배 쪽은 약간 붉은색을 띤다. 전장 약 35cm.
생태⇒ 연안의 개펄 바닥에 서식한다.
분포⇒ 우리 나라 서해와 남해, 일본, 중국, 인도

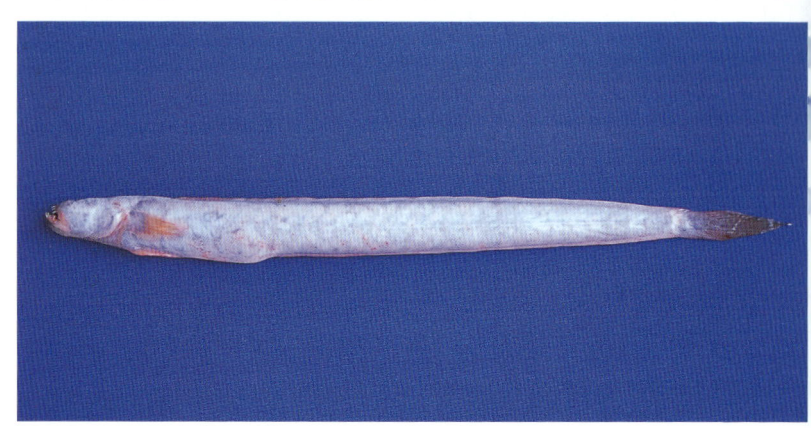

개소갱

489. 아작망둑 <망둑어과>

학명⇒ *Tridentiger barbatus* (Günther)
영명⇒ Bearded goby
일명⇒ ショウキハゼ

형태⇒ 몸은 짧고, 전반부는 원통형이지만 뒤로 갈수록 좌우로 납작해진다. 주둥이에는 짧은 수염이 많이 나 있다. 제1등지느러미의 기조 수는 6극조, 제2등지느러미는 1극 10~11연조이다. 꼬리지느러미의 후연은 둥글고 종렬비늘 수는 35~40개이다. 몸은 연한 갈색 바탕에 4~5개의 너비가 넓은 암갈색 가로무늬가 있다. 전장 약 12cm.
생태⇒ 기수역과 연안의 수심 10m 정도의 바닥에 서식한다.
분포⇒ 우리 나라 서해와 남해, 일본, 중국, 타이완

아작망둑

490. 황줄망둑 <망둑어과>

학명⇒ *Tridentiger nudicervicus* Tomiyama
영명⇒ Barenape goby
일명⇒ シロチチブ

형태⇒ 몸은 약간 짧고 머리는 상하로 납작하며, 몸의 후반부는 좌우로 납작하다. 제1등지느러미의 기조 수는 6극조, 제2등지느러미는 1극 10연조이다. 등지느러미 앞의 두정부에 비늘이 없다. 몸은 연한 회갈색 바탕에 체측 중앙에 직사각형의 갈색 반점이 세로로 나타난다. 눈의 후방과 눈 아래에 2개의 세로줄 무늬가 있다. 꼬리지느러미 기부에 2개의 작은 흑갈색 반점이 있고, 가슴지느러미 기부의 위쪽에도 어두운 반점이 있다. 전장 약 7cm.
생태⇒ 연안이나 조간대 웅덩이의 모래·개펄 바닥에 서식한다.
분포⇒ 우리 나라의 서해(전북 군산)와 남해(전남 여수), 일본

황줄망둑

491. 검정망둑 <망둑어과>

학명⇒ *Tridentiger obscurus* (Temminck et Schlegel)
영명⇒ Dusky tripletooth goby
일명⇒ チチブ

형태⇒ 몸은 둥글고 짧으며 미병부는 좌우로 납작하다. 제1등지느러미의 기조 수는 6극조, 제2등지느러미는 1극 11연조, 뒷지느러미는 1극 10연조이다. 등지느러미 앞에 20여 개의 비늘이 있다. 등과 체측은 흑갈색을 띠고 배는 연한 황갈색을 띤다. 가슴지느러미 기부에 노란색의 가로줄 무늬가 있으며, 뺨에 연한 황갈색의 작고 둥근 점들이 밀집되어 있다.

생태⇒ 기수역의 자갈이 많은 곳에서 서식한다.

분포⇒ 우리 나라 동해(삼척 마읍천), 제주도(서귀포)를 포함한 남해안, 홋카이도 남부에서 규슈에 이르는 일본 연안

검정망둑(부산 기장)

492. 두줄망둑 <망둑어과>

학명⇒ *Tridentiger trigonocephalus* (Gill)
영명⇒ Striped tripletooth goby, trident goby
일명⇒ アカオビシマハゼ

형태⇒ 몸은 짧고, 전반부는 원통형이며 뒤로 갈수록 좌우로 납작하다. 머리는 상하로 납작하고 눈은 머리의 등 쪽에 위치한다. 제1등지느러미의 기조 수는 6극조, 제2등지느러미는 1극 11~12연조이다. 종렬비늘 수는 50~60개이며, 등지느러미 앞의 비늘은 5~22개이다. 몸은 연한 갈색으로 등과 몸 중앙에 2개의 세로줄 무늬가 있으며, 아래쪽 줄무늬는 주둥이 끝에서 미병부까지 이어진다. 아가미 뚜껑에는 밝고 둥근 점들이 흩어져 있고, 등지느러미의 가장자리는 노란색을 띤다. 전장 약 10cm.

생태⇒ 연안과 기수역의 바위와 개펄 지역에 서식한다.

분포⇒ 우리 나라 전 해역, 일본, 중국

두줄망둑(전북 십이동파)

493. 꼬마줄망둑 <망둑어과>

학명 ⇒ *Trimma grammistes* (Tomiyama)
영명 ⇒ Striped sleeper
일명 ⇒ イチモンジハゼ

형태 ⇒ 머리는 크고 뒤로 갈수록 가늘어진다. 눈의 지름은 주둥이 길이보다 길고, 아래턱이 위턱보다 돌출되었다. 제1등지느러미의 기조 수는 6극조, 제2등지느러미는 1극 9~10연조이다. 꼬리지느러미의 후연은 직선형에 가깝고 상하엽의 끝은 둥글다. 종렬비늘 수는 27~29개이다. 몸은 황적색을 띠고, 체측 중앙의 약간 위쪽에 검은 세로줄 무늬가 주둥이 끝에서 미병부까지 이어진다. 각 지느러미는 투명하다. 전장이 4cm 미만인 소형 어류이다.

생태 ⇒ 연안 얕은 곳의 바위 지역에 서식한다.
분포 ⇒ 우리 나라 제주도, 일본 중부 이남

꼬마줄망둑(제주도 모슬포)

활치과

Ephippidae (Spadefishes)

몸은 좌우로 매우 납작하고, 체고가 높은 마름모꼴이다. 입은 작고 아가미막은 협부에 붙어 있다. 등지느러미는 1개이고 5~9개의 극조가 있으며, 극조부와 연조부 사이에 깊은 홈이 있다. 배지느러미의 극조는 3개이다. 우리 나라에 1속 1종, 세계에 7속 20종이 알려져 있다.

초승제비활치

494. 초승제비활치 〈활치과〉

학명⇒ *Platax boersii* Bleeker
일명⇒ ミカズキツバメウオ
형태⇒ 몸은 좌우로 납작하고, 체고가 높은 마름모꼴이다. 주둥이 위쪽 외곽선은 둥글고, 입은 주둥이 끝에 작게 열린다. 아래턱의 아래쪽에 5쌍의 작은 구멍이 있다. 등지느러미는 1개이며, 등지느러미와 뒷지느러미의 기조는 매우 길다. 몸 전반부에 2개의 흑갈색 가로줄 무늬가 있고, 앞의 것은 눈을 지난다. 몸 후반부에도 너비가 넓은 흑갈색 가로무늬가 있고, 이 무늬는 등지느러미와 뒷지느러미 전체에 이어진다. 배지느러미는 검은색을 띤다. 전장 약 30cm.
생태⇒ 바위와 산호 지역에 몇 마리씩 생활하며, 잡식성 어류이다.
분포⇒ 우리 나라 제주도(서귀포), 일본 남부, 인도양, 서태평양
유사종⇒ 제비활치(*Platax pinnatus*)
영명 : Angel fish, butterfly fish
일명 : アカククリ

납작돔과
Scatophagidae (Scats)

체고가 높은 난원형으로 좌우로 납작하며, 나비고기과와 형태가 비슷하다. 좌우의 새막은 협부에 붙어 있다. 등지느러미는 1개로 극조부와 연조부 사이에 깊은 홈이 있다. 뒷지느러미의 극조는 4개이고, 몸에는 검은 반점들이 흩어져 있다. 우리 나라에 1속 1종, 세계에 2속 4종이 알려져 있다.

납작돔

495. 납작돔 <납작돔과>

학명⇒ *Scatophagus argus* (Linnaeus)
영명⇒ Butterfish, spotted butterfish, spade-fish
일명⇒ クロホシマンジュウダイ

형태⇒ 몸은 좌우로 납작하고, 체고가 높은 난원형이다. 등지느러미는 1개이고, 극조부와 연조부 사이에 깊은 홈이 있다. 꼬리지느러미의 후연은 약간 볼록하고 양 끝은 뾰족하다. 측선은 뚜렷하다. 몸은 은회색 바탕에 크고 작은 검은 반점들이 흩어져 있고, 각 지느러미는 어두운 빛을 띤다. 전장 약 35cm.

생태⇒ 유어는 염분이 적은 기수역에 많이 서식하고, 어미는 내만이나 연안에 살면서 저생성 녹조류나 주변의 작은 동물들을 먹는다.

분포⇒ 우리 나라 서해(전북 군산, 부안), 일본 중부 이남, 인도양, 서태평양

참고⇒ '제주 바닷물고기'(유 등, 1995)에는 점박이돔으로 기록되어 있다.

독가시치과

Siganidae (Rabbit fishes)

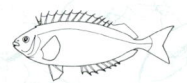

몸은 긴 난형이고 좌우로 납작하다. 배지느러미에 2개의 강한 가시가 있고, 이들 사이에 3개의 연조가 있다. 등지느러미는 1개이고 극조는 13개, 뒷지느러미의 극조는 7개이다. 우리 나라에 1속 2종, 세계에 1속 22종이 알려져 있다.

독가시치

496. 독가시치 <독가시치과>

학명⇒ *Siganus fuscescens* (Houttuyn)
영명⇒ Rabbit fish
일명⇒ アイゴ

형태⇒ 체고가 약간 높고 미병부가 가는 난형이다. 등지느러미의 기조 수는 13극 10연조, 뒷지느러미는 7극 9연조이다. 몸은 다갈색 또는 녹갈색을 띠며, 타원형의 작고 흰 점들이 흩어져 있다. 전장 약 30cm.

생태⇒ 바위가 많은 연안의 얕은 곳에 서식한다. 산란기는 여름철이고, 알은 구형으로 무색 투명하며 침성 점착란이다. 부유기에는 주로 동물성 플랑크톤을 먹지만 어미가 되면 조류를 먹는다. 지느러미의 가시는 날카롭고 독이 있어서 찔리면 심한 통증을 느끼게 된다.

분포⇒ 우리 나라 울릉도, 제주도를 포함한 남해, 일본 남부, 타이완, 오스트레일리아 서부

독가시치과 Siganidae(Rabbit fishes)

독가시치(제주도 모슬포)

독가시치(제주도 모슬포)

깃대돔과
Zanclidae (Moorish idol)

몸은 좌우로 납작하고 체고가 높은 마름모꼴이다. 눈 앞 정면에 가시 모양의 돌출부가 있으며, 등지느러미의 셋째 번 기조가 길게 연장되어 있다. 우리 나라와 전세계에 단 1속 1종이 알려져 있을 뿐이다.

깃대돔(필리핀)

497. 깃대돔 <깃대돔과>

학명⇒ *Zanclus cornutus* (Linnaeus)
영명⇒ Moorish idol
일명⇒ ツノダシ

형태⇒ 몸은 좌우로 납작하고 체고가 높은 마름모꼴이다. 주둥이는 뾰족하게 관상(管狀)으로 돌출되었으며, 입은 그 끝에 작게 열린다. 두 눈 사이에 1쌍의 피질 돌기가 있다(유어는 피질 돌기가 없음). 등지느러미의 제3기조는 실처럼 길게 연장되어 있다. 몸의 앞쪽은 흰색이고 뒤쪽은 황백색이며, 그 사이에 2개의 너비가 넓고 검은 가로줄 무늬가 있다. 꼬리지느러미는 검고, 후연에 너비가 좁고 연한 청백색의 테두리가 있다. 전장 약 25cm.
생태⇒ 수심 10m 정도의 암초성 연안이나 내만에 주로 서식하고, 수심 150m 이상의 산호초 주변에서 발견되기도 한다. 잡식성 어류로 해면류나 조류를 주로 먹는다.
분포⇒ 우리 나라 제주도, 일본 중부 이남, 인도양, 서태평양

깃대돔과 Zanclidae(Moorish idol)

깃대돔(필리핀)

양쥐돔과
Acanthuridae (Surgeonfishes)

몸은 좌우로 납작한 난형이다. 배지느러미의 극조는 1개, 등지느러미의 극조는 4~9개, 뒷지느러미의 극조는 2~3개이다. 이마에 뿔 모양의 돌기가 있거나 미병부에 방패 모양의 골질판을 가지고 있는 종들도 있다. 우리 나라에 2속 4종, 세계에 6속 72종이 알려져 있다.

큰뿔표문쥐치

498. 큰뿔표문쥐치 <양쥐돔과>

학명⇒ *Naso brevirostris* (Valenciennes)
영명⇒ Shortnose unicornfish
일명⇒ ツマリテングハギ

형태⇒ 체형은 난형으로 몸 중간보다 전반부의 체고가 약간 높고 미병부는 가늘다. 머리 앞에는 전방을 향해 뾰족하게 돌출된 뿔 모양의 돌기물이 있으며, 입은 그 아래쪽에 작게 열린다. 돌기의 길이는 돌기 아래에서 주둥이 끝까지의 길이보다 길다. 미병부의 양측에는 2개의 골질판이 있다. 꼬리지느러미의 후연은 전체적으로 둥글며, 중앙부는 약간 함입되어 있다. 몸은 균일하게 다갈색을 띠고, 꼬리지느러미 후반부는 연한 노란색을 띤다. 전장 약 70cm.

생태⇒ 연안의 바위 지역에 서식한다. 어릴 때에는 조류를 먹지만 어미가 되면 주로 동물성 플랑크톤을 먹는다.

분포⇒ 우리 나라 제주도, 일본 남부, 인도양, 서태평양

표문쥐치

499. 표문쥐치 <양쥐돔과>

학명⇒ *Naso unicornis* (Forsskål)
영명⇒ Nosefish, unicornfish
일명⇒ テングハギ

형태⇒ 체형은 난형으로 몸의 중심부보다 전반부의 체고가 높다. 미병부는 가늘다. 머리 앞에는 뿔 모양의 돌기가 전방을 향해 돌출되어 있는데, 그 길이는 돌기 아래에서 주둥이 끝까지의 길이보다 짧다. 미병부의 양측에는 방패 모양의 2개의 골질판이 있다. 꼬리지느러미의 후연은 직선형이지만, 어미가 되면 상하엽의 양 끝이 실 모양으로 길게 연장된다. 몸에는 융털 모양의 작은 비늘이 있다. 몸 색깔은 황갈색이고, 미병부의 골질판은 파란색을 띤다. 전장 약 60cm.

생태⇒ 연안의 바위 지역에 서식한다. 주로 조류를 먹는다.

분포⇒ 우리 나라 제주도를 포함한 남해, 일본 남부, 인도양, 서태평양

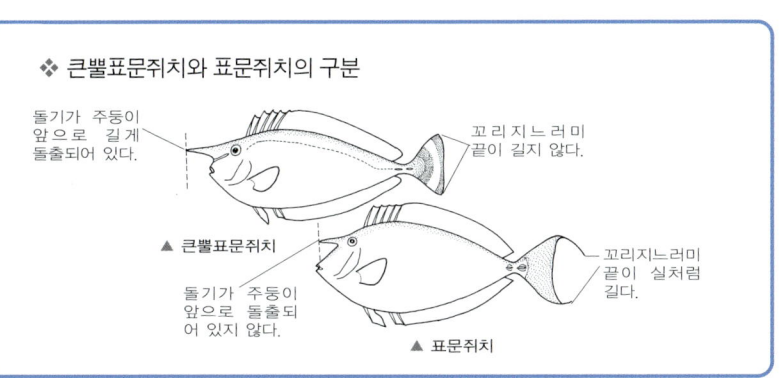

쥐돔

500. 쥐돔 <양쥐돔과>

학명⇒ *Prionurus scalprum* Valenciennes
영명⇒ Sawtail, surgeonfish
일명⇒ ニザダイ

형태⇒ 체형은 타원형이다. 등지느러미 앞에서 주둥이 끝에 이르는 등 쪽 외곽선은 경사가 심하고 주둥이는 뾰족하다. 미병부에 4~5개의 방패 모양의 골질판이 있다. 등지느러미는 극조부와 연조부 사이에 홈이 없이 반듯하게 이어진다. 꼬리지느러미의 후연은 안쪽으로 얕고 둥글게 패어 있다. 몸은 흑갈색이고, 살아 있을 때에는 등지느러미와 뒷지느러미의 가장자리에 희미한 파란색 줄무늬가 나타난다. 미병부의 골질판은 검은색이다. 전장 약 50cm.

생태⇒ 연안의 수심 5~10m의 바위와 해조류 지역에서 2~4마리씩 생활한다.

분포⇒ 우리 나라 제주도를 포함한 남해, 일본 남부, 타이완

❖ 부레 속의 가스 성분

부레 속에 들어 있는 가스의 주성분은 산소와 탄소, 질소의 세 가지이다. 부레는 가스를 담고 있는 탄력 있는 주머니로, 가스의 분비와 흡수 혹은 가스를 흡수하고 배출하는 정도에 따라 크기를 변동하며, 이것은 신경에 의해 조절된다.

꼬치고기과

Sphyraenidae (Barracudas)

몸은 길고 좌우로 두꺼워 원통형에 가깝다. 턱에 강한 이빨이 있고, 측선이 잘 발달되어 있다. 등지느러미는 2개로 분리되어 있고, 제1등지느러미의 극조는 5개, 제2등지느러미의 극조는 1개이다. 우리 나라에 1속 3종, 세계에 1속 20종이 알려져 있다.

애꼬치

501. 애꼬치   <꼬치고기과>

학명⇒ *Sphyraena japonica* Cuvier
영명⇒ Japanese barracuda
일명⇒ ヤマトカマス

형태⇒ 몸은 길게 연장되었고 좌우로 두꺼우며 주둥이가 뽀족하다. 위턱은 아래턱보다 짧고, 턱의 후단은 콧구멍 아래에 도달한다. 배지느러미의 기점은 제1등지느러미 기점의 아래에 위치하거나 그보다 약간 뒤에 위치하고, 가슴지느러미의 후단은 배지느러미의 기점에 도달하지 못한다. 등지느러미는 2개로 분리되었고, 꼬리지느러미의 후연은 안쪽으로 깊이 패어 있다. 등은 회청색이고, 배는 은백색을 띤다. 꼬리지느러미는 노란색을 띤다. 전장 약 40cm.

생태⇒ 연안의 얕은 곳에 서식한다.
분포⇒ 우리 나라 동해 남부, 일본 남부, 남중국해
유사종⇒ 창꼬치(*Sphyraena obtusata*), 꼬치고기(*Sphyraena pinguis*)

창꼬치

502. 창꼬치 <꼬치고기과>

학명⇒ *Sphyraena obtusata* Cuvier
영명⇒ Blunt barracuda
일명⇒ ダルマカマス

형태⇒ 몸은 좌우로 두껍고 길며, 주둥이가 매우 뾰족하다. 아래턱은 위턱 앞으로 돌출되어 있다. 가슴지느러미의 후단은 제1등지느러미의 기점보다 뒤까지 도달하고, 꼬리지느러미의 후연은 안쪽으로 깊이 패어 있다. 측선은 체측 중앙보다 약간 위에 수평으로 위치한다. 등은 녹갈색이고 배는 담색을 띤다. 등지느러미와 꼬리지느러미는 노란색을 띠고, 꼬리지느러미의 후연에 검은 테두리가 있다. 전장 약 30cm.

생태⇒ 수심 5~25m의 모랫바닥에 서식한다.

분포⇒ 우리 나라 서해안, 제주도를 포함한 남해, 일본 남부, 인도양, 서태평양

❖ 애꼬치와 창꼬치, 꼬치고기의 구분

애꼬치는 가슴지느러미의 후단이 배지느러미까지 도달하지 못하므로, 가슴지느러미의 후단이 배지느러미의 기점을 지나는 창꼬치, 꼬치고기와 구분된다. 또, 꼬치고기는 체측 중앙에 동공보다 가는 흑갈색 세로줄이 1개 있고, 측선 비늘이 88~92개인 반면에 창꼬치는 체측에 세로줄 무늬가 없고 측선 비늘이 82~87개인 점으로 구분된다.

꼬치고기

503. 꼬치고기   <꼬치고기과>

학명⇒ *Sphyraena pinguis* Günther
영명⇒ Red barracuda
일명⇒ アカカマス
형태⇒ 몸은 길고 좌우로 두껍다. 눈은 크고 머리의 중앙보다 약간 위에 위치한다. 주둥이는 매우 길고 뾰족하며, 아래턱이 위턱보다 길다. 등지느러미는 2개가 분리되어 있으며, 꼬리지느러미의 후연은 안쪽으로 깊이 패어 있다. 측선은 아가미구멍 뒤에서 시작되어 거의 직선으로 꼬리지느러미 앞까지 이어진다. 몸의 등 쪽은 약간 붉은색을 띤 갈색이고, 체측 중앙에 암갈색 또는 갈색의 희미한 세로줄 무늬가 있다. 배는 은백색이다. 등지느러미와 꼬리지느러미는 연한 노란색을 띤다. 전장 약 30cm.
생태⇒ 얕은 바다의 모래가 많은 곳에 서식하며, 산란기는 6~7월이다.
분포⇒ 우리 나라 제주도를 포함한 남해, 일본 중부 이남, 남중국해

❖ 이석(耳石)

  어류의 내이(內耳)에는 탄산칼슘의 결정체인 이석이 들어 있다. 이석은 겨울철에 형성되는 투명대와 여름철에 형성되는 넓은 불투명대가 동심원상으로 배열되어 있다. 마치 나무의 나이테와 같은 모양인 이석은 어류의 나이를 알아 내는 데 이용되기도 한다.

갈치꼬치과
Gempylidae (Snake mackerels)

몸은 길고 좌우로 납작하다. 아래턱이 돌출되어 있고, 양턱에 강한 이빨이 있다. 가슴지느러미는 몸의 중앙보다 아래에 위치하고, 등지느러미와 뒷지느러미 뒤에 여러 개의 분리 기조가 있다. 우리 나라에 1속 1종, 세계에 16속 23종이 알려져 있다.

통치

504. 통치 <갈치꼬치과>

학명⇒ *Rexea prometheoides* (Bleeker)
영명⇒ Snake mackerel
일명⇒ カゴカマス

형태⇒ 몸은 길고 좌우로 납작하다. 아래턱이 위턱보다 길고, 턱의 후단은 눈의 전반부 아래에 도달한다. 등지느러미는 깊은 홈에 의해 2개로 분리되고, 제2등지느러미와 뒷지느러미 뒤에는 각각 2개씩의 분리 기조가 있다. 배지느러미는 퇴화되어 흔적만 남아 있고, 꼬리지느러미의 후연은 안쪽으로 깊이 패어 있다. 측선은 등지느러미 바로 앞에서 시작되어 등의 외곽선을 따라 이어지고 등지느러미의 후단부에서 끝나며, 제4극조와 5극조 사이에서 또 하나의 측선이 갈라져 아래쪽으로 휘어져 내려와 체측 중앙을 따라 꼬리지느러미 앞까지 이어진다. 몸은 광택이 있는 은청색을 띠고, 등지느러미의 앞부분에 검은 반점이 있다. 전장 약 45cm.

생태⇒ 수심 135~540m의 해역에 서식한다.

분포⇒ 우리 나라 남해(통영), 일본 남부, 인도양·서태평양의 온대와 열대 해역

갈치과
Trichiuridae (Cutlass fishes)

몸은 매우 길고 좌우로 납작한 리본형이다. 아래턱이 돌출되어 있고, 양 턱에 강한 이빨이 있다. 등지느러미의 기저부는 매우 길고, 꼬리지느러미는 없거나 작다. 우리 나라에 4속 4종, 세계에 9속 32종이 알려져 있다.

갈치

505. 갈치 <갈치과>

학명⇒ *Trichiurus lepturus* Linnaeus
영명⇒ Pacific cutlass fish
일명⇒ タチウオ, テンジクダチ

형태⇒ 몸이 매우 길고 좌우로 납작한 리본형이다. 아가미뚜껑 아래 외곽선은 오목하다. 머리는 작고 주둥이는 뾰족하며 아래턱이 위턱보다 돌출되었다. 양턱에는 강한 이빨이 많이 있다. 등지느러미는 머리 뒤에서 꼬리부까지 길게 이어지고, 기조 수는 131~140연조이다. 뒷지느러미도 기저부가 길고 기조 수는 2극 92~106연조이다. 배지느러미와 꼬리지느러미는 없고 꼬리부 끝은 뾰족하다. 측선은 가슴지느러미 부근에서 약간 심한 경사를 이루며 휘어져 내려온다. 몸은 전체가 금속성 광택을 띠는 은색이며, 이 색깔은 쉽게 벗겨진다. 전장 약 1.5m.

생태⇒ 외해의 저층부에 서식하고, 밤에는 표층으로 상승한다.
분포⇒ 우리 나라 서해와 남해, 세계의 온대와 열대 해역
유사종⇒ 붕동갈치(*Assurger anzac*), 분장어(*Eupleurogrammus muticus*), 동동갈치(*Evoxymetopon taeniatus*)

고등어과
Scombridae (Mackerels, tunas)

몸은 방추형이다. 등지느러미는 2개로 분리되었고, 제2등지느러미와 뒷지느러미 뒤쪽에 5~12개의 분리 기조가 있다. 가슴지느러미의 기점은 체측 중앙보다 약간 위에 위치하고, 배지느러미는 가슴지느러미 아래에 위치한다. 미병부는 가늘고 2개의 융기연이 있다. 우리 나라에 8속 17종, 세계에 15속 49종이 알려져 있다.

꼬치삼치

506. 꼬치삼치 <고등어과>

학명⇒ *Acanthocybium solandri* (Cuvier)
영명⇒ Bastard mackerel
일명⇒ カマスサワラ

형태⇒ 몸은 긴 세장형으로 체고가 낮다. 입이 크고 주둥이는 뾰족한 삼각형을 이룬다. 양턱의 이빨은 강하고 납작하며 삼각형이다. 등지느러미와 뒷지느러미 뒤에는 8~9개의 작은 분리 기조가 있다. 배지느러미는 작으나 꼬리지느러미는 크며, 상하로 뻗쳐 있다. 꼬리지느러미 후연의 중심부에는 W자 모양의 돌출부가 있다. 측선은 아가미구멍 뒤에서 시작되어 몸의 등 쪽에 위치하다가 등지느러미 극조부의 중간에서 휘어져 내려와 몸의 후반부에서는 체측 아래에 위치한다. 등은 파란색이고 배는 은백색을 띠며, 몸을 가로지르는 희미한 줄무늬가 여러 개 있다. 전장 약 2.2m.

생태⇒ 표층성 유영 어류이다.
분포⇒ 우리 나라 제주도, 세계의 열대 해역

몽치다래

507. 몽치다래 <고등어과>

학명⇒ *Auxis rochei* (Risso)
영명⇒ Bullet mackerel
일명⇒ マルソウダ

형태⇒ 몸은 방추형이고 미병부가 가늘다. 주둥이는 짧고 뾰족하며, 눈은 크고 머리의 등 쪽에 위치한다. 등지느러미의 연조부와 뒷지느러미의 뒤쪽에는 7~9개의 분리 기조가 있다. 꼬리지느러미의 양엽은 상하로 뻗쳐 있다. 몸의 비늘 부위는 뒤쪽으로 제2등지느러미 전단부를 지난다. 등은 암청색이고 배는 은백색이다. 아가미뚜껑 위에 암청색 반점이 있고, 이 점무늬는 등 쪽의 암청색 반점과 이어진다. 전장 약 55cm.
생태⇒ 연안의 표층성 어류이며, 무리를 지어 다닌다.
분포⇒ 우리 나라 제주도를 포함한 남해와 동해, 일본 남부, 세계의 온대와 열대 해역
유사종⇒ 물치다래(*Auxis thazard*)
영명 : Frigate mackerel
일명 : ヒラソウダ

❖ 물치다래와 몽치다래의 구분

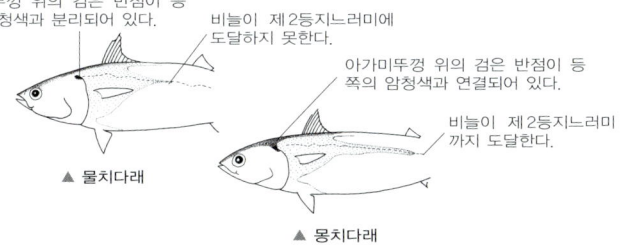

아가미뚜껑 위의 검은 반점이 등 쪽의 암청색과 분리되어 있다.
비늘이 제2등지느러미에 도달하지 못한다.
▲ 물치다래

아가미뚜껑 위의 검은 반점이 등 쪽의 암청색과 연결되어 있다.
비늘이 제2등지느러미까지 도달한다.
▲ 몽치다래

508. 점다랑어 <고등어과>

- 학명⇒ *Euthynnus affinis* (Cantor)
- 영명⇒ Black skipjack, mackerel tuna
- 일명⇒ スマ

형태⇒ 몸은 방추형이고 미병부가 가늘다. 주둥이는 짧고 뾰족하며, 눈은 크고 머리의 위쪽에 위치한다. 등지느러미와 뒷지느러미의 뒤쪽에 7~8개의 분리 기조가 있다. 꼬리지느러미의 양엽은 상하로 뻗쳐 있고, 안쪽은 둥글게 패어 있다. 등에 푸른색과 은청색 줄무늬가 사선으로 교대로 나타나고, 배는 은백색 바탕에 가슴지느러미 아래쪽에 동공 크기의 둥근 암청색 반점들이 있다. 전장 약 1m.
생태⇒ 연안의 표층성 어류이다.
분포⇒ 우리 나라의 제주도를 포함한 남해, 일본 남부, 인도양·태평양의 온대와 열대 해역
유사종⇒ 가다랑어(*Katsuwonus pelamis*)

점다랑어

509. 가다랑어 <고등어과>

- 학명⇒ *Katsuwonus pelamis* (Linnaeus)
- 영명⇒ Oceanic bonito, skipjack
- 일명⇒ カツオ

형태⇒ 몸은 방추형이고 미병부가 가늘다. 주둥이는 짧고 뾰족하며, 눈은 크고 머리의 중앙보다 위쪽에 위치한다. 양턱에 원추형의 작은 이빨이 있으며, 구개골에는 이빨이 없다. 제1등지느러미의 제4~6기조의 길이가 급격히 짧아져서 안쪽으로 둥글게 함입된다. 등지느러미의 연조부 뒤에 8개, 뒷지느러미 뒤에는 6~7개의 분리 기조가 있다. 꼬리지느러미 양엽은 상하로 뻗쳐 있고, 후연은 둥글게 패었다. 눈 뒤와 가슴지느러미의 측선 부근에는 비늘이 없다. 등은 암청색이고, 배는 은백색 바탕에 4~5개의 암청색 세로줄 무늬가 있다. 전장 약 1.2m.
생태⇒ 연안의 표층성 어류로 무리를 지어 다니며 갑각류와 오징어류, 어류 등을 먹는다.
분포⇒ 우리 나라 제주도를 포함한 남해, 세계의 온대와 열대 해역

가다랑어

510. 줄삼치 <고등어과>

학명⇒ *Sarda orientalis* (Temminck et Schlegel)
영명⇒ Tunny albacore, striped bonito
일명⇒ ハガツオ

형태⇒ 몸 중앙의 체고가 높고 미병부가 가는 방추형이다. 눈은 머리의 중앙보다 약간 위에 위치하고, 주둥이는 뾰족하다. 턱과 구개골에 강한 이빨이 있다. 등지느러미의 연조부 뒤에 7~8개, 뒷지느러미 뒤에 6~7개의 분리 기조가 있다. 몸의 등 쪽은 연한 푸른색 바탕에 6개의 암청색 세로줄 무늬가 있고, 배 쪽은 은백색이다. 제1등지느러미 전반부의 위쪽은 어두운 색을 띤다. 전장 약 1m.

생태⇒ 연안의 표층성 어류이며, 무리를 지어 다닌다.

분포⇒ 우리 나라 남해 서부, 일본 남부, 인도양, 태평양

줄삼치

511. 망치고등어 <고등어과>

학명⇒ *Scomber australasicus* Cuvier
영명⇒ Slimy mackerel
일명⇒ ゴマサバ

형태⇒ 미병부가 매우 낮은 전형적인 방추형이며, 몸의 횡단면은 타원형이다. 눈은 머리의 중앙보다 약간 위에 위치하고 주둥이는 뾰족하다. 제2등지느러미 뒤와 뒷지느러미 뒤에 각각 5개씩의 분리 기조가 있다. 등은 푸른색 바탕에 암청색의 얼룩 무늬가 있고, 체측 중앙에 아령 모양의 무늬가 일렬로 세로줄 무늬를 이룬다. 배에는 은백색 바탕에 작은 암청색 반점들이 흩어져 있다. 전장 약 50cm.

생태⇒ 연안의 표층성 어류로, 큰 무리를 이루어 회유한다. 고등어보다 비교적 따뜻한 수온에 서식한다.

분포⇒ 우리 나라 제주도를 포함한 남해, 태평양 남서부에서 동부에 이르는 해역

유사종⇒ 고등어(*Scomber japonicus*)

망치고등어

512. 고등어 <고등어과>

학명⇒ *Scomber japonicus* Houttuyn
영명⇒ Chub mackerel
일명⇒ マサバ

형태⇒ 미병부가 매우 낮은 전형적인 방추형이고, 몸의 횡단면은 타원형이다. 눈은 머리의 중앙보다 약간 위에 위치하고, 주둥이는 뾰족하다. 제2등지느러미와 뒷지느러미 뒤에는 각각 5개의 분리 기조가 있다. 등은 연한 푸른색 바탕에 암청색의 얼룩무늬가 있으며, 배는 은백색이다. 전장 약 50cm.

생태⇒ 연안의 표층성 어류이며, 큰 무리를 지어 다닌다.

분포⇒ 우리 나라 전 해역, 세계의 아열대와 열대 해역

고등어

513. 평삼치 <고등어과>

학명⇒ *Scomberomorus koreanus* (Kishinouye)
영명⇒ Korean mackerel
일명⇒ ヒラサワラ

형태⇒ 몸은 전형적인 방추형이고 미병부는 가늘다. 주둥이는 짧고 뾰족하다. 등지느러미와 뒷지느러미의 뒤쪽에 각각 7~9개의 분리기조가 있다. 꼬리지느러미의 양엽은 뾰족하고, 안쪽으로 깊이 패어 있다. 등은 푸른색이고, 체측에는 연한 은청색 바탕에 푸른색 둥근 반점들이 흩어져 있으며, 배는 은백색을 띤다. 등지느러미의 극조부는 어두운 색을 띤다. 전장 약 1.6m.

생태⇒ 연안의 표층성 어류이다.

분포⇒ 우리 나라 남해 서부, 일본 남부, 인도양·서태평양의 온대와 열대 해역

평삼치

514. 삼치 <고등어과>

학명⇒ *Scomberomorus niphonius* (Cuvier)
영명⇒ Japanese Spanish mackerel
일명⇒ サワラ

형태⇒ 체고가 낮으며 몸이 긴 방추형이다. 눈은 머리의 중앙보다 위에 위치하고 주둥이는 뾰족하다. 등지느러미 뒤에 7~9개, 뒷지느러미 뒤에 6~9개의 분리 기조가 있다. 등쪽은 푸른색이고 배는 은백색이다. 체측 중앙과 뒷부분에는 회청색 반점이 세로줄 무늬를 이룬다. 등지느러미는 약간 검고 뒷지느러미는 흰색을 띤다. 전장 약 1m.
생태⇒ 대륙붕과 연안의 표층에 서식하며, 산란기는 4~5월이다.
분포⇒ 우리 나라 제주도를 포함한 남해, 일본과 중국의 아열대 해역

삼치

515. 날개다랑어 <고등어과>

학명⇒ *Thunnus alalunga* (Bonnaterre)
영명⇒ Albacore, longfin tuna
일명⇒ ビンナガ

형태⇒ 몸은 전형적인 방추형이다. 미병부는 매우 가늘고 양측 중앙에 융기선이 있다. 눈은 크고 머리의 중앙보다 위에 위치한다. 가슴지느러미가 매우 길어 그 후단은 분리 기조 전반부에 도달한다. 등지느러미 뒤에 7~8개, 뒷지느러미 뒤쪽에 7~8개의 분리 기조가 있다. 등은 암청색이고 배는 은백색이다. 꼬리지느러미의 후연은 흰색을 띤다. 전장 약 1.3m.
생태⇒ 외양의 표층성 어류이다. 우리 나라의 동해에는 봄, 여름에 북상했다가 가을에 남하하며, 산란기는 6월 무렵이다.
분포⇒ 우리 나라 동해와 남해, 세계의 온대와 아열대 해역

날개다랑어(오키나와)

516. 황다랑어 <고등어과>

학명⇒ *Thunnus albacares* (Bonnaterre)
영명⇒ Yellowfin albacore
일명⇒ キハダ

형태⇒ 몸은 방추형이다. 미병부는 매우 가늘고 양측 중앙에 융기선이 있다. 주둥이는 짧고 뾰족하다. 등지느러미의 연조부와 뒷지느러미가 길고, 가슴지느러미는 등지느러미 연조부의 기점을 지난다. 등지느러미와 뒷지느러미 뒤쪽에 각각 8~9개의 분리 기조가 있다. 꼬리지느러미는 양엽이 가늘고 상하로 뻗쳐 있다. 등은 암청색이고 배는 은백색이다. 등지느러미와 뒷지느러미가 노란색을 띠는 것이 특징이다. 전장 약 2m.

생태⇒ 외양의 표층성 어류이다. 부화한 지 2년 후면 1m까지 자라서 어미가 된다.

분포⇒ 우리 나라 제주도를 포함한 남해, 세계의 온대와 열대 해역

황다랑어

517. 눈다랑어 <고등어과>

학명⇒ *Thunnus obesus* (Lowe)
영명⇒ Big eye tuna
일명⇒ メバチ

형태⇒ 몸은 방추형이다. 미병부는 매우 가늘고 중앙에 융기선이 있다. 눈이 크고 머리의 중앙보다 약간 위에 위치한다. 가슴지느러미는 등지느러미 연조부의 후단 아래에 도달한다. 등지느러미와 뒷지느러미 뒤쪽에 각각 8~9개의 분리 기조가 있다. 꼬리지느러미의 양엽은 가늘고 안쪽으로 둥글게 패어 있다. 등은 암청색이고 배는 은백색이다. 전장 약 2.5m.

생태⇒ 외양의 표층성 어류이며, 표층으로부터 수심 약 400m 깊이까지 서식한다.

분포⇒ 우리 나라 제주도를 포함한 남해, 세계의 온대와 열대 해역

눈다랑어

518. 참다랑어 <고등어과>

학명⇒ *Thunnus orientalis* (Temminck et Schlegel)
영명⇒ Bluefin tuna
일명⇒ クロマグロ

형태⇒ 체고가 약간 높은 방추형이다. 미병부는 매우 낮고 가늘며, 양측에 날카로운 융기선이 있다. 눈은 머리의 중앙보다 약간 위에 위치하고, 주둥이는 뾰족하다. 등지느러미 뒤에 8~9개, 뒷지느러미 뒤에 7~8개의 분리 기조가 있다. 가슴지느러미는 짧아서 그 후단은 등지느러미 극조부의 중간에 도달한다. 등은 푸른색이고 배 쪽은 은백색이다. 전장 약 3m.

생태⇒ 외양성 어류이지만 어린 개체들은 연안에도 나타난다.

분포⇒ 우리 나라 동해와 남해, 태평양과 대서양의 온대와 열대 해역

참다랑어

519. 백다랑어 <고등어과>

학명⇒ *Thunnus tonggol* (Bleeker)
영명⇒ Northern bluefin tuna
일명⇒ コシナガ

형태⇒ 몸은 전형적인 방추형이다. 미병부는 아주 가늘고 양측에 융기선이 있다. 가슴지느러미의 후단은 등지느러미 연조부의 기점 부근에 도달한다. 등지느러미 뒤에 8~9개, 뒷지느러미 뒤에 8~9개의 분리 기조가 있다. 등은 푸른색이고 배는 회백색 바탕에 타원형의 작고 흰 반점들이 밀집되어 있다. 전장 약 1m.

생태⇒ 외양의 표층성 어류이다.
분포⇒ 우리 나라 제주도를 포함한 남해, 일본 남부, 서태평양, 인도양, 홍해

백다랑어

황새치과

Xiphiidae (Billfishes, swordfishes)

주둥이의 위턱이 황새의 부리 모양으로 뾰족하게 전방으로 돌출되었다. 등지느러미와 뒷지느러미는 각각 2개이고, 제1등지느러미는 머리 뒤에서 시작된다. 배지느러미는 1극 2연조이고, 배지느러미가 없는 종도 있다(황새치). 우리 나라에 4속 5종, 세계에 4속 12종이 알려져 있다.

돛새치

520. 돛새치 <황새치과>

- 학명⇒ *Istiophorus platypterus* (Shaw et Nodder)
- 영명⇒ Pacific sailfin
- 일명⇒ バショウカジキ

형태⇒ 몸은 길고 좌우로 두꺼워 단면은 난형이다. 주둥이는 새의 부리처럼 전방으로 길게 뻗쳐 있다. 등지느러미의 극조부는 매우 넓고 후반부에서 높게 솟아 있다. 배지느러미는 가늘고 길며, 그 후단이 제1뒷지느러미 앞에 도달한다. 미병부에는 2쌍의 융기선이 있다. 꼬리지느러미 후연의 중앙은 약간 볼록하게 융기되어 있다. 등은 진한 암청색이고 배는 황백색이며, 아가미뚜껑 뒤에서 미병부까지 코발트색 반점으로 된 무늬들이 약 17열의 가로줄 무늬를 이룬다. 등지느러미는 푸른색이고 검은색의 작은 점무늬들이 흩어져 있다. 전장 약 3.3m.

생태⇒ 외양의 표층에서 유영 생활을 한다.

분포⇒ 우리 나라 동해 남부와 제주도, 인도양・태평양의 온대와 열대 해역

녹새치

521. 녹새치 <황새치과>

학명⇒ *Makaira mazara* (Jordan et Snyder)
영명⇒ Black marlin
일명⇒ クロカジキ

형태⇒ 몸은 길고 좌우로 두꺼우며 단면은 난형이다. 주둥이는 새의 부리처럼 전방으로 길게 뻗쳐 있다. 등지느러미 극조부 앞부분의 높이는 체고보다 낮고, 제4~6기조부터 짧아져서 매우 낮게 연조부 앞까지 이어진다. 뒷지느러미는 2개로 극조부와 연조부가 분리되어 있다. 꼬리지느러미의 양엽은 가늘고 길며, 후연은 안쪽으로 둥글게 패어 있고, 중앙은 둥글게 융기되어 있다. 등은 암녹색을 띠고 배는 연한 황백색을 띤다. 전장 약 4.5m.
생태⇒ 외양의 표층에서 유영 생활을 한다.
분포⇒ 우리 나라 제주도를 포함한 남해, 일본 남부, 인도양·태평양의 온대와 열대 해역
유사종⇒ 청새치(*Tetrapturus audax*)

❖ 녹새치와 청새치의 구분

녹새치와 청새치는 비슷하게 생겼지만, 등지느러미의 높이로 구분이 가능하다. 녹새치는 등지느러미 앞부분의 높이가 체고보다 낮은 반면에 청새치의 등지느러미 앞부분은 체고보다 높아서 두 종이 구분된다.

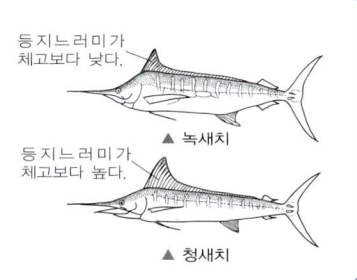

▲ 녹새치
▲ 청새치

청새치

522. 청새치 <황새치과>

학명⇒ *Tetrapturus audax* (Philippi)
영명⇒ Spearfish
일명⇒ マカジキ

형태⇒ 몸은 길고 좌우로 두꺼우며, 단면은 난형이다. 주둥이는 새의 부리처럼 전방으로 길게 뻗쳐 있다. 등지느러미 극조부 앞부분의 높이는 체고보다 높고, 제4~6기조부터 짧아져서 매우 낮게 연조부 앞까지 이어진다. 뒷지느러미는 2개로 극조부와 연조부가 분리되어 있다. 배지느러미는 가슴지느러미의 길이와 비슷하고 1극 2연조이다. 꼬리지느러미의 양엽은 가늘고 길며, 후연은 안쪽으로 둥글게 패어 있고 중앙은 약간 융기되었다. 등은 푸른색이고 체측은 연한 빛을 띠며, 약 17줄의 푸른색 가로줄 무늬가 있다. 등지느러미는 검은색을 띤다. 전장 약 3.8m.

생태⇒ 외양의 표층에서 유영 생활을 하며, 멸치, 정어리, 전갱이, 꽁치 등의 어류와 오징어류를 먹는다.

분포⇒ 우리 나라 남해, 일본 남부, 인도양·태평양의 온대와 열대 해역

❖ 황새치과 어류의 뽀족한 주둥이

황새치과 어류는 황새의 부리 모양과 같이 매우 길고 강한 주둥이를 가진 것이 특징이다. 이러한 주둥이는 주로 먹이를 사냥하는 데 사용하는 것으로 알려져 있다. 특히, 이 무리는 전장이 2m 이상 되는 귀상어도 공격하는 것으로 생각되는데, 귀상어의 몸통 깊이 황새치의 긴 주둥이가 관통된 채 박혀 있는 예가 있기 때문이다.

황새치

523. 황새치 <황새치과>

학명⇒ *Xiphias gladius* Linnaeus
영명⇒ Broadbill, common swordfish
일명⇒ メカジキ

형태⇒ 몸은 길고 좌우로 두꺼우며, 가슴지느러미 극조부 중간의 체고가 가장 높다. 위턱은 새의 부리처럼 전방으로 길게 뻗쳐 있고, 아래턱은 짧아서 후단은 눈의 약간 앞쪽에 도달한다. 이 종의 특징은 배지느러미가 없는 점이다. 미병부의 양측에는 1개의 강한 융기선이 있으며, 꼬리지느러미는 크고 안쪽으로 둥글게 패어 있다. 등은 암갈색이고 배는 회백색을 띤다. 전장 약 4.5m.
생태⇒ 외양의 표층에서 유영 생활을 한다.
분포⇒ 우리 나라 제주도를 포함한 남해, 세계의 온대와 열대 해역

❖ 황새치의 특징

황새치는 미병부의 중앙에 1개의 융기선이 있어서 미병부의 상하에 짧은 융기연이 2개 있는 돛새치, 녹새치, 청새치와 구분된다. 어떤 학자들은 돛새치, 녹새치, 청새치를 황새치와 구분하여 별개의 과(Istiophoridae)로 분리하기도 한다.

황새치는 융기선이 1개이다.

샛돔과

Centrolophidae (Medusa fishes)

몸은 긴 타원형이거나 체고가 높은 난형이고, 주둥이 끝은 약간 둥글다. 등지느러미는 1개로 극조부와 연조부가 연결되어 있고, 극조 수는 0~7개이다. 우리 나라에 2속 2종, 세계에 7속 21종이 알려져 있다.

연어병치

524. 연어병치 <샛돔과>

- 학명⇒ *Hyperoglyphe japonica* (Dëderlein)
- 영명⇒ Japanese butterfish
- 일명⇒ メダイ

형태⇒ 체고가 높고 길이가 짧은 난형이다. 눈의 지름은 주둥이의 길이보다 길다. 눈 앞에서 주둥이에 이르는 외곽선은 아래로 둥글게 휘어져 있다. 등지느러미는 1개로 극조부와 연조부가 이어지고, 극조부는 매우 낮다. 측선은 아가미구멍 뒤에서 시작하여 등의 외곽선과 평행을 이룬다. 몸은 회청색 바탕에 너비가 좁은 그물 모양의 푸른색 줄무늬가 있다. 성장하면서 그물 모양의 줄무늬는 없어진다. 전장 약 90cm.
생태⇒ 따뜻한 바다의 깊은 곳에 서식한다.
분포⇒ 우리 나라 울릉도를 포함한 동해 남부와 남해, 홋카이도 이남의 일본 해역

샛돔

525. 샛돔 <샛돔과>

학명⇒ *Psenopsis anomala* (Temminck et Schlegel)
영명⇒ Butterfish
일명⇒ イボダイ

형태⇒ 체고가 높은 난형이고, 좌우로 납작하다. 주둥이는 짧고 끝은 둥글며, 입은 주둥이의 약간 아래쪽으로 열린다. 눈의 지름은 주둥이의 길이와 비슷하거나 길다. 몸은 흰색을 띠고 등은 연한 담갈색을 띤다. 아가미뚜껑 뒤에 눈보다 큰 검은 점이 있고, 등지느러미와 뒷지느러미, 꼬리지느러미의 가장자리는 검은빛을 띤다. 전장 약 20cm.

생태⇒ 대륙붕의 저층부에 서식하며, 초여름에 산란한다. 알은 지름 1mm의 분리 부성란으로 부화한 지 1년 후에 13cm, 3년 후에 20cm까지 자란다. 요각류 등의 동물성 플랑크톤을 주로 먹는다.

분포⇒ 우리 나라 동해, 남해와 서해 남부, 일본, 동중국해

❖ **어류의 뇌와 생태**

어류의 뇌의 형태는 종류에 따라 다소 차이가 있으며, 어류의 생태와 상관 관계가 있는 것으로 보인다. 뇌의 각 부분의 발달 상태에 따른 생태 조사 결과를 보면, 뱀장어와 같이 후각과 밀접한 관계가 있는 단뇌가 발달된 어류는 후각적인 생태를 나타내며, 고등어, 날치 등과 같이 시각에 관여하는 중뇌가 발달된 어류는 시각적인 생태를 나타낸다. 또, 연수가 발달된 어류는 미각적인 생태를 나타낸다.

노메치과
Nomeidae (Driftfishes)

몸은 좌우로 납작하고, 난원형 또는 긴 타원형이다. 주둥이 끝은 둥글고, 등지느러미는 2개이다. 뒷지느러미의 연조 수는 18~32개이다. 꼬리지느러미의 후연은 깊이 패었고, 양엽의 끝은 뾰족하다. 우리 나라에 2속 3종, 세계에 3속 15종이 알려져 있다.

동강연치

526. 동강연치 <노메치과>

학명⇒ *Cubiceps squamiceps* (Lloyd)
영명⇒ Chunky fathead, shortfin cigarfish
일명⇒ ボウズコンニャク

형태⇒ 체고가 약간 낮은 긴 타원형이다. 눈의 지름은 주둥이의 길이와 비슷하다. 주둥이 앞쪽은 둥글고 양턱의 길이는 비슷하다. 등지느러미는 2개이고 꼬리지느러미의 후연은 깊이 패어 있다. 측선은 등의 외곽선과 평행을 이룬다. 등은 어두운 자갈색이고 배는 밝은 색을 띤다. 전장 약 25cm.
생태⇒ 수심 150m 이상의 저층부에 서식한다.
분포⇒ 우리 나라 제주도를 포함한 남해, 일본의 중부 이남, 아라비아, 남아프리카

보라기름눈돔과
Ariommatidae (Eyebrowfishes)

몸은 난형 또는 긴 타원형이고, 주둥이 끝은 둥글다. 등지느러미는 2개이고, 뒷지느러미의 연조 수는 14~15개이다. 우리 나라에 1속 1종, 세계에 1속 6종이 알려져 있다.

보라기름눈돔

527. 보라기름눈돔 <보라기름눈돔과>

학명⇒ *Ariomma indica* (Day)
영명⇒ Indian driftfish
일명⇒ マルイボダイ

형태⇒ 몸은 난형이고 미병부가 가늘다. 주둥이 끝은 둥글고, 그 길이는 눈의 지름보다 짧다. 등지느러미는 2개로 구분되지만 가깝게 인접되어 있다. 꼬리지느러미의 후연은 안쪽으로 깊이 패어 있으며, 상하엽의 양 끝은 뾰족하다. 체측과 배는 은백색이고 등은 회갈색을 띤다. 꼬리지느러미의 후연은 검은빛을 띤다. 전장 약 20cm.

생태⇒ 수심 100m 정도의 저층부에 서식한다.

분포⇒ 우리 나라 동해 남부(경북 영덕), 일본, 중국, 인도양

병어과
Stromateidae (Butterfishes)

몸은 좌우로 납작하고 체고가 높은 마름모꼴이다. 등지느러미는 1개이고, 등지느러미와 뒷지느러미의 안쪽은 낫 모양으로 오목하다. 배지느러미는 없다. 우리 나라에 1속 3종, 세계에 3속 13종이 알려져 있다.

병어

528. 병어 <병어과>

학명⇒ *Pampus argenteus* (Euphrasen)
영명⇒ Butterfish
일명⇒ マナガツオ

형태⇒ 몸과 머리는 좌우로 납작하고, 몸 중앙의 체고가 매우 높아 체형은 마름모꼴이다. 눈의 지름은 주둥이의 길이와 비슷하거나 길다. 주둥이는 짧고 끝은 둥글다. 등지느러미와 뒷지느러미는 낫과 같이 안쪽으로 패어 있고 배지느러미는 없다. 꼬리지느러미 상하엽의 양 끝은 뾰족하며 하엽의 끝이 길다. 몸 전체가 금속성 광택을 띠는 은백색이고, 비늘은 쉽게 벗겨진다. 덕대와 매우 비슷하게 생겼는데, 측선이 시작되는 부위의 파도형 주름이 뒤쪽으로 이어져서 파도형 주름이 측선이 시작되는 부분에만 나타나는 덕대와 구분된다. 전장 약 60cm.

생태⇒ 대륙붕의 모래·개펄 바닥의 저층부에 서식한다.

분포⇒ 우리 나라 서해와 남해, 일본 남부, 인도양

유사종⇒ 덕대(*Pampus echinogaster*)

중국병어

529. 중국병어 <병어과>

학명⇒ *Pampus chinensisi* (Euphrasen)
영명⇒ Chinese butterfish
일명⇒ シナマナガツオ
형태⇒ 몸과 머리는 좌우로 납작하고, 체고가 높은 마름모꼴이다. 몸의 형태는 병어와 전체적으로 비슷하지만 체고가 더 높고, 꼬리지느러미 상하엽의 길이가 짧다. 또, 유어의 경우 등지느러미와 뒷지느러미 안쪽이 만입되지 않고 거의 반듯하거나 바깥쪽으로 둥글다. 몸 전체가 은백색을 띤다. 전장 약 20cm.
생태⇒ 대륙붕의 모래·개펄 지역의 저층부에 서식한다.
분포⇒ 우리 나라 남해, 중국해

❖ 약용 재료로 쓰이는 병어

중국에서는 바다에서 나는 많은 물고기들이 병을 치료하는 약용 재료로 쓰이고 있다. 병어과 어류는 이 가운데 하나로 창어(鯧魚)라고 한다. 본초강목에 소개된 병어는 백출, 진피 등과 함께 달여 먹음으로써 소화불량을 치료하기도 하고, 당귀, 산근초와 함께 물에 달여 복용하여 사지마비를 치료하는 것으로 알려져 있다.

덕대

530. 덕대 <병어과>

학명⇒ *Pampus echinogaster* (Basilewsky)
영명⇒ Korean pomfret
일명⇒ コウライマナガツオ

형태⇒ 몸과 머리는 좌우로 납작하고 중앙의 체고가 매우 높아 체형은 거의 마름모꼴이다. 눈의 지름은 주둥이의 길이와 비슷하거나 길다. 주둥이는 짧고 끝은 둥글다. 등지느러미와 뒷지느러미는 낫과 같이 안쪽으로 패어 있다. 배지느러미는 없으며, 꼬리지느러미 하엽은 매우 길다. 몸 전체가 금속성 광택을 띠는 은백색이고, 비늘이 쉽게 벗겨진다. 전장 약 60cm.

생태⇒ 대륙붕의 모래·개펄 바닥의 저층부에 서식하며, 산란기는 6월이다.

분포⇒ 우리 나라 서해와 남해, 동중국해

❖ **덕대와 병어의 구분**

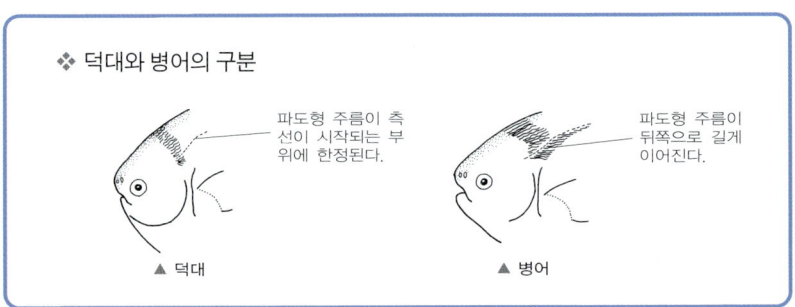

파도형 주름이 측선이 시작되는 부위에 한정된다. ▲ 덕대

파도형 주름이 뒤쪽으로 길게 이어진다. ▲ 병어

가자미목 Pleuronectiformes

풀넙치과
Citharidae (Citharids)

몸은 긴 난형 또는 타원형이고, 눈은 몸의 좌측에 위치한다. 배지느러미는 기부가 짧고 1극 5연조이다. 좌우의 새막은 분리되어 있다. 우리 나라에 1속 1종, 세계에 4속 5종이 알려져 있다.

풀넙치

531. 풀넙치 <풀넙치과>

학명⇒ *Citharoides macrolepidotus* Hubbs
영명⇒ Lyre flatfish, largescale flounder
일명⇒ コケビラメ

형태⇒ 체형은 긴 난형이다. 턱이 크고, 위턱의 후단은 눈 뒤끝의 아래에 도달한다. 아래턱이 위턱보다 앞으로 돌출되었다. 배지느러미에 1개의 극조가 있고, 좌우의 새막이 분리되어 있는 것이 이 종의 특징이다. 유안측 측선은 눈 뒤에서 약간 높고, 아가미구멍 뒤에서 완만하게 내려와 몸의 중앙에 위치한다. 유안측은 진한 갈색을 띠고, 등지느러미와 뒷지느러미 후단의 미병부 앞에 검은 반점이 대칭으로 위치한다. 전장 약 28cm.
생태⇒ 수심 200~500m의 바닥에 서식한다.
분포⇒ 우리 나라 남해, 일본 남부, 필리핀

둥글넙치과
Bothidae (Lefteye flounders)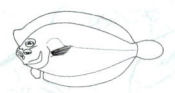

눈은 머리의 좌측에 있고, 배지느러미는 비대칭으로 무안측의 것보다 유안측의 것이 더 길다. 배지느러미에 극조가 없다. 무안측에는 측선이 없거나, 있는 경우에는 매우 불완전하다. 좌우 새막은 연결되어 있고, 난황에 1개의 유구(油球)가 있다. 우리 나라에 6속 8종, 세계에 20속 115종이 알려져 있다.

별목탁가자미

532. 별목탁가자미 <둥글넙치과>

학명⇒ *Bothus myriaster* (Temminck et Schlegel)
영명⇒ Discoid flounder
일명⇒ ホシダルマガレイ

형태⇒ 체형은 원형에 가까운 난원형이다. 눈은 머리의 좌측에 있고, 두 눈 사이의 간격은 넓으며 움푹 들어가 있다. 위쪽 눈은 아래의 눈보다 뒤쪽에 위치한다. 가슴지느러미는 길고 상부 기조는 길게 연장되어 있다. 측선은 가슴지느러미 위에서 높게 솟아오른다. 몸은 갈색을 띠고, 원형의 크고 작은 반점들이 있다. 각 지느러미에도 어두운 흑갈색 반점들이 있다. 전장 약 24cm.

생태⇒ 수심 10~150m의 모래·개펄 바닥에 서식한다.

분포⇒ 우리 나라 동해 남부(포항), 일본 남부, 인도양, 동아프리카

고베둥글넙치

533. 고베둥글넙치 <둥글넙치과>

학명⇒ *Crossorhombus kobensis* (Jordan et Starks)
영명⇒ Broad forehead flounder
일명⇒ コウベダルマガレイ

형태⇒ 몸은 둥근 난형이다. 눈은 머리의 좌측에 위치하며, 두 눈 사이의 간격이 눈의 지름보다 넓다. 꼬리지느러미 후연의 중앙부가 돌출되어 있다. 측선은 가슴지느러미 위에서 높게 솟아오른다. 유안측에는 황갈색과 갈색이 얼룩무늬를 이루고 흰 점들이 흩어져 있다. 가슴지느러미와 등지느러미는 어두운 갈색을 띤다. 전장 약 12cm.
생태⇒ 수심 160m 미만의 모래·개펄 바닥에 서식한다.
분포⇒ 우리 나라 제주도, 일본 남부, 타이완, 남중국해

❖ 알의 구조와 형태

상어, 가오리 등 연골어류의 알은 베개 모양이어서 '인어의 지갑'으로 일컬어지기도 하지만, 경골어류의 알은 대개 작은 공 모양이며, 연어목 어류 등 일부 어류를 제외하고는 지름 1mm 전후의 것이 많다. 알은 두 층의 난막이 있는데, 안쪽은 무색 투명한 원형질과 무색의 노른자와 1개 내지 여러 개의 유구(油球)로 되어 있다.

534. 흰비늘가자미 <둥글넙치과>

- 학명⇒ *Laeops kitaharae* (Smith et Pope)
- 영명⇒ Khaki flounder, lightening flounder
- 일명⇒ ヤリガレイ

형태⇒ 체형은 긴 타원형이다. 입이 작고, 무안측의 턱에만 이빨이 있으며, 유안측에는 이빨이 없다. 등지느러미의 제2연조와 제3연조 사이의 지느러미막이 깊이 패어 홈을 이룬다. 입은 작고, 측선은 가슴지느러미 위에서 둥글게 솟아오른다. 유안측은 전체적으로 흰색에 가까운 연한 갈색을 띠고 무늬는 없다. 등지느러미와 뒷지느러미, 꼬리지느러미는 어두운 색을 띤다. 전장 약 20cm.
생태⇒ 수심 70~300m의 바닥에 서식한다.
분포⇒ 우리 나라 동해, 일본 남부, 남중국해, 인도양, 서태평양, 아프리카 동부 해역

흰비늘가자미

535. 긴가자미 <둥글넙치과>

- 학명⇒ *Parabothus kiensis* (Tanaka)
- 일명⇒ キシュウダルマガレイ

형태⇒ 체형은 긴 타원형이다. 눈은 크고 두 눈 사이의 간격은 눈 지름의 $\frac{1}{2}$ 정도이다. 위쪽 눈은 아래쪽 눈보다 뒤에 위치한다. 꼬리지느러미의 후연은 볼록하다. 측선은 가슴지느러미 위에서 높게 솟아오른다. 유안측은 연한 갈색을 띠고 무늬는 없다. 전장 약 22cm.
생태⇒ 수심 150~300m의 저층부에 서식한다.
분포⇒ 우리 나라 동해, 일본 남부

긴가자미

536. 동백가자미 <둥글넙치과>

학명⇒ *Psettina iijimae* (Jordan et Starks)
영명⇒ Ring flounder
일명⇒ イイジマダルマガレイ

형태⇒ 체형은 타원형이다. 측선은 가슴지느러미 위에서 둥글게 솟아오른다. 유안측은 갈색이고, 등지느러미와 뒷지느러미 기부 근처에 약 5개의 검은 반원형 무늬가 있으며, 이 무늬는 지느러미까지 이어진다. 전장이 약 9cm에 불과한 소형 어류이다.

생태⇒ 수심 30~110m의 모래·개펄 바닥에 서식한다.

분포⇒ 우리 나라 남해(부산), 일본 남부, 서태평양

동백가자미

넙치과

Paralichthyidae (Bastard halibuts)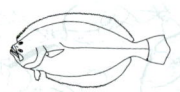

두 눈은 머리의 좌측에 위치하고, 좌우의 배지느러미의 크기는 비슷하다. 배지느러미에 가시가 없고, 좌우의 새막은 붙어 있다. 난황 위에 1개의 유구(油球)가 있다. 우리 나라에 3속 5종, 세계에 16속 85종이 알려져 있다.

넙치

537. 넙치 <넙치과>

학명⇒ *Paralichthys olivaceus* (Temminck et Schlegel)
영명⇒ Bastard halibut, olive flounder
일명⇒ ヒラメ

형태⇒ 체형은 긴 타원형이다. 턱이 크고 양 턱에 송곳니 모양의 강한 치열이 있다. 측선은 가슴지느러미 부근에서 둥글게 솟아오른다. 유안측은 황갈색 바탕에 흰색과 검은색의 작은 점들이 불규칙하게 흩어져 있다. 가슴지느러미 뒤쪽과 미병부 앞에 동전 모양의 둥근 반점이 희미하게 나타난다. 무안측은 흰색이다. 전장 약 1m.

생태⇒ 수심 10~200m의 연안에 서식하며, 작은 무척추동물과 조개류, 오징어류, 어류 등을 먹는다. 부화 후 3년이면 40cm 이상 자라서 어미가 되고, 암컷의 성장이 수컷보다 빠르다.

분포⇒ 우리 나라 전 연안, 쿠릴 열도, 일본, 남중국해

별넙치

538. 별넙치 <넙치과>

학명⇒ *Pseudorhombus cinnamoneus* (Temminck et Schlegel)
영명⇒ Cinnamon flounder
일명⇒ ガンゾウビラメ
형태⇒ 체형은 난원형이다. 측선은 가슴지느러미 부근에서 둥글게 솟아오른다. 유안측은 암갈색을 띠고, 몸 중앙의 약간 앞쪽에 동전 모양의 둥근 흑갈색 반점이 뚜렷하게 나타난다. 그 밖에도 여러 개의 윤곽이 뚜렷하지 않은 원형의 희미한 반점들이 있다. 무안측은 흰색이다. 전장 약 30cm.
생태⇒ 수심 30m 정도의 모래·개펄 바닥에 서식한다.
분포⇒ 우리 나라 서해와 남해, 일본 남부, 남중국해

넙치과 어류(제주도 모슬포)

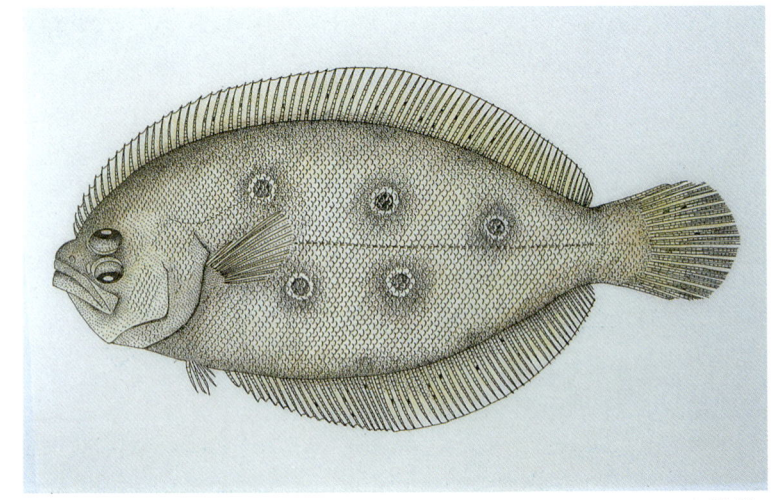

점넙치

539. 점넙치 <넙치과>

학명⇒ *Pseudorhombus pentophthalmus* Günther
영명⇒ Fivespots flounder
일명⇒ タマガンゾウビラメ

형태⇒ 체형은 긴 타원형이다. 턱에 작은 이빨이 있고, 두 눈의 간격은 눈 지름의 $\frac{1}{2}$ 이하이다. 측선은 가슴지느러미 부근에서 둥글게 솟아오른다. 유안측에 5개의 둥근 흑갈색 반점이 있고, 반점 주변에 밝은 색 테두리가 있다. 전장 약 20cm.
생태⇒ 수심 40~80m의 모래·개펄 지역에 서식한다.
분포⇒ 우리 나라 동해와 남해, 홋카이도 남부를 포함한 일본, 남중국해

❖ 점넙치와 물가자미의 구분

점넙치와 물가자미는 모두 가자미목에 속하는 어류이지만, 각각 넙치과와 가자미과에 포함되어 있어서 형태적으로 차이가 있는 어류이다. 그러나 이 두 종은 유안측에 나타나는 5개의 둥근 갈색 무늬 때문에 의외로 혼동하기 쉽다. 몸의 무늬가 비슷하긴 하지만 넙치과의 점넙치는 눈이 몸의 왼쪽에 있고 가자미과의 물가자미는 눈이 몸의 오른쪽에 있는 점을 고려하면 이 두 종은 쉽게 구분된다(531쪽 물가자미 참조).

가자미과

Pleuronectidae (Right eye flounders)

눈은 머리의 오른쪽에 위치한다(단, 강도다리는 예외). 배지느러미에 극조가 없고, 좌우의 새막은 연결되어 있다. 알에 유구가 없다. 우리 나라에 13속 24종, 세계에 39속 93종이 알려져 있다.

가시가자미

540. 가시가자미 <가자미과>

학명⇒ *Acanthopsetta nadeshnyi* Schmidt
영명⇒ Scaly eye plaice
일명⇒ ウロコメガレイ

형태⇒ 체형은 타원형이고, 등지느러미는 눈의 후반부 또는 중앙의 위에서 시작된다. 두 눈 사이는 융기되어 있고, 그 위에 2~3열의 비늘이 있다. 양턱에 일렬의 이빨이 있다. 측선은 가슴지느러미 위에서 반달 모양으로 휘어져 있다. 유안측은 갈색이고 무안측은 흰색 바탕에 약간 붉은빛이 나타난다. 각 지느러미의 가장자리는 어두운 빛을 띤다. 전장 약 45cm.

생태⇒ 수심 30~900m의 모래·개펄 바닥에 서식한다.

분포⇒ 우리 나라 동해 중부 이북, 일본, 사할린, 오호츠크 해

541. 줄가자미 <가자미과>

학명⇒ *Clidoderma asperrimum* (Temminck et Schlegel)
영명⇒ Roughscale sole
일명⇒ サメガレイ

형태⇒ 체형은 체폭이 넓은 난원형이고, 두 눈 사이는 약간 융기되어 있다. 주둥이는 눈의 지름보다 짧다. 등지느러미는 눈의 위에서 시작되어 미병부까지 길게 이어진다. 측선은 가슴지느러미 위에서 완만하게 솟아오르고, 그 뒤쪽은 꼬리지느러미 앞까지 직선으로 이어진다. 몸에 비늘은 없으나 유안측에는 작고 둥근 돌기물들이 몸 전체를 덮고 있다. 유안측은 진한 황갈색이고 무안측은 자갈색을 띤다. 어린 개체는 흰색을 띠기도 한다. 전장 약 45cm.
생태⇒ 수심 100~1000m의 모래·개펄 바닥에 서식한다.
분포⇒ 우리 나라 전 연안, 홋카이도를 포함한 일본, 사할린, 동중국해

줄가자미

542. 눈가자미 <가자미과>

학명⇒ *Dexistes rikuzenius* Jordan et Starks
영명⇒ Rikuzen sole
일명⇒ ミギガレイ

형태⇒ 체형은 타원형이다. 큰 눈은 머리 앞부분에 위치하며, 주둥이는 짧다. 눈 위에도 비늘이 있다. 몸의 비늘은 쉽게 탈락되고 측선 위의 비늘만 남는다. 측선은 가슴지느러미 부근에서 솟아오르지 않고 거의 반듯하게 이어진다. 유안측은 갈색을 띠고 무늬는 없으며, 무안측은 흰색이다. 전장 약 30cm.
생태⇒ 수심 100~200m의 모래·개펄 바닥에 서식하고, 작은 부족류와 갯지렁이류 등을 먹는다.
분포⇒ 우리 나라 남해(부산), 일본

눈가자미

543. 물가자미 <가자미과>

학명⇒ *Eopsetta grigorjewi* (Herzenstein)
영명⇒ Roundnose flounder, shotted halibut
일명⇒ ムシガレイ

형태⇒ 체형은 긴 타원형이다. 입이 크고, 위턱의 후단은 눈 중앙의 아래에 도달한다. 측선은 가슴지느러미 위에서 높게 솟아오른다. 유안측은 갈색을 띠고 흑갈색의 둥근 반점들이 측선의 위와 아래에 각각 3개씩 있으며, 몸 전체에 벌레가 파 먹은 듯한 연한 색의 점들이 흩어져 있다. 전장 약 40cm.

생태⇒ 비교적 따뜻한 바다에 서식하고, 새우, 게 등의 갑각류와 오징어류, 작은 어류 등을 먹는다. 우리 나라 동해안에 사는 물가자미의 경우 산란기는 봄철이다.

분포⇒ 우리 나라 전 연안, 홋카이도 이남의 일본, 타이완, 동중국해

물가자미

544. 기름가자미 <가자미과>

학명⇒ *Glyptocephalus stelleri* (Schmidt)
영명⇒ Korean flounder
일명⇒ ヒレグロ

형태⇒ 체형은 긴 타원형이다. 주둥이가 짧고 입이 작으며 입의 앞부분만 열린다. 두 눈 사이의 간격은 좁다. 무안측에는 다수의 점액공이 있어서 몸 표면이 미끄럽다. 측선은 몸의 중앙 부분에 위치하고, 가슴지느러미 부근에서 매우 낮게 솟아오른다. 유안측은 암갈색이고 윤곽이 뚜렷하지 않은 어두운 무늬가 있다. 무안측은 회백색이다. 등지느러미와 뒷지느러미의 가장자리는 검은색을 띤다. 전장 약 45cm.
생태⇒ 수심 40~700m의 해역에 광범위하게 서식하고, 여름철에 연안 가까이에 와서 산란한다. 작은 조개류나 새우류를 먹는다.
분포⇒ 우리 나라 동해와 남해, 일본, 사할린, 동중국해

기름가자미

545. 홍가자미 <가자미과>

학명⇒ *Hippoglossoides dubius* Schmidt
영명⇒ Flathead flounder, red halibute
일명⇒ アカガレイ

형태⇒ 체형은 타원형이고 미병부가 길다. 입이 크고 눈의 뒤쪽까지 열린다. 양턱 위에 일렬의 이빨이 있다. 두 눈의 간격은 매우 좁고, 두 눈 사이에 비늘이 있다. 측선은 가슴지느러미 뒤에서 낮게 솟아오른다. 유안측은 황적색을 띠고, 무안측은 흰색 바탕에 내출혈이 있는 것처럼 붉은빛을 띠는 것이 특징이다. 전장 약 45cm.
생태⇒ 수심 200m 내외의 모래와 개펄 바닥에 서식한다. 초여름에 얕은 곳에 와서 산란한다. 부화 후 8년 만에 약 20cm까지 자란다.
분포⇒ 우리 나라 동해 중부 이북, 일본 북부, 사할린, 캄차카 해역

홍가자미

546. 용가자미   <가자미과>

학명⇒ *Hippoglossoides pinetorum* (Jordan et Starks)
영명⇒ Plaice, pointhead flounder
일명⇒ ソウハチ
형태⇒ 체형은 타원형이다. 입이 크고, 위턱의 후단은 눈의 중앙부 아래에 도달한다. 위쪽 눈은 머리의 등 쪽 외곽선 위에 위치하고, 주둥이 끝이 뾰족하다. 측선은 가슴지느러미 윗부분에서 거의 반듯하게 이어진다. 유안측은 진한 갈색을 띠고 무안측은 흰색이다. 전장 약 45cm.
생태⇒ 수심 100~250m의 모래·개펄 바닥에 서식하며, 새우류와 오징어, 어류를 먹는다.
분포⇒ 우리 나라 동해, 일본, 사할린, 동중국해

용가자미

547. 돌가자미   <가자미과>

학명⇒ *Kareius bicoloratus* (Basilewsky)
영명⇒ Stone flounder
일명⇒ イシガレイ

형태⇒ 체폭이 넓은 타원형이다. 눈의 지름은 주둥이의 길이보다 짧다. 등지느러미는 눈 위쪽에서 시작되어 미병부까지 길게 이어지고, 측선은 아가미구멍 뒤에서 꼬리지느러미 앞까지 거의 직선으로 이어진다. 유안측의 등과 배에 돌과 같이 단단한 돌기물이 있고 비늘은 없다. 유안측은 황갈색 또는 진한 녹갈색이고 무안측은 흰색을 띤다. 전장 약 50cm.
생태⇒ 수심 30~100m의 얕은 모래와 개펄 바닥에 서식하며, 게, 새우, 갯지렁이류 등의 무척추동물과 소형 어류를 먹는다. 산란기는 12~2월이며, 수심 30m 미만의 내만에서 산란한다.
분포⇒ 우리 나라 전 해역, 일본, 사할린, 중국, 타이완 북부 해역

돌가자미

548. 찰가자미   <가자미과>

학명⇒ *Microstomus achne* (Jordan et Starks)
영명⇒ Old woman flounder, slime flounder
일명⇒ ババガレイ

형태⇒ 체형은 직사각형에 가까운 난형이다. 입이 작고 입술이 두꺼우며, 무안측에 이빨이 발달되어 있다. 비늘은 작고 피부 아래에 묻혀 있으며, 몸 표면에 점액질이 있다. 측선은 가슴지느러미 위에서 약간 높게 솟아오른다. 유안측은 황갈색 바탕에 노란색의 둥근 반점들이 희미하게 나타나고 무안측은 흰색을 띤다. 전장 약 60cm.
생태⇒ 수심 200m 정도의 모래·개펄 바닥에 서식한다.
분포⇒ 우리 나라 울릉도를 포함한 동해와 남해(전남 목포), 일본, 사할린, 동중국해

찰가자미

549. 강도다리 <가자미과>

학명⇒ *Platichthys stellatus* (Pallas)
영명⇒ Starry flounder, great flounder
일명⇒ ヌマガレイ

형태⇒ 몸 중간의 체고가 높아 체형은 마름모 꼴에 가깝다. 우리 나라의 가자미과 어류 가운데 유일하게 눈이 몸의 좌측에 있다. 유안측의 몸 표면에 동공 크기의 작은 돌기들이 열을 지어 있다. 측선은 몸 중앙에 반듯하게 위치하고, 가슴지느러미 부근에서 매우 낮게 솟아오른다. 유안측은 암녹색을 띠고 무안측은 흰색이다. 각 지느러미는 황갈색 바탕에 등지느러미와 뒷지느러미에 너비가 넓은 직선형의 굵고 검은 줄무늬가 5~9개 있다. 꼬리지느러미에도 3~4개의 검은 세로줄 무늬가 있다. 전장 약 90cm.
생태⇒ 연안과 하천의 중류까지 서식한다.
분포⇒ 우리 나라 동해 북부(청진, 원산), 일본 북부와 오호츠크 해, 베링 해, 캘리포니아

강도다리

550. 각시가자미 <가자미과>

학명⇒ *Pleuronectes asper* Pallas
영명⇒ Yellowfin sole, Alaska dab
일명⇒ コガネガレイ

형태⇒ 체형은 난원형이다. 입은 주둥이 앞에 작게 열리고 아래턱이 약간 돌출되어 있다. 양턱에는 원추형의 이빨이 일렬로 불규칙하게 배열되어 있다. 측선은 가슴지느러미 위에서 활 모양으로 둥글게 솟아오른다. 유안측은 진한 갈색을 띠고, 무안측의 등지느러미와 뒷지느러미에는 노란 무늬가 불규칙하게 이어진다. 전장 약 50cm.
생태⇒ 수심 250m 정도의 바닥에 서식하며 갯지렁이류와 새우류, 어류 등을 먹는다.
분포⇒ 우리 나라 동해 북부(청진), 일본 북부, 사할린, 오호츠크 해, 캄차카, 베링 해

각시가자미

551. 까지가자미 <가자미과>

학명⇒ *Pleuronectes bilineatus* (Ayres)
영명⇒ Rock flounder
일명⇒ シュムシュガレイ

형태⇒ 체형은 체폭이 넓은 타원형이다. 측선은 가슴지느러미 뒤에서 둥글게 솟아오르고, 후두부의 측선은 눈 뒤에서 등 쪽으로 갈라져 있다. 유안측은 황갈색이고, 살아 있을 때에는 노란색의 둥근 반점들이 희미하게 나타난다. 배는 흰색이다. 전장 약 60cm.
생태⇒ 수심 300m 미만의 모래·개펄 바닥에 서식한다.
분포⇒ 우리 나라 동해 중부 이북(강원도 주문진), 일본 북부, 오호츠크 해, 베링 해
유사종⇒ 술봉가자미(*Pleuronectes mochigarei*)

까지가자미

552. 참가자미 <가자미과>

학명⇒ *Pleuronectes herzensteini* (Jordan et Snyder)
영명⇒ Brown sole, small-mouth sole
일명⇒ マガレイ

형태⇒ 체형은 체폭이 넓은 타원형이다. 두 눈 사이에 비늘이 없으며, 약간 융기되어 있다. 측선은 가슴지느러미 위에서 둥글게 솟아오르고, 그 뒤쪽은 반듯하게 꼬리지느러미 앞까지 이어진다. 유안측은 황갈색 바탕에 흰 점들이 불규칙하게 흩어져 있다. 무안측은 흰색이고, 살아 있을 때에는 등지느러미와 뒷지느러미 기저부를 따라 노란 줄무늬가 나타난다. 전장 약 40cm.
생태⇒ 수심 150m 이내의 바닥에 서식하며, 조개류와 새우류를 먹는다.
분포⇒ 우리 나라 동해와 남해, 일본, 사할린, 동중국해

참가자미

553. 술봉가자미 <가자미과>

학명⇒ *Pleuronectes mochigarei* (Snyder)
영명⇒ Dusky sole
일명⇒ アサバガレイ
형태⇒ 체형은 타원형으로 체폭이 약간 넓다. 머리 위의 등 쪽 외곽선은 거의 직선이며, 머리에 점액구멍이 있다. 측선은 가슴지느러미 위에서 둥글게 솟아오른다. 유안측은 황갈색을 띠고 무안측은 흰색이다. 전장 약 45cm.
생태⇒ 수심 50~100m의 모래·개펄 바닥에 서식하면서 소형 조개류와 갑각류를 먹는다.
분포⇒ 우리 나라 동해 중부 이북, 일본 북부, 오호츠크 해

술봉가자미

554. 감성가자미 <가자미과>

학명⇒ *Pleuronectes obscurus* Herzenstein
영명⇒ Black plaice
일명⇒ クロガレイ
형태⇒ 체형은 체폭이 약간 좁은 타원형이고 머리가 작다. 측선은 가슴지느러미 위에서 낮게 솟아오른다. 유안측은 진한 갈색 바탕에 어두운 반점들이 불규칙하게 나타나고 무안측은 흰색이다. 등지느러미와 뒷지느러미에 윤곽이 뚜렷하지 않은 어두운 줄무늬가 여러 개 배열되어 있다. 전장 약 40cm.
생태⇒ 보통 연안에 서식하지만 기수역에도 들어오고, 연체동물이나 갑각류 등을 먹는다. 봄에 산란하고, 알은 가자미류 가운데서는 예외적으로 침성 점착란이다.
분포⇒ 우리 나라의 동·서·남 연해(인천·원산), 홋카이도 중부 이남의 일본 해역, 동중국해
유사종⇒ 점가자미(*Pleuronectes schrenki*)

감성가자미

555. 뿔가자미 <가자미과>

학명⇒ *Pleuronectes quadrituberculatus* Pallas
영명⇒ Alaska plaice
일명⇒ ツノガレイ

형태⇒ 체형은 체폭이 넓은 타원형이다. 눈 뒤에서 측선이 시작되는 부위까지 뿔과 같은 5개의 골질 돌기가 일렬로 배열되어 있는 것이 이 종의 특징이다. 측선은 가슴지느러미 부근에서 낮게 솟아오른다. 유안측은 진한 갈색이고 무안측은 흰색이다. 전장 약 60cm.
생태⇒ 수심 100~200m의 모래·개펄 바닥에 서식한다.
분포⇒ 우리 나라의 동해 중부 이북, 일본 북부, 오호츠크 해, 베링 해, 북아메리카의 태평양측 해역

뿔가자미

556. 호수가자미 <가자미과>

학명⇒ *Pleuronectes pinnifasciatus* Kner
영명⇒ Striped flounder, Far Eastern smooth flounder
일명⇒ トウガレイ
형태⇒ 체형은 체폭이 약간 넓은 타원형이다. 측선은 가슴지느러미 위에서 솟아오르지 않고 거의 반듯하게 이어진다. 유안측은 녹갈색이고 무안측은 흰색이다. 각 지느러미는 노란색을 띠고, 등지느러미와 뒷지느러미에는 6~9개의 검은 줄무늬가 있다. 꼬리지느러미에도 약 5개의 검은 줄무늬가 있다. 전장 약 50cm.
생태⇒ 연안과 기수역에 서식하며, 작은 저서 동물을 먹는다.
분포⇒ 우리 나라 두만강과 그 연안(정, 1977), 일본 북부(홋카이도 동부), 오호츠크 해, 사할린
유사종⇒ 강도다리(*Platichthys stellatus*)

호수가자미

557. 층거리가자미 <가자미과>

학명⇒ *Pleuronectes punctatissimus* (Steindachner)
영명⇒ Longsnout flounder, sand flounder
일명⇒ スナガレイ
형태⇒ 체형은 체폭이 넓은 타원형이다. 입은 작고 주둥이 끝이 위를 향해 돌출되어 있다. 눈 위의 등 쪽 외곽선은 오목하다. 측선은 가슴지느러미 위에서 둥글게 솟아오른다. 유안측은 갈색 바탕에 모래알과 같은 흑갈색과 흰점들이 흩어져 있다. 무안측은 흰색 바탕에 등과 배의 가장자리를 따라 노란색 줄무늬가 나타난다. 전장 약 30cm.
생태⇒ 수심 100m 미만의 모래·개펄 바닥에 서식하고, 여름철에 수심 50m 미만의 지역에서 산란한다. 부화 후 3~4년 후에 20cm 가까이 자라 어미가 된다.
분포⇒ 우리 나라 동해 중부 이북(강원도 속초·주문진), 일본 북부, 사할린, 오호츠크 해

층거리가자미

558. 점가자미 <가자미과>

학명⇒ *Pleuronectes schrenki* (Schmidt)
영명⇒ Cresthead flounder
일명⇒ クロガシラガレイ

형태⇒ 체형은 난형에 가깝고 입이 작다. 두 눈 사이에 비늘이 없고, 위쪽 눈의 후방에 골질 돌기가 있다. 측선은 가슴지느러미 위에서 반달형으로 솟아오른다. 유안측은 진한 갈색이고 무안측은 흰색을 띤다. 무안측의 등지느러미에 10~11개, 뒷지느러미에 7개, 꼬리지느러미에 3~4개의 검은 반점이나 줄무늬가 있다. 전장 약 50cm.

생태⇒ 수심 50~100m의 모래·개펄 바닥에 서식하고, 때로는 기수역에도 들어온다. 봄에 수심 10~30m의 연안으로 와서 산란하며, 작은 갑각류와 조개류를 먹는다.

분포⇒ 우리 나라 동해 중부 이북, 일본 중부 이북

점가자미

559. 문치가자미 <가자미과>

학명⇒ *Pleuronectes yokohamae* (Günther)
영명⇒ Marbled sole
일명⇒ マコガレイ

형태⇒ 체형은 체폭이 넓은 타원형이고, 두 눈 사이에 비늘이 있다. 등지느러미는 눈 위쪽에서 시작되어 미병부까지 길게 이어진다. 측선은 가슴지느러미 위에서 반달형으로 둥글게 솟아오르고, 꼬리지느러미 앞까지 직선으로 이어진다. 유안측은 갈색 바탕에 좀더 진한 흑갈색 반점들이 있고 무안측은 흰색을 띤다. 등지느러미와 뒷지느러미에 약간 어두운 반점들이 있으나 뚜렷하지가 않다. 전장은 수컷 30cm, 암컷 50cm.

생태⇒ 연안에 서식하며, 주로 갯지렁이류를 먹는다.

분포⇒ 우리 나라 전 해역, 홋카이도 이남의 일본 해역, 동중국해

문치가자미

560. 도다리 <가자미과>

학명⇒ *Pleuronichthys cornutus* (Temminck et Schlegel)
영명⇒ Fine-spotted flounder, frog flounder
일명⇒ メイタガレイ

형태⇒ 체형은 마름모꼴에 가깝고, 두 눈 사이는 약간 융기되어 있다. 등지느러미는 눈 위쪽에서 시작되어 미병부까지 길게 이어지고, 배지느러미는 작고 뒷지느러미 앞에 위치한다. 측선은 아가미구멍 뒤에서 꼬리지느러미 앞까지 반듯하게 이어진다. 유안측은 연한 갈색 바탕에 진한 갈색 반점들이 몸 전체에 흩어져 있고, 이 반점들은 지느러미까지 이어진다. 무안측은 흰색이며, 꼬리지느러미 후반부는 검은색을 띤다. 전장 약 30cm.

생태⇒ 수심 100m 미만의 모래·개펄 바닥에 서식하고, 작은 조개류와 갑각류를 먹는다.

분포⇒ 우리 나라의 전 연안, 일본 홋카이도 이남, 타이완, 중국해

도다리

561. 갈가자미 <가자미과>

학명⇒ *Tanakius kitaharai* (Jordan et Starks)
영명⇒ Willowy flounder
일명⇒ ヤナギムシガレイ

형태⇒ 체형은 체폭이 좁은 긴 타원형이다. 두 눈은 인접되어 있고, 위쪽 눈은 머리의 등쪽 외곽선 가까이에 위치한다. 입이 작고, 양 턱의 후단은 눈의 전반부 아래에 도달한다. 측선은 가슴지느러미 부근에서 약간 위로 향하지만 거의 직선형에 가깝다. 유안측은 연한 갈색이고 무늬는 없으며 무안측은 흰색을 띤다. 전장 약 35cm.
생태⇒ 수심 400m 미만의 모래·개펄 바닥에 서식하고, 작은 갑각류와 부족류를 먹는다.
분포⇒ 우리 나라 제주도를 포함한 남해, 홋카이도 이남의 일본 해역, 동중국해

갈가자미

노랑가자미(유안측)

노랑가자미(무안측)

562. 노랑가자미 <가자미과>

학명 ⇒ *Verasper moseri* Jordan et Gilbert
영명 ⇒ Barfin flounder
일명 ⇒ マツカワ

형태 ⇒ 체형은 체폭이 넓은 난형이다. 측선은 가슴지느러미 위에서 반달형으로 둥글게 솟아오른다. 유안측은 암갈색 바탕에 윤곽이 뚜렷하지 않은 작고 흰 점들이 흩어져 있고, 무안측은 등황색 또는 흰색 바탕에 부분적으로 노란색을 띤다. 등지느러미와 뒷지느러미에는 기부에서 가장자리까지 5~6개의 검은 줄무늬가 이어진다. 전장 약 70cm.

생태 ⇒ 수심 200m 이내의 모래·개펄 바닥에 서식하고, 게와 새우류, 어류를 먹는다. 겨울철에 연안의 얕은 곳으로 와서 산란한다.

분포 ⇒ 우리 나라 동·서·남해(부산, 진남포), 일본 북부, 사할린

유사종 ⇒ 범가자미(*Verasper variegatus*)

범가자미(유안측)

범가자미(무안측)

563. 범가자미 <가자미과>

학명⇒ *Verasper variegatus* (Temminck et Schlegel)
영명⇒ Spotted halibut
일명⇒ ホシガレイ

형태⇒ 체형은 체폭이 넓은 난원형이다. 두 눈 사이에 약한 융기부가 있다. 배지느러미는 작고 뒷지느러미 앞에 위치한다. 측선은 가슴지느러미 위에서 둥글게 솟아오르고, 그 뒤쪽은 꼬리지느러미 앞까지 반듯하게 이어진다. 유안측은 진한 황갈색이고 무안측은 흰색이다. 등지느러미와 뒷지느러미에 검은 반점이 배열되어 있는데, 노랑가자미의 반점에 비해 길이가 짧고 원형에 가깝다. 전장 약 45cm.
생태⇒ 수심 200m 미만의 모래·개펄 바닥에 서식하고, 갑각류와 조개류, 소형 어류 등을 먹는다. 산란기는 겨울철이고, 부유 생활을 하다가 전장이 3cm를 넘게 되면 저서 생활을 시작한다.
분포⇒ 우리 나라 전 해역, 홋카이도 이남의 일본 해역, 동중국해

납서대과
Soleidae (Soles)

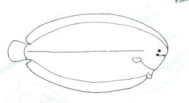

몸은 긴 난형이고 눈은 머리의 오른쪽에 위치한다. 전새개골의 가장자리는 피부에 묻혀 있다. 등지느러미와 뒷지느러미의 기저부는 길어서 꼬리지느러미까지 이어지고, 꼬리지느러미의 후연은 둥글다. 배지느러미는 뒷지느러미와 분리되어 있다. 우리 나라에 5속 6종, 세계에 20속 89종이 알려져 있다.

뿔서대

564. 뿔서대 <납서대과>

학명⇒ *Aesopia cornuta* Kaup
영명⇒ Horned sole
일명⇒ ツノウシノシタ

형태⇒ 체형은 긴 난형이고 상반부의 체폭이 약간 높다. 두 눈은 가깝게 인접되어 있다. 등지느러미의 제1연조가 뿔 모양으로 굵고 길게 연장되어 있는 것이 특징이다. 등지느러미와 뒷지느러미는 꼬리지느러미와 연결되어 있다. 몸은 연한 황갈색 바탕에 머리와 몸에 약 13쌍의 흑갈색 가로줄 무늬가 있다. 등지느러미와 뒷지느러미의 가장자리와 꼬리지느러미는 검은색과 노란색, 청백색이 혼합되어 있다. 전장 약 20cm.

생태⇒ 수심 100m 미만의 모래·개펄 바닥에 분포한다.

분포⇒ 우리 나라 남해, 일본 남부, 인도양, 서태평양의 열대 해역

동서대

565. 동서대   <납서대과>

학명⇒ *Aseraggodes kobensis* (Steindachner)
영명⇒ Milky-spotted sole
일명⇒ トビササウシノシタ
형태⇒ 체형은 난형으로 나뭇잎 모양이다. 두 눈 사이의 간격은 눈의 지름보다 좁다. 등지느러미는 눈 앞쪽에서 시작되고, 등지느러미와 뒷지느러미는 꼬리지느러미와 분리되었으며, 가슴지느러미는 없다. 유안측은 갈색이고, 몸 주변과 지느러미에 그물 모양의 흑갈색 무늬가 있다. 무안측은 흰색이다. 전장 약 10cm.
생태⇒ 수심 80~100m 정도의 모래·개펄 바닥에 서식한다.
분포⇒ 우리 나라 동해 남부(포항), 일본 남부, 남중국해
유사종⇒ 납서대(*Heteromycteris japonica*)

566. 납서대 <납서대과>

학명⇒ *Heteromycteris japonica* (Temminck et Schlegel)
영명⇒ Bamboo sole, hookmouth sole
일명⇒ ササウシノシタ

형태⇒ 체형은 긴 난형으로 상반부의 체폭이 넓다. 입은 유안측의 눈 아래쪽에서 배지느러미 방향으로 휘어져 있다. 두 눈 사이의 간격은 눈의 지름보다 좁다. 등지느러미와 뒷지느러미는 꼬리지느러미와 분리되어 있고, 유안측의 가슴지느러미는 흔적만 남아 있다. 유안측의 몸과 지느러미는 회갈색을 띠고, 검은색과 흰색의 작은 점들이 흩어져 있다.
생태⇒ 이동할 때를 제외하고는 모래에 몸을 묻고 눈만 내놓고 있을 때가 많다. 산란기는 봄~여름으로 알은 부유성이다. 동물성 플랑크톤이나 바닥의 작은 동물을 먹는다.
분포⇒ 우리 나라 남해(부산), 일본 중부 이남, 동중국해

납서대

567. 각시서대 <납서대과>

학명⇒ *Pseudaesopia japonica* (Bleeker)
영명⇒ Wavy-banded sole, seto sole
일명⇒ セトウシノシタ

형태⇒ 체형은 긴 난형으로 납작하고, 몸 전반부가 후반부보다 너비가 약간 넓다. 두 눈 사이의 간격은 좁다. 주둥이 끝은 둥글고, 입은 주둥이 아래에 위치한다. 등지느러미는 머리 위에서, 뒷지느러미는 가슴지느러미 아래쪽에서 각각 시작되어 꼬리지느러미까지 길게 이어진다. 등지느러미와 뒷지느러미가 깊은 홈에 의해 꼬리지느러미와 분리되는 점으로 유사종인 궁제기서대, 노랑각시서대와 쉽게 구분할 수 있다. 측선은 몸 중앙에 1개가 있다. 유안측은 연한 황갈색 바탕에 머리와 몸 전체에 11~13쌍의 흑갈색 가로줄 무늬가 일정한 간격으로 배열되어 있다. 무안측은 흰색을 띤다. 전장 약 15cm.
생태⇒ 수심 100m 정도의 모래·개펄 바닥에 서식한다.
분포⇒ 우리 나라 남해(부산, 전남 여수), 일본 홋카이도 이남, 동중국해

각시서대

568. 노랑각시서대 <납서대과>

학명⇒ *Zebrias fasciatus* (Basilewsky)
영명⇒ Many-banded sole
일명⇒ オビウシノシタ
형태⇒ 체형은 긴 난형으로 몸 전반부가 후반부보다 너비가 넓다. 두 눈 사이의 간격은 좁다. 주둥이 끝은 둥글고, 입은 주둥이 아래에 위치한다. 등지느러미는 머리 위에서, 뒷지느러미는 가슴지느러미 아래쪽에서 각각 시작되어 꼬리지느러미까지 길게 이어진다. 측선은 몸 중앙에 1개가 있다. 유안측은 연한 황갈색 바탕에 몸 전체에 흑갈색 가로줄 무늬가 일정한 간격으로 배열되고, 무안측은 흰색을 띤다. 전장 약 25cm.
생태⇒ 수심 100m 미만의 바닥에 서식하고, 작은 갑각류를 먹는다.
분포⇒ 우리 나라 서해와 남해, 일본 남부와 동중국해
유사종⇒ 궁제기서대(*Zebrias zebra*)
영명 : Blend-banded sole
일명 : シマウシノシタ

노랑각시서대

참서대과

Cynoglossidae (Tonguefishes)

몸은 긴 난형이고, 몸 전반부가 후반부보다 체고가 약간 높다. 눈은 머리의 왼쪽에 위치하는데, 매우 작으며 가깝게 인접되어 있다. 입은 눈 아래에서 배 쪽으로 심하게 굽어 있다. 전새개골의 가장자리는 피부와 비늘에 의해 묻혀 있다. 등지느러미와 뒷지느러미는 꼬리지느러미와 연결되어 있고, 꼬리지느러미의 끝은 뾰족하다. 가슴지느러미가 없고, 무안측의 배지느러미는 일부가 뒷지느러미와 연결되어 있다. 우리 나라에 3속 8종, 세계에 약 3속 100종이 알려져 있다.

용서대

569. 용서대 <참서대과>

학명⇒ *Cynoglossus abbreviatus* (Gray)
영명⇒ Shortnose tongue sole
일명⇒ コウライアカシタビラメ

형태⇒ 체형은 긴 타원형으로 몸의 전반부가 후반부보다 너비가 약간 넓다. 등지느러미와 뒷지느러미는 꼬리지느러미와 연결되어 있다. 유안측에 3개의 측선이 있다. 유안측은 적갈색이고 무안측은 흰색이다. 전장 약 55cm.

생태⇒ 수심 25~85m의 모래·개펄 바닥에 서식한다.

분포⇒ 우리 나라 남해 서부(전남 고흥, 목포), 일본 중부 이남, 남중국해

칠서대

570. 칠서대 <참서대과>

학명⇒ *Cynoglossus interruptus* Günther
영명⇒ Genko sole, mottled tonguefish
일명⇒ ゲンコ

형태⇒ 체형은 긴 타원형이다. 눈은 아주 작고 거의 인접되어 있으며, 두 눈 사이의 간격은 눈 지름의 $\frac{1}{2}$ 이하이다. 입은 눈 아래에서 배지느러미 방향으로 심하게 굽어 있다. 등지느러미와 뒷지느러미는 꼬리지느러미와 연결되어 있다. 유안측 3개의 측선 가운데 등과 배쪽의 측선은 매우 불완전하다. 유안측은 황갈색 바탕에 불분명한 암갈색 무늬가 있고, 각 지느러미에는 진한 갈색 점들이 흩어져 있다. 무안측은 흰색이다. 전장 약 18cm.

생태⇒ 수심 100m 미만의 모래·개펄 바닥에 서식하고, 작은 갑각류와 갯지렁이류를 먹는다.

분포⇒ 우리 나라 남해(부산, 여수), 홋카이도 이남의 일본, 남중국해

유사종⇒ 참서대(*Cynoglossus joyneri*)

❖ 칠서대와 참서대의 구분

칠서대는 두 눈이 거의 붙어 있고, 유안측 3개의 측선 가운데 중앙의 측선을 제외한 위쪽과 아래쪽의 측선이 불완전하다. 반면에 참서대는 두 눈 사이의 간격이 눈 지름의 $\frac{1}{2}$ 이상으로 분리되었고, 유안측에 3개의 측선이 뚜렷하여 칠서대와 구분된다.

571. 참서대 <참서대과>

- 학명⇒ *Cynoglossus joyneri* Günther
- 영명⇒ Red tongue sole
- 일명⇒ アカシタビラメ

형태⇒ 체형은 긴 타원형이다. 두 눈 사이의 간격은 눈의 지름과 비슷하다. 주둥이 끝은 둥글고 입은 눈 아래에서 배지느러미 쪽으로 심하게 굽어 있다. 등지느러미는 머리 위에서, 뒷지느러미는 아가미구멍 아래에서 각각 시작되어 꼬리지느러미까지 길게 이어진다. 유안측에 뚜렷한 3개의 측선이 머리에서 꼬리 부분까지 이어진다. 눈 뒤쪽에는 중앙의 측선을 수직으로 가로지르는 또 하나의 측선이 있다. 유안측은 적갈색이고 무안측은 흰색을 띤다. 전장 약 27cm.

생태⇒ 내만의 수심 30m 미만의 바닥에 서식하며, 작은 새우와 게 등을 먹는다.

분포⇒ 우리 나라 서해와 남해, 홋카이도 이남의 일본, 중국해

참서대

572. 개서대 <참서대과>

- 학명⇒ *Cynoglossus robustus* Günther
- 영명⇒ Robust tonguefish
- 일명⇒ イヌノシタ

형태⇒ 체형은 긴 타원형이다. 입은 눈 아래에서 배지느러미 쪽으로 심하게 굽어 있다. 등지느러미와 뒷지느러미는 꼬리지느러미와 연결되어 있다. 유안측의 측선은 등과 몸 중앙에 각각 1개씩 2개가 있고 비늘은 크다. 유안측은 적갈색 또는 황갈색이고 무안측은 흰색을 띤다. 전장 약 40cm.

생태⇒ 수심 20~115m의 모래·개펄 바닥에 서식한다.

분포⇒ 우리 나라 제주도를 포함한 남해와 서해 중부 이남 해역, 일본 남부, 남중국해

개서대

573. 박대   <참서대과>

학명⇒ *Cynoglossus semilaevis* Günther
일명⇒ *カラアカシタビラメ*

형태⇒ 체형은 긴 타원형이고, 두 눈 사이의 간격이 좁다. 주둥이 끝은 둥글고, 입은 뒷지느러미 앞에 있고 낫 모양으로 깊게 휘어 있다. 등지느러미는 머리 위에서, 뒷지느러미는 아가미구멍 아래에서 각각 시작되어 꼬리지느러미까지 길게 이어진다. 유안측에 뚜렷한 3개의 측선이 머리에서 꼬리 부분까지 이어지며, 눈 뒤쪽에는 중앙의 측선을 수직으로 가로지르는 또 하나의 측선이 있다. 유안측은 진한 적갈색이고 무안측은 흰색이며, 흑갈색 반점이 나타나는 개체들도 있다. 전장 약 70cm.
생태⇒ 연안의 모래와 개펄 바닥에 서식하며, 조개류와 게, 갑각류를 먹는다.
분포⇒ 우리 나라 서해와 남해 서부 해역, 동중국해에서 발해 만에 이르는 해역

박대

흑대기(유안측)

흑대기(무안측)

574. 흑대기　　　<참서대과>

학명⇒ *Paraplagusia japonica* (Temminck et Schlegel)
영명⇒ Black cow tongue
일명⇒ クロウシノシタ

형태⇒ 체형은 긴 타원형이다. 두 눈 사이의 간격은 좁다. 주둥이 끝은 둥글고, 입은 뒷지느러미 앞에 있고 낫 모양으로 깊게 휘어 있다. 입 가장자리에 이끼 모양의 돌기물이 있는 것이 특징이다. 유안측에 3개의 측선이 머리에서 꼬리부까지 이어지고, 눈 뒤쪽에는 중앙의 측선을 수직으로 가로지르는 또 하나의 측선이 있다. 유안측은 진한 녹갈색 또는 다갈색 바탕에 작고 검은 점들이 흩어져 있고, 무안측의 몸은 흰색이지만 지느러미는 검은색을 띤다. 전장 약 35cm.

생태⇒ 내만이나 연안의 모래·개펄 바닥에 서식하며, 게, 새우류 등의 갑각류와 조개류를 먹는다.

분포⇒ 우리 나라 전 연안, 홋카이도를 포함한 일본, 남중국해

복어목 Tetraodontiformes

분홍쥐치과
Triacanthodidae (Spikefishes)

등지느러미의 극조는 2~6개이고 배지느러미는 강한 가시로 변형되어 있다. 꼬리지느러미의 후연은 바깥쪽으로 볼록하다. 우리 나라에 1속 1종, 세계에 11속 17종이 알려져 있다.

나팔쥐치

575. 나팔쥐치(가칭) <분홍쥐치과>

학명⇒ *Macrorhamphosodes uradoi* (Kamohara)
영명⇒ Flute spikefish
일명⇒ フエカワムキ

형태⇒ 체고가 낮고, 관 모양의 주둥이는 길게 앞으로 뻗어 있다. 입은 주둥이 끝의 위쪽에 열린다. 극조부의 가시는 강하고 6극조이며, 연조부는 13~15연조이다. 뒷지느러미는 연조부 아래에 대칭으로 위치하고, 12~14연조이다. 배지느러미는 강한 가시로 변형되어 있다. 등은 적황색을 띠고 배는 흰빛을 띤다. 전장 약 18cm.

생태⇒ 약간 깊은 대륙붕에 서식하고, 어류의 비늘을 먹는다.

분포⇒ 우리 나라 제주도(서귀포), 일본 남부, 인도양, 서태평양, 남아프리카

분홍쥐치

576. 분홍쥐치   <분홍쥐치과>

학명⇒ *Triacanthodes anomalus* (Temminck et Schlegel)
영명⇒ Red spikefish
일명⇒ ベニカワムキ

형태⇒ 몸과 머리는 좌우로 납작하고, 체고가 높은 마름모꼴에 가깝다. 등 쪽이 더 높고 배 쪽은 등에 비해 약간 편평한 편이다. 눈은 머리의 위쪽에 위치하고, 눈의 지름은 주둥이의 길이와 비슷하다. 등지느러미 앞에서 주둥이에 이르는 외곽선은 경사가 심하고, 눈 위의 등 쪽 외곽선은 약간 융기되어 있다. 주둥이는 뾰족하고 입은 그 끝에 열린다. 등지느러미는 극조부와 연조부로 구분되며, 극조는 매우 강한 가시로 변형되어 있다. 등지느러미의 기조 수는 6극 14~16연조이고, 제1극조가 가장 크고 강하다. 배지느러미는 1개의 강한 가시로 변형되어 있고, 뒷지느러미의 기조 수는 12~14연조이다. 미병부는 짧고, 꼬리지느러미의 후연은 둥글다. 비늘에 가시와 같은 돌기가 있어서 피부가 거칠다. 등은 주황색이고 배는 노란빛을 띤 흰색이며, 눈 뒤에서 가슴지느러미를 지나 뒷지느러미 쪽으로 휘어져 내려오는 주황색 줄무늬가 있다. 살아 있을 때에는 등에 너비가 좁은 2개의 노란 줄무늬가 희미하게 나타난다. 전장 약 13cm.
생태⇒ 심해성으로 대륙붕에 서식한다.
분포⇒ 우리 나라 제주도를 포함한 남해(여수), 일본 남부, 타이완, 남중국해

은비늘치과

Triacanthidae (Triplespines)

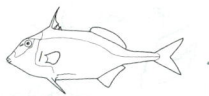

몸은 좌우로 납작하고 미병부가 길다. 꼬리지느러미의 후연은 안쪽으로 깊이 패어 있다. 등지느러미 극조부의 제1등지느러미는 강하고 길며, 배지느러미는 강한 가시로 변형되어 있다. 우리 나라에 1속 1종, 세계에 4속 7종이 알려져 있다.

은비늘치

577. 은비늘치 <은비늘치과>

학명⇒ *Triacanthus biaculeatus* (Bloch)
영명⇒ Silver leather-jacket, triplespine
일명⇒ ギマ

형태⇒ 체형은 약간 긴 난형으로 미병부는 매우 가늘고 길다. 주둥이 끝은 약간 뾰족하고, 입은 그 끝에 작게 열린다. 등지느러미는 극조부와 연조부로 구분되며, 제1극조는 송곳과 같이 강하고 길다. 배지느러미의 극조는 크고 단단한 가시로 변형되어 있다. 등 쪽은 은청색을 띠고 배 쪽은 은백색이다. 등지느러미의 극조부는 검고 가슴지느러미와 꼬리지느러미는 노란색을 띤다. 전장 약 27cm.

생태⇒ 얕은 바다의 저층부에 무리를 지어 서식한다.

분포⇒ 우리 나라 동해 남부와 남해, 일본, 중국, 오스트레일리아, 인도양

쥐치복과

Balistidae (Triggerfishes)

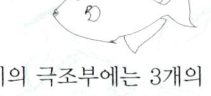

몸은 좌우로 납작하고 주로 난형이다. 등지느러미의 극조부에는 3개의 가시가 있으며, 비늘은 판 모양으로 불규칙하게 배열되어 있다. 우리 나라에 6속 6종, 세계에 11속 40종이 알려져 있다.

파랑쥐치(제주도 서귀포)

파랑쥐치

578. 파랑쥐치 <쥐치복과>

학명⇒ *Balistoides conspicillum* (Schneider)
영명⇒ Blue-finned triggerfish
일명⇒ モンガラカワハギ

형태⇒ 체형은 럭비공 모양의 난형이다. 눈 앞쪽에 1개의 긴 홈이 있고, 아가미구멍 위에 골질의 큰 비늘이 있다. 배지느러미는 강한 가시로 변형되어 있다. 미병부 양측에는 5~6열의 작은 가시가 있다. 몸은 흑갈색이고, 주둥이 끝은 적황색으로 뒤쪽에 둥글게 노란색을 띠는 부분이 있다. 배 쪽은 흰색의 둥근 반점으로 가득 차 있다. 주둥이 끝은 노란색이고, 눈 앞쪽에도 1개의 노란 줄무늬가 사선으로 나타난다. 전장 약 30cm.

생태⇒ 수심 50m 미만의 산호초와 바위 주변에 서식한다. 위험을 느낄 때는 바위틈으로 숨고, 등지느러미의 극조와 배지느러미의 가시를 세워서 밖으로 빠져 나오지 않도록 한다. 1~2마리씩 생활하고, 성게와 갑각류, 조개류 등을 먹는다.

분포⇒ 우리 나라 제주도, 일본 남부, 인도양·서태평양의 열대 해역

무늬쥐치

579. 무늬쥐치 <쥐치복과>

학명⇒ *Canthidermis maculatus* (Bloch)
영명⇒ Ocean turbot, rough triggerfish
일명⇒ アミモンガラ

형태⇒ 체형은 난원형이다. 눈 앞쪽에는 깊은 홈이 있다. 주둥이는 둥글고, 입은 그 끝에 작게 열린다. 등지느러미의 극조부와 연조부는 분리되었고, 제1극조는 강하고 길다. 비늘은 크고 잘 발달되어 있으며, 종렬비늘은 약 43개이다. 몸은 다갈색 바탕에 배 쪽은 다소 밝고, 몸 전체에 눈송이 모양의 무늬가 흩어져 있다. 전장 약 35cm.
생태⇒ 연안의 중층에서 무리를 지어 유영 생활을 한다.
분포⇒ 우리 나라 동해와 남해, 세계의 온대와 열대 해역

❖ 어류의 미각

어류는 척추동물과 달리 일정한 미각 기관이 없지만 구강의 표면과 혀, 새파 등에 맛봉오리가 있어서 신맛, 짠맛, 쓴맛, 단맛을 느끼는 것으로 알려져 있다.
미각의 중추는 연수에 있으며, 맛봉오리의 크기나 분포 밀도는 어류의 종류 또는 개체, 몸의 부위에 따라 다르다. 일반적으로 입술이나 입천장에 많이 분포하고 의외로 혀에는 적게 분포한다.

황록쥐치

580. 황록쥐치 <쥐치복과>

학명⇒ *Pseudobalistes flavimarginatus* (Rüppell)
영명⇒ Green triggerfish
일명⇒ キヘリモンガラ

형태⇒ 몸과 머리는 좌우로 납작하고, 체형은 둥근 난원형이다. 눈은 작고, 머리의 등 쪽, 등지느러미의 극조부 앞에 위치한다. 눈 아래 쪽에는 깊은 홈이 패어 있고, 주둥이는 둥글며, 입은 그 끝에 작게 열린다. 등지느러미는 극조부와 연조부로 구분되는데, 극조부의 가시는 강하고, 배지느러미에도 강한 가시가 있다. 등지느러미의 기조 수는 3극 26연조, 뒷지느러미는 25연조이다. 미병부에는 5~6열의 가시가 있다. 어미의 꼬리지느러미 후연은 안쪽으로 둥글게 패어 있으며, 새끼의 것은 직선형에 가깝거나 중심 부분이 약간 볼록하다. 몸은 밝은 황갈색에 진한 갈색 무늬들이 비늘 모양의 열을 따라 타일을 짜 맞춘 모양으로 나타난다. 등지느러미의 연조부와 뒷지느러미의 가장자리는 노란색을 띠고, 그 안쪽에 암갈색 줄무늬가 1개 있다. 꼬리지느러미 후연의 안쪽에도 암갈색 줄무늬가 1개 있다. 전장 약 60cm.

생태⇒ 산호초가 있는 모래 지역에 주로 서식하고, 단독으로 생활한다. 성게와 게, 조개류를 주로 먹는다.

분포⇒ 우리 나라 제주도, 일본 남부, 인도양·서태평양의 열대 해역

황록쥐치

배주름쥐치

581. 배주름쥐치 <쥐치복과>

학명⇒ *Rhinecanthus aculeatus* (Linnaeus)
영명⇒ Blackbar triggerfish
일명⇒ ムラサメモンガラ

형태⇒ 몸은 좌우로 납작하고 체형은 긴 난형이다. 눈은 머리 위쪽의 등지느러미 극조 앞에 작게 위치하고, 주둥이는 길다. 아가미구멍 뒤에 골질의 큰 비늘이 있고, 미병부에 끝이 전방을 향한 3열의 작은 가시가 있다. 등지느러미의 극조는 강한 가시로 되어 있고, 등지느러미의 기조 수는 3극 23~26연조, 뒷지느러미는 21~22연조, 가슴지느러미는 13연조이다. 꼬리지느러미의 후연은 둥글다. 몸은 흰색과 검은색, 노란색과 파란색 줄무늬가 각각 다른 방향으로 배열되어 있고, 눈 위쪽으로 암녹색과 파란색 줄무늬가 교대로 등 위쪽을 향해 이어진다. 눈과 가슴지느러미를 연결하는 3개의 파란색 줄무늬가 있다. 등지느러미 연조부의 전반부에는 너비가 넓은 1개의 황록색 줄무늬가 사선으로 나타나고, 미병부에 페인트를 칠한 듯한 검은 무늬가 있다. 몸 중앙에는 암청색 부분이 있고, 그곳에서 시작된 몇 개의 흰 줄무늬가 왼쪽에서 오른쪽 아래 방향으로 사선으로 나타난다. 전장 약 30cm.
생태⇒ 산호초 지역에서 단독으로 생활하며, 성게와 게, 조개류 등을 먹는다.
분포⇒ 우리 나라 제주도, 일본 남부, 인도양·서태평양의 열대 해역

쥐치과

Monacanthidae (Filefishes)

몸은 좌우로 납작하고, 비늘이 변형된 작은 가시들이 돋아 있어 거칠다. 등지느러미의 극조는 2개로 제1극조는 크고 제2극조는 작으며, 피부에 묻혀 있다. 우리 나라에 9속 12종, 세계에 약 31속 95종이 알려져 있다.

객주리

582. 객주리 <쥐치과>

학명⇒ *Aluterus monoceros* (Linnaeus)
영명⇒ Unicorn filefish
일명⇒ ウスバハギ

형태⇒ 체형은 긴 난원형이다. 눈은 작고, 머리의 뒤쪽 등지느러미 가시 바로 아래에 위치한다. 주둥이는 길고 입은 그 끝에 작게 열리며, 입 아래쪽은 약간 오목하다. 등지느러미는 극조부와 연조부로 구분되고, 기조 수는 2극 45~52연조이다. 제1극조는 가늘고 길며, 뒤로 눕혀 등에 밀착시키면 극조가 보이지 않을 때도 있다. 꼬리지느러미의 후연은 약간 둥글다. 몸은 회갈색 바탕에 동공 크기의 검은 반점들이 있으나 어미는 이 반점이 불분명하다. 전장 약 75cm.

생태⇒ 연안에서 무리를 지어 유영 생활을 하며, 작은 갑각류와 해파리 등을 먹는다.

분포⇒ 우리 나라 동해와 남해, 세계의 온대와 열대 해역

날개쥐치

583. 날개쥐치 <쥐치과>

학명⇒ *Aluterus scriptus* (Osbeck)
영명⇒ Figured leatherjacket
일명⇒ ソウシハギ

형태⇒ 체고가 낮은 긴 타원형이다. 주둥이는 길고 뾰족하며, 입은 그 끝에 작게 열린다. 등지느러미는 극조부와 연조부로 구분되며, 기조 수는 2극 46~49연조이다. 꼬리지느러미는 크고 후연은 둥글다. 몸은 황갈색 바탕에 동공 크기의 둥근 흑갈색 반점이 흩어져 있고, 길게 이어지지 않은 파란 줄무늬가 있다. 전장 약 50cm.

생태⇒ 유어는 해조류 사이에 서식하고, 장에 독이 있는 경우도 있다.

분포⇒ 우리 나라 동해 남부와 남해, 일본 남부, 인도양·서태평양의 열대 해역

❖ 복어의 독

복어류 가운데에는 테트로도톡신(tetrodotoxin)이라고 하는 강한 마비성 독을 가진 종이 많이 있다. 예부터 이러한 복어의 독은 많은 인명을 앗아 갔으며, 생물학자와 약리학자들의 관심의 대상이었다. 복어의 독에 대한 첫 연구는 1909년 일본의 타하라에 의해서였으며, 1964년 최종적으로 $C_{11}H_{17}N_3O_8$이라는 테트로도톡신의 분자식이 발표되었다.

가시쥐치

584. 가시쥐치 <쥐치과>

학명⇒ *Chaetodermis penicilligerus* (Cuvier)
일명⇒ ヒゲハギ

형태⇒ 체고가 높아 체형은 원형에 가깝다. 주둥이는 뾰족하고, 입은 그 끝에 작게 열린다. 등지느러미는 극조부와 연조부로 구분되는데, 강한 가시는 없다. 등지느러미의 기조 수는 2극 25~26연조이다. 몸은 흰색을 띠고 실 모양의 가는 세로줄 무늬가 몸 전체에 나타난다. 눈 뒤에 검은 반점이 있다. 눈 위쪽과 주둥이 아래쪽, 배지느러미와 등지느러미에 검은 피부 돌기가 풀처럼 돋아 있어서 다른 종과 쉽게 구분된다. 전장 약 25cm.

생태⇒ 수심 200m 미만의 모래·개펄과 바위 지역에 서식하고, 작은 갑각류와 조개류 등을 먹는다.

분포⇒ 우리 나라 남해(부산), 일본, 말레이시아, 인도네시아, 오스트레일리아

❖ **어류의 후각 기관**

어류의 코는 척추동물과 달리 호흡을 위한 기관이 아니고 냄새를 맡기 위한 기관이다. 따라서, 표피의 함입에 의한 주머니 모양의 비강으로 되어 있고 구강과 연결되어 있지 않다. 그러나 먹장어 등은 예외로, 비강이 내비공에 의해서 구강이나 식도로 연결되어 있는 경우도 있다.

물각쥐치

585. 물각쥐치 <쥐치과>

학명⇒ *Pseudalutarius nasicornis* (Temminck et Schlegel)
영명⇒ Rhinoceros leatherjacket
일명⇒ ハナツノハギ

형태⇒ 체형은 긴 타원형이다. 수컷은 주둥이 등 쪽 외곽선이 약간 볼록하게 솟아 있으나 암컷은 거의 직선형이다. 등지느러미의 연조부와 뒷지느러미는 기저부가 길고, 등지느러미의 기조 수는 2극 46~51연조, 가슴지느러미는 12~13연조이다. 연한 황록색 또는 청백색 바탕에 체측 중앙과 등에 2개의 뚜렷한 녹갈색 세로줄 무늬가 있다. 등지느러미와 뒷지느러미는 투명하고, 꼬리지느러미 중앙부는 흑록색을 띤다. 전장 약 18cm.

생태⇒ 수심 50m 미만의 모래·개펄 지역에 서식하며, 산호초와 해조류 주변에 무리를 이루어 생활하기도 한다.

분포⇒ 우리 나라 제주도, 일본 남부, 인도양·서태평양의 열대 해역

❖ 어류의 몸의 형태

사람이 물 속에서 걷는 일은 매우 힘이 들고 불편하다. 이것은 물의 저항을 받기 때문인데, 물 속에서 헤엄치는 어류의 경우에도 물의 저항이 중요한 문제가 된다. 따라서, 먼 바다를 빠르게 헤엄치는 다랑어류는 대개 물의 저항을 적게 받는 유선형을 하고 있다.

돔류는 유선형보다 좀더 좌우로 납작한 형태인데, 이것을 측편형이라 한다. 연안의 바위 지역에 사는 돔류가 바위틈을 빠져 나가는 데는 이러한 체형이 유선형보다 간편하기 때문이다. 돔류를 옆으로 누인 것과 같은 형태로 넙치와 가자미류가 있다. 이것 역시 측편형인데, 해저의 바닥에 사는 어류가 모래에 몸을 묻기에 간편한 형태이다.

양태류는 체고가 낮고 좌우로 너비가 넓은 종편형이다. 종편형도 바닥에 사는 물고기에 적합한 체형인데, 극단적인 종편형 어류는 홍어류, 가오리류이다.

그물코쥐치

그물코쥐치(제주도 서귀포)

586. 그물코쥐치 <쥐치과>

학명⇒ *Rudarius ercodes* Jordan et Fowler
영명⇒ Network filefish
일명⇒ アミメハギ

형태⇒ 몸의 형태는 쥐치와 비슷하지만 미병부가 쥐치보다 길고, 제1극조의 길이가 짧다. 등지느러미의 기조 수는 2극 25~29연조, 뒷지느러미는 23~28연조이다. 꼬리지느러미의 후연은 둥글다. 몸 색깔은 변이가 많아서 초록색, 갈색, 회색 등의 바탕색에 흑갈색 또는 흰색 반점이 그물 모양으로 나타난다. 전장이 10cm 미만인 소형 어류이다.

생태⇒ 수심 20m 미만의 바위와 해조류가 많은 곳에 서식한다.

분포⇒ 우리 나라 동해와 남해, 일본 남부

쥐치

쥐치(경북 영해)

587. 쥐치 <쥐치과>

학명⇒ *Stephanolepis cirrhifer* (Temminck et Schlegel)
영명⇒ Filefish, porky
일명⇒ カワハギ

형태⇒ 체고가 높은 난원형이다. 눈은 작고, 등지느러미 극조부의 약간 앞쪽에 위치한다. 주둥이는 뾰족하고 입은 그 끝에 작게 열린다. 등지느러미는 극조부와 연조부로 구분되며, 제1극조는 크고 강하다. 꼬리지느러미의 후연은 둥글다. 몸 색깔은 변이가 심하여 다갈색, 황갈색, 회갈색의 바탕색을 띠고, 불규칙한 흑갈색 세로줄 무늬들이 나타난다. 모든 지느러미는 노란색을 띤다. 수컷은 연조부의 제1기조가 실처럼 길게 신장되어 있다. 전장 약 20cm.

생태⇒ 수심 100m 미만의 바위 지역에 무리를 지어 생활한다.

분포⇒ 우리 나라 남해와 울릉도, 동해 중부 이남, 일본, 동중국해

별쥐치

588. 별쥐치 <쥐치과>

학명 ⇒ *Thamnaconus hypargyreus* (Cope)

일명 ⇒ サラサハギ

형태 ⇒ 체형은 긴 타원형이다. 눈은 작고 가시로 변형된 등지느러미의 바로 아래쪽에 위치한다. 배지느러미가 변형된 가시는 몸의 중앙보다 약간 앞쪽에 위치한다. 주둥이는 길고, 입은 그 끝에 작게 열린다. 등지느러미의 극조는 송곳처럼 강하게 발달되었고 눈 위쪽에 위치한다. 등지느러미의 기조 수는 2극 32~35연조이다. 비늘은 매우 작은 가시로 변형되어 피부는 거칠다. 몸에는 황갈색 반점들이 흩어져 있다. 꼬리지느러미는 황갈색이며, 후연은 검은색을 띤다. 전장 약 25cm.

생태 ⇒ 수심 200m 미만의 연안에 서식하며, 작은 갑각류와 저서 동물을 먹는다.

분포 ⇒ 우리 나라 제주도를 포함한 남해, 일본 남부, 남중국해

❖ **살아남는 방법도 가지가지**

상어처럼 강하지도 못하고, 바닥에 몸을 묻거나 빠르게 도망칠 수도 없는 물고기들은 그들을 노리는 포식자의 공격으로부터 어떻게 대처할까?

▲ 수초 속에 숨어 수초의 줄기처럼 보이도록 하는 실고기류(필리핀)

▲ 나무 기둥이 서 있는 것처럼 보이도록 물구나무를 선 큰가시목 어류(필리핀)

말쥐치

589. 말쥐치 <쥐치과>

학명⇒ *Thamnaconus modestus* (Günther)
영명⇒ Black scraper, filefish
일명⇒ ウマヅラハギ

형태⇒ 체형은 긴 타원형이다. 눈은 작고, 머리 뒤의 가슴지느러미 위쪽에 위치한다. 주둥이는 길고, 입은 그 끝에 작게 열린다. 등지느러미의 극조는 송곳처럼 강하게 발달하였으며, 눈 위의 약간 뒤쪽에 위치한다. 등지느러미의 기조 수는 2극 35~38연조이다. 비늘은 매우 작은 가시로 변형되어 피부는 거칠다. 몸 색깔은 변이가 심하여 회갈색 바탕에 흑갈색 무늬가 불규칙하게 흩어져 있고, 각 지느러미는 흑청색 또는 녹색을 띤다. 전장 약 30cm.

생태⇒ 연안의 저층에서 유영 생활을 하며, 플랑크톤과 부착 생물, 저서 생물을 먹는다.

분포⇒ 우리 나라 전 연안, 홋카이도를 포함한 일본, 남중국해, 남아프리카

거북복과
Ostraciidae (Boxfishes)

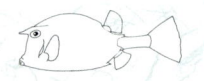

몸의 표면은 딱딱한 골판으로 덮여 있고, 몸통부의 단면은 4~6개의 각을 이룬다. 위턱과 아래턱에 6~16개의 이빨이 있다. 배지느러미가 없고, 각 지느러미에 극조가 없다. 우리 나라에 3속 4종, 세계에 14속 33종이 알려져 있다.

뿔복(제주도 서귀포)

590. 뿔복 <거북복과>

학명⇒ *Lactoria cornuta* (Linnaeus)
영명⇒ Cowfish
일명⇒ コンゴウフグ

형태⇒ 몸은 비늘이 변형된 딱딱한 골판으로 덮여 있고, 단면은 오각형이다. 눈 위쪽에는 1쌍의 긴 가시가 뿔처럼 전방으로 돌출되어 있고, 꼬리지느러미 아래쪽에 배 쪽 융기선으로부터 이어지는 1쌍의 가시가 끝이 후방을 향해 돋아 있다. 꼬리지느러미는 길다. 몸은 노란색을 띠고, 각 골판에는 연한 청백색 반점들이 1개씩 들어 있다. 전장 약 45cm.
생태⇒ 수심 50m 미만의 산호초와 바위 주변의 해조류가 자라는 곳에 서식한다. 단독으로 생활하며, 피부에 점액 독이 있다.
분포⇒ 우리 나라 제주도를 포함한 남해, 일본 남부, 인도양, 태평양

노랑거북복(필리핀)

노랑거북복의 유어(제주도 서귀포)

591. 노랑거북복 <거북복과>

학명⇒ *Ostracion cubicus* Linnaeus
영명⇒ Boxy-spotted trunkfish
일명⇒ ミナミハコフグ

형태⇒ 미병부를 제외한 몸 전체가 비늘이 변형된 딱딱한 골판으로 덮여 있고, 몸의 단면은 사각형이다. 성장 단계에 따라 또는 개체 간에 몸 색깔에 차이가 있으며, 유어는 몸 전체가 노란색 바탕에 눈 크기의 검은 점들이 배열되어 있다. 자라면서 몸은 황갈색으로 변하고, 골판에 흰색의 작은 점이 나타나며, 그 주변에 미세한 다수의 검은 점들이 선을 이룬다. 노어, 성어가 되면 몸은 암갈색으로 변하고, 흰 점은 희미해지며, 머리와 꼬리지느러미에 작고 검은 점들이 나타난다. 전장 약 40cm.

생태⇒ 연안의 산호초와 바위 주변에서 단독으로 생활하며, 작은 갑각류와 조개류 등의 무척추동물을 주로 먹는다. 몸에 점액 독이 있다.

분포⇒ 우리 나라 제주도(서귀포, 모슬포), 일본 남부, 인도양, 서태평양

거북복

거북복(제주도 서귀포)

거북복(제주도 모슬포)

592. 거북복 <거북복과>

학명⇒ *Ostracion immaculatus* Temminck et Schlegel
영명⇒ Black-spotted boxfish
일명⇒ ハコフグ

형태⇒ 몸과 머리는 좌우로 너비가 넓고 등과 배는 편평하다. 몸의 단면은 사각형을 이룬다. 가슴지느러미 부근의 체고가 가장 높고 미병부는 가늘다. 주둥이는 머리의 아래쪽에 위치하고, 입은 그 끝에 작게 열린다. 미병부와 각 지느러미 기부를 제외한 몸 전체에 비늘이 변형된 딱딱한 육각형의 판으로 덮여 있다. 등지느러미는 연조부만 있고 그 수는 9연조이다.

색깔⇒ 몸은 황금색 바탕에 각각의 비늘판에는 연한 파란색 반점이 있다.

생태⇒ 연안의 바위 지역에서 단독으로 생활하며, 작은 갑각류와 조개류 등의 무척추동물을 먹는다. 피부에 점액 독이 있으나 근육과 내장에는 독이 없다.

분포⇒ 우리 나라 제주도를 포함한 남해와 동해(속초), 홋카이도 이남의 일본, 타이완, 필리핀, 동인도, 남아프리카

불뚝복과

Triodontidae (Three-toothed puffer)

몸은 좌우로 납작하고, 배가 주머니처럼 아래로 늘어져 있다. 위턱의 이빨은 2개의 치판이 융합되어 있고 아래턱의 이빨은 1개의 치판으로 이루어져 있다. 꼬리지느러미는 상엽과 하엽이 갈라져 있다. 우리 나라와 세계에 단 1속 1종이 알려져 있을 뿐이다.

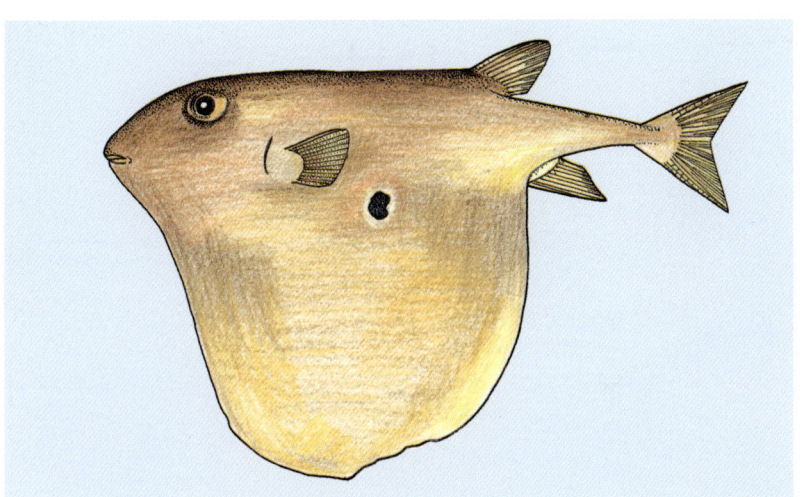

불뚝복

593. 불뚝복 <불뚝복과>

학명⇒ *Triodon macropterus* Lesson
영명⇒ Three tooth puffer
일명⇒ ウチワフグ

형태⇒ 배가 주머니 모양으로 크게 늘어져 있으며, 미병부는 가늘고 길다. 입은 작고, 위턱의 이빨은 2개의 치판이 융합되어 가운데에 수직으로 봉합부가 있으며, 아래턱의 이빨은 봉합부가 없이 1개의 치판으로 이루어져 있다. 등지느러미의 극조는 없거나 흔적만 나타나며, 기조 수는 0~2극 10~12연조이다. 꼬리지느러미 상하엽의 양 끝이 뾰족하고 중앙은 안쪽으로 깊게 패어 있다. 몸과 지느러미는 갈색이고 체측의 양쪽에 청흑색의 반점이 있다. 전장 약 45cm.
생태⇒ 수심 50~300m의 저층부에 서식한다.
분포⇒ 우리 나라 제주도, 일본 남부, 인도양·서태평양의 열대 해역

참복과

Tetraodontidae (Puffers)

몸은 곤봉형으로 배를 크게 부풀릴 수 있다. 이빨이 유합되어 치판을 형성한다. 위턱과 아래턱에 각각 2개씩의 치판이 있고 중앙에 봉합선이 있다. 각 지느러미에 극조가 없고, 배지느러미가 없다. 비늘은 없거나 작은 가시(小棘)로 변형되어 있다. 아가미구멍은 작다. 우리 나라에 5속 26종, 세계에 약 19속 121종이 알려져 있다.

흰점꺼끌복

594. 흰점꺼끌복 <참복과>

학명⇒ *Arothron hispidus* (Linnaeus)
영명⇒ Broad-barred toadfish
일명⇒ サザナミフグ

형태⇒ 몸은 복어형 가운데서도 굵고 뭉툭하며 단면은 원통형이다. 콧구멍의 피판은 끝이 2개로 갈라져 있다. 등지느러미와 뒷지느러미의 기조 수는 모두 10~11연조이고, 꼬리지느러미의 후연은 약간 둥글다. 등 쪽은 녹갈색 바탕에 흰색의 작고 둥근 반점들이 비교적 일정한 간격으로 흩어져 있다. 가슴지느러미와 배는 너비가 넓고 흰 줄무늬가 나타난다. 전장 약 45cm.

생태⇒ 수심 30m 이내의 연안에 서식하며, 산호와 해면류, 조개류, 해조류 등을 먹는다. 근육에 독성이 있는지는 확실하지 않다.

분포⇒ 우리 나라 제주도, 일본 남부, 인도양·태평양의 열대 해역, 홍해

흑점꺼끌복(필리핀)

흑점꺼끌복(필리핀)

595. 흑점꺼끌복 <참복과>

학명⇒ *Arothron nigropunctatus* (Schneider)
영명⇒ Black-spotted blaasop
일명⇒ コクテンフグ

형태⇒ 체형은 복어형이고 몸통이 굵다. 콧구 멍의 피판은 끝이 2개로 갈라져 있다. 등지느러미의 기조 수는 10~12연조, 뒷지느러미는 10~12연조, 가슴지느러미는 17~20연조이다. 꼬리지느러미의 후연은 약간 둥글다. 몸색깔은 변화가 심하며, 회갈색 바탕에 검은 점들이 불규칙하게 흩어져 있는 종들이 많고, 노란색 바탕에 작은 갈색 점들이 흩어져 있는 종들도 있다. 전장 약 25cm.

생태⇒ 수심 50m 이내의 산호초 주변에 서식하며, 산호와 해면류, 조개류, 해조류 등을 다양하게 먹는다. 단독으로 생활한다.

분포⇒ 우리 나라 제주도, 일본 남부, 인도양·서태평양의 열대 해역

꺼끌복(제주도 모슬포)

꺼끌복(제주도 모슬포)

696. 꺼끌복 <참복과>

학명⇒ *Arothron stellatus* (Bloch et Schneider)
영명⇒ Spotted fin blaasop
일명⇒ モヨウフグ

형태⇒ 몸의 단면은 원통형이고 체형은 난원형에 가깝다. 몸에 작은 가시들이 돋아 있고, 콧구멍의 피판의 끝은 2개로 갈라져 있다. 등지느러미의 기조 수는 10~12연조, 뒷지느러미는 11연조, 가슴지느러미는 17~20연조이다. 꼬리지느러미의 후연은 약간 둥글다. 몸의 등 쪽은 밝은 회갈색이며, 배 쪽은 연한 회색이다. 몸 전체에 타일처럼 짜 맞추어진 검은 점무늬가 그물처럼 나타나고, 어릴 때에는 배 쪽에 검고 굵은 줄무늬들이 나타난다. 전장 약 80cm.

생태⇒ 산호초 주변에 서식하며, 해면류와 게, 조개류, 성게, 해조류 등을 다양하게 먹는다. 단독으로 생활하며 내장에 독이 있다.

분포⇒ 우리 나라 제주도를 포함한 남해, 일본 남부, 인도양·태평양의 열대 수역, 아프리카, 오스트레일리아

별복

597. 별복 <참복과>

학명⇒ *Arothron firmamentum* (Temminck et Schlegel)
영명⇒ Starry toado
일명⇒ ホシフグ

형태⇒ 몸의 단면이 원통형으로 둥글고 미병부는 가늘어 체형은 곤봉형(복어형)이다. 몸은 작은 가시들이 돋아 있어서 거칠다. 콧구멍의 피판은 끝이 2개로 갈라져 있다. 등지느러미의 기조 수는 11~14연조, 뒷지느러미는 13~14연조, 가슴지느러미는 16연조이다. 꼬리지느러미의 후연은 약간 둥글다. 몸은 암청색 바탕에 동공보다 작고, 흰 점들이 균일하게 흩어져 있으며, 배 쪽으로 갈수록 흰 점이 커지고 밝아진다. 전장 약 45cm.

생태⇒ 수심 100~400m의 수역에 살며, 복어류 중 가장 깊은 곳에 서식하는 종이다.

분포⇒ 우리 나라 제주도를 포함한 남해, 일본 남부, 남중국해, 오스트레일리아, 남아프리카

❖ 어류의 국명

우리 나라 어류는 지방에 따라 많은 방언을 가진 것들이 있지만, 표준어는 모두 한 가지이다. 넙치가 광어로, 조피볼락이 우럭으로 흔히 불리고 있지만, 표준어는 넙치와 조피볼락이다. 물고기에 처음 이름을 붙일 때에는 여러 방언을 검토하고 많은 사람들이 쓰고 있는 이름을 표준어로 하는 것이 좋다. 한번 붙여진 이름은 함부로 바꿀 수 없기 때문이다.

그러나 우리 나라에서 국명이 바뀐 예가 한 가지 있다. 참복과의 '자주복'은 원래는 '자지복'이었다. 그런데 많은 사람들이 이러한 이름을 부르는 것이 어색해서 참복 또는 자주복이라고 했다. 그러던 차에 1990년 전북대학교 김익수 교수와 이완옥 박사가 '한국산 참복아목'이란 논문에서 이 물고기의 개명을 제안했다. 이 제안이 대부분의 어류학자들에게 받아들여져 1997년 발행된 '한국동물명집'에서부터 자주복이 표준어가 되었다.

청복

청복(제주도 모슬포)

598. 청복 <참복과>

학명⇒ *Canthigaster rivulata* (Temminck et Schlegel)
영명⇒ Scribbled toby
일명⇒ キタマクラ

형태⇒ 등과 배가 다소 튀어나와 낮은 각을 이루는 부분이 있고, 등지느러미 부근에서 아래쪽으로 갑자기 낮아진다. 후두부에서 등지느러미 기부까지 1개의 피부 융기선이 이어진다. 등지느러미와 뒷지느러미의 기조 수는 모두 9~10연조이고 가슴지느러미는 16~18연조이다. 꼬리지느러미의 후연은 약간 둥글다. 몸과 지느러미에 연한 황록색과 파란색의 가는 줄무늬들이 일정한 방향 없이 배열되어 있고, 체측 중앙에 너비가 넓은 2개의 암갈색 세로줄 무늬가 있다. 전장 약 15cm.

생태⇒ 수심 30m 미만의 산호와 바위 주변에 서식하며, 잡식성으로 해조류와 조개류, 게 등을 먹는다.

분포⇒ 우리 나라 제주도를 포함한 남해, 일본 남부, 인도양·서태평양의 열대 해역

흑밀복

599. 흑밀복 <참복과>

학명⇒ *Lagocephalus gloveri* Abe et Tabeta
영명⇒ Dark rough-backed puffer
일명⇒ クロサバフグ

형태⇒ 몸의 단면이 원통형으로 둥글고 미병부는 가늘어 체형은 곤봉형이다. 등과 배 쪽의 피부는 작은 가시들이 돋아 있지만, 등지느러미 바로 앞에는 가시가 없어 매끈하다. 등지느러미의 기조 수는 12~14연조, 뒷지느러미는 11~13연조, 가슴지느러미는 15~17연조이다. 꼬리지느러미 후연의 양 끝이 뾰족하고 중앙은 약간 둥글게 솟아 있어서 이중 만입형을 이루는 것이 특징이다. 등은 검은색이고 배는 금속성 광택을 띠는 은백색이다. 꼬리지느러미 상엽과 하엽의 후단은 흰색을 띤다. 전장 약 40cm.

생태⇒ 연안의 중층에서 유영 생활을 한다. 독이 있는 것과 없는 것이 해역에 따라 다르며, 특히 남중국해에 사는 것은 근육에 약한 독이 있는 것으로 알려져 있다.

분포⇒ 우리 나라 서해 남부와 제주도를 포함한 남해, 일본, 남중국해, 인도양

유사종⇒ 은밀복(*Lagocephalus wheeleri*)

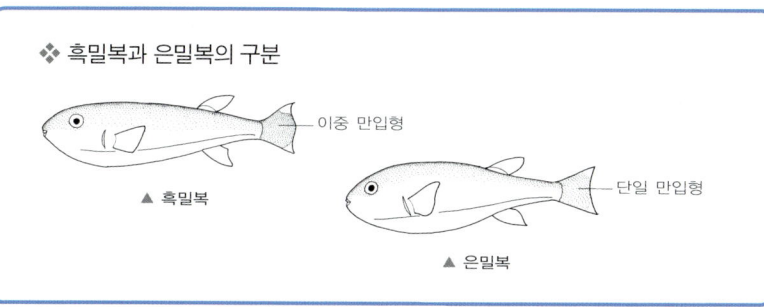

❖ 흑밀복과 은밀복의 구분

▲ 흑밀복 — 이중 만입형

▲ 은밀복 — 단일 만입형

600. 민밀복 <참복과>

학명⇒ *Lagocephalus inermis* (Temminck et Schlegel)
영명⇒ Smooth-back puffer
일명⇒ カナフグ

형태⇒ 곤봉형 체형이어서 몸의 단면이 원통형으로 둥글고 미병부는 가늘다. 배 쪽은 작은 가시들이 돋아 있으나 등에는 가시가 없다. 등지느러미의 기조 수는 11~14연조, 뒷지느러미는 10~12연조, 가슴지느러미는 16~18연조이다. 꼬리지느러미의 후연은 매우 낮게 안쪽으로 패어 있거나 거의 직선형에 가깝다. 등은 흑갈색이고 배는 흰색이다. 등과 배 사이에 연한 노란색이 나타난다. 아가미구멍 부근이 검은색을 띠는 점이 이 종의 특징이다. 전장 약 1m.

생태⇒ 약간 깊은 바다에 서식하며, 간장에 강한 독이 있으나 피부와 근육에는 독이 없다. 그러나 남중국해에서 서식하는 것은 근육에 독이 있는 것으로 알려져 있다.

분포⇒ 우리 나라 남해안, 일본 남부, 인도양, 오스트레일리아

민밀복

601. 청밀복(가칭) <참복과>

학명⇒ *Lagocephalus lagocephalus oceanicus* Jordan et Evermann
영명⇒ Blueback puffer
일명⇒ クマサカフグ

형태⇒ 체형은 곤봉형이다. 몸에 작은 가시들이 돋아 있다. 등지느러미의 기조 수는 13~16연조, 뒷지느러미는 11~14연조, 가슴지느러미는 13~16연조이다. 꼬리지느러미의 상엽과 하엽의 끝은 뾰족하고, 하엽이 상엽보다 약간 길다. 등은 흑갈색이고 배는 은백색을 띤다. 전장 약 50cm.

생태⇒ 표층성 어류로, 행동 범위가 넓고 오징어류와 갑각류를 먹는다. 독성에 대해서는 밝혀지지 않았다.

분포⇒ 우리 나라 제주도, 일본 중부 이남, 하와이, 인도양, 서태평양

청밀복

602. 밀복 <참복과>

학명⇒ *Lagocephalus lunaris* (Bloch et Schneider)
영명⇒ Brown-backed toadfish, moontail puffer
일명⇒ ドクサバフグ

형태⇒ 몸의 단면이 원통형으로 둥글고, 미병부는 가늘어 체형은 곤봉형이다. 등을 덮고 있는 작은 가시는 등지느러미 기부까지 이어지며, 이 특징만으로 밀복속의 다른 종들과 구분된다. 등지느러미의 기조 수는 11~13연조, 뒷지느러미는 10~12연조, 가슴지느러미는 16~18연조이다. 꼬리지느러미의 후연은 안쪽으로 둥글게 패어 있고, 상엽과 하엽의 끝은 뾰족하다. 등은 연한 황갈색이고, 배 쪽은 금속성 광택을 띠는 은백색이다. 등지느러미와 꼬리지느러미는 연한 갈색이고, 뒷지느러미와 가슴지느러미는 거의 투명하다. 전장 약 50cm.

생태⇒ 근육과 피부, 간장, 난소 등에 강한 독이 있다.

분포⇒ 우리 나라 남해안, 일본 중부 이남, 동중국해, 인도양, 남아프리카

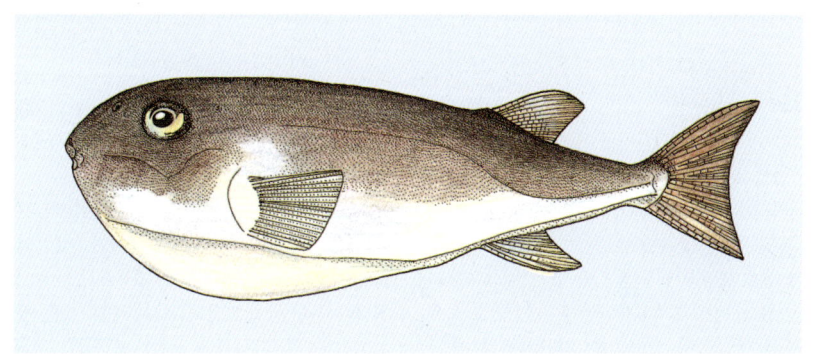

밀복

603. 은밀복 <참복과>

학명⇒ *Lagocephalus wheeleri* Abe, Tabeta et Kitahama
영명⇒ Green rough-backed puffer, browfish, chestnut puffer
일명⇒ シロサバフグ

형태⇒ 체형은 곤봉형이다. 등과 배 쪽의 피부에는 작은 가시들이 돋아 있다. 등지느러미의 기조 수는 11~13연조, 뒷지느러미는 10~12연조, 가슴지느러미는 15~17연조이고, 꼬리지느러미의 후연은 안쪽으로 둥글게 패어 있다. 등 쪽은 어두운 녹갈색이고, 배는 금속성 광택을 띤 은백색이다. 꼬리지느러미의 위쪽은 노란색, 아래쪽은 흰색을 띤다. 전장 약 30cm.

생태⇒ 치어, 자어는 외양에서 부유 생활을 하고, 10cm 정도 자라면 내만에서 생활한다. 근육과 피부, 정소에는 독이 없다.

분포⇒ 우리 나라 서해와 남해, 일본 중부 이남, 타이완, 중국해

은밀복

604. 불룩복 <참복과>

학명⇒ *Sphoeroides pachygaster* (Müller et Troschel)
영명⇒ Slack-skinned puffer
일명⇒ ヨリトフグ

형태⇒ 체형은 반달형으로 등은 약간 편평하고 배는 매우 불룩하다. 몸에 가시가 없고, 피부는 매끈하다. 등지느러미와 뒷지느러미는 몸의 후단부에 심하게 치우쳐 있고, 등지느러미의 기조 수는 7~9연조, 뒷지느러미는 8~9연조, 가슴지느러미는 14~17연조이다. 꼬리지느러미의 후연은 안쪽으로 약간 오목하다. 등은 어두운 갈색을 띠고 배는 흰색이다. 등지느러미와 뒷지느러미는 노란색을 띠고, 꼬리지느러미는 어두운 황갈색이며, 하엽의 하단은 흰색을 띤다. 전장 약 40cm.

생태⇒ 수심 500m 정도의 깊은 바다에도 서식하며, 독이 없다.

분포⇒ 우리 나라 제주도, 일본 남부, 세계의 온대와 열대 해역

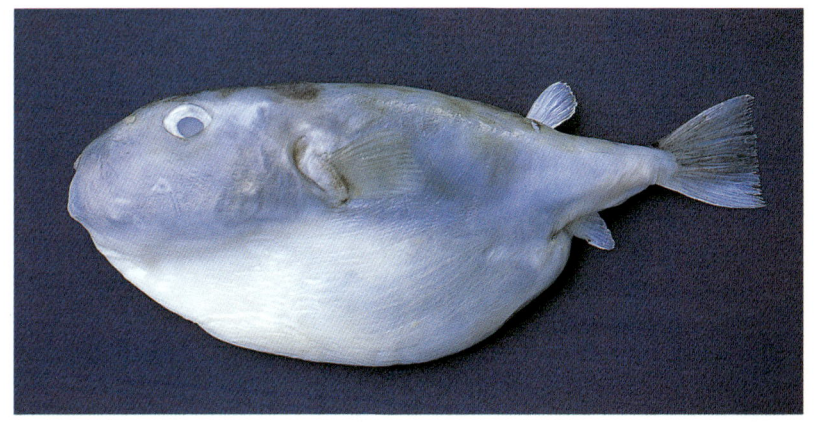

불룩복

605. 황해흰점복 <참복과>

학명⇒ *Takifugu alboplumbeus* (Richardson)
일명⇒ コモンダマシ

형태⇒ 체형은 곤봉형이다. 등지느러미의 기조 수는 12~14연조, 뒷지느러미는 10~11연조, 가슴지느러미는 15~16연조이다. 꼬리지느러미의 후연은 바깥쪽으로 약간 둥글다. 등쪽은 갈색 바탕에 원형의 흰 점들이 배열되어 있고, 배는 흰색을 띤다. 전장 약 20cm.
생태⇒ 간장과 난소에 강한 독이 있고, 근육에도 독이 있다.
분포⇒ 우리 나라 서해 남부와 제주도를 포함한 남해, 중국과 인도양
유사종⇒ 흰점복(*Takifugu poecilonotus*)

황해흰점복

606. 참복 <참복과>

학명⇒ *Takifugu chinensis* (Abe)
영명⇒ Eyespot puffer
일명⇒ カラス

형태⇒ 체형은 곤봉형이다. 몸은 작은 가시들이 돋아 있어 거칠다. 등지느러미의 기조 수는 17~18연조, 뒷지느러미는 14~15연조, 가슴지느러미는 16~18연조이다. 꼬리지느러미의 후연은 바깥쪽으로 약간 둥글다. 등은 검은색이고 배는 흰색을 띤다. 가슴지느러미 뒤쪽에 크고 검은 반점이 있고, 그 주위에는 흰색 테두리가 있다. 등지느러미와 꼬리지느러미는 검은색을 띠고 뒷지느러미는 흰색을 띠지만, 가장자리는 약간 어두운 색을 띤다. 가슴지느러미는 밝은 색을 띤다. 전장 약 60cm.
생태⇒ 난소와 간장에 강한 독이 있고, 근육과 피부, 정소에는 독이 없다.
분포⇒ 우리 나라 전 연안, 일본 서해안

참복

607. 눈불개복 <참복과>

학명⇒ *Takifugu chrysops* (Hilgendorf)
영명⇒ Red-eyed puffer
일명⇒ アカメフグ

형태⇒ 체형은 복어형으로, 둥글고 약간 짧으며 미병부는 가늘다. 피부는 작은 가시가 없어 부드럽다. 등지느러미의 기조 수는 11~13연조, 뒷지느러미는 10~11연조, 가슴지느러미는 15~16연조이다. 꼬리지느러미의 후연은 약간 둥글거나 직선형에 가깝다. 몸 상반부는 적갈색 바탕에 검은 점이 불규칙하게 흩어져 있고, 배는 흰색이다. 전장 약 25cm.
생태⇒ 연안의 해조가 많은 곳에 서식하고, 초여름에 집단으로 산란한다. 피부와 내장에 독이 있으나 근육과 정소에는 독이 없다.
분포⇒ 우리 나라 남부(목포), 일본 중부의 태평양 연안

눈불개복

608. 황점복 <참복과>

학명⇒ *Takifugu flavidus* (Li, Wang et Wang)
일명⇒ サンサイフグ

형태⇒ 체형은 곤봉형이다. 등과 배에 작은 가시가 있으며, 그 사이의 가슴지느러미 부근에는 가시가 없다. 등지느러미의 기조 수는 15~18연조, 뒷지느러미는 13~15연조, 가슴지느러미는 13~18연조이다. 꼬리지느러미의 후연은 직선형이거나 약간 둥글다. 몸의 등 쪽은 황갈색이고 배는 흰색이며, 몸의 중앙에 너비가 넓은 노란색 세로줄 무늬가 있다. 가슴지느러미 뒤쪽에는 검은 반점이 있고, 각 지느러미는 검은색을 띤다. 전장 약 40cm.
생태⇒ 난소와 간장에 강한 독이 있고, 피부에도 약한 독이 있어, 식용으로 이용할 때에는 주의해야 한다. 정소에는 독이 없는 것으로 알려져 있다.
분포⇒ 우리 나라 서해와 남해, 발해 만에서 동중국해에 이르는 해역

황점복

복섬

모래 속에 몸을 숨기고 있는 복섬(제주도 서귀포)

복섬(제주도 가파도)

609. 복섬   <참복과>

학명⇒ *Takifugu niphobles* (Jordan et Snyder)
영명⇒ Grass puffer
일명⇒ クサフグ

형태⇒ 체형은 곤봉형이다. 피부에 작은 가시들이 돋아 있다. 등지느러미의 기조 수는 12~14연조, 뒷지느러미는 10~12연조, 가슴지느러미는 14~15연조이다. 꼬리지느러미의 후연은 약간 둥글다. 등은 흑록색 바탕에 동공 크기보다 작고 둥근 흰 점들이 흩어져 있으며 배는 흰색이다. 가슴지느러미 위 후방에는 크고 검은 반점이 있다. 전장 약 25cm.
생태⇒ 연안이나 기수역에 서식하고, 모래 속에 숨는 습성이 있다. 초여름에 무리를 지어 해안으로 몰려와서 자갈 사이에 산란한다. 난소와 간장에 강한 독이 있고, 근육과 정소에도 약한 독이 있다.
분포⇒ 우리 나라 전 연안, 홋카이도에서 오키나와에 이르는 일본 해역, 중국해

황복

610. 황복   <참복과>

학명⇒ *Takifugu obscurus* (Abe)
영명⇒ River puffer
일명⇒ メフグ

형태⇒ 체형은 곤봉형이다. 피부는 작은 가시들이 돋아 있어 거칠다. 등지느러미의 기조수는 15~19연조, 뒷지느러미는 13~16연조, 가슴지느러미는 16~18연조이다. 꼬리지느러미의 후연은 약간 둥글다. 등 쪽은 흑갈색이고, 몸 중앙에 노란 세로줄 무늬가 지나며, 배는 흰색이다. 등지느러미의 기부와 가슴지느러미의 위 후방에 크고 검은 반점이 있다. 모든 지느러미는 밝은 색을 띤다. 전장 약 45cm.
생태⇒ 난소와 간장, 피부에 강한 독이 있고, 정소와 근육에는 독이 없다.
분포⇒ 우리 나라 서해안, 동중국해
유사종⇒ 황점복(*Takifugu flavidus*)

❖ 황복과 황점복의 구분

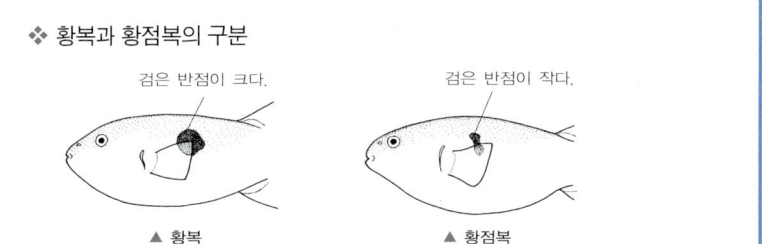

검은 반점이 크다.   검은 반점이 작다.

▲ 황복   ▲ 황점복

611. 졸복 <참복과>

학명⇒ *Takifugu pardalis* (Temminck et Schlegel)
영명⇒ Panther puffer
일명⇒ ヒガンフグ

형태⇒ 체형은 곤봉형이다. 피부에 가시는 없지만, 피부가 융기된 둥근 돌기들이 있다. 등지느러미의 기조 수는 12~14연조, 뒷지느러미는 9~12연조, 가슴지느러미는 15~18연조이다. 꼬리지느러미의 후연은 약간 둥글다. 등 쪽은 녹갈색 바탕에 다각형의 흑갈색 반점들이 있고, 몸 중앙의 약간 아래쪽에 노란색 세로줄이 지난다. 등지느러미와 뒷지느러미, 가슴지느러미는 진한 노란색을 띤다. 전장 약 30cm.

생태⇒ 얕은 바다의 바위 지역에 서식하고, 봄에 조수 웅덩이나 모랫바닥에 산란한다. 피부와 간장, 난소에 강한 독이 있고 정소에는 약한 독이 있다. 근육에는 독이 없는 것으로 알려져 있었으나, 최근에는 독이 있는 개체들도 발견되어 주의해야 한다.

분포⇒ 우리 나라 전 연안, 일본 전 해역, 동중국해

졸복

612. 흰점복 <참복과>

학명⇒ *Takifugu poecilonotus* (Temminck et Schlegel)
영명⇒ Fine-patterned puffer
일명⇒ コモンフグ

형태⇒ 체형은 곤봉형이다. 몸의 등과 배 쪽의 피부는 작은 가시들이 돋아 있어 거칠다. 등지느러미의 기조 수는 12~15연조, 뒷지느러미는 10~13연조, 가슴지느러미는 14~17연조이다. 꼬리지느러미의 후연은 약간 둥글다. 등은 갈색 바탕에 원형의 흰 점들이 배열되어 있고, 각각의 흰 점 안에는 작은 갈색 반점이 있다. 배는 흰색을 띤다. 모든 지느러미는 노란색을 띠고, 꼬리지느러미 가장자리는 어두운 색을 띤다. 전장 약 25cm.

생태⇒ 연안의 저층부에서 유영 생활을 하며, 갑각류와 조개류, 오징어류, 소형 어류를 먹는다. 난소와 간장, 피부, 정소에 강한 독이 있고 근육에는 약한 독이 있다.

분포⇒ 우리 나라 동해, 제주도를 포함한 남해안과 서해 남부, 일본 전 해역

흰점복

613. 검복　　　　<참복과>

학명⇒ *Takifugu porphyreus* (Temminck et Schlegel)
영명⇒ Genuine puffer, purple puffer
일명⇒ マフグ

형태⇒ 체형은 곤봉형이다. 피부에 가시가 없고 매끈하다. 등지느러미의 기조 수는 12~17연조, 뒷지느러미는 11~15연조, 가슴지느러미는 14~18연조이다. 꼬리지느러미의 후연은 직선형이다. 몸의 등 쪽은 흑갈색 바탕에 밝은 구름무늬가 있고, 가슴지느러미 위 후방에는 크고 검은 반점이 있다. 배는 흰색이고, 살아 있을 때 등과 배의 경계면에 노란 줄무늬가 나타난다. 가슴지느러미와 뒷지느러미는 노란색을 띠고, 꼬리지느러미는 검다. 전장 약 45cm.
생태⇒ 연안의 저층에서 유영 생활을 한다. 난소와 간장, 피부에 강한 독이 있고 근육과 정소에는 독이 없다.
분포⇒ 우리 나라 동해와 남해, 홋카이도 이남의 일본, 동중국해
유사종⇒ 매리복(*Takifugu snyderi*)

검복

614. 흰점참복 <참복과>

학명⇒ *Takifugu pseudommus* (Chu)
일명⇒ ナメラダマシ
형태⇒ 몸의 형태는 전체적으로 참복과 비슷하다. 몸에 작은 가시들이 돋아 있다. 등지느러미의 기조 수는 16~18연조, 뒷지느러미는 13~15연조, 가슴지느러미는 16~18연조이다. 꼬리지느러미의 후연은 약간 둥글다. 등은 암갈색을 띠고, 다수의 희미한 흰색 반점들이 흩어져 있다. 가슴지느러미 후방에는 크고 검은 반점이 있다. 전장 약 40cm.
생태⇒ 난소와 간장, 피부에 독이 있고 정소와 근육에는 독이 없다.
분포⇒ 우리 나라 서해와 남해안, 동중국해 북부

흰점참복

615. 자주복 <참복과>

학명⇒ *Takifugu rubripes* (Temminck et Schlegel)
영명⇒ Ocellate puffer, tiger puffer
일명⇒ トラフグ
형태⇒ 체형은 곤봉형이다. 등과 배에는 작은 가시가 있어서 피부가 거칠다. 등지느러미의 기조 수는 16~19연조, 뒷지느러미는 13~16연조, 가슴지느러미는 16~18연조이다. 꼬리지느러미의 후연은 둥글다. 몸의 등 쪽은 검은색 바탕에 흰 반점들이 있다. 가슴지느러미 위 후방에 크고 검은 반점이 있으며, 반점 주위에는 흰색 테두리가 있다. 등지느러미와 꼬리지느러미는 검은색이고 뒷지느러미는 흰색이다. 전장 약 70cm.
생태⇒ 약간 깊은 바다의 저층에서 유영 생활을 하며, 봄~여름에 수심 20m 정도의 모랫바닥에 산란한다. 게와 새우류, 어류 등을 먹는다. 난소와 간장에 강한 독이 있고 정소와 근육에는 독이 없다.
분포⇒ 우리 나라 전 연안, 홋카이도 이남의 일본, 동중국해

자주복

616. 매리복 <참복과>

학명⇒ *Takifugu snyderi* (Abe)
영명⇒ Vermiculated puffer
일명⇒ ショウサイフグ

형태⇒ 체형은 곤봉형이며, 피부에는 가시가 없어 매끈하다. 등지느러미의 기조 수는 12~15연조, 뒷지느러미는 10~13연조, 가슴지느러미는 14~17연조이다. 꼬리지느러미의 후연은 직선형이다. 몸의 등 쪽은 진한 흑갈색 바탕에 작고 흰 반점들이 있고 배는 흰색이다. 가슴지느러미 위 후방에는 크고 진한 갈색 반점이 있다. 가슴지느러미와 등지느러미는 담황색이고, 뒷지느러미가 흰색을 띠는 것이 특징이다. 몸 색깔이 어린 검복과 비슷하지만, 검복은 뒷지느러미가 노란색이어서 이 종과 구분된다. 전장 약 30cm.

생태⇒ 수심 100m 미만의 연안에 서식하며, 여름철에 수심 20m의 돌 틈에 산란한다. 난소와 간장, 피부에 강한 독이 있고 근육에는 일반적으로 독이 없다. 그러나 약하게 있는 경우도 있다. 정소에는 독이 없다.

분포⇒ 우리 나라 동해와 남해, 일본 중부 이남, 남중국해

매리복

617. 까칠복 <참복과>

학명⇒ *Takifugu stictonotus* (Temminck et Schlegel)
영명⇒ Spottyback puffer
일명⇒ ゴマフグ

형태⇒ 몸이 길고 단면은 원통형이다. 미병부는 가늘어 체형은 곤봉형이다. 등과 배, 가슴지느러미 주변은 작은 가시들이 돋아 있다. 등지느러미의 기조 수는 15~18연조, 뒷지느러미는 13~16연조, 가슴지느러미는 13~17연조이다. 꼬리지느러미의 후연은 직선형이다. 등은 흰색과 청갈색이 점무늬 형태로 거의 절반씩 섞여 있고, 몸 중앙에는 너비가 넓은 노란 세로줄이 지나며, 배는 흰색이다. 등지느러미와 꼬리지느러미는 어두운 색을 띠고, 뒷지느러미는 진한 노란색을 띤다. 전장 약 40cm.

생태⇒ 약간 깊은 바다의 저층에서 유영 생활을 한다. 난소와 간장에는 강한 독이 있고, 정소와 근육에도 약하지만 독이 있다.

분포⇒ 우리 나라 동해안, 홋카이도 이남의 일본, 동중국해

까칠복

618. 국매리복 <참복과>

학명⇒ *Takifugu vermicularis* (Temminck et Schlegel)
영명⇒ Vermiculated puffer, pear puffer
일명⇒ ナシフグ

형태⇒ 몸의 단면이 원통형으로 둥글고, 미병부는 가늘어 체형은 곤봉형이다. 몸에 가시가 없어서 피부는 매끈하다. 등지느러미의 기조 수는 13~15연조, 뒷지느러미는 10~13연조, 가슴지느러미는 16~18연조이고, 꼬리지느러미의 후연은 직선형이다. 등은 연한 갈색 바탕에 흰색의 작은 반점들이 흩어져 있고, 배는 흰색을 띠며, 등과 배의 경계면에 노란색 줄무늬가 나타난다. 가슴지느러미 위 후방에 진한 갈색의 큰 반점이 있다. 전장 약 20cm.

생태⇒ 피부와 간장에 강한 독이 있고, 근육과 정소에도 약한 독이 있다.

분포⇒ 우리 나라 서해와 남해안, 일본 남부, 동중국해

국매리복

619. 까치복 <참복과>

학명⇒ *Takifugu xanthopterus* (Temminck et Schlegel)
영명⇒ Striped puffer
일명⇒ シマフグ

형태⇒ 몸의 단면이 원통형으로 둥글고, 미병부는 가늘어 체형은 곤봉형이다. 등과 배의 피부는 작은 가시들이 돋아 있어 거칠다. 등지느러미의 기조 수는 16~18연조, 뒷지느러미는 14~16연조, 가슴지느러미는 16~19연조이다. 꼬리지느러미의 후연은 직선형이며, 몸의 등 쪽으로 이어지는 4~5개의 비스듬한 흑청색 줄무늬가 있다. 가슴지느러미 기부에 검은 반점이 있고, 모든 지느러미는 진한 노란색을 띤다. 전장 약 50cm.
생태⇒ 난소와 간장에 강한 독이 있고, 근육과 정소, 피부에는 독이 없다.
분포⇒ 우리 나라 전 연안, 홋카이도 이남의 일본, 동중국해

까치복

가시복과

Diodontidae (Porcupine fishes)

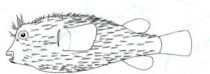

몸은 강한 가시로 덮여 있고, 배를 크게 부풀릴 수 있다. 이빨은 유합되어 치판을 형성하고, 새의 부리와 비슷하다. 각 지느러미는 극조가 없이 연조로 이루어져 있고, 배지느러미는 없다. 아가미구멍은 작다. 우리 나라에 2속 2종, 세계에 6속 19종이 알려져 있다.

가시복

620. 가시복 <가시복과>

학명⇒ *Diodon holocanthus* Linnaeus
영명⇒ Balloonfish
일명⇒ ハリセンボン

형태⇒ 몸과 머리는 단면이 원형으로 너비가 넓은 곤봉형이다. 몸 전체에 움직여서 세울 수 있는 바늘 모양의 날카로운 가시들이 일정한 간격으로 돋아 있다. 눈의 지름은 주둥이 길이보다 길다. 등지느러미와 뒷지느러미의 기조 수는 13~15연조, 가슴지느러미는 20~24연조이다. 꼬리지느러미의 후연은 둥글다. 등은 담갈색에 가슴지느러미 뒤쪽과 등지느러미 앞에 흑갈색의 큰 반점이 있고 배는 흰색이다. 등지느러미의 기부는 갈색이고, 각 지느러미는 투명하다. 전장 약 30cm.
생태⇒ 해조류와 바위가 많은 얕은 바다의 바닥에 서식하며, 수중에서 위협을 느끼면 몸을 공과 같이 둥글게 부풀린다.
분포⇒ 우리 나라 제주도를 포함한 남해안, 일본과 하와이 등 세계의 열대와 온대 해역

몸을 공과 같이 둥글게 부풀린 가시복(제주도 모슬포)

가시복과 Diodontidae(Porcupine fishes)

가시복(제주도 모슬포)

개복치과
Molidae (Molas)

몸은 좌우로 납작하고 난원형이다. 몸의 후단부는 절단된 것과 같은 형태이고, 꼬리지느러미가 없으며, 꼬리지느러미처럼 보이는 것은 등지느러미와 뒷지느러미의 일부가 변형된 것이다. 배지느러미가 없고, 아가미구멍은 작다. 우리 나라에 2속 2종, 세계에 3속 3종이 알려져 있다.

개복치

621. 개복치 <개복치과>

학명⇒ *Mola mola* (Linnaeus)
영명⇒ Common mola, ocean sunfish
일명⇒ マンボウ

형태⇒ 몸은 좌우로 납작하고 난원형이다. 몸의 후단은 절단된 것과 같은 형태이고, 꼬리지느러미가 없다. 양턱의 이빨은 유합되어 1개씩의 큰 치판(齒板)을 형성한다. 배지느러미가 없으며, 등지느러미와 뒷지느러미는 몸의 후반부에 수직으로 있다. 등지느러미의 기조수는 16~18연조, 뒷지느러미는 14~17연조, 가슴지느러미는 12~13연조이다. 몸은 암청색이고 배는 은백색을 띤다. 전장 약 3m.

생태⇒ 외양성 어류이며, 주로 해파리와 작은 갑각류를 먹는다. 몸 길이 1.3m의 개체가 약 3억 개의 알을 낳는 것으로 알려져 있다.

분포⇒ 우리 나라 동해와 남해, 세계의 온대와 열대 해역

유사종⇒ 물개복치(*Masturus lanceolatus*)
영명 : Sharptailed mola
일명 : ヤリマンボウ

부록

- 한국산 바닷물고기 목록
- 학명 찾아보기
- 한국명 찾아보기
- 주요 참고 문헌

쏠배감펭

한국산 바닷물고기 목록(42목 196과 937종)

○ 이 도감에 소개된 종
● 이 도감에 처음 소개된 한국 미기록종(가칭)
▲ 한국 어류 목록에서 삭제해야 할 종

먹장어강 Myxini
먹장어목 Myxiniformes
꾀장어과 Myxinidae (Hagfishes)
　○먹장어 *Eptatretus burgeri* (Girard)
　　묵꾀장어 *Paramyxine atami* Dean

두갑강 Cephalaspidomorphi
칠성장어목 Petromyzontiformes
칠성장어과 Petromyzontidae (Lampreys)
　○칠성장어 *Lampetra japonica* (Martens)

연골어강 Chondrichthyes
전두아강 Holocephali
은상어목 Chimaeriformes
은상어과 Chimaeridae (Ratfishes)
　○은상어 *Chimaera phantasma* Jordan et Snyder
　　갈은상어 *Hydrolagus mitsukurii* Dean

판새아강 Elasmobranchii
괭이상어목 Heterodontiformes
괭이상어과 Heterodontidae (Bullhead sharks)
　○괭이상어 *Heterodontus japonicus* (Maclay et Macleay)
　○삿징이상어 *Heterodontus zebra* (Gray)

수염상어목 Orectolobiformes
수염상어과 Orectolobidae (Carpet sharks)
　○수염상어 *Orectolobus japonicus* Regan
얼룩상어과 Hemiscylliidae (Bamboo sharks)
　○얼룩상어 *Chiloscyllium plagiosum* (Bennett)
고래상어과 Rhincodontidae (Whale shark)
　○고래상어 *Rhincodon typus* Smith

흉상어목 Carcharhiniformes
두톱상어과 Scyliorhinidae (Cat sharks)
　○복상어 *Cephaloscyllium umbratile* (Bonnaterre)
　○불범상어 *Halaelurus buergeri* (Müller et Henle)
　○두톱상어 *Scyliorhinus torazame* (Tanaka)
표범상어과 Proscylliidae (Finback cat sharks)
　○표범상어 *Proscyllium habereri* (Hilgendorf)
까치상어과 Triakidae (Hound sharks, smooth dogfishes)
　○행락상어 *Hemitriakis japonica* (Müller et Henle)
　○개상어 *Mustelus griseus* Pietschmann
　○별상어 *Mustelus manazo* Bleeker
　○까치상어 *Triakis scyllium* Müller et Henle
흉상어과 Carcharhinidae (Requiem sharks)
　○무태상어 *Carcharhinus brachyurus* (Günther)
　○흰뺨상어 *Carcharhinus dussumieri* (Valenciennes)
　　흉상어 *Carcharhinus plumbeus* (Nardo)

- 검은꼬리상어 *Carcharhinus sorrah* (Valenciennes)
- 뱀상어 *Galeocerdo cuvier* (Peron et Le Sueur)
- 청새리상어 *Prionace glauca* (Linnaeus)
- 펜두상어 *Rhizoprionodon acutus* (Rüppell) 아구상어 *Rhizoprionodon oligolinx* Springer

귀상어과 Sphyrnidae (Hammerhead sharks)
- 홍살귀상어 *Sphyrna lewini* (Griffith et Smith)
- 귀상어 *Sphyrna zygaena* (Linnaeus)

악상어목 Lamniformes

강남상어과 Pseudocarchariidae (Crocodile shark)
- 강남상어 *Pseudocarcharias kamoharai* (Matsubara)

환도상어과 Alopiidae (Thresher sharks)
- 환도상어 *Alopias pelagicus* Nakamura
- 흰배환도상어 *Alopias vulpinus* (Bonnaterre)

돌묵상어과 Cetorhinidae (Basking shark)
- 돌묵상어 *Cetorhinus maximus* (Gunnerus)

악상어과 Lamnidae (Mackerel sharks)
- 백상아리 *Carcharodon carcharias* (Linnaeus)
- 청상아리 *Isurus oxyrinchus* Rafinesque
- 악상어 *Lamna ditropis* Hubbs et Follett

신락상어목 Hexanchiformes

신락상어과 Hexanchidae (Cow sharks)
- 꼬리기름상어 *Heptranchias perlo* (Bonnaterre)
- 칠성상어 *Notorynchus cepedianus* (Péron)

돔발상어목 Squaliformes

돔발상어과 Squalidae (Dogfish sharks, spurdogs)
- 가시줄상어 *Etmopterus lucifer* Jordan et Snyder
- 곱상어 *Squalus acanthias* Linnaeus
- 도돔발상어 *Squalus japonicus* Ishikawa
- 모조리상어 *Squalus megalops* (Macleay)
- 돔발상어 *Squalus mitsukurii* Jordan et Fowler

전자리상어목 Squatiniformes

전자리상어과 Squatinidae (Angel sharks)
- 전자리상어 *Squatina japonica* Bleeker
- 범수구리 *Squatina nebulosa* Regan

톱상어목 Pristiophoriformes

톱상어과 Pristiophoridae (Saw sharks)
- 톱상어 *Pristiophorus japonicus* Günther

홍어목 Rajiformes

전기가오리과 Narcinidae (Electric rays)
- 전기가오리 *Narke japonica* (Temminck et Schlegel)

수구리과 Rhinidae
- 목탁수구리 *Rhina ancylostoma* Bloch et Schneider
- 동수구리 *Rhynchobatus djiddensis* (Forsskål)

가래상어과 Rhinobatiae (Guitar fishes)
  점수구리 *Rhinobatos hynnicephalus* Richardson
- 가래상어 *Rhinobatos schlegelii* Müller et Henle
- 목탁가오리 *Platyrhina sinensis* (Bloch et Schneider)

홍어과 Rajidae (Skates)
- 바닥가오리 *Bathyraja bergi* Dolganov

○저자가오리 *Bathyraja isotrachys* (Günther)
○광동홍어 *Dipturus kwangtungensis* (Chu)
　도랑가오리 *Dipturus macrocauda* (Ishiyama)
　살홍어 *Dipturus tengu* (Jordan et Fowler)
○무늬홍어 *Okamejei acutispina* (Ishiyama)
○깨알홍어 *Okamejei boesemani* (Ishihara)
○홍어 *Okamejei kenojei* (Müller et Henle)
　오동가오리 *Okamejei meerdervoortii* (Bleeker)
　고려홍어 *Raja koreana* Jeong et Nakabo
○참홍어 *Raja pulchra* Liu
색가오리과 Dasyatidae (Sting rays)
○노랑가오리 *Dasyatis akajei* (Müller et Henle)
　꽁지가오리 *Dasyatis kuhlii* (Müller et Henle)
　청달내가오리 *Dasyatis zugei* (Müller et Henle)
흰가오리과 Urolophidae (Round rays)
○흰가오리 *Urolophus aurantiacus* Müller et Henle
나비가오리과 Gymnuridae (Butterfly rays)
○나비가오리 *Gymnura japonica* (Temminck et Schlegel)
매가오리과 Myliobatidae (Eagle rays)
○쥐가오리 *Mobula japonica* (Müller et Henle)
○매가오리 *Myliobatis tobijei* Bleeker

조기강 Actinopterygii
철갑상어목 Acipenseriformes
철갑상어과 Acipenseridae (Sturgeons)
　칼상어 *Acipenser dabryanus* Duméril
　용상어 *Acipenser medirostris* Ayres
○철갑상어 *Acipenser sinensis* Gray

당멸치목 Elopiformes
당멸치과 Elopidae (Tenpounders)
○당멸치 *Elops hawaiensis* Regan
풀잉어과 Megalopidae (Tarpons)
　풀잉어 *Megalops cyprinoides* (Broussonet)

여을멸목 Albuliformes
여을멸과 Albulidae (Bonefishes)
　여을멸 *Albula neoguinaica* (Valenciennes)
발광멸과 Halosauridae (Halosaurs)
　발광멸 *Aldrovandia affinis* (Günther)

뱀장어목 Anguilliformes
뱀장어과 Anguillidae (Freshwater eels)
○뱀장어 *Anguilla japonica* Temminck et Schlegel
곰치과 Muraenidae (Moray eels)
　가지굴 *Gymnothorax albimarginatus* (Temminck et Schlegel)
○검은점곰치 *Gymnothorax isingteena* (Richardson)
　곰치 *Gymnothorax kidako* (Temminck et Schlegel)
　백설곰치 *Gymnothorax mieroszewskii* (Steindachner)
○나망곰치 *Gymnothorax reticularis* Bloch
　알락곰치 *Muraena pardalis* Temminck et Schlegel
긴꼬리장어과 Synaphobranchidae (Cutthroat eels)
　긴꼬리장어 *Dysomma anguillare* Barnard
바다뱀과 Ophichthidae (Snake eels, worm eels)
　날붕장어 *Echelus uropterus* (Temminck et Schlegel)
　자물뱀 *Mystriophis porphyreus* (Temminck et Schlegel)

까치물뱀 *Ophichthus evermanni* Jordan et Richardson
갈물뱀 *Ophichthus urolophus* (Temminck et Schlegel)
○바다뱀 *Ophisurus macrorhynchus* Bleeker
돛물뱀 *Pisodonophis zophistius* Jordan et Snyder

갯장어과 Muraenesocidae (Pike eels)
○갈창갯장어 *Muraenesox bagio* (Hamilton)
○갯장어 *Muraenesox cinereus* (Forsskål)
물붕장어 *Oxyconger leptognathus* (Bleeker)

붕장어과 Congridae (Conger eels)
꾀붕장어 *Anago anago* (Temminck et Schlegel)
먹붕장어 *Ariosoma anagoides* (Bleeker)
큰흰붕장어 *Ariosoma shiroanago major* (Asano)
흰붕장어 *Ariosoma shiroanago shiroanago* (Asano)
검붕장어 *Conger japonicus* Bleeker
○붕장어 *Conger myriaster* (Brevoort)
○은붕장어 *Gnathophis nystromi* (Jordan et Snyder)
테붕장어 *Rhechias retrotincta* (Jordan et Snyder)
검은꼬리붕장어 *Rhynchoconger ectenurus* (Jordan et Richardson)
애붕장어 *Uroconger lepturus* Richardson

청어목 Clupeiformes

멸치과 Engraulidae (Anchovies)
싱어 *Coilia mystus* (Linnaeus)
○웅어 *Coilia nasus* Temminck et Schlegel
○멸치 *Engraulis japonicus* (Houttuyn)
반지 *Setipinna tenuifilis* (Valenciennes)
○풀반댕이 *Thryssa adelae* (Rütter)
○풀반지 *Thryssa hamiltoni* (Gray)
○청멸 *Thryssa kammalensis* (Bleeker)

물멸과 Chirocentridae (Wolf herrings)
물멸 *Chirocentrus dorab* (Forsskål)

청어과 Clupeidae (Herrings)
조선전어 *Clupanodon thrissa* (Linnaeus)
○청어 *Clupea pallasii* Valenciennes
눈퉁멸 *Etrumeus teres* (De Key)
○준치 *Ilisha elongata* (Bennett)
○전어 *Konosirus punctatus* (Temminck et Schlegel)
납작전어 *Macrura reevesii* (Richardson)
대전어 *Nematalosa japonica* Regan
바리밴댕이 *Nematalosa lemuru* Bleeker
이와치 *Sardinella jussieui* (Valenciennes)
○밴댕이 *Sardinella zunasi* (Bleeker)
○정어리 *Sardinops melanostictus* (Temminck et Schlegel)
○샛줄멸 *Spratelloides gracilis* (Temminck et Schlegel)

압치목 Gonorynchiformes

갯농어과 Chanidae (Milk fishes)
○갯농어 *Chanos chanos* (Forsskål)

압치과 Gonorynchidae (Beaked salmons)
○압치 *Gonorynchus abbreviatus* Temminck et Schlegel

잉어목 Cypriniformes

잉어과 Cyprinidae (Carps)
대황어 *Tribolodon brandti* (Dybowski)
○황어 *Tribolodon hakonensis* (Günther)

메기목 Siluriformes

바다동자개과 Ariidae (Sea catfishes)
○바다동자개 *Arius maculatus* (Thunberg)

쏠종개과 Plotosidae (Eeltail catfishes)
○쏠종개 *Plotosus lineatus* (Thunberg)

바다빙어목 Osmeriformes

샛멸과 Argentinidae (Argentines)
  가고시마샛멸 *Argentina kagoshimae* Jordan et Snyder
  샛멸 *Glossanodon semifasciatus* (Kishinouye)
바다빙어과 Osmeridae (Smelts)
○날빙어 *Hypomesus pretiosus japonicus* (Brevoort)
  열빙어 *Mallotus villosus* (Müller)
○바다빙어 *Osmerus eperlanus mordax* (Mitchill)
○은어 *Plecoglossus altivelis* Temminck et Schlegel
  별빙어 *Spirinchus verecundus* Jordan et Metz
뱅어과 Salangidae (Icefishes)
  벚꽃뱅어 *Hemisalanx prognathus* Regan
  도화뱅어 *Neosalanx andersoni* (Rendhal)
  실뱅어 *Neosalanx hubbsi* Wakiya et Takahashi
  젓뱅어 *Neosalanx jordani* Wakiya et Takahashi
  붕퉁뱅어 *Protosalanx chinensis* (Basilewsky)
○뱅어 *Salangichthys microdon* Bleeker
  국수뱅어 *Salanx ariakensis* Kishinouye

연어목 Salmoniformes

연어과 Salmonidae (Salmons)
○곱사연어 *Oncorhynchus gorbuscha* (Walbaum)
○연어 *Oncorhynchus keta* (Walbaum)
  은연어 *Oncorhynchus kisutch* (Walbaum)
○송어 *Oncorhynchus masou masou* (Brevoort)
○무지개송어 *Oncorhynchus mykiss* (Walbaum)
○홍송어 *Salvelinus leucomaenis leucomaenis* (Pallas)

앨퉁이목 Stomiiformes

앨퉁이과 Sternoptychidae (Marine hatchetfishes)
  앨퉁이 *Maurolicus japonicus* Ishikawa

꼬리치목 Ateleopodiformes

꼬리치과 Ateleopodidae (Jellynose fishes)
  꼬리치 *Ateleopus japonicus* Bleeker

홍메치목 Aulopiformes

홍메치과 Aulopodidae (Aulopus)
○히메치 *Aulopus japonicus* Günther
파랑눈매퉁이과 Chlorophthalmidae (Greeneyes)
  파랑눈매퉁이 *Chlorophthalmus albatrossis* Jordan et Starks
○첨문파랑눈매퉁이 *Chlorophthalmus acutifrons* Hiyama
긴촉수매퉁이과 Ipnopidae
  긴촉수매퉁이 *Bathypterois guentheri* Alcock
매퉁이과 Synodontidae (Lizard fishes)
○물천구 *Harpadon nehereus* (Hamilton)
○날매퉁이 *Saurida elongata* (Temminck et Schlegel)
  잔비늘매퉁이 *Saurida microlepis* Wu et Wang
○매퉁이 *Saurida undosquamis* (Richardson)
  툼빌매퉁이 *Saurida wanieso* Shindo et Yamada
○주홍꽃동멸 *Synodus hoshinonis* Tanaka
○수다꽃동멸 *Synodus macrops* Tanaka
  꽃동멸 *Synodus variegatus* (Lacépède)

○황매퉁이 *Trachinocephalus myops* (Schneider)

샛비늘치목 Myctophiformes
미올비늘치과 Neoscopelidae
　미올비늘치 *Neoscopelus microchir* Matsubara
샛비늘치과 Myctophidae (Lanternfish)
　깃비늘치 Benthosema pterotum (Alcock)
○얼비늘치 *Myctophum asperum* Richardson
　샛비늘치 *Myctophum nitidulum* Garman

이악어목 Lampridiformes
점매가리과 Veliferidae (Velifers)
　점매가리 *Velifer hypselopterus* Bleeker
투라치과 Trachipteridae (Ribbonfishes)
　투라치 *Trachipterus ishikawae* Jordan et Snyder
　홍투라치 *Trachipterus trachypterus* (Gmelin)
산갈치과 Regalecidae (Oarfishes)
　산갈치 *Regalecus russellii* (Shaw)

턱수염금눈돔목 Polymixiiformes
턱수염금눈돔과 Polymixiidae (Beard fishes)
　등점은눈돔 *Polymixia japonica* Günther

첨치목 Ophidiiformes
첨치과 Ophidiidae (Brotulas, cuskeels)
　수염첨치 *Brotula multibarbata* Temminck et Schlegel
○붉은메기 *Hoplobrotula armata* (Temminck et Schlegel)
○그물메기 *Neobythites sivicolus* (Jordan et Snyder)
○동갈메기 *Sirembo imberbis* (Temminck et Schlegel)

대구목 Gadiformes
민태과 Macrouridae (Grenadiers, rattails)
　꼬리민태 *Caelorinchus japonicus* (Temminck et Schlegel)
　무줄비늘치 *Caelorinchus longissimus* Matsubara
○줄비늘치 *Caelorinchus multispinulosus* Katayama
돌대구과 Moridae (Morid cods)
○놀락민태 *Lotella phycis* (Temminck et Schlegel)
날개멸과 Bregmacerotidae (Codlets)
　날개멸 *Bregmaceros japonicus* Tanaka
수염대구과 Phycidae (Cods)
　수염대구 *Rhinonemus cimbrius* (Linnaeus)
대구과 Gadidae (Cods)
○빨간대구 *Eleginus gracilis* (Tilesius)
○대구 *Gadus macrocephalus* Tilesius
○명태 *Theragra chalcogramma* (Pallas)

아귀목 Lophiiformes
아귀과 Lophiidae (Goosefishes)
　용아귀 *Lophiodes insidiator* (Regan)
○아귀 *Lophiomus setigerus* (Vahl)
　황아귀 *Lophius litulon* (Jordan)
씬벵이과 Antennariidae (Frogfishes)
○줄씬벵이 *Antennarius hispidus* (Bloch et Schneider)
○빨간씬벵이 *Antennarius striatus* (Shaw et Nodder)
○노랑씬벵이 *Histrio histrio* (Linnaeus)
점씬벵이과 Chaunacidae (Coffinfishes, sea toads)
○점씬벵이 *Chaunax abei* le Danois

부치과 Ogcocephalidae (Batfishes)
○민부치 *Halieutaea fumosa* Alcock
○빨강부치 *Halieutaea stellata* (Vahl)
○꼭갈치 *Malthopsis lutea* Alcock

숭어목 Mugiliformes
숭어과 Mugilidae (Mullets)
  등줄숭어 *Chelon affinis* (Günther)
○가숭어 *Chelon haematocheilus* (Temminck et Schlegel)
○숭어 *Mugil cephalus* Linnaeus

색줄멸목 Atheriniformes
색줄멸과 Atherinidae (Silversides)
  밀멸 *Atherion elymus* Jordan et Strarks
○색줄멸 *Hypoatherina bleekeri* (Günther)
  은줄멸 *Hypoatherina tsurugae* (Jordan et Starks)
물꽃치과 Notocheiridae (Surf spites)
  물꽃치 *Iso flosmaris* Jordan et Starks

동갈치목 Beloniformes
동갈치과 Belonidae (Needle fishes)
  물동갈치 *Ablennes hians* (Valenciennes)
○동갈치 *Strongylura anastomella* (Valenciennes)
  항알치 *Tylosurus acus melanotus* (Bleeker)
  꽁치아재비 *Tylosurus crocodilus* (Peron et Le Sueur)
꽁치과 Scomberesocidae (Sauries)
○꽁치 *Cololabis saira* (Brevoort)
날치과 Exocoetidae (Flying fishes)
○날치 *Cypselurus agoo agoo* (Temminck et Schlegel)
  전력새날치 *Cypselurus heterurus doederleini* (Steindachner)

○제비날치 *Cypselurus hiraii* Abe
  새날치 *Cypselurus poecilopterus* (Valenciennes)
  매날치 *Danichthys rondeletii* (Valenciennes)
  상날치 *Exocoetus volitans* Linnaeus
  가는매날치 *Hirundichthys oxycephalus* (Bleeker)
○황날치 *Parexocoetus brachypterus brachypterus* (Richardson)
학공치과 Hemiramphidae (Half beaks)
  줄공치 *Hyporhamphus intermedius* Cantor
○학공치 *Hyporhamphus sajori* (Temminck et Schlegel)
  살공치 *Hyporhamphus quoyi* (Valenciennes)

금눈돔목 Beryciformes
철갑둥어과 Monocentridae (Pinecorn fishes)
○철갑둥어 *Monocentris japonica* (Houttuyn)
금눈돔과 Berycidae (Alfonsinos)
○금눈돔 *Beryx decadactylus* Cuvier
얼게돔과 Holocentridae (Squirrel fishes, soldier fishes)
  비늘적투어 *Myripristis melanosticta* Bleeker
  적투어 *Myripristis murdjan* (Forsskål)
  무늬얼게돔 *Neoniphon sammara* (Forsskål)
○도화돔 *Ostichthys japonicus* (Cuvier)
  얼게돔 *Sargocentron spinosissimu*m (Temminck et Schlegel)

달고기목 Zeiformes
달고기과 Zeidae (Dories)
○민달고기 *Zenopsis nebulosa* (Temminck et Schlegel)
○달고기 *Zeus faber* Linnaeus

병치돔과 Caproidae (Boarfishes)
- 병치돔 *Antigonia capros* Lowe

큰가시고기목 Gasterosteiformes
양미리과 Hypoptychidae (Sand eels)
- 양미리 *Hypoptychus dybowskii* Steindachner

실비늘치과 Aulorhynchidae (Tubesnouts)
- 실비늘치 *Aulichthys japonicus* Brevoort

실고기과 Syngnathidae (Pipefishes, seahorses)
- 부채꼬리실고기 *Doryrhamphus japonicus* Araga et Yoshino
- ▲진질해마 *Hippocampus aterrimus* Jordan et Snyder (복해마의 동종 이명)
  띠거물가시치 *Halicampus boothae* (Chabanaud)
- 해마 *Hippocampus coronatus* Temminck et Schlegel
- 가시해마 *Hippocampus histrix* Kaup
- 산호해마 *Hippocampus japonicus* Kaup
- 복해마 *Hippocampus kuda* Bleeker
- 점해마 *Hippocampus trimaculata* Leach
- 실고기 *Syngnathus schlegeli* Kaup
  거물가시치 *Trachyrhamphus serratus* (Temminck et Schlegel)
  풀해마 *Urocampus nanus* Günther

대치과 Fistulariidae (Cornet fishes)
- 홍대치 *Fistularia commersonii* Rüppell
- 청대치 *Fistularia petimba* Lacépède

대주둥치과 Macroramphosidae (Snipe fishes)
- 대주둥치 *Macroramphosus scolopax* (Linnaeus)

걸장어목 Synbranchiformes
걸장어과 Mastacembelidae (Spiny eels)
  걸장어 *Macrognathus aculeatus* (Bloch)

쏨뱅이목 Scorpaeniformes
쭉지성대과 Dactylopteridae (Flying gurnards)
  쭉지성대 *Dactyloptena orientalis* (Cuvier)
- 별쭉지성대 *Daicocus peterseni* (Nyström)

양볼낙과 Scorpaenidae (Scorpion fishes)
- 벌감펭 *Apistus carinatus* (Bloch et Schneider)
  에보시감펭 *Ebosia bleekeri* (Döderlein)
  퉁쏠치 *Erosa erosa* (Langsdorf)
- 홍감펭 *Helicolenus hilgendorfi* (Steindachner et Döderlein)
  꽃감펭 *Hoplosebastes armatus* Schmidt
- 미역치 *Hypodytes rubripinnis* (Temminck et Schlegel)
- 쑤기미 *Inimicus japonicus* (Cuvier)
- 일지말락쏠치 *Minous monodactylus* (Bloch et Schneider)
  말락쏠치 *Minous pusillus* Temminck et Schlegel
  제주쏠치 *Minous quincarinatus* (Fowler)
  도자감펭 *Parapterois heterurus* (Bleeker)
- 쏠배감펭 *Pterois lunulata* Temminck et Schlegel
- 점쏠배감펭 *Pterois volitans* (Linnaeus)
- 쭈굴감펭 *Scorpaena miostoma* Günther
- 살살치 *Scorpaena neglecta* Temminck et Schlegel
- 점감펭 *Scorpaena onaria* Jordan et Snyder
- 주홍감펭 *Scorpaenodes littoralis* (Tanaka)
- 쑥감펭 *Scorpaenopsis cirrhosa* (Thunberg)
- 놀락감펭 *Scorpaenopsis diabolus* (Cuvier)
- 돌삼뱅이 *Sebastes baramenuke* (Wakiya)
- 우럭볼낙 *Sebastes hubbsi* (Matsubara)
- 눌치볼낙 *Sebastes ijimae* (Jordan et Metz)
- 볼낙 *Sebastes inermis* Cuvier
- 도화볼낙 *Sebastes joyneri* Günther
- 황해볼낙 *Sebastes koreanus* Kim et Lee

○ 흰꼬리볼낙 *Sebastes longispinis* (Matsubara)
○ 좀볼낙 *Sebastes minor* Barsukov
○ 황점볼낙 *Sebastes oblongus* Günther
○ 황볼낙 *Sebastes owstoni* (Jordan et Thompson)
○ 개볼낙 *Sebastes pachycephalus* Temminck et Schlegel
○ 조피볼낙 *Sebastes schlegeli* Hilgendorf
○ 노랑볼낙 *Sebastes steindachneri* Hilgendorf
○ 탁자볼낙 *Sebastes taczanowskii* (Steindachner)
○ 불볼낙 *Sebastes thompsoni* (Jordan et Hubbs)
○ 세줄볼낙 *Sebastes trivittatus* Hilgendorf
○ 누루시볼낙 *Sebastes vulpes* Döderlein
　말락볼낙 *Sebastes wakiyai* (Matsubara)
○ 띠볼낙 *Sebastes zonatus* Chen et Barsukov
　붉감펭 *Sebastiscus albofasciatus* (Lacépède)
○ 쏨뱅이 *Sebastiscus marmoratus* (Cuvier)
○ 붉은쏨뱅이 *Sebastiscus tertius* Barsukov et Chen
○ 홍살치 *Sebastolobus macrochir* (Günther)
풀미역치과 Aploactinidae (Velvetfish)
　풀미역치 *Erisphex pottii* (Steindachner)
성대과 Triglidae (Gurnards)
○ 성대 *Chelidonichthys spinosus* (McClleland)
　밑달갱이 *Lepidotrigla abyssalis* Jordan et Starks
○ 쌍뿔달재 *Lepidotrigla alata* (Houttuyn)
○ 꼬마달재 *Lepidotrigla guentheri* Hilgendorf
○ 히메성대 *Lepidotrigla hime* Matsubara et Hiyama
　가시달강어 *Lepidotrigla japonica* (Bleeker)
　고지달재 *Lepidotrigla kanagashira* Kamohara
　뿔성대 *Lepidotrigla kishinouyei* Snyder
○ 달어 *Lepidotrigla microptera* Günther
○ 황성대 *Peristedion orientale* Temminck et Schlegel
○ 밑성대 *Pterygotrigla hemisticta* (Temminck et Schlegel)
○ 별성대 *Satyrichthys rieffeli* (Kaup)
빨간양태과 Bembridae (Red flatheads)
○ 빨간양태 *Bembras japonica* Cuvier
○ 눈양태 *Parabembras curta* (Temminck et Schlegel)
양태과 Platycephalidae (Flatheads)
○ 까지양태 *Cociella crocodila* (Tilesius)
　악어양태 *Inegocia guttata* (Cuvier)
　점양태 *Inegocia japonica* (Cuvier)
　큰비늘양태 *Onigocia macrolepis* (Bleeker)
　비늘양태 *Onigocia spinosa* (Temminck et Schlegel)
○ 양태 *Platycephalus indicus* (Linnaeus)
　봉오리양태 *Ratabulus megacephalus* (Tanaka)
　바늘양태 *Rogadius asper* (Cuvier)
　큰눈양태 *Suggrundus meerdervoorti* (Bleeker)
가시양태과 Hoplichthyidae (ghost flatheads)
○ 외가시양태 *Hoplichthys gilberti* Jordan et Richardson
　가시양태 *Hoplichthys langsdorfii* Cuvier
쥐노래미과 Hexagrammidae (greenlings)
○ 노래미 *Hexagrammos agrammus* (Temminck et Schlegel)
○ 줄노래미 *Hexagrammos octogrammus* (Pallas)
○ 쥐노래미 *Hexagrammos otakii* Jordan et Starks
○ 임연수어 *Pleurogrammus azonus* Jordan et Metz
　단기임연수어 *Pleurogrammus monopterygius* (Pallas)

둑중개과　Cottidae (sculpins)
- 빨간횟대　*Alcichthys elongatus* (Steindachner)
- 베로치　*Bero elegans* (Steindachner)
  꼬마횟대　*Cottiusculus gonez* Schmidt
- 점줄횟대　*Cottiusculus schmidti* Jordan et Starks
- 뿔횟대　*Enophrys diceraus* (Pallas)
- 알롱횟대　*Furcina ishikawae* Jordan et Starks
- 무늬횟대　*Furcina osimae* Jordan et Starks
- 대구횟대　*Gymnocanthus herzensteini* Jordan et Starks
  가시횟대　*Gymnocanthus intermedius* (Temminck et Schlegel)
- 밑횟대　*Gymnocanthus pistilliger* (Pallas)
- 동갈횟대　*Hemilepidotus gilberti* Jordan et Starks
- 줄가시횟대　*Icelus cataphractus* (Pavlenko)
  흑점줄가시횟대　*Icelus ochotensis* Schmidt
  아셀횟대　*Icelus uncinalis* (Gilbert et Bürke)
- 올꺽정이　*Myoxocephalus jaok* (Cuvier)
- 살꺽정이　*Myoxocephalus polyacanthocephalus* (Pallas)
- 개구리꺽정이　*Myoxocephalus stelleri* Tilesius
  가시꺽정이　*Ocynectes maschalis* Jordan et Starks
- 고려실횟대　*Porocottus leptosomus* Muto, Choi et Yabe
  실횟대　*Porocottus tentaculatus* (Kner)
- 가시망둑　*Pseudoblennius cottoides* (Richardson)
- 돌망둑이　*Pseudoblennius marmoratus* (Döderlein)
- 돌팍망둑　*Pseudoblennius percoides* Günther
  띠좀횟대　*Pseudoblennius zonostigma* Jordan et Starks
  상어횟대　*Ricuzenius pinetorum* Jordan et Starks
- 송곳횟대　*Taurocottus bergi* Soldatov et Pavlenko
- 꺽정이　*Trachidermus fasciatus* Heckel
- 졸단횟대　*Triglops jordani* (Schmidt)
- 눈퉁횟대　*Triglops pingeli* Reinhardt
- 골판횟대　*Triglops scepticus* Gilbert
  창치　*Vellitor centropomus* (Richardson)

삼세기과　Hemitripteridae
- 까치횟대　*Blepsias bilobus* Cuvier
- 날개횟대　*Blepsias cirrhosus* (Pallas)
- 삼세기　*Hemitripterus villosus* (Pallas)

날개줄고기과　Agonidae (Poachers)
- 민어치　*Anoplagonus occidentalis* Lindberg
- 잔줄고기　*Brachyopsis rostratua* (Tilesius)
- 실줄고기　*Freemanichthys thompsoni* (Jordan et Gilbert)
- 고양이줄고기　*Hypsagonus jordani* (Schmidt)
- 곱추줄고기　*Hypsagonus proboscidalis* (Valenciennes)
- 뿔줄고기　*Hypsagonus quadricornis* (Cuvier)
- 긴코줄고기　*Leptagonus leptorhynchus* (Gilbert)
- 꽃줄고기　*Occella dodecaedron* (Tilesius)
  갈키고기　*Pallasina barbata* (Steindachner)
- 네줄고기　*Percis japonicus* (Pallas)
- 팔각줄고기　*Podothecus hamlini* Jordan et Gilbert
- 날개줄고기　*Podothecus sachi* (Jordan et Snyder)
- 말락줄고기　*Podothecus sturioides* (Guichenot)
  왕눈줄고기　*Podothecus veternus* Jordan et Starks

○흑줄고기 *Tilesina gibbosa* Schmidt
물수배기과 Psychrolutidae (Fathead sculpins, tadpole sculpins)
○고무꺽정이 *Dasycottus setiger* Bean
○털수배기 *Eurymen gyrinus* Gilbert et Burke
○주먹물수배기 *Malacocottus gibber* Sakamoto
○얼룩수배기 *Malacocottus zonurus* Bean
○물수배기 *Psychrolutes paradoxus* Günther
도치과 Cyclopteridae (Lumpfishes, lumpsuckers)
○뚝지 *Aptocyclus ventricosus* (Pallas)
○우릉성치 *Eumicrotremus birulai* Popov
도치 *Eumicrotremus orbis* (Günther)
○골린어 *Eumicrotremus pacificus* Schmidt
꼼치과 Liparidae (Snailfishes)
○분홍꼼치 *Careproctus rastrinus* Gilbert and Bruke
○물미거지 *Crystallichthys matsushimae* (Jordan et Snyder)
○아가씨물메기 *Liparis agassizii* Putnam
○노랑물메기 *Liparis chefuensis* Wu et Wang
미거지 *Liparis ingens* (Gilbert et Burke)
○보라물메기 *Liparis megacephalus* (Burke)
○꼼치 *Liparis tanakai* (Gilbert et Burke)
○물메기 *Liparis tessellatus* (Gilbert et Burke)

농어목 Perciformes

농어과 Percichthyidae (Temperate basses, temperate perches)
○농어 *Lateolabrax japonicus* (Cuvier)
넙치농어 *Lateolabrax latus* Katayama
○점농어 *Lateolabrx* sp.
반딧불게르치과 Acropomatidae (Temperate oceanbasses)

○반딧불게르치 *Acropoma japonicum* Günther
○눈볼대 *Doederleinia berycoides* (Hilgendorf)
은눈퉁바리 *Malakichthys elegans* Matsubara et Yamaguti
○눈퉁바리 *Malakichthys griseus* Döderlein
○볼기우럭 *Malakichthys wakiyae* Jordan et Hubbs
○돗돔 *Stereolepis doederleini* Lindberg et Krasyukova
흑무늬치 *Synagrops japonicus* (Döderlein)
필립흑무늬치 *Synagrops philippinensis* (Günther)
바리과 Serranidae (Groupers, sea basses)
황줄바리 *Aulacocephalus temmincki* Bleeker
꽃자리 *Caprodon longimanus* (Günther)
○붉벤자리 *Caprodon schlegelii* (Günther)
○각시돔 *Chelidoperca hirundinacea* (Valenciennes)
●두줄벤자리 *Diploprion bifasciatum* Cuvier (가칭)
○붉바리 *Epinephelus akaara* (Temminck et Schlegel)
○도도바리 *Epinephelus awoara* (Temminck et Schlegel)
○자바리 *Epinephelus bruneus* Bloch
구실우럭 *Epinephelus chlorostigma* (Valenciennes)
○점줄우럭 *Epinephelus epistictus* (Temminck et Schlegel)
별우럭 *Epinephelus fario* (Thunberg)
○홍바리 *Epinephelus fasciatus* (Forsskål)
○종대우럭 *Epinephelus latifasciatus* (Temminck et Schlegel)
○알락우럭 *Epinephelus megachir*

(Richardson)
닻줄바리 *Epinephelus poecilonotus* (Temminck et Schlegel)
○능성어 *Epinephelus septemfasciatus* (Thunberg)
가시우럭 *Liopropoma japonicum* (Döderlein)
단줄우럭 *Liopropoma latifasciatum* (Tanaka)
○다금바리 *Niphon spinosus* Cuvier
○연붉돔 *Plectranthias japonicus* (Steindachner)
○우각바리 *Plectranthias kelloggi azumanus* (Jordan et Richardson)
○무늬바리 *Plectropomus leopardus* (Lacépède)
장미돔 *Pseudanthias elongatus* (Franz)
○금강바리 *Pseudanthias squamipinnis* (Peters)
○꽃돔 *Sacura margaritacea* (Hilgendorf)
날바리 *Triso dermopterus* (Temminck et Schlegel)
노랑벤자리과 Callanthiidae
노랑벤자리 *Callanthias japonicus* Franz
육돈바리과 Plesiopidae (Roundheads)
육돈바리 *Plesiops coeruleolineatus* Rüppel
후악치과 Opistognathidae (Jawfishes)
흑점후악치 *Opistognathus iyonis* (Jordan et Thompson)
독돔과 Banjosidae
○독돔 *Banjos banjos* (Richardson)
뿔돔과 Priacanthidae (Bigeyes)
● 큰눈홍치 *Heteropriacanthus cruentatus* (Cuvier) (가칭)
○뿔돔 *Cookeolus japonicus* (Cuvier)

홍옥치 *Priacanthus hamrur* (Forsskål)
○홍치 *Priacanthus macracanthus* Cuvier
○둥글돔 *Pristigenys niphonia* (Cuvier)
동갈돔과 Apogonidae (Cardinal fishes)
○먹테얼게비늘 *Apogon carinatus* Cuvier
금줄얼게비늘 *Apogon cyanosoma* Bleeker
○세줄얼게비늘 *Apogon doederleini* Jordan et Snyder
줄동갈돔 *Apogon endekataenia* Bleeker
○큰줄얼게비늘 *Apogon kiensis* Jordan et Snyder
열동가리돔 *Apogon lineatus* Temminck et Schlegel
○먹얼게비늘 *Apogon niger* Döderlein
○점동갈돔 *Apogon notatus* (Houttuyn)
○줄도화돔 *Apogon semilineatus* Temminck et Schlegel
두동갈얼게비늘 *Apogon taeniatus* Cuvier
민동갈돔 *Gymnapogon japonicus* Regan
보리멸과 Sillaginidae (Smelt-whitings)
별보리멸 *Sillago aeolus* Jordan et Everman
○청보리멸 *Sillago japonica* Temminck et Schlegel
점보리멸 *Shilago maculata* (Quoy et Gaimard)
보리멸 *Sillago sihama* (Forsskål)
옥돔과 Malacanthidae (Titlefishes)
○옥두어 *Branchiostegus albus* Dooley
등흑점옥두어 *Branchiostegus argentatus* (Cuvier)
황옥돔 *Branchiostegus auratus* (Kishinouye)
○옥돔 *Branchiostegus japonicus* (Houttuyn)
게르치과 Pomatomidae (Bluefishes)
○게르치 *Scombrops boops* (Houttuyn)
빨판상어과 Echeneidae (Remoras)
○빨판상어 *Echeneis naucrates* Linnaeus

흰빨판이 *Remorina albescens* (Temminck et Schlegel)
○대빨판이 *Remora remora* (Linnaeus)
날쌔기과 Rachycentridae (Cobias)
○날쌔기 *Rachycentron canadum* (Linnaeus)
만새기과 Coryphaenidae (Dolphin fishes)
○줄만새기 *Coryphaena equiselis* Linnaeus
○만새기 *Coryphaena hippurus* Linnaeus
전갱이과 Carangidae (jacks)
○실전갱이 *Alectis ciliaris* (Bloch)
청전갱이 *Atropus atropos* (Bloch et Schneider)
흑전갱이 *Carangoides ferdau* (Forsskål)
○노랑점무늬유전갱이 *Carangoides orthogramms* (Jordan et Gilbert)
유전갱이 *Carangoides uii* (Wakiya)
술전갱이 *Caranx bucculentus* (Alleyen et Macleay)
○줄전갱이 *Caranx sexfasciatus* Quoy et Gaimard
붉은가라지 *Decapterus akaadsi* Abe
○풀가라지 *Decapterus macarellus* (Cuvier)
긴가라지 *Decapterus macrosoma* Bleeker
갈고등어 *Decapterus muroadsi* (Temminck et Schlegel)
가라지 *Decapterus maruadsi* (Temminck et Schlegel)
홍기가라지 *Decapterus tabl* Berry
○참치방어 *Elagatis bipinnulata* (Quoy et Gaimard)
○갈전갱이 *Kaiwarinus equula* (Temminck et Schlegel)
고등가라지 *Megalaspis cordyla* (Linnaeus)
○동갈방어 *Naucrates ductor* (Linnaeus)
병치매가리 *Parastromateus niger* (Bloch)
○새가라지 *Selar crumenophthalmus* (Bloch)
▲눈전갱이 *Selar torvus* (Jenyns) (새가라지의 동종 이명)
○잿방어 *Seriola dumerili* (Risso)
○부시리 *Seriola lalandi* Valenciennes
○방어 *Seriola quinqueradiata* Temminck et Schlegel
○낫잿방어 *Seriola rivoliana* Valenciennes
○매지방어 *Seriolina nigrofasciata* (Rüppell)
○빨판매가리 *Trachinotus baillonii* (Lacépède)
녹줄매가리 *Trachurus declivis* (Jenyes)
○전갱이 *Trachurus japonicus* (Temminck et Schlegel)
○민전갱이 *Uraspis helvola* (Forster)
배불뚝과 Menidae (Moonfishes)
○배불뚝치 *Mene maculata* (Bloch et Schneider)
주둥치과 Leiognathidae (Ponyfishes)
○왜주둥치 *Leiognathus elongatus* (Günther)
○줄무늬주둥치 *Leiognathus fasciatus* (Lacépède)
○주둥치 *Leiognathus nuchalis* (Temminck et Schlegel)
○점주둥치 *Leiognathus rivulatus* (Temminck et Schlegel)
새다래과 Bramidae (Pomfrets)
○새다래 *Brama japonica* Hilgendorf
벤텐어 *Pteraclis aesticola* (Jordan et Snyder)
○타락치 *Taractes asper* Lowe
선홍치과 Emmelichthyidae (Rovers)
양초선홍치 *Emmelichthys struhsakeri* Heemstra et Randall
○선홍치 *Erythrocles schlegelii* (Richardson)
퉁돔과 Lutjanidae (Snappers)
꼬리돔 *Etelis carbunculus* Cuvier
무늬퉁돔 *Lutjanus monostigma* (Cuvier)

○물퉁돔 *Lutjanus rivulatus* (Cuvier)
○점퉁돔 *Lutjanus russelli* (Bleeker)
○동갈퉁돔 *Lutjanus vitta* (Quoy et Gaimard)
○황등어 *Paracaesio xanthura* (Bleeker)
○자붉돔 *Pristipomoides sieboldii* (Bleeker)
　세줄가는돔 *Pterocaesio trilineata* Carpenter
백미돔과 Lobotidae (Triple tails)
○백미돔 *Lobotes surinamensis* (Bloch)
게레치과 Gerreidae (Mojarras)
　비늘게레치 *Gerres japonicus* Bleeker
○게레치 *Gerres oyena* (Forsskål)
하스돔과 Haemulidae (Grunts)
○눈퉁군펭선 *Hapalogenys kishinouyei* Smith et Pope
○군펭선이 *Hapalogenys mucronatus* (Eydoux et Souleyet)
　꼽새돔 *Hapalogenys nigripinnis* (Temminck et Schlegel)
○동갈돗돔 *Hapalogenys nitens* Richardson
○벤자리 *Parapristipoma trilineatum* (Thunberg)
○어름돔 *Plectorhinchus cinctus* (Temminck et Schlegel)
○청황돔 *Plectorhinchus pictus* (Valenciennes)
○하스돔 *Pomadasys argenteus* (Forsskål)
도미과 Sparidae (Sea breams, porgies)
○새눈치 *Acanthopagrus latus* (Houttuyn)
○감성돔 *Acanthopagrus schlegeli* (Bleeker)
　실붉돔 *Argyrops bleekeri* Oshima
○황돔 *Dentex tumifrons* (Temminck et Schlegel)
　녹줄돔 *Evynnis cardinalis* (Laépède)
○붉돔 *Evynnis japonica* Tanaka
○참돔 *Pagrus major* (Temminck et Schlegel)
　청돔 *Sparus sarba* (Temminck et Schlegel)
갈돔과 Lethrinidae (Emperors, emperor breams)
○까치돔 *Gymnocranius griseus* (Temminck et Schlegel)
○줄갈돔 *Lethrinus genivittatus* Valenciennes
○구갈돔 *Lethrinus haematopterus* Temminck et Schlegel
● 점갈돔 *Lethrinus harak* (Forsskål) (가칭)
○갈돔 *Lethrinus nebulosus* (Forsskål)
실꼬리돔과 Nemipteridae (Threadfin breams)
○긴실꼬리돔 *Nemipterus bathybius* Snyder
　황줄실꼬리돔 *Nemipterus japonicus* (Bloch)
○실꼬리돔 *Nemipterus virgatus* (Houttuyn)
○네동가리 *Parascolopsis inermis* (Temminck et Schlegel)
　노랑줄돔 *Pentapodus nagasakiensis* (Tanaka)
날가지숭어과 Polynemidae (Threadfins)
　네날가지 *Eleutheronema tetradactylum* (Shaw)
　날가지숭어 *Polydactylus plebeius* (Broussonet)
　흑점날가지 *Polydactylus sextarius* (Bloch et Schneider)
민어과 Sciaenidae (Croakers, drums)
○보구치 *Argyrosomus argentatus* (Houttuyn)
　흑조기 *Atrobucca nibe* (Jordan et Thompson)
○황강달이 *Collichthys lucidus* (Richardson)
　눈강달이 *Collichthys niveatus* Jordan et Starks
○민태 *Johnius belengerii* (Cuvier)
　라강달이 *Larmichthys rathbunae* Jordan et Starks
○민어 *Miichthys miiuy* (Basilewsky)
○수조기 *Nibea albiflora* (Richardson)
　동갈민어 *Nibea mitsukurii* (Jordan et Snyder)
　꼬마민어 *Protonibea diacanthus* (Laépède)
○부세 *Pseudosciaena crocea* (Richardson)
○참조기 *Pseudosciaena polyactis* Bleeker
촉수과 Mullidae (Goatfishes)
　주황촉수 *Parupeneus chrysopleuron*

(Temminck et Schlegel)
○ 금줄촉수 *Parupeneus ciliatus* (Lacépède)
○ 점촉수 *Parupeneus heptacanthus* (Lacépède)
● 인디안촉수 *Parupeneus indicus* (Shaw) (가칭)
○ 오점촉수 *Parupeneus multifasciatus* (Quoy et Gaimard)
○ 큰점촉수 *Parupeneus pleurostigma* (Bennett)
○ 두줄촉수 *Parupeneus spilurus* (Bleeker)
▲ 남촉수 *Upeneoides pleurotaenia* (Playfair) (금줄촉수의 동종 이명)
○ 노랑촉수 *Upeneus japonicus* (Houttuyn)
○ 노랑줄촉수 *Upeneus moluccensis* (Bleeker)
○ 먹줄촉수 *Upeneus sulphureus* Cuvier

주걱치과 Pempheridae (Sweepers)
  황안어 *Parapriacantus ransonneti* Steindachner
○ 주걱치 *Pempheris japonica* Döderlein

나비고기과 Chaetodontidae (Butterfly fishes)
  부전나비고기 *Chaetodon adiergastos* Seale
○ 가시나비고기 *Chaetodon auriga* Forsskål
  나비고기 *Chaetodon auripes* Jordan et Snyder
  룰나비고기 *Chaetodon lunula* (Lacépède)
○ 세동가리돔 *Chaetodon modestus* Temminck et Schlegel
  나비돔 *Chaetodon nippon* Döderlein
○ 꼬리줄나비고기 *Chaetodon wiebeli* Kaup
  갈색띠돔 *Coradion altivelis* McCulloch
○ 두동가리돔 *Heniochus acuminatus* (Linnaeus)
○ 돛대소 *Heniochus chrysostomus* Cuvier

청줄돔과 Pomacanthidae (Angelfishes)
○ 청줄돔 *Chaetodontoplus septentrionalis* (Temminck et Schlegel)

황줄돔과 Pentacerotidae (Armorheads)
○ 육동가리돔 *Evistias acutirostris* (Temminck et Schlegel)
○ 황줄돔 *Histiopterus typus* Temminck et Schlegel
○ 사자구 *Pentaceros japonicus* Döderlein

황줄깜정이과 Kyphosidae (Sea chubs)
○ 긴꼬리벵에돔 *Girella melanichthys* (Richardson)
○ 양벵에돔 *Girella mezina* Jordan et Starks
○ 벵에돔 *Girella punctata* Gray
  무늬깜정이 *Kyphosus bigibbus* Lacépède
○ 무늬갈돔 *Kyphosus cinerascens* (Forsskål)
○ 황줄깜정이 *Kyphosus vaigiensis* (Quoy et Gaimard)
  황조어 *Labracoglossa argentiventris* Peters
○ 범돔 *Microcanthus strigatus* (Cuvier)

살벤자리과 Teraponidae (Grunters)
○ 줄벤자리 *Rhyncopelates oxyrhynchus* (Temminck et Schlegel)
○ 살벤자리 *Terapon jarbua* (Forsskål)
○ 네줄벤자리 *Terapon theraps* Cuvier

알롱잉어과 Kuhliidae (Flagtails)
  알롱잉어 *Kuhlia marginata* (Cuvier)
  은잉어 *Kuhlia mugil* Bloch et Schneider

돌돔과 Oplegnathidae (Knifejaws)
○ 돌돔 *Oplegnathus fasciatus* (Temminck et Schlegel)
○ 강담돔 *Oplegnathus punctatus* (Temminck et Schlegel)

가시돔과 Cirrhitidae (Hawkfishes)
○ 무늬가시돔 *Cirrhitichthys aprinus* (Cuvier)
  황붉돔 *Cirrhitichthys aureus* (Temminck et Schlegel)

다동가리과 Cheilodactylidae (Morwongs)
○ 여덟동가리 *Goniistius quadricornis* (Günther)
○ 아홉동가리 *Goniistius zonatus* (Cuvier)

홍갈치과 Cepolidae (Bandfishes)
- 점줄홍갈치 *Acanthocepola krusensternii* (Temminck et Schlegel)
- 먹점홍갈치 *Acanthocepola limbata* (Valenciennes)
- 홍갈치 *Cepola schlegeli* (Bleeker)

망상어과 Embiotocidae (Surfperches)
- 망상어 *Ditrema temmincki* Bleeker
  청록망상어 *Ditrema viride* Oshima
- 인상어 *Neoditrema ransonneti* Steindachner

자리돔과 Pomacentridae (Damselfishes)
- 흑줄돔 *Abudefduf bengalensis* (Bloch)
  동갈자돔 *Abudefduf notatus* (Day)
● 검은줄꼬리돔 *Abudefduf sexfasciatus* (Lacepède) (가칭)
- 줄자돔 *Abudefduf sordidus* (Forsskål)
  해포리고기 *Abudefduf vaigiensis* (Quoi et Gaimard)
- 흰동가리 *Amphiprion clarkii* (Bennett)
- 노랑자리돔 *Chromis analis* (Cuvier)
- 연무자리돔 *Chromis fumea* (Tanaka)
- 자리돔 *Chromis notatus* (Temminck et Schlegel)
- 샛별돔 *Dascyllus trimaculatus* (Rüppell)
  점자돔 *Neopomacentrus violascens* (Bleeker)
  파랑줄돔 *Pomacentrus bankanensis* Bleeker
- 파랑돔 *Pomacentrus coelestis* Jordan et Starks
  파랑점자돔 *Pomacentrus nagasakiensis* Tanaka
  살자리돔 *Stegastes altus* (Okada et Ikeda)

놀래기과 Labridae (Wrasses)
  사당놀래기 *Bodianus bilunulatus* (Lacépède)
  얼룩사당놀래기 *Bodianus diana* (Lacépède)
- 사랑놀래기 *Bodianus oxycephalus* (Bleeker)
  꼬치놀래기 *Cheilio inermis* (Forsskål)
- 호박돔 *Choerodon azurio* (Jordan et Snyder)
  실용치 *Cirrhilabrus temminckii* Bleeker
- 용치놀래기 *Halichoeres poecilopterus* (Temminck et Schlegel)
- 놀래기 *Halichoeres tenuispinnis* Günther
- 청줄청소놀래기 *Labroides dimidiatus* (Valenciennes)
  은하수놀래기 *Macropharyngodon negrosensis* Herre
- 황놀래기 *Pseudolabrus japonicus* (Houttuyn)
- 어렝놀래기 *Pteragogus flagellifer* (Valenciennes)
- 혹돔 *Semicossyphus reticulatus* (Valenciennes)
  무지개놀래기 *Stethojulis interrupta terina* Jordan et Snyder
  실놀래기 *Suezichthys gracilis* (Steindachner)
- 고생놀래기 *Thalassoma cupido* (Temminck et Schlegel)
- 녹색물결놀래기 *Thalassoma lunare* (Linnaeus)
  비단놀래기 *Thalassoma purpureum* (Forsskål)
  옥두놀래기 *Xyrichtys dea* Temminck et Schlegel

파랑비늘돔과 Scaridae (Parrotfishes)
  비늘돔 *Calotomus japonicus* (Valenciennes)
  파랑비늘돔 *Scarus ovifrons* Temminck et Schlegel

바닥가시치과 Bathymasteridae (Ronquils)
  바닥가시치 *Bathymaster derjugini* Lindberg

등가시치과 Zoarcidae (Eelpouts)
- 청자갈치 *Allolepis hollandi* Jordan et Hubbs
  문자갈치 *Davidijordania poecilimon* (Jordan et Fowler)

자갈치 *Gymnelopsis brashnikovi* Soldatov
먹갈치 *Lycodes nakamurai* (Tanaka)
○벌레문치 *Lycodes tanakai* Jordan et Thompson
○칠성갈치 *Petroschmidtia toyamensis* Katayama
○등가시치 *Zoarces gilli* Jordan et Starks
장갱이과 Stichaeidae (Pricklebacks)
○벼슬베도라치 *Alectrias benjamini* Jordan et Snyder
큰눈등가시치 *Anisarchus macrops* (Matsubara et Ochiai)
○얼룩괴도라치 *Ascoldia variegata knipowitschi* Soldatov
송곳니베도라치 *Bryozoichthys lysimus* (Jordan et Snyder)
○괴도라치 *Chirolophis japonicus* Herzenstein
○꽃송이괴도라치 *Chirolophis snyderi* (Taranetz)
○왜도라치 *Chirolophis wui* (Wang et Wang)
○그물베도라치 *Dictyosoma burgeri* Van der Hoeven
○황점베도라치 *Dictyosoma rubrimaculatum* Yatsu, Yasuda et Yaki
○세줄베도라치 *Ernogrammus hexagrammus* (Temminck et Schlegel)
○가시베도라치 *Lumpenella longirostris* (Evermann et Goldsborough)
○장어베도라치 *Lumpenus sagitta* Wilimovsky
얼룩가시치 *Neozoarces pulcher* Steindachner
○참육점날개 *Opisthocentrus ocellatus* (Tilesius)
○둥근점육점날개 *Opisthocentrus tenuis* Bean et Bean
○육점날개 *Opisthocentrus zonope* Jordan et Snyder
○큰줄베도라치 *Stichaeopsis epallax* (Jordan et Snyder)
○장갱이 *Stichaeus grigorjewi* Herzenstein
실베도라치 *Zoarchias aculeatus* (Basilewsky)
민베도라치 *Zoarchias glaber* Tanaka
우베도라치 *Zoarchias uchidai* Matsubara
황줄베도라치과 Pholididae (Gunnels)
○점베도라치 *Pholis crassispina* (Temminck et Schlegel)
○흰베도라치 *Pholis fangi* (Wang et Wang)
○베도라치 *Pholis nebulosa* (Temminck et Schlegel)
오색베도라치 *Pholis ornatus* (Girard)
○황줄베도라치 *Rhodymenichthys dolichogaster* (Pallas)
악어치과 Champsodontidae (Gapers)
악어치 *Champsodon snyderi* Franz
도루묵과 Trichodontidae (Sandfishes)
○도루묵 *Arctoscopus japonicus* (Steindachner)
양동미리과 Pinguipedidae (Sandperches)
황쌍동가리 *Parapercis aurantica* Döderlein
노랑열동가리 *Parapercis decemfasciata* (Franz)
○열쌍동가리 *Parapercis multifasciata* Döderlein
눈동미리 *Parapercis pulchella* (Temminck et Schlegel)
○쌍동가리 *Parapercis sexfasciata* (Temminck et Schlegel)
동미리 *Parapercis snyderi* Jordan et Snyder
꼬리점눈퉁이과 Percophidae (Duckbills, flatheads)
꼬리점눈퉁이 *Bembrops caudimacula* Steindachner
○줄굽은눈퉁이 *Bembrops curvatura* Okada

et Suzuki
수염동미리 *Spinapsaron barbatum* Okamura et Kishida
까나리과 Ammodytidae (Sand lances)
○까나리 *Ammodytes personatus* Girard
통구멍과 Uranoscopidae (Stargazers)
○큰무늬통구멍 *Ichthyscopus lebeck sannio* Whitley
○통구멩이 *Uranoscopus bicinctus* Temminck et Schlegel
○민통구멍 *Uranoscopus chinensis* Guichenot
○얼룩통구멍 *Uranoscopus japonicus* Houttuyn
○비늘통구멍 *Uranoscopus tosae* (Jordan et Hubbs)
○푸렁통구멍 *Xenocephalus elongatus* (Temminck et Schlegel)
먹도라치과 Tripterygiidae (Triplefins)
○가막베도라치 *Enneapterygius etheostomus* (Jordan et Seale)
검정베도라치 *Enneapterygius hemimelas* (Kner et Steindachner)
청황베도라치 *Springerichthys bapturus* (Jordan et Snyder)
비늘베도라치과 Labrisomidae (Labrisomids)
비늘베도라치 *Neoclinus bryope* (Jordan et Snyder)
청베도라치과 Blenniidae (Combtooth blennies)
노랑꼬리베도라치 *Ecsenius namiyei* (Jordan et Evermann)
○저울베도라치 *Entomacrodus stellifer stellifer* (Jordan et Snyder)
○대강베도라치 *Istiblennius enosimae* (Jordan et Snyder)
이끼베도라치 *Neoclinus bryope* (Jordan et Snyder)
○앞동갈베도라치 *Omobranchus elegans* (Steindachner)
○골베도라치 *Omobranchus punctatus* (Valenciennes)
○청베도라치 *Parablennius yatabei* (Jordan et Snyder)
○두줄베도라치 *Petroscirtes breviceps* (Valenciennes)
○개베도라치 *Petroscirtes variabilis* Cantor
청줄베도라치 *Plagiotremus rhinorhynchos* (Bleeker)
학치과 Gobiesocidae (Clingfishes)
황학치 *Aspasmichthys ciconiae* (Jordan et Fowler)
돛양태과 Callionymidae (Dragonets)
남방돛양태 *Bathycallionymus kaianus* (Günther)
○꽁지양태 *Calliurichthys japonicus* (Houttuyn)
○민양태 *Eleutherochir mirabilis* (Snyder)
○도화양태 *Foetorepus altivelis* (Temminck et Schlegel)
알롱양태 *Neosynchiropus morrisoni* (Schultz)
○날돛양태 *Repomucenus beniteguri* (Jordan et Snyder)
○동갈양태 *Repomucenus curvicornis* (Valenciennes)
춤양태 *Repomucenus huguenini* (Bleeker)
참돛양태 *Repomucenus koreannus* Nakabo, Jeon et Li
흰점양태 *Repomucenus leucopoecilus* (Fricke et Lee)
돛양태 *Repomucenus lunatus* (Temminck et Schlegel)
○강주걱양태 *Repomucenus olidus* (Günther)
○꽃돛양태 *Repomucenus ornatipinnis* (Regan)

참주걱양태 *Repomucenus sagitta* (Pallas)
○실양태 *Repomucenus valenciennei* (Temminck et Schlegel)
○망토돛양태 *Repomucenus virgis* (Jordan et Fowler)
망둑어과 Gobiidae (Gobies)
○왜풀망둑 *Acanthogobius elongata* (Ni et Wu)
○문절망둑 *Acanthogobius flavimanus* (Temminck et Schlegel)
○흰발망둑 *Acanthogobius lactipes* (Hilgendorf)
비늘흰발망둑 *Acanthogobius luridus* Ni et Wu
점줄망둑 *Acentrogobius pellidebilis* Lee et Kim
○줄망둑 *Acentrogobius pflaumi* (Bleeker)
숨이망둑 *Apocryptodon punctatus* Tomiyama
무늬망둑 *Bathygobius fuscus* (Rüppell)
○짱뚱어 *Boleophthalmus pectinirostris* (Linnaeus)
○날망둑 *Chaenogobius castaneus* (O'shaughnessy)
살망둑 *Chaenogobius heptacanthus* (Hilgendorf)
○얼룩망둑 *Chaenogobius mororanus* (Jordan et Snyder)
○도화망둑 *Chaeturichthys hexanema* Bleeker
수염문절 *Chaeturichthys sciistius* Jordan et Snyder
○쉬쉬망둑 *Chaeturichthys stigmatias* Richardson
○점망둑 *Chasmichthys dolichognathus* (Hilgendorf)
○별망둑 *Chasmichthys gulosus* (Guichenot)
○실망둑 *Cryptocentrus filifer* (Valenciennes)
○빨갱이 *Ctenotrypauchen microcephalus* (Bleeker)
○댕기망둑 *Eutaeniichthys gilli* Jordan et Snyder
풀비늘망둑 *Eviota abax* (Jordan et Snyder)
○두건망둑 *Eviota epiphanes* Jenkins
○날개망둑 *Favonigobius gymnauchen* (Bleeker)
○사자코망둑 *Istigobius campbelli* (Jordan et Snyder)
○비단망둑 *Istigobius hoshinonis* (Tanaka)
○사백어 *Leucopsarion petersii* Hilgendorf
오셀망둑 *Lophogobius ocellicauda* Günther
큰미끈망둑 *Luciogobius grandis* Arai
○미끈망둑 *Luciogobius guttatus* Gill
꼬마망둑 *Luciogobius koma* (Snyder)
왜미끈망둑 *Luciogobius saikaiensis* Dótu
○모치망둑 *Mugilogobius abei* (Jordan et Snyder)
제주모치망둑 *Mugilogobius fontinalis* (Jordan et Seale)
○큰볏말뚝망둥어 *Periophthalmus magnuspinnatus* Lee, Choi et Ryu
○말뚝망둥어 *Periophthalmus modestus* Cantor
흰동갈망둑 *Priolepis boreus* (Snyder)
○일곱동갈망둑 *Pterogobius elapoides* (Günther)
○금줄망둑 *Pterogobius virgo* (Temminck et Schlegel)
○다섯동갈망둑 *Pterogobius zacalles* Jordan et Snyder
○흰줄망둑 *Pterogobius zonoleucus* Jordan et Snyder
○바닥문절 *Sagamia genetonema* (Hilgendorf)

- 남방짱뚱어 *Scartelaos* sp.
- 풀망둑 *Synechogobius hasta* (Temminck et Schlegel)

꽃개소겡 *Taenioides cirratus* (Blyth)
- 개소겡 *Taenioides rubicundus* (Hamilton)
- 아작망둑 *Tridentiger barbatus* (Günther)

민물두줄망둑 *Tridentiger bifasciatus* Steindachner
- 황줄망둑 *Tridentiger nudicervicus* Tomiyama
- 검정망둑 *Tridentiger obscurus* (Temminck et Schlegel)
- 두줄망둑 *Tridentiger trigonocephalus* (Gill)
- 꼬마줄망둑 *Trimma grammistes* (Tomiyama)

청황문절과 Microdesmidae (Wormfishes, dartfishes)

꼬마청황 *Parioglossus dotui* Tomiyama

청황문절 *Ptereleotris hanae* (Jordan et Starks)

흑꼬리청황문절 *Ptereleotris heteroptera* (Bleeker)

활치과 Ephippidae (Spadefishes)
- 초승제비활치 *Platax boersii* Bleeker

제비활치 *Platax pinnatus* (Linnaeus)

깃털제비활치 *Platax teira* (Forsskål)

납작돔과 Scatophagidae (Scats)
- 납작돔 *Scatophagus argus* (Linnaeus)

독가시치과 Siganidae (Rabbitfishes)

관독가시치 *Siganus canaliculatus* (Houttuyn)
- 독가시치 *Siganus fuscescens* (Houttuyn)

깃대돔과 Zanclidae (Moorish idols)
- 깃대돔 *Zanclus cornutus* (Linnaeus)

양쥐돔과 Acanthuridae (Surgeonfishes)
- 큰뿔표문쥐치 *Naso brevirostris* (Valenciennes)

제주표문쥐치 *Naso lituratus* (Schneider)
- 표문쥐치 *Naso unicornis* (Forsskål)
- 쥐돔 *Prionurus scalprum* Valenciennes

꼬치고기과 Sphyraenidae (Barracudas)
- 애꼬치 *Sphyraena japonica* Cuvier
- 창꼬치 *Sphyraena obtusata* Cuvier
- 꼬치고기 *Sphyraena pinguis* Günther

갈치꼬치과 Gempylidae (Snake mackerels)
- 통치 *Rexea prometheoides* (Bleeker)

갈치과 Trichiuridae (Cutlassfishes)

붕동갈치 *Assurger anzac* (Alexander)

분장어 *Eupleurogrammus muticus* (Gray)

동동갈치 *Evoxymetopon taeniatus* Poey
- 갈치 *Trichiurus lepturus* Linnaeus

고등어과 Scombridae (Mackerel, tunas)
- 꼬치삼치 *Acanthocybium solandri* (Cuvier)
- 몽치다래 *Auxis rochei* (Risso)

물치다래 *Auxis thazard* (Lacépède)
- 점다랑어 *Euthynnus affinis* (Cantor)
- 가다랑어 *Katsuwonus pelamis* (Linnaeus)
- 줄삼치 *Sarda orientalis* (Temminck et Schlegel)
- 망치고등어 *Scomber australasicus* Cuvier
- 고등어 *Scomber japonicus* Houttuyn

동갈삼치 *Scomberomorus commerson* (Lacépède)
- 평삼치 *Scomberomorus koreanus* (Kishinouye)
- 삼치 *Scomberomorus niphonius* (Cuvier)

재방어 *Scomberomorus sinensis* (Lacépède)
- 날개다랑어 *Thunnus alalunga* (Bonnaterre)
- 황다랑어 *Thunnus albacares* (Bonnaterre)
- 눈다랑어 *Thunnus obesus* (Lowe)
- 참다랑어 *Thunnus orientalis* (Temminck et Schlegel)
- 백다랑어 *Thunnus tonggol* (Bleeker)

황새치과 Xiphiidae (Billfishes, swordfishes)

○돛새치 *Istiophorus platypterus* (Shaw et Nodder)
백새치 *Makaira indica* (Cuvier)
○녹새치 *Makaira mazara* (Jordan et Snyder)
○청새치 *Tetrapturus audax* (Philippi)
○황새치 *Xiphias gladius* Linnaeus
샛돔과 Centrolophidae (Medusa fishes)
○연어병치 *Hyperoglyphe japonica* (Dëderlein)
○샛돔 *Psenopsis anomala* (Temminck et Schlegel)
노메치과 Nomeidae (Driftfishes)
○동강연치 *Cubiceps squamiceps* (Lloyd)
물릉돔 *Psenes pellucidus* Lütken
보라기름눈돔과 Ariommatidae (Eyebrowfishes)
○보라기름눈돔 *Ariomma indica* (Day)
병어과 Stromateidae (Butterfishes)
○병어 *Pampus argenteus* (Euphrasen)
○중국병어 *Pampus chinensisi* (Euphrasen)
○덕대 *Pampus echinogaster* (Basilewsky)

가자미목 Pleuronectiformes
풀넙치과 Citharidae (Citharids)
○풀넙치 *Citharoides macrolepidotus* Hubbs
둥글넙치과 Bothidae (Lefteye flounders)
목탁가자미 *Arnoglossus japonicus* Hubbs
○별목탁가자미 *Bothus myriaster* (Temminck et Schlegel)
○고베둥글넙치 *Crossorhombus kobensis* (Jordan et Starks)
○흰비늘가자미 *Laeops kitaharae* (Smith et Pope)
○긴가자미 *Parabothus kiensis* (Tanaka)
○동백가자미 *Psettina iijimae* (Jordan et Starks)
넙치과 Paralichthyidae (Bastard halibuts)

○넙치 *Paralichthys olivaceus* (Temminck et Schlegel)
○별넙치 *Pseudorhombus cinnamoneus* (Temminck et Schlegel)
○점넙치 *Pseudorhombus pentophthalmus* Günther
왜넙치 *Tarphops oligolepis* (Bleeker)
가자미과 Pleuronectidae (Right eye flounder)
○가시가자미 *Acanthopsetta nadeshnyi* Schmidt
○줄가자미 *Clidoderma asperrimum* (Temminck et Schlegel)
○눈가자미 *Dexistes rikuzenius* Jordan et Starks
○물가자미 *Eopsetta grigorjewi* (Herzenstein)
○기름가자미 *Glyptocephalus stelleri* (Schmidt)
○홍가자미 *Hippoglossoides dubius* Schmidt
○용가자미 *Hippoglossoides pinetorum* (Jordan et Starks)
○돌가자미 *Kareius bicoloratus* (Basilewsky)
○찰가자미 *Microstomus achne* (Jordan et Starks)
○강도다리 *Platichthys stellatus* (Pallas)
○각시가자미 *Pleuronectes asper* Pallas
○까지가자미 *Pleuronectes bilineatus* (Ayres)
○참가자미 *Pleuronectes herzensteini* (Jordan et Snyder)
○술봉가자미 *Pleuronectes mochigarei* (Snyder)
○감성가자미 *Pleuronectes obscurus* Herzenstein
○뿔가자미 *Pleuronectes quadrituberculatus* Pallas
○호수가자미 *Pleuronectes pinnifasciatus* Kner
○층거리가자미 *Pleuronectes punctatissimus* (Steindachner)

- 점가자미 *Pleuronectes schrenki* (Schmidt)
- 문치가자미 *Pleuronectes yokohamae* (Günther)
- 도다리 *Pleuronichthys cornutus* (Temminck et Schlegel)
  흘림도다리 *Pleuronichthys* sp.
  좌대가자미 *Poecilopsetta plinthus* (Jordan et Starks)
- 갈가자미 *Tanakius kitaharai* (Jordan et Starks)
- 노랑가자미 *Verasper moseri* Jordan et Gilbert
- 범가자미 *Verasper variegatus* (Temminck et Schlegel)

납서대과 Soleidae (Soles)
- 뿔서대 *Aesopia cornuta* Kaup
- 동서대 *Aseraggodes kobensis* (Steindachner)
- 납서대 *Heteromycteris japonica* (Temminck et Schlegel)
- 각시서대 *Pseudaesopia japonica* (Bleeker)
- 노랑각시서대 *Zebrias fasciatus* (Basilewsky)
  궁제기서대 *Zebrias zebra* (Schneider)

참서대과 Cynoglossidae
- 용서대 *Cynoglossus abbreviatus* (Gray)
  물서대 *Cynoglossus gracilis* Günther
- 칠서대 *Cynoglossus interrptus* Günther
- 참서대 *Cynoglossus joyneri* Günther
- 개서대 *Cynoglossus robustus* Günther
- 박대 *Cynoglossus semilaevis* Günther
- 흑대기 *Paraplagusia japonica* (Temminck et Schlegel)
  보섭서대 *Symphurus orientalis* (Bleeker)

복어목 Tetraodontiformes
분홍치과 Triacanthodidae (Spikefishes)
- ● 나팔쥐치 *Macrorhamphosodes uradoi* (Kamohara) (가칭)
- 분홍쥐치 *Triacanthodes anomalus* (Temminck et Schlegel)

은비늘치과 Triacanthidae (Triplespines)
- 은비늘치 *Triacanthus biaculeatus* (Bloch)

쥐치복과 Balistidae (Triggerfishes)
  가는꼬리쥐치 *Abalistes stellaris* (Bloch et Schneider)
- 파랑쥐치 *Balistoides conspicillum* (Schneider)
- 무늬쥐치 *Canthidermis maculatus* (Bloch)
- 황록쥐치 *Pseudobalistes flavimarginatus* (Rüppell)
- 배주름쥐치 *Rhinecanthus aculeatus* (Linnaeus)
  갈쥐치 *Sufflamen fraenatus* (Latreille)

쥐치과 Monacanthidae (Filefishes)
- 객주리 *Aluterus monoceros* (Linnaeus)
- 날개쥐치 *Aluterus scriptus* (Osbeck)
  흑백쥐치 *Cantherhines dumerilii* (Hollard)
- 가시쥐치 *Chaetodermis penicilligerus* (Cuvier)
  톱쥐치 *Paraluteres prionurus* (Bleeker)
  새앙쥐치 *Paramonacanthus japonicus* (Tilesius)
- 물각쥐치 *Pseudalutarius nasicornis* (Temminck et Schlegel)
- 그물코쥐치 *Rudarius ercodes* Jordan et Fowler
- 쥐치 *Stephanolepis cirrhifer* (Temminck et Schlegel)
- 별쥐치 *Thamnaconus hypargyreus* (Cope)
- 말쥐치 *Thamnaconus modestus* (Günther)

거북복과 Ostraciidae (Boxfishes)
  육각복 *Kentrocapros aculeatus* (Houttuyn)
- 뿔복 *Lactoria cornuta* (Linnaeus)
- 노랑거북복 *Ostracion cubicus* Linnaeus

○거북복 *Ostracion immaculatus* Temminck et Schlegel
불뚝복과 Triodontidae (Three-toothed puffers)
○불뚝복 *Triodon macropterus* Lesson
참복과 Tetraodontidae (Puffers)
○흰점꺼끌복 *Arothron hispidus* (Linnaeus)
○흑점꺼끌복 *Arothron nigropunctatus* (Schneider)
○꺼끌복 *Arothron stellatus* (Bloch et Schneider)
○별복 *Arothron firmamentum* (Temminck et Schlegel)
○청복 *Canthigaster rivulata* (Temminck et Schlegel)
첼로복 *Chelonodon patoca* (Hamilton)
수지복 *Ephippion guttifer* (Bennett)
줄무늬복 *Feroxodon multistriatus* (Richardson)
○흑밀복 *Lagocephalus gloveri* Abe et Tabeta
○민밀복 *Lagocephalus inermis* (Temminck et Schlegel)
은민밀복 *Lagocephalus laevigatus* (Linnaeus)
●청밀복 *Lagocephalus lagocephalus oceanicus* Jordan et Evermann (가칭)
○밀복 *Lagocephalus lunaris* (Bloch et Schneider)
은띠복 *Lagocephalus sceleratus* (Gmelin)
○은밀복 *Lagocephalus wheeleri* Abe, Tabeta et Kitahama
○불룩복 *Sphoeroides pachygaster* (Müller et Troschel)
○황해흰점복 *Takifugu alboplumbeus* (Richardson)
바실복 *Takifugu basilewskianus* (Basilewsky)
두점박이복 *Takifugu bimaculatus* Richardson
○참복 *Takifugu chinensis* (Abe)
○눈불개복 *Takifugu chrysops* (Hilgendorf)
○황점복 *Takifugu flavidus* (Li, Wang et Wang)
○복섬 *Takifugu niphobles* (Jordan et Snyder)
○황복 *Takifugu obscurus* (Abe)
○졸복 *Takifugu pardalis* (Temminck et Schlegel)
○흰점복 *Takifugu poecilonotus* (Temminck et Schlegel)
○검복 *Takifugu porphyreus* (Temminck et Schlegel)
○흰점참복 *Takifugu pseudommus* (Chu)
망복 *Takifugu reticularis* (Tien, Chen et Wang)
○자주복 *Takifugu rubripes* (Temminck et Schlegel)
○매리복 *Takifugu snyderi* (Abe)
까치국매리복 *Takifugu* sp.
○까칠복 *Takifugu stictonotus* (Temminck et Schlegel)
○국매리복 *Takifugu vermicularis* (Temminck et Schlegel)
○까치복 *Takifugu xanthopterus* (Temminck et Schlegel)
가시복과 Diodontidae (Porcupine fishes)
강담복 *Chilomycterus reticulatus* (Linnaeus)
○가시복 *Diodon holocanthus* Linnaeus
개복치과 Molidae (Molas)
물개복치 *Masturus lanceolatus* (Liénard)
○개복치 *Mola mola* (Linnaeus)

학명 찾아보기

A

Ablennes hians • 127
Abudefduf bengalensis • 395
Abudefduf sexfasciatus • 396
Abudefduf sordidus • 396
Abudefduf vaigiensis • 396
Acanthocepola krusensternii • 390
Acanthocepola limbata • 391
Acanthocybium solandri • 500
Acanthogobius elongata • 460
Acanthogobius flavimanus • 461
Acanthogobius lactipes • 462
Acanthopagrus latus • 336
Acanthopagrus schlegeli • 337
Acanthopsetta nadeshnyi • 529
Acentrogobius pflaumi • 462
Acipenser sinensis • 68
Acropoma japonicum • 257
Aesopia cornuta • 546
Alcichthys elongatus • 201
Alectis ciliaris • 299
Alectrias benjamini • 420
Allolepis hollandi • 416
Alopias pelagicus • 38
Alopias vulpinus • 38
Aluterus monoceros • 562
Aluterus scriptus • 563
Ammodytes personatus • 439
Amphiprion clarkii • 398
Anago anago • 76
Anguilla japonica • 70
Anoplagonus occidentalis • 227
Antennarius hispidus • 117
Antennarius striatus • 118
Antigonia capros • 138
Apistus carinatus • 150
Apogon carinatus • 284
Apogon doederleini • 285
Apogon kiensis • 286
Apogon niger • 286
Apogon notatus • 287
Apogon semilineatus • 288
Aptocyclus ventricosus • 245
Arctoscopus japonicus • 435
Argyrosomus argentatus • 349
Ariomma indica • 517
Ariosoma anagoides • 76
Ariosoma shiroanago major • 76
Ariosoma shiroanago shiroanago • 76
Arius maculatus • 90
Arothron firmamentum • 577
Arothron hispidus • 574
Arothron nigropunctatus • 575
Arothron stellatus • 576
Ascoldia variegata knipowitschi • 421
Aseraggodes kobensis • 547
Assurger anzac • 499
Atherion elymus • 126
Aulichthys japonicus • 140
Aulopus japonicus • 100
Auxis rochei • 501
Auxis thazard • 501

B

Balistoides conspicillum • 558
Banjos banjos • 279
Bathyraja bergi • 56
Bathyraja isotrachys • 57
Bembras japonica • 191
Bembrops caudimacula • 438
Bembrops curvatura • 438
Benthosema pterotum • 107
Bero elegans • 202
Beryx decadactylus • 134
Blepsias bilobus • 224
Blepsias cirrhosus • 225
Bodianus oxycephalus • 404
Boleophthalmus pectinirostris • 463
Bothus myriaster • 522
Brachyopsis rostratua • 228
Brama japonica • 319
Branchiostegus albus • 291
Branchiostegus argentatus • 292
Branchiostegus auratus • 292
Branchiostegus japonicus • 292

C

Caelorinchus japonicus • 111
Caelorinchus longissimus • 111
Caelorinchus multispinulosus • 111
Calliurichthys japonicus • 453
Canthidermis maculatus • 559
Canthigaster rivulata • 578
Caprodon schlegelii • 262
Carangoides ferdau • 300
Carangoides orthogramms • 300
Carangoides uii • 300
Caranx bucculentus • 301
Caranx sexfasciatus • 301
Carcharhinus brachyurus • 32
Carcharhinus dussumieri • 33
Carcharhinus sorrah • 33
Carcharodon carcharias • 40
Careproctus rastrinus • 248
Cephaloscyllium umbratile • 26
Cepola schlegeli • 392
Cetorhinus maximus • 39
Chaenogobius castaneus • 464
Chaenogobius mororanus • 464
Chaetodermis penicilligerus • 564
Chaetodon adiergastos • 367
Chaetodon auripes • 367
Chaetodon auriga • 365
Chaetodon lunula • 367
Chaetodon modestus • 366
Chaetodon wiebeli • 367
Chaetodontoplus septentrionalis • 370
Chaeturichthys hexanema • 465
Chaeturichthys stigmatias • 466
Chanos chanos • 87
Chasmichthys dolichognathus • 466
Chasmichthys gulosus • 467
Chaunax abei • 120
Chelidonichthys spinosus • 183
Chelidoperca hirundinacea • 263
Chelon haematocheilus • 124
Chiloscyllium plagiosum • 24
Chimaera phantasma • 20
Chirolophis japonicus • 422
Chirolophis snyderi • 422
Chirolophis wui • 423
Chlorophthalmus acutifrons • 101
Chlorophthalmus albatrossis • 101
Choerodon azurio • 405

Chromis analis • 399
Chromis fumea • 400
Chromis notatus • 401
Cirrhitichthys aprinus • 387
Citharoides macrolepidotus • 521
Clidoderma asperrimum • 530
Chlorophthalmus albatrossis • 101
Clupanodon thrissa • 84
Clupea pallasii • 82
Cociella crocodila • 193
Coilia nasus • 78
Collichthys lucidus • 350
Collichthys niveatus • 350
Cololabis saira • 128
Conger myriaster • 76
Cookeolus japonicus • 281
Coryphaena equiselis • 297
Coryphaena hippurus • 298
Cottiusculus gonez • 203
Cottiusculus schmidti • 203
Crossorhombus kobensis • 523
Cryptocentrus filifer • 468
Crystallichthys matsushimae • 249
Ctenotrypauchen microcephalus • 468
Cubiceps squamiceps • 516
Cynoglossus abbreviatus • 550
Cynoglossus interrptus • 551
Cynoglossus joyneri • 552
Cynoglossus robustus • 552
Cynoglossus semilaevis • 553
Cypselurus agoo agoo • 129
Cypselurus hiraii • 130
Cypselurus poecilopterus • 129

D

Dactyloptena orientalis • 149

Daicocus peterseni • 149
Danichthys rondeletii • 129
Dascyllus trimaculatus • 402
Dasyatis akajei • 63
Dasycottus setiger • 240
Decapterus akaadsi • 302
Decapterus macarellus • 302
Decapterus macrosoma • 302
Decapterus maruadsi • 302
Decapterus muroadsi • 302
Decapterus tabl • 302
Dentex tumifrons • 338
Dexistes rikuzenius • 530
Dictyosoma burgeri • 424
Dictyosoma rubrimaculatum • 424
Diodon holocanthus • 594
Diploprion bifasciatum • 264
Dipturus kwangtungensis • 58
Ditrema temmincki • 393
Ditrema viride • 393
Doederleinia berycoides • 258

E

Echeneis naucrates • 294
Elagatis bipinnulata • 303
Eleginus gracilis • 113
Eleutherochir mirabilis • 454
Elops hawaiensis • 69
Emmelichthys struhsakeri • 321
Engraulis japonicus • 79
Enneapterygius etheostomus • 446
Enophrys diceraus • 204
Entomacrodus stellifer • 447
Eopsetta grigorjewi • 531
Epinephelus akaara • 265
Epinephelus awoara • 266

Epinephelus bruneus • 267
Epinephelus epistictus • 268
Epinephelus fasciatus • 269
Epinephelus latifasciatus • 270
Epinephelus megachir • 271
Epinephelus septemfasciatus • 272
Eptatretus burgeri • 18
Ernogrammus hexagrammus • 425
Erythrocles schlegelii • 321
Etmopterus lucifer • 45
Eumicrotremus birulai • 246
Eumicrotremus orbis • 246
Eumicrotremus pacificus • 247
Eupleurogrammus muticus • 499
Eurymen gyrinus • 241
Eutaeniichthys gilli • 469
Euthynnus affinis • 502
Eviota epiphanes • 470
Evistias acutirostris • 372
Evoxymetopon taeniatus • 499
Evynnis japonica • 339
Exocoetus volitans • 129

Favonigobius gymnauchen • 470
Fistularia commersonii • 147
Fistularia petimba • 147
Foetorepus altivelis • 454
Freemanichthys thompsoni • 229
Furcina ishikawae • 205
Furcina osimae • 206

Gadus macrocephalus • 114
Galeocerdo cuvier • 34
Gerres japonicus • 328
Gerres oyena • 328

Girella melanichthys • 375
Girella mezina • 376
Girella punctata • 377
Glyptocephalus stelleri • 532
Gnathophis nystromi • 77
Goniistius quadricornis • 388
Goniistius zonatus • 389
Gonorynchus abbreviatus • 88
Gymnocanthus herzensteini • 207
Gymnocanthus intermedius • 207
Gymnocanthus pistilliger • 208
Gymnocranius griseus • 341
Gymnothorax albimarginatus • 72
Gymnothorax isingteena • 71
Gymnothorax kidako • 72
Gymnothorax mieroszewskii • 72
Gymnothorax reticularis • 72
Gymnura japonica • 65

Halaelurus buergeri • 27
Halichoeres poecilopterus • 406
Halichoeres tenuispinnis • 408
Halieutaea fumosa • 121
Halieutaea stellata • 122
Hapalogenys kishinouyei • 329
Hapalogenys mucronatus • 330
Hapalogenys nitens • 331
Harpadon nehereus • 102
Helicolenus hilgendorfi • 151
Hemilepidotus gilberti • 209
Hemisalanx prognathus • 95
Hemitriakis japonica • 29
Hemitripterus villosus • 226
Heniochus acuminatus • 368
Heniochus chrysostomus • 369

Heptranchias perlo • 43
Heterodontus japonicus • 21
Heterodontus zebra • 22
Heteromycteris japonica • 548
Heteropriacanthus cruentatus • 280
Hexagrammos agrammus • 197
Hexagrammos octogrammus • 198
Hexagrammos otakii • 199
Hippocampus coronatus • 141
Hippocampus histrix • 142
Hippocampus japonicus • 143
Hippocampus kuda • 144
Hippocampus trimaculata • 145
Hippoglossoides dubius • 532
Hippoglossoides pinetorum • 533
Histiopterus typus • 373
Histrio histrio • 119
Hydrolagus mitsukurii • 20
Hoplichthys gilberti • 196
Hoplichthys langsdorfii • 196
Hoplobrotula armata • 108
Hyperoglyphe japonica • 514
Hypoatherina bleekeri • 126
Hypoatherina tsurugae • 126
Hypodytes rubripinnis • 152
Hypomesus pretiosus japonicus • 92
Hypoptychus dybowskii • 139
Hyporhamphus intermedius • 132
Hyporhamphus quoyi • 132
Hyporhamphus sajori • 132
Hypsagonus jordani • 230
Hypsagonus proboscidalis • 231
Hypsagonus quadricornis • 232

Icelus cataphractus • 210

Icelus ochotensis • 210
Ichthyscopus lebeck sannio • 440
Ilisha elongata • 83
Inegocia guttata • 193
Inegocia japonica • 193
Inimicus japonicus • 152
Istiblennius enosimae • 448
Istigobius campbelli • 471
Istigobius hoshinonis • 472
Istiophorus platypterus • 510
Isurus oxyrinchus • 41

J

Johnius belengerii • 351

K

Kaiwarinus equula • 304
Kareius bicoloratus • 534
Katsuwonus pelamis • 502
Konosirus punctatus • 84
Kyphosus bigibbus • 378
Kyphosus cinerascens • 378
Kyphosus vaigiensis • 379

L

Labroides dimidiatus • 409
Lactoria cornuta • 570
Laeops kitaharae • 524
Lagocephalus gloveri • 579
Lagocephalus inermis • 580
Lagocephalus lagocephalus oceanicus • 580
Lagocephalus lunaris • 581
Lagocephalus wheeleri • 582
Lamna ditropis • 42
Lampetra japonica • 19
Lateolabrax japonicus • 255

Lateolabrax latus • 255
Lateolabrx sp. • 256
Leiognathus elongatus • 315
Leiognathus fasciatus • 316
Leiognathus nuchalis • 317
Leiognathus rivulatus • 318
Lepidotrigla abyssalis • 185
Lepidotrigla alata • 184
Lepidotrigla guentheri • 185
Lepidotrigla hime • 186
Lepidotrigla japonica • 185
Lepidotrigla kanagashira • 185
Lepidotrigla kishinouyei • 185
Lepidotrigla microptera • 187
Leptagonus leptorhynchus • 233
Lethrinus genivittatus • 342
Lethrinus haematopterus • 343
Lethrinus harak • 344
Lethrinus nebulosus • 345
Leucopsarion petersii • 472
Liparis agassizii • 250
Liparis chefuensis • 251
Liparis megacephalus • 252
Liparis tanakai • 253
Liparis tessellatus • 254
Lobotes surinamensis • 327
Lophiomus setigerus • 116
Lophius litulon • 116
Lotella phycis • 112
Luciogobius grandis • 473
Luciogobius guttatus • 473
Luciogobius koma • 473
Luciogobius saikaiensis • 473
Lumpenella longirostris • 426
Lumpenus sagitta • 426
Lutjanus rivulatus • 322

Lutjanus russelli • 323
Lutjanus vitta • 324
Lycodes tanakai • 417

M

Macroramphosus scolopax • 148
Macrorhamphosodes uradoi • 555
Macrura reevesii • 84
Makaira mazara • 511
Malacocottus gibber • 242
Malacocottus zonurus • 243
Malakichthys elegans • 259
Malakichthys griseus • 259
Malakichthys wakiyae • 260
Mallotus villosus • 93
Malthopsis lutea • 123
Masturus lanceolatus • 596
Mene maculata • 314
Microcanthus strigatus • 380
Microstomus achne • 534
Miichthys miiuy • 352
Minous monodactylus • 153
Minous pusillus • 153
Minous quincarinatus • 153
Mobula japonica • 66
Mola mola • 596
Monocentris japonica • 133
Mugil cephalus • 125
Mugilogobius abei • 474
Mugilogobius fontinalis • 474
Muraena pardalis • 72
Muraenesox bagio • 74
Muraenesox cinereus • 75
Mustelus griseus • 30
Mustelus manazo • 30
Myctophum asperum • 107

Myctophum nitidulum • 107
Myliobatis tobijei • 67
Myoxocephalus jaok • 211
Myoxocephalus polyacanthocephalus • 212
Myoxocephalus stelleri • 213

N

Narke japonica • 51
Naso brevirostris • 492
Naso unicornis • 493
Naucrates ductor • 305
Nematalosa japonica • 84
Nemipterus bathybius • 346
Nemipterus virgatus • 347
Neobythites sivicolus • 109
Neoditrema ransonneti • 394
Neosalanx andersoni • 95
Neosalanx hubbsi • 95
Neosalanx jordani • 95
Nibea albiflora • 353
Niphon spinosus • 273
Notorynchus cepedianus • 44

O

Occella dodecaedron • 234
Okamejei acutispina • 59
Okamejei boesemani • 60
Okamejei kenojei • 61
Omobranchus elegans • 448
Omobranchus punctatus • 449
Oncorhynchus gorbuscha • 96
Oncorhynchus keta • 97
Oncorhynchus masou masou • 98
Oncorhynchus mykiss • 98
Onigocia macrolepis • 193
Onigocia spinosa • 194

Ophisurus macrorhynchus • 73
Opisthocentrus ocellatus • 427
Opisthocentrus tenuis • 428
Opisthocentrus zonope • 429
Oplegnathus fasciatus • 384
Oplegnathus punctatus • 386
Orectolobus japonicus • 23
Osmerus eperlanus mordax • 93
Ostichthys japonicus • 135
Ostracion cubicus • 571
Ostracion immaculatus • 572

P

Pagrus major • 340
Pampus argenteus • 518
Pampus chinensisi • 519
Pampus echinogaster • 520
Parabembras curta • 192
Parablennius yatabei • 450
Parabothus kiensis • 524
Paracaesio xanthura • 325
Paralichthys olivaceus • 526
Paramyxine atami • 18
Parapercis aurantica • 436
Parapercis decemfasciata • 436
Parapercis multifasciata • 436
Parapercis pulchella • 436
Parapercis sexfasciata • 437
Parapercis snyderi • 436
Paraplagusia japonica • 554
Parapristipoma trilineatum • 332
Parascolopsis inermis • 348
Parexocoetus brachypterus brachypterus • 131
Parupeneus ciliatus • 356
Parupeneus heptacanthus • 357
Parupeneus indicus • 358

Parupeneus multifasciatus • 359
Parupeneus pleurostigma • 360
Parupeneus spilurus • 361
Pempheris japonica • 364
Pentaceros japonicus • 374
Percis japonicus • 235
Periophthalmus magnuspinnatus • 474
Periophthalmus modestus • 475
Peristedion orientale • 188
Petroschmidtia toyamensis • 418
Petroscirtes breviceps • 451
Petroscirtes variabilis • 452
Pholis crassispina • 431
Pholis fangi • 432
Pholis nebulosa • 433
Platax boersii • 486
Platax pinnatus • 486
Platichthys stellatus • 535
Platycephalus indicus • 195
Platyrhina sinensis • 55
Plecoglossus altivelis • 94
Plectorhinchus cinctus • 333
Plectorhinchus pictus • 334
Plectranthias japonicus • 274
Plectranthias kelloggi • 274
Plectropomus leopardus • 275
Pleurogrammus azonus • 200
Pleurogrammus monopterygius • 200
Pleuronectes asper • 536
Pleuronectes bilineatus • 536
Pleuronectes herzensteini • 537
Pleuronectes mochigarei • 538
Pleuronectes obscurus • 538
Pleuronectes pinnifasciatus • 540
Pleuronectes punctatissimus • 540
Pleuronectes quadrituberculatus • 539

Pleuronectes schrenki • 541
Pleuronectes yokohamae • 542
Pleuronichthys cornutus • 542
Plotosus lineatus • 91
Podothecus hamlini • 236
Podothecus sachi • 237
Podothecus sturioides • 238
Podothecus veternus • 236
Pomacentrus coelestis • 403
Pomadasys argenteus • 335
Porocottus leptosomus • 214
Priacanthus macracanthus • 282
Prionace glauca • 34
Prionurus scalprum • 494
Pristigenys niphonia • 283
Pristiophorus japonicus • 50
Pristipomoides sieboldii • 326
Proscyllium habereri • 28
Protosalanx chinensis • 95
Psenopsis anomala • 515
Psettina iijimae • 525
Pseudaesopia japonica • 548
Pseudalutarius nasicornis • 565
Pseudanthias squamipinnis • 276
Pseudobalistes flavimarginatus • 560
Pseudoblennius cottoides • 215
Pseudoblennius marmoratus • 216
Pseudoblennius percoides • 218
Pseudocarcharias kamoharai • 37
Pseudolabrus japonicus • 410
Pseudorhombus cinnamoneus • 527
Pseudorhombus pentophthalmus • 528
Pseudosciaena crocea • 354
Pseudosciaena polyactis • 355
Psychrolutes paradoxus • 244
Pteragogus flagellifer • 412

Pterogobius elapoides • 476
Pterogobius virgo • 477
Pterogobius zacalles • 478
Pterogobius zonoleucus • 479
Pterois lunulata • 154
Pterois volitans • 156
Pterygotrigla hemisticta • 189

R

Rachycentron canadum • 296
Raja pulchra • 62
Ratabulus megacephalus • 193
Remora remora • 295
Remorina albescens • 295
Repomucenus beniteguri • 455
Repomucenus curvicornis • 456
Repomucenus huguenini • 455
Repomucenus koreannus • 455
Repomucenus leucopoecilus • 455
Repomucenus lunatus • 455
Repomucenus olidus • 456
Repomucenus ornatipinnis • 457
Repomucenus sagitta • 455
Repomucenus valenciennei • 458
Repomucenus virgis • 459
Rexea prometheoides • 498
Rhechias retrotincta • 76
Rhina ancylostoma • 52
Rhincodon typus • 25
Rhinecanthus aculeatus • 561
Rhinobatos schlegelii • 55
Rhizoprionodon acutus • 35
Rhizoprionodon oligolinx • 35
Rhodymenichthys dolichogaster • 434
Rhynchobatus djiddensis • 53
Rhynchoconger ectenurus • 76

Rhyncopelates oxyrhynchus • 381
Rogadius asper • 193
Rudarius ercodes • 566

S

Sacura margaritacea • 278
Sagamia genetonema • 480
Salangichthys microdon • 95
Salanx ariakensis • 95
Salvelinus leucomaenis leucomaenis • 99
Sarda orientalis • 503
Sardinella zunasi • 84
Sardinops melanostictus • 85
Satyrichthys rieffeli • 190
Saurida elongata • 103
Saurida microlepis • 103
Saurida undosquamis • 104
Saurida wanieso • 103
Scartelaos sp. • 480
Scatophagus argus • 487
Scomber australasicus • 504
Scomber japonicus • 504
Scomberomorus koreanus • 505
Scomberomorus niphonius • 506
Scombrops boops • 293
Scorpaena miostoma • 157
Scorpaena neglecta • 158
Scorpaena onaria • 158
Scorpaenodes littoralis • 159
Scorpaenopsis cirrhosa • 160
Scorpaenopsis diabolus • 161
Scyliorhinus torazame • 27
Sebastes baramenuke • 162
Sebastes hubbsi • 163
Sebastes ijimae • 164
Sebastes inermis • 165

Sebastes joyneri • 166
Sebastes koreanus • 167
Sebastes longispinis • 168
Sebastes minor • 169
Sebastes oblongus • 170
Sebastes owstoni • 171
Sebastes pachycephalus • 172
Sebastes schlegeli • 173
Sebastes steindachneri • 174
Sebastes taczanowskii • 175
Sebastes thompsoni • 176
Sebastes trivittatus • 177
Sebastes vulpes • 178
Sebastes wakiyai • 169
Sebastes zonatus • 179
Sebastiscus marmoratus • 180
Sebastiscus tertius • 181
Sebastolobus macrochir • 182
Selar crumenophthalmus • 306
Semicossyphus reticulatus • 413
Seriola dumerili • 307
Seriola lalandi • 308
Seriola quinqueradiata • 309
Seriola rivoliana • 310
Seriolina nigrofasciata • 310
Siganus fuscescens • 488
Sillago aeolus • 290
Sillago japonica • 290
Sillago sihama • 290
Sirembo imberbis • 110
Spirinchus verecundus • 93
Sphoeroides pachygaster • 582
Sphyraena japonica • 495
Sphyraena obtusata • 496
Sphyraena pinguis • 497
Sphyrna lewini • 36

Sphyrna zygaena • 36
Spirinchus verecundus • 93
Spratelloides gracilis • 86
Squalus acanthias • 46
Squalus japonicus • 46
Squalus megalops • 47
Squalus mitsukurii • 47
Squatina japonica • 48
Squatina nebulosa • 49
Stephanolepis cirrhifer • 567
Stereolepis doederleini • 261
Stichaeopsis epallax • 429
Stichaeus grigorjewi • 430
Strongylura anastomella • 127
Suggrundus meerdervoorti • 193
Synechogobius hasta • 481
Syngnathus schlegeli • 146
Synodus hoshinonis • 105
Synodus macrops • 106
Synodus variegatus • 105

T

Taenioides rubicundus • 482
Takifugu alboplumbeus • 583
Takifugu chinensis • 584
Takifugu chrysops • 584
Takifugu flavidus • 585
Takifugu niphobles • 586
Takifugu obscurus • 587
Takifugu pardalis • 588
Takifugu poecilonotus • 588
Takifugu porphyreus • 589
Takifugu pseudommus • 590
Takifugu rubripes • 590
Takifugu snyderi • 591
Takifugu stictonotus • 592

Takifugu vermicularis • 592
Takifugu xanthopterus • 593
Tanakius kitaharai • 543
Taractes asper • 320
Taurocottus bergi • 219
Terapon jarbua • 382
Terapon theraps • 383
Tetrapturus audax • 512
Thalassoma cupido • 414
Thalassoma lunare • 415
Thamnaconus hypargyreus • 568
Thamnaconus modestus • 569
Theragra chalcogramma • 115
Thryssa adelae • 80
Thryssa hamiltoni • 80
Thryssa kammalensis • 81
Thunnus alalunga • 506
Thunnus albacares • 507
Thunnus obesus • 508
Thunnus orientalis • 508
Thunnus tonggol • 509
Tilesina gibbosa • 239
Trachidermus fasciatus • 220
Trachinocephalus myops • 106
Trachinotus baillonii • 311
Trachurus japonicus • 312
Triacanthodes anomalus • 556
Triacanthus biaculeatus • 557
Triakis scyllium • 31
Tribolodon brandti • 89
Tribolodon hakonensis • 89
Trichiurus lepturus • 499
Tridentiger barbatus • 482
Tridentiger nudicervicus • 483
Tridentiger obscurus • 484
Tridentiger trigonocephalus • 484

Triglops jordani • 221
Triglops pingeli • 222
Triglops scepticus • 223
Trimma grammistes • 485
Triodon macropterus • 573
Tylosurus acus melanotus • 127
Tylosurus crocodilus • 127

U

Upeneus japonicus • 362
Upeneus moluccensis • 362
Upeneus sulphureus • 363
Uranoscopus bicinctus • 441
Uranoscopus chinensis • 442
Uranoscopus japonicus • 443
Uranoscopus tosae • 444
Uraspis helvola • 313
Uroconger lepturus • 76
Urolophus aurantiacus • 64

V

Verasper moseri • 544
Verasper variegatus • 545

X

Xenocephalus elongatus • 445
Xiphias gladius • 513

Z

Zanclus cornutus • 490
Zebrias fasciatus • 549
Zebrias zebra • 549
Zenopsis nebulosa • 136
Zeus faber • 137
Zoarces gilli • 419

한국명 찾아보기

ㄱ

가다랑어 • 502
가라지 • 302
가래상어 • 55
가막베도라치 • 446
가숭어 • 124
가시가자미 • 529
가시나비고기 • 365
가시달강어 • 185
가시망둑 • 215
가시베도라치 • 426
가시복 • 594
가시양태 • 196
가시줄상어 • 45
가시쥐치 • 564
가시해마 • 142
가시횟대 • 207
가지굴 • 72
각시가자미 • 536
각시돔 • 263
각시서대 • 548
갈가자미 • 543
갈고등어 • 302
갈돔 • 345
갈은상어 • 20
갈전갱이 • 304
갈창갯장어 • 74
갈치 • 499
감성가자미 • 538
감성돔 • 337
강남상어 • 37
강담돔 • 386
강도다리 • 535

강주걱양태 • 456
개구리꺽정이 • 213
개베도라치 • 452
개복치 • 596
개볼낙 • 172
개상어 • 30
개서대 • 552
개소겡 • 482
객주리 • 562
갯농어 • 87
갯장어 • 75
거북복 • 572
검복 • 589
검은꼬리붕장어 • 76
검은꼬리상어 • 33
검은점곰치 • 71
검은줄꼬리돔(가칭) • 396
검정망둑 • 484
게레치 • 328
게르치 • 293
고등어 • 504
고래상어 • 25
고려실횟대 • 214
고무꺽정이 • 240
고베둥글넙치 • 523
고생놀래기 • 414
고지달재 • 185
고양이줄고기 • 230
골린어 • 247
골베도라치 • 449
골판횟대 • 223
곰치 • 72
곱사연어 • 96
곱상어 • 46

곱추줄고기 • 231
광동홍어 • 58
괭이상어 • 21
괴도라치 • 422
구갈돔 • 343
국매리복 • 592
국수뱅어 • 95
군평선이 • 330
궁제기서대 • 549
귀상어 • 36
그물메기 • 109
그물베도라치 • 424
그물코쥐치 • 566
금강바리 • 276
금눈돔 • 134
금줄망둑 • 477
금줄촉수 • 356
기름가자미 • 532
긴가라지 • 302
긴가자미 • 524
긴꼬리벵에돔 • 375
긴실꼬리돔 • 346
긴코줄고기 • 233
깃대돔 • 490
깃비늘치 • 107
까나리 • 439
까지가자미 • 536
까지양태 • 193
까치돔 • 341
까치복 • 593
까치상어 • 31
까치횟대 • 224
까칠복 • 592
깨알홍어 • 60
꺼끌복 • 576
꺽정이 • 220
꼬리기름상어 • 43
꼬리점눈퉁이 • 438

꼬리줄나비고기 • 367
꼬마달재 • 185
꼬마망둑 • 473
꼬마줄망둑 • 485
꼬마횟대 • 203
꼬치고기 • 497
꼬치삼치 • 500
꼭갈치 • 123
곰치 • 253
꽁지양태 • 453
꽁치 • 128
꽁치아재비 • 127
꽃돔 • 278
꽃동멸 • 105
꽃돛양태 • 457
꽃송이괴도라치 • 422
꽃줄고기 • 234
꾀붕장어 • 76

나망곰치 • 72
나비가오리 • 65
나비고기 • 367
나팔쥐치(가칭) • 555
날개다랑어 • 506
날개망둑 • 470
날개줄고기 • 237
날개쥐치 • 563
날개횟대 • 225
날돛양태 • 455
날망둑 • 464
날매퉁이 • 103
날빙어 • 92
날쌔기 • 296
날치 • 129
남방짱뚱어 • 480
납서대 • 548
납작돔 • 487

납작전어 • 84
낫잿방어 • 310
넙치 • 526
넙치농어 • 255
네동가리 • 348
네줄고기 • 235
네줄벤자리 • 383
노랑가오리 • 63
노랑가자미 • 544
노랑각시서대 • 549
노랑거북복 • 571
노랑물메기 • 251
노랑볼낙 • 174
노랑씬벵이 • 119
노랑열동가리 • 436
노랑자리돔 • 399
노랑점무늬유전갱이 • 300
노랑줄촉수 • 362
노랑촉수 • 362
노래미 • 197
녹새치 • 511
녹색물결놀래기 • 415
놀락감펭 • 161
놀락민태 • 112
놀래기 • 408
농어 • 255
누루시볼락 • 178
눈가자미 • 530
눈강달이 • 350
눈다랑어 • 508
눈동미리 • 436
눈볼대 • 258
눈불개복 • 584
눈양태 • 192
눈퉁군펭선 • 329
눈퉁바리 • 259
눈퉁횟대 • 222
눌치볼낙 • 164

능성어 • 272

다금바리 • 273
다섯동갈망둑 • 478
단기임연수어 • 200
달강어 • 187
달고기 • 137
당멸치 • 69
대강베도라치 • 448
대구 • 114
대구횟대 • 207
대빨판이 • 295
대전어 • 84
대주둥치 • 148
대황어 • 89
댕기망둑 • 469
덕대 • 520
도다리 • 542
도도바리 • 266
도돔발상어 • 46
도루묵 • 435
도치 • 246
도화돔 • 135
도화망둑 • 465
도화뱅어 • 95
도화볼낙 • 166
도화양태 • 454
독가시치 • 488
독돔 • 279
돌가자미 • 534
돌돔 • 384
돌망둑이 • 216
돌묵상어 • 39
돌삼뱅이 • 162
돌팍망둑 • 218
돔발상어 • 47
돗돔 • 261

동갈돗돔 • 331
동갈메기 • 110
동갈방어 • 305
동갈양태 • 456
동갈치 • 127
동갈퉁돔 • 324
동갈횟대 • 209
동강연치 • 516
동동갈치 • 499
동미리 • 436
동백가자미 • 525
동서대 • 547
동수구리 • 53
돛대돔 • 369
돛새치 • 510
돛양태 • 455
두건망둑 • 470
두동가리돔 • 368
두줄망둑 • 484
두줄베도라치 • 451
두줄벤자리(가칭) • 264
두줄촉수 • 361
두툽상어 • 27
둥근점육점날개 • 428
둥글돔 • 283
등가시치 • 419
등흑점옥두어 • 292
뚝지 • 245
띠볼락 • 179

ㄹ

룰나비고기 • 367

ㅁ

만새기 • 298
말뚝망둥어 • 475
말락볼락 • 169
말락쏠치 • 153

말락줄고기 • 238
말쥐치 • 569
망상어 • 393
망치고등어 • 504
망토돛양태 • 459
매가오리 • 67
매날치 • 129
매리복 • 591
매지방어 • 310
매퉁이 • 104
먹붕장어 • 76
먹얼게비늘 • 286
먹장어 • 18
먹점홍갈치 • 391
먹줄촉수 • 363
먹테얼게비늘 • 284
멸치 • 79
명태 • 115
모조리상어 • 47
모치망둑 • 474
목탁가오리 • 55
목탁수구리 • 52
몽치다래 • 501
무늬가시돔 • 387
무늬갈돔 • 378
무늬깜정이 • 378
무늬바리 • 275
무늬쥐치 • 559
무늬홍어 • 59
무늬횟대 • 206
무줄비늘치 • 111
무지개송어 • 98
무태상어 • 32
묵꾀장어 • 18
문절망둑 • 461
문치가자미 • 542
물가자미 • 531
물각쥐치 • 565

물개복치 • 596
물동갈치 • 127
물미거지 • 249
물수배기 • 244
물천구 • 102
물치다래 • 501
물퉁돔 • 322
미끈망둑 • 473
미역치 • 152
민달고기 • 136
민밀복 • 580
민부치 • 121
민양태 • 454
민어 • 352
민어치 • 227
민전갱이 • 313
민태 • 351
민통구멍 • 442
밀멸 • 126
밀복 • 581
밑달갱이 • 185
밑성대 • 189
밑횟대 • 208

ㅂ

바늘양태 • 193
바다동자개 • 90
바다뱀 • 73
바다빙어 • 93
바닥가오리 • 56
바닥문절 • 480
박대 • 553
반딧불게르치 • 257
방어 • 309
배불뚝치 • 314
배주름쥐치 • 561
백다랑어 • 509
백미돔 • 327

백상아리 • 40
백설곰치 • 72
밴댕이 • 84
뱀상어 • 34
뱀장어 • 70
뱅어 • 95
벌감펭 • 150
벌레문치 • 417
범가자미 • 545
범돔 • 380
범수구리 • 49
벚꽃뱅어 • 95
베도라치 • 433
베로치 • 202
벤자리 • 332
벵에돔 • 377
벼슬베도라치 • 420
별넙치 • 527
별망둑 • 467
별목탁가자미 • 522
별보리멸 • 290
별복 • 577
별빙어 • 93
별상어 • 30
별성대 • 190
별쥐치 • 568
별쭉지성대 • 149
병어 • 518
병치돔 • 138
보구치 • 349
보라기름눈돔 • 517
보라물메기 • 252
복상어 • 26
복섬 • 586
복해마 • 144
볼기우럭 • 260
볼낙 • 165
봉오리양태 • 193

부세 • 354
부시리 • 308
부전나비고기 • 367
분장어 • 499
분홍꼼치 • 248
분홍쥐치 • 556
불뚝복 • 573
불룩복 • 582
불범상어 • 27
불볼낙 • 176
붉돔 • 339
붉바리 • 265
붉벤자리 • 262
붉은가라지 • 302
붉은메기 • 108
붉은쏨뱅이 • 181
붕동갈치 • 499
붕장어 • 76
붕퉁뱅어 • 95
비늘게레치 • 328
비늘양태 • 194
비늘통구멍 • 444
비단망둑 • 472
빨간대구 • 113
빨간씬벵이 • 118
빨간양태 • 191
빨간횟대 • 201
빨강부치 • 122
빨갱이 • 468
빨판매가리 • 311
빨판상어 • 294
뿔가자미 • 539
뿔돔 • 281
뿔복 • 570
뿔서대 • 546
뿔성대 • 185
뿔줄고기 • 232
뿔횟대 • 204

ㅅ

사랑놀래기 • 404
사백어 • 472
사자구 • 374
사자코망둑 • 471
산호해마 • 143
살꺽정이 • 212
살벤자리 • 382
살살치 • 158
삼세기 • 226
삼치 • 506
삿징이상어 • 22
상날치 • 129
새가라지 • 306
새날치 • 129
새눈치 • 336
새다래 • 319
색줄멸 • 126
샛돔 • 515
샛별돔 • 402
샛줄멸 • 86
선홍치 • 321
성대 • 183
세동가리돔 • 366
세줄베도라치 • 425
세줄볼낙 • 177
세줄얼게비늘 • 285
송곳횟대 • 219
송어 • 98
수다꽃동멸 • 106
수염상어 • 23
수조기 • 353
술봉가자미 • 538
술전갱이 • 301
숭어 • 125
쉬쉬망둑 • 466
실고기 • 146

실꼬리돔 • 347
실망둑 • 468
실뱅어 • 95
실비늘치 • 140
실양태 • 458
실전갱이 • 299
실줄고기 • 229
쌍동가리 • 437
쌍뿔달재 • 184
쏠배감펭 • 154
쏠종개 • 91
쏨뱅이 • 180
쑤기미 • 152
쑥감펭 • 160

ㅇ

아가씨물메기 • 250
아구상어 • 35
아귀 • 116
아작망둑 • 482
아홉동가리 • 389
악상어 • 42
악어양태 • 193
알락곰치 • 72
알락우럭 • 271
알롱횟대 • 205
압치 • 88
앞동갈베도라치 • 448
애꼬치 • 495
애붕장어 • 76
양미리 • 139
양벵에돔 • 376
양초선홍치 • 321
양태 • 195
어렝놀래기 • 412
어름돔 • 333
얼룩괴도라치 • 421
얼룩망둑 • 464

얼룩상어 • 24
얼룩수배기 • 243
얼룩통구멍 • 443
얼비늘치 • 107
여덟동가리 • 388
연무자리돔 • 400
연붉돔 • 274
연어 • 97
연어병치 • 514
열빙어 • 93
열쌍동가리 • 436
오점촉수 • 359
옥돔 • 292
옥두어 • 291
올꺽정이 • 211
왕눈줄고기 • 236
왜도라치 • 423
왜미끈망둑 • 473
왜주둥치 • 315
왜풀망둑 • 460
외가시양태 • 196
용가자미 • 533
용서대 • 550
용치놀래기 • 406
우각바리 • 274
우럭볼락 • 163
우릉성치 • 246
웅어 • 78
육동가리돔 • 372
육점날개 • 429
은눈퉁바리 • 259
은밀복 • 582
은봉장어 • 77
은비늘치 • 557
은상어 • 20
은어 • 94
인디안촉수(가칭) • 358
인상어 • 394

일곱동갈망둑 • 476
일지말락쏠치 • 153
임연수어 • 200

자리돔 • 401
자바리 • 267
자붉돔 • 326
자주복 • 590
잔비늘매퉁이 • 103
잔줄고기 • 228
장갱이 • 430
장어베도라치 • 426
잿방어 • 307
저울베도라치 • 447
저자가오리 • 57
전갱이 • 312
전기가오리 • 51
전어 • 84
전자리상어 • 48
점가자미 • 541
점갈돔(가칭) • 344
점감펭 • 158
점넙치 • 528
점농어 • 256
점다랑어 • 502
점동갈돔 • 287
점망둑 • 466
점베도라치 • 431
점쏠배감펭 • 156
점씬벵이 • 120
점양태 • 193
점주둥치 • 318
점줄우럭 • 268
점줄홍갈치 • 390
점줄횟대 • 203
점촉수 • 357
점통돔 • 323

점해마 • 145
젓뱅어 • 95
정어리 • 85
제비날치 • 130
제비활치 • 486
제주모치망둑 • 474
조선전어 • 84
조피볼락 • 173
졸단횟대 • 221
졸복 • 588
좀볼락 • 169
종대우럭 • 270
주걱치 • 364
주둥치 • 317
주먹물수배기 • 242
주홍감펭 • 159
주홍꽃동멸 • 105
준치 • 83
줄가시횟대 • 210
줄가자미 • 530
줄갈돔 • 342
줄공치 • 132
줄굽은눈퉁이 • 438
줄노래미 • 198
줄도화돔 • 288
줄만새기 • 297
줄망둑 • 462
줄무늬주둥치 • 316
줄벤자리 • 381
줄비늘치 • 111
줄삼치 • 503
줄씬벵이 • 117
줄자돔 • 396
줄전갱이 • 301
중국병어 • 519
쥐가오리 • 66
쥐노래미 • 199
쥐돔 • 494

쥐치 • 567
짱뚱어 • 463
쭈굴감펭 • 157
쭉지성대 • 149

찰가자미 • 534
참가자미 • 537
참다랑어 • 508
참돔 • 340
참돛양태 • 455
참복 • 584
참서대 • 552
참육점날개 • 427
참조기 • 355
참주걱양태 • 455
참치방어 • 303
참홍어 • 62
창꼬치 • 496
철갑둥어 • 133
철갑상어 • 68
첨문파랑눈매퉁이 • 101
청대치 • 147
청록망상어 • 393
청멸 • 81
청밀복(가칭) • 580
청베도라치 • 450
청보리멸 • 290
청복 • 578
청상아리 • 41
청새리상어 • 34
청새치 • 512
청어 • 82
청자갈치 • 416
청줄돔 • 370
청줄청소놀래기 • 409
청황돔 • 334
초승제비활치 • 486

춤양태 • 455
층거리가자미 • 540
칠서대 • 551
칠성갈치 • 418
칠성상어 • 44
칠성장어 • 19

큰눈양태 • 193
큰눈홍치(가칭) • 280
큰무늬통구멍 • 440
큰미끈망둑 • 473
큰볏말뚝망둥어 • 474
큰비늘양태 • 193
큰뿔표문쥐치 • 492
큰점촉수 • 360
큰줄베도라치 • 429
큰줄얼게비늘 • 286
큰흰붕장어 • 76

타락치 • 320
탁자볼낙 • 175
털수배기 • 241
테붕장어 • 76
톱상어 • 50
통구멩이 • 441
통치 • 498
툼빌매퉁이 • 103

파랑눈매퉁이 • 101
파랑돔 • 403
파랑쥐치 • 558
팔각줄고기 • 236
펜두상어 • 35
평삼치 • 505
표문쥐치 • 493
표범상어 • 28

푸렁통구멍 • 445
풀가라지 • 302
풀넙치 • 521
풀망둑 • 481
풀반댕이 • 80
풀반지 • 80

하스돔 • 335
학공치 • 132
해마 • 141
해포리고기 • 396
행락상어 • 29
호박돔 • 405
호수가자미 • 540
흑돔 • 413
흑가자미 • 532
홍갈치 • 392
홍감펭 • 151
홍기가라지 • 302
홍대치 • 147
홍바리 • 269
홍살귀상어 • 36
홍살치 • 182
홍송어 • 99
홍어 • 61
홍치 • 282
환도상어 • 38
황강달이 • 350
황날치 • 131
황놀래기 • 410
황다랑어 • 507
황돔 • 338
황등어 • 325
황록쥐치 • 560
황매퉁이 • 106
황복 • 587
황볼락 • 171

황새치 • 513
황성대 • 188
황쌍동가리 • 436
황아귀 • 116
황어 • 89
황점베도라치 • 424
황점복 • 585
황점볼낙 • 170
황줄깜정이 • 379
황줄돔 • 373
황줄망둑 • 483
황줄베도라치 • 434
황해볼락 • 167
황해흰점복 • 583
흑대기 • 554
흑밀복 • 579
흑전갱이 • 300
흑점꺼글복 • 575
흑점줄가시횟대 • 210
흑줄고기 • 239
흑줄돔 • 395
흰가오리 • 64
흰꼬리볼낙 • 168
흰동가리 • 398
흰발망둑 • 462
흰배환도상어 • 38
흰베도라치 • 432
흰붕장어 • 76
흰비늘가자미 • 524
흰빨판이 • 295
흰뺨상어 • 33
흰점꺼글복 • 574
흰점복 • 588
흰점양태 • 455
흰점참복 • 590
흰줄망둑 • 479
히메성대 • 186
히메치 • 100

주요 참고 문헌

- 고정락. 1995. 한국산 놀래기과(농어목) 어류의 분류학적 연구. 부경대학교 박사 학위 논문, 167 pp.
- 김용억·명정구·김영섭·한경호·강충배·김진구. 2001. 한국 해산어도감. 도서출판 한글. 부산. 382 pp.
- 김익수·강언종. 1993. 원색 한국어류도감. 아카데미서적. 서울. 477 pp.
- 김익수·김용억. 1997. 한국동물명집. 한국동물분류학회. pp. 243-281.
- 유봉석. 1991. 한국산 말뚝망둥어아과 어류의 분류와 생태. 전북대학교 박사 학위 논문, 134 pp.
- 유재명·김성·이은경·김웅서·명철수. 1995. 제주 바다물고기. 현암사. 서울. 248 pp.
- 윤창호. 1996. 한국산 멸치과와 청어과 어류의 분류 및 형태. 전북대학교 박사 학위 논문, 180 pp.
- 이순길·김용억·명정구·김종만. 2000. 한국산 어명집. 한국해양연구소. 안산. 222 pp.
- 이완옥. 1993. 한국산 참복과(복어목) 어류의 계통분류학적 연구. 전북대학교 박사 학위 논문, 171 pp.
- 이용주. 1990. 한국산 문절망둑속과 풀망둑속 어류의 분류학적 연구. 전북대학교 박사 학위 논문, 139 pp.
- 정문기. 1977. 한국어도보. 일지사. 서울. 727 pp.
- 최 윤. 1995. 한국산 참서대과(가자미목) 어류의 분류와 생태. 전북대학교 박사 학위 논문, 141 pp.
- 최 윤. 1999. 상어. 지성사. 서울. 200 pp.
- 한국동물분류학회. 1990~2000. 한국동물분류학회지.
- 한국동물학회. 1990~2000. 한국동물학회지. 33(1)-42(4).
- 한국어류학회. 1989~2000. 한국어류학회지. 1(1)-12(4).
- 尼岡邦夫·仲谷一宏·失部衛. 1995. 北日本魚類大圖鑑. 北日本海洋センタ. 390 pp.
- 松原喜大松. 1955. 魚類の形態と檢索 I. 石崎書店. 東京. xii + 790 pp.
- 沈世傑 主編. 1993. 臺灣魚類誌. 國立臺灣大學動物學系印行. 臺北. 961 pp.
- 日本魚類學會 編. 1981. 日本産魚名大辭典. 三省堂. 東京. 834 pp.
- 中國科學院動物研究所·中國科學院海洋研究所·上海水産學院. 1962. 南海魚類誌·科學出版社. 北京. 1184 pp.

- Amaoka, K., K. Matsuura, I. Tadashi, T. Masatsune, H. Hiroshi and O. Keisuke. 1990. Fishes collected by the R/V Shinkai Maru around Newzealand. Japan Marine Fishery Resource Research Center. 409 pp.
- Anderson, M. E. 1982. Revision of the fish genera *Gymnelus* Reinhardt and *Gymnelopsis* Soldatov(Zoarcidae), with two new species and comparative osteology of *Gymnelusviridis*. Natn. Mus. Canada, Publ. Zool. (17): i-iv+1−76.
- Carpenter, K. E. and G. R. Allen. 1989. FAO species catalogue, vol. 9. Emperor fishes and large-eye breams of the world(family Lethrinidae). FAO fisher. Synop., (125)9: i-v+1-118, pls. 1−8
- Choi, Y., K. Kido and K. Amaoka. 1998. Redescription of a snailfish, *Liparis chefuensis*, with comments on its sexual dimorphism and synonymy(Scorpaeniformes: Liparidae). Japan Ichthyol. Res., 45(3): 314−318.
- Chu, Y. T., Y. L. Lo and H. L. Wu. 1972. Classification of the Sciaenoid fishes of China. Sanghai. 100 pp.
- Collette, B. B. and C. E. Nauen. 1983. FAO species catalogue. Vol. 2. Scombrids of the world. FAO fisheries synopsis. 137 pp.
- Compagno, L. J. V., 1984. FAO species catalogue. Vol. 4, Sharks of the world. FAO fisheries synopsis. 655 pp.
- Compagno, L. J. V. 1999. Checklist of living elasmobranchs. In W. C. Hamlett(ed.), Johns Hopkins Univ. Press, Maryland. pp. 471−498.
- Dawson, C. E. 1980. The Indo-Pacific pipefish genus *Urocampus*(Syngnathidae). Proc. Biol. Soc. Wash., 93(3): 830−844.
- Fowler, H. W. 1972. A synopsis of the fishes of China. Antiquariaat Junk Rep., Lochem. 1459 pp.
- Fricke, R. 1982. Nominal genera and species of dragonets(Teleostei: Callionymidae, Draconettidae). Estratto Ann. Mus. Civico Storia Natr. Genova, 84: 53−92.
- Fricke, R. 1983. Revision of the Indo-Pacific genera and species of the dragonet family Callionymidae(Teleostei). Theses Zoologicae 3. Verlag von J. Cramer, Braunschweig, 774 pp.
- Gloerfelt-Tarp, T. and P. Kailola. 1984. Trawled fishes of southern Indonesia and northwestern Australia. Australian Development Assistance Bureau; Directorate General of Fisheries, Indonesia; German Agency for Technical Cooperation, xvi + 406 pp.
- Gomon, M. F., J. C. M. Glover and R. H. Kuiter. 1994. The fishes of Australia's south coast. State Print, Adelaide. 992 pp.

- Guichenot, M. 1869. Notice sur quelque poissons inédite de Madagascar et de la Chine. Nouv. Arch. Mus. Hist. Paris, 5: 193−206, pl. 12.
- Hamlett, W. C. 1999. Sharks, skates, and rays. The biology of elasmobranch fishes. Johns Hopkins Univ. Press. 515 pp.
- Heemstra, P. C. and J. E. Randall. 1993. FAO species catalogue. Vol. 16, Groupers of the world. FAO fisheries synopsis. 382 pp.
- Jordan, D. S. and C. W. Metz. 1913. A catalog of the fishes known from the waters of Korea. Mem. Canegie Mus., 6(1): 1−65.
- Jordan, D.S. and E. C. Starks. 1905. On a collection of fishes made in Korea, by Pierre Louis Jouy, with description of new species. Proc. U.S. Nat. Mus., Vol. 28, No. 1391, pp. 294−295.
- Jordan, D. S. and R. E. Richardson. 1910. A review of the Serranidae or sea bass of Japan. Proc. U.S. Natn. Mus., 37(1714): 421−474.
- Kanayama, T. 1991. Taxonomy and Phylogeny of the family Agonidae(Pisces: Scorpaeniformes). Mem. Fac. Fish. Hokkaido Univ., Vol. 38, 199 pp.
- Katayama, M. 1960. Fauna Japonica. Serranidae(Pisces) Biogeography. Soc. Japan, viii+189 pp, 86pls.
- Kuither, R. H. 1993. Coastal fishes of south-eastern Australia. University of Hawaii Press, Honolulu. 437 pp.
- Kyushin, K., K. Amaoka, K. Nakaya and H. Ida. 1977. Fishes of Indian Ocean. Japan Marine Fishery Resources Reaearch Center, Tokyo. 392 pp.
- Kyushin, K., K. Amaoka, K. Nakaya, H. Ida, Y. Tanino and T. Senta. 1982. Fishes of the south China sea. Japan Marine Fishery Resources Reaearch Center, Tokyo. 333 pp.
- Last, P. R. and J. D. Stevens. 1994. Sharks and rays of Australia. CSIRO Australia. 513 pp.
- Lourie, S. A., A. C. Vincent and H. J. Hall. 1999. Seahorses-An Identification guide to the world's species and their conservation-. Project seahorse. UK. 213 pp.
- Mabuchi, K. and T. Nakabo. 1997. Revision of the genus *Pseudolabrus* (Labridae) from the East Asian waters. Ichthyol. Res., 44(4): 321−334.
- Masuda, H., K. Amaoka, C. Araga, T. Uyeno and T. Yoshino. 1988. The fishes of the Japanese Archipelago. Tokyo Univ Press. i-xxii+1−437, pls. 1−370.
- Masuda, H. and Y. Kobayashi, 1994. Grand atlas of fish life modes. Tokai Univ. Press. 465 pp.

- McKay, R. J. 1985. A Revision of the fishes of the family Sillagnidae. Mem. Qld. Mus., 22(1): 1−73.
- McKay, R. J. 1992. FAO species catalogue. Vol. 14. Sillaginid fishes of the world. (Family Sillagnidae). An annotated and illustrated catalogue of the sillago, smelt or Indo-Pacific whiting species known to date. FAO Fish. Synop. (125) Vol. 14: 1−87.
- Mori, T. 1952. Check list of the fishes of Korea. Mem. Hyogo Univ. Agri., 1(3): 1−228.
- Myers, R. F. 1989. Micronesian reef fishes. A practical guide to the identification of the coral reef fishes of the tropical central and western Pacific. Coral Graphics, Territory of Guam, vi+298 pp., 144pls.
- Nakabo, T. 2000. Fishes of Japan with pictorial keys to the species second edition. Tokai Univ. Tokyo. 1748 pp.
- Nelson, J. S. 1994. Fishes of the World, 3rd Ed. John Wiley & Sons, New York, xvii+600 pp.
- Okada, Y. and H. Ikeda. 1939. Notes on the fishes of the Riu-Kiu Islands. IV. Pomacentridae. Biogeogr. Trans., 3(2): 159−206.
- Okamura, O. and K. Amaoka. 1997. Sea Fishes of Japan. Yama-kei Co., Ltd., Tokyo. 783 pp.
- Parin, N. V. and S. G. Kobyliansky. 1993. Review of the genus *Maurolicus* (Sternoptychidae, Stomiiformes), with re-establishing validity of five species considered junior synonyms of *M. muelleri* and description of nine new species. Trans. P. P. Shirshov Inst. Oceanol., 128: 69−107.(In Russian).
- Randal, J. E., G. R. Allen and R. C. Steene. 1990. Fishes of the great barrier reef and coral sea. Hawai Univ. 507 pp.
- Randal, J. E. and D. W. Greenfield. 1996. Revision of the Indo-Pacific holocentrid fishes of the genus Myripristis, with descriptions of the three new species. Indo-Pacific Fishes, (25): 1−61.
- Randal, J. E. Red Sea Reef Fishes. Immel Publishing, London. 192 pp.
- Sakai, K. and T. Nakabo. 1995. Raxonomic review of the Indo-Pacific kyphosid fish, *Kyphosus vaigiensis*(Quoy and Gaimard). Japan J. Ichthyol., 42(1): 61−70.
- Schmidt, P. 1930. Fishes of the Riu-Kiu Island. Trans Pac. Comm. Acad. Sci. USSR, I, 19−156.
- Schroeder, R. E. 1980. Philipine shore fishes of the Western sula sea. National Media Production Center, Manila. 266 pp.

- Shen, S. C. and K. Y. Wu. 1994. A revision of the tripterygiid fishes from coastal waters of Taiwan with descriptions of two new genera and five new species. Acta Zoologica Taiwanica, 5(2): 1−32.
- Smith-Vaniz, W. F., J. C. Quéro and M. Descutter. 1990. Check-list of the fishes of the eastern tropical Atlantic. Paris, Unesco, pp. 729−755.
- Springer, V. G. and M. L. Bauchot. 1994. Identification of the taxa *Xenocephalus* and *X. arnatus*(Osteichthys: Uranoscopidae). Proc. Biol. Soc. Wash., 107(1): 79−89.
- Strnes, W. C. 1988. Revision, Phylogeny and biogeographic comments on the circumtropical marine percoid fish family Priacanthidae. Bull. Mar. Sci., 43(2): 117−203.
- Theodore, W. P. and D. B. Grobecker. 1987. Frogfishes of the World(Systematics, Zoogeography, and Behavioral Ecology). Stanford Univ. Press, California. 420 pp.
- Tinker, S. W. 1978. Fishes of Hawaii. Hawaian Service, Inc., Honolulu. 532 pp.
- White, P. J. P., M. L. Bauchot, J. C. Hureau, J. Nielsen and E. Tortonese. 1986. Fishes of the North-eastern Atlantic and the Mediterranean. Richard Clay Ltd., Bungay U. K., Vol. I−Ⅲ. 1473 pp.
- Yamada, U., M. Tagawa, S. Kishida and K. Honjo. 1986. Fishes of the East China sea and the Yellow sea. Seikai Reg. Fish. Res. Lab., Nagaski. 501 pp.

저자 소개

최윤(崔允)

- 전북 군산 출생(1959)
- 전북대학교 생물학과, 동 대학원 졸업(이학박사, 1995)
- 일본 홋카이도대학 수산학부 연수(1996, 2001)
- 한국어류학회 회장(2014~2015), 한국수산과학총연합회 회장(2015)

현재 : 군산대학교 해양생물공학과 교수
논문 : 한국산 참서대과 어류의 분류와 생태 등 30여 편
저서 : 상어(지성사, 1999)
　　　한국어류대도감(교학사, 2005)
　　　식용바닷물고기(교학사, 2007)
　　　뛰는 물고기 기는 물고기(풍등출판사, 2010)
　　　망둑어(지성사, 2011)
　　　이야기 물고기도감(교학사, 2011)
　　　댕글댕글 독도에서 만난 바닷물고기(지성사, 2020)

김지현(金志鉉)

- 충남 보령 출생(1952)
- 원광대학교, 건국대학교 대학원 졸업(이학석사)
- 군산대학교 대학원 졸업(수산학박사, 2002)
- 충청남도 수중협회장(1992~1999)

현재 : 군산대학교 수중 촬영 전담 교수
저서 : 낚시물고기 도감(지성사, 2000)
　　　한국어류대도감(교학사, 2005)

박종영(朴鍾冷)

- 전북 임실 출생(1964)
- 전북대학교 생물학과, 동 대학원 졸업(이학박사, 1996)
- 오스트레일리아 Murdoch University 박사 후기 과정(1997~1998)
- 한국어류학회 회장(2019~2020)

현재 : 전북대학교 생명과학부 교수
저서 : 한국의 민물고기(교학사, 2002)

원색 도감 · 한국의 자연 시리즈 19
한국의 바닷물고기

초판 발행 / 2002. 11. 30
5판 발행 / 2021. 6. 15

지은이 / 최 윤 · 김지현 · 박종영
펴낸이 / 양진오
펴낸곳 / **(주)교학사**

기획 / 유홍희
책임편집 / 황정순
교정 / 차진승 · 하유미 · 김천순 · 강옥자
장정 / 송병석
제작 / 이재환
원색 분해 · 인쇄 / (주)교학사

등록 / 1962. 6. 26.(18-7)
주소 / 서울 마포구 마포대로 14길 4 (공덕동)
전화 / 편집부 · 707-5205   영업부 · 707-5146
팩스 / 편집부 · 707-5250   영업부 · 707-5160
홈 페이지 / http://www.kyohak.co.kr

값 35,000 원

* 이 책에 실린 도판, 사진, 내용의 복사, 전재를 금함.

Marine Fishes of Korea
by Choi Youn, Kim Ji-Hyun, Park Jong-Young
Published by Kyo-Hak Publishing Co., Ltd., 2002
4, Mapo-daero14-gil, Mapo-gu, Seoul, Korea
Printed in Korea

ISBN 978-89-09-08053-8 96490